道路土工

軟弱地盤対策工指針

（平成24年度版）

平成 24 年 8 月

公益社団法人　日本道路協会

序

　我が国は地形が急峻なうえ，地質・土質が複雑で地震の発生頻度も高く，さらには台風，梅雨，冬期における積雪等の気象上きわめて厳しい条件下におかれています。このため，道路構造物の中でも特に自然の環境に大きな影響を受ける道路土工に属する盛土，切土，擁壁，カルバート，あるいは付帯構造物である排水施設等の分野での合理的な調査，設計，施工及び適切な維持管理の方法の確立と，これらの土工構造物の品質の向上は重要な課題です。

　このようなことから，日本道路協会では，昭和31年に我が国における近代的道路土工技術の最初の啓発書として「道路土工指針」を刊行して以来，技術の進歩や工事の大型化等を踏まえて数回の改訂や分冊化を行ってまいりました。直近の改訂を行った平成11年時点で「道路土工－のり面工・斜面安定工指針」，「道路土工－排水工指針」，「道路土工－土質調査指針」，「道路土工－施工指針」，「道路土工－軟弱地盤対策工指針」，「道路土工－擁壁工指針」，「道路土工－カルバート工指針」，「道路土工－仮設構造物工指針」の8分冊及びこれらを総括した「道路土工要綱」の合計9分冊を刊行しています。また，この間の昭和58年度には「落石対策便覧」を，昭和61年度には「共同溝設計指針」を，平成2年度には「道路防雪便覧」を刊行しました。

　しかし，これらの中には長い間改訂されていない指針もあるという状況を踏まえ，道路土工をとりまく情勢の変化と技術の進展に対応したものとすべく，このたび道路土工要綱を含む道路土工指針について全面的に改訂する運びとなりました。

　今回の改訂では技術動向を踏まえた改訂と併せて，道路土工指針全体として大きく以下の4点が変わっております。
　① 指針の利用者の便を考慮して，分冊化した指針の再体系化を図ることとし，これまでの「道路土工要綱」と8指針を，「道路土工要綱」及び「盛

土工指針」,「切土工・斜面安定工指針」,「擁壁工指針」,「カルバート工指針」,「軟弱地盤対策工指針」,「仮設構造物工指針」の6指針に再編した。
② 性能規定型設計の考え方を道路土工指針としてはじめて取り入れた。
③ 各章節の記述内容の要点を枠書きにして,読みやすくするよう努めた。
④ 平成23年3月11日に発生した東日本大震災における教訓を反映した。

なお,道路土工要綱をはじめとする道路土工指針は,現在の道路土工の標準を示してはいますが,同時に将来の技術の進歩及び社会的な状況変化に対しても柔軟に適合することが望まれます。これらへの対応と土工技術の発展のため,道路土工要綱及び道路土工指針を手にする道路技術者におかれましては,今後とも自身の努力と創意工夫を続けてくださることをお願いします。

本改訂の趣旨が正しく理解され,今後とも質の高い道路土工構造物の整備及び維持管理がなされることを期待してやみません。

平成24年7月

日本道路協会会長　井上　啓一

ま え が き

　我が国の道路建設においては，平地部及び山間部を問わず，軟弱地盤に遭遇することが少なくありません。軟弱地盤上に道路を建設すると，盛土が高い場合には盛土荷重による安定性の不足あるいは過大な沈下や変形によって，盛土が低い場合には交通荷重による道路の沈下や変形によって，道路自体の機能が損なわれるばかりでなく，沿道の諸施設に対してまで影響が及ぶことがあります。こうした問題に対処するため，昭和52年に「道路土工－軟弱地盤対策工指針」が現場技術者の実務書として刊行され，その後，道路土工を取り巻く状況変化を踏まえ，昭和61年に改訂が行われました。

　一方，道路土工指針全体の課題として，近年の土工技術の目覚ましい発展を踏まえて，新技術の導入しやすい環境の整備や，学会や関連機関等における基準やマニュアル類の整備等，技術水準の向上に対する対応が必要となってきました。

　このため，道路土工指針検討小委員会の下に6つの改訂分科会を組織し，道路土工の体系を踏まえた，より利用しやすい指針とすべく，道路土工要綱を含む土工指針の全面的な改編を行い，軟弱地盤対策に関する知識や技術の十分な理解を図ることを目的とした「道路土工－軟弱地盤対策工指針」の改訂に至りました。

　道路土工指針全体に共通する，今回の主な改訂点は以下のとおりです。
　①　指針の利用者の便を考慮して，分冊化した指針の再体系化を図ることとし，これまでの「道路土工要綱」と8指針を，「道路土工要綱」と6指針に再編しました。
　②　各分野での技術基準に性能規定型設計の導入が進められているなか，道路土工の分野においても，今後の技術開発の促進と新技術の活用に配慮し，性能規定型設計の考え方を道路土工指針に初めて取り入れました。

③　これまでも，道路土工に携わる技術者に対して，計画，調査，設計，施工，維持管理の各段階における基本的な技術理念が明確になるように記述していましたが，その要点を枠書きとし，各章節の記述内容を読みやすくするよう努めました。

また，「道路土工－軟弱地盤対策工指針」に関する今回の主な改訂点は以下のとおりです。

①　軟弱地盤上の土工構造物において生じる変状・損傷の発生形態とその原因を整理するとともに，これらの変状・損傷を防ぐために軟弱地盤対策の各段階において留意すべき事項を整理しました。

②　軟弱地盤対策は，地盤上の土工構造物の要求性能に応じて検討されるべきものであることを明確にし，これまでの経験・実績に基づく設計方法を基本的に維持しつつ，性能規定型設計の枠組みを導入しました。これに伴い軟弱地盤上の土工構造物に要求される性能及び要求される事項を満足する範囲で従来の方法によらない解析手法，設計方法，材料，構造等を採用する際の基本的考え方を整理して示しました。

③　旧土質調査指針に記されていた，軟弱地盤調査における基本的な考え方や留意点の内容を集約し，調査・検討の章節に反映しました。また，軟弱地盤上で問題となる現象が発生するのを防ぐための調査・設計・施工の流れを分かりやすくしました。

④　供用開始後に発生する残留沈下に対する維持管理上の対応を考慮して，ライフサイクル全体の視点から対策工法の検討を行うこと，軟弱地盤の複雑な性状と分布にあわせ，充実した施工管理・情報管理を前提とした設計・施工を目指すことを明確にしました。また，地震動に対しては，液状化に対する照査の考え方を明確にし，目的に応じた解析手法の適用性と課題について述べました。

⑤　昭和61年の改訂以後，一般化した軟弱地盤対策工法（真空圧密工法，軽量盛土工法，静的締固め工法など）を加えました。また，これまで掲載されてきた対策工法についても，最新の動向を踏まえた記述としました。

さらに，平成23年3月に発生した東日本大震災の被災状況等を踏まえ，以下の点について記述の強化を図りました。

⑥　沈下や変形の弱点部となる橋梁取り付け部，構造物周辺部において，土工構造物の修復性も考慮して，軟弱地盤対策の検討を行うことを記述しました。

⑦　軟弱地盤上で圧密沈下した盛土や，水はけの悪い基礎地盤上の盛土において，盛土材が液状化する被害への注意とその対策について記述しました。

なお，本指針は，軟弱地盤における計画，調査，設計，施工，維持管理の考え方や留意事項を記述したものでありますが，「道路土工要綱」，「道路土工－盛土工指針」，「道路土工－切土工・斜面安定工指針」，「道路土工－カルバート工指針」，「道路土工－擁壁工指針」等と関連した事項が多々ありますので，これらと併せて活用をしていただくよう希望します。

　最後に，本指針の作成に当たられた委員各位の長期に渡る御協力に対し，心から敬意を表するとともに，厚く感謝いたします。

　平成24年7月

　　　　　道路土工委員会委員長　古　賀　泰　之

道路土工委員会

委員長	古賀 泰之	
前委員長	嶋津 晃臣	
委員	安樂 敏	岩崎 泰彦
	岩立 忠夫	梅山 和成
	運上 茂樹	太田 秀樹
	岡崎 治義	岡原 美知夫
	岡本 博	小口 浩
	梶原 康之	金井 道夫
	河野 広隆	木村 昌司
	桑原 啓三	古関 潤一
	後藤 敏行	佐々木 康
	塩井 幸武	下保 修
	鈴木 克宗	鈴木 穣
	関 克己	田村 敬一
	常田 賢一	徳山 日出男
	冨田 耕司	苗村 正三
	長尾 哲	中西 憲雄
	中野 正則	中村 敏一
	中村 俊行	祢屋 誠一
	馬場 正敏	早崎 勉
	尾藤 勇	平野 勇志
	廣瀬 伸晴	深澤 淳修
	福田 正史	松尾 信雄
	三木 博	三嶋

潔光　等彦弘　孝己温信二司八彦秀史一郎一徳

波松田坂辺　稲垣大川小佐塩前玉中
見村吉脇渡　大窪城崎後藤小輪瀬佐々木塩井佛越谷井丸福持若

久耕収宏重　克茂貞良喜直和隆昌次修将
高年雅和　　義志実毅俊則也樹之之久哉一
山田崎村辺　井崎下井田重橋野木田中尾前居田邊
水宮吉吉渡　信武田重秀和哲秀晴和茂聖良

　　　　　　荒岩大川倉小今佐々杉田長中松横渡

　幹事　　　猛　義志実毅俊則也樹之之久哉一

道路土工指針検討小委員会

小委員長	苗村 正三	
前小委員長	古賀 泰之	
委　員	荒井　猛孝	五十嵐 己寿義
	稲垣　孝	岩崎 信義樹
	岩崎 泰彦	運上 茂樹
	大窪 克己	大下 武志
	大城　温	川井田 実
	川崎 茂信	河野 広隆
	北川　尚	倉重　毅
	桑原 啓三	後藤 貞二
	小橋 秀俊	小輪瀬 良喜
	今野 和則	佐々木 喜八
	佐々木 哲也	佐々木 康彦
	佐々木 靖人	塩井 直樹
	島　博保	杉田 秀樹
	鈴木　穣	前佛 和秀
	田中 晴之	玉越 隆史
	田村 敬一	長尾 和之
	中谷 昌一	中前 茂之
	中村 敏一	平野　勇
	福井 次郎	福田 正晴
	藤沢 和範	松居 茂久
	松尾　修	三浦 真紀
	三木 博史	三嶋 信雄
	見波　潔	持丸　修一

横田聖哉
吉村雅宏
脇坂安彦

石井靖雄
市川明広
小澤直樹
甲斐一洋
北村佳則
神山宗泰
高木尚男
土肥　学
樋口裕弘
松野公誠
矢野　幸
　　　久

森川　人
吉田義等
若尾将徳
渡邊良一

幹事

阿部司博志
南田修雅辰
石崎誠一二
岩寺俊寿
小野藤俊弘
加橋稔昌
倉松口智
澤崎頼三郎
竹浜岡一浩
藤堀内裕昭
宮武雅行
藪

軟弱地盤対策工指針改訂分科会

分科会長	小橋　秀俊		
委　員	荒井　　猛	稲垣　　孝	
	大下　武志	倉重　　毅	
	小山　浩徳	小輪瀬　良司	
	近藤　　淳	佐々木　喜八彦	
	佐々木　哲也	塩井　直彦	
	杉田　秀樹	瀬在　武雄	
	田中　晴之	谷口　英雄	
	中前　茂之	西本　　聡	
	松居　茂久	松尾　　修	
	三木　博史	水谷　和彦	
	三輪　忠男	持丸　修一	
	山下　信雄	吉村　雅宏	
	若尾　将徳	渡邉　良一	
幹　事	相村　成一	新井　新一	
	石原　雅規	板清　　弘	
	稲垣　太浩	岩崎　辰志	
	宇田川　義夫	大河内　保彦	
	岡田　太賀雄	小澤　直樹	
	甲斐　一洋	川井田　実	
	神山　　泰	阪上　最一	
	白子　博明	土田　　稔	
	堤　　祥一	土肥　　学	
	野津　光夫	波田　　光敬	

浜崎 洋		林 宏親	
樋口 尚弘		深田 久	
藤井 照久		古本 一司	
宮川 智史		森 啓年	
八藤後 武		矢野 公久	
山田 智史			

目　次

第1章　総説 ……………………………………………………… 1
- 1－1　適用範囲 ………………………………………………… 1
- 1－2　用語の定義 ……………………………………………… 4
- 1－3　軟弱地盤の特性及び対策の考え方 …………………… 5

第2章　軟弱地盤対策の基本方針 ……………………………… 18
- 2－1　軟弱地盤対策の目的 …………………………………… 18
- 2－2　軟弱地盤対策の基本 …………………………………… 18

第3章　調査・検討 ……………………………………………… 26
- 3－1　基本的な考え方 ………………………………………… 26
- 3－2　調査・検討の進め方 …………………………………… 29
- 3－3　概略調査 ………………………………………………… 38
- 3－4　概略検討 ………………………………………………… 39
- 3－5　予備調査 ………………………………………………… 40
- 3－6　予備検討 ………………………………………………… 43
- 3－7　詳細調査 ………………………………………………… 59
- 3－8　追加調査 ………………………………………………… 69
- 3－9　調査結果のとりまとめ ………………………………… 71
- 3－10　設計のための地盤条件の設定 ………………………… 76
- 3－11　試験施工 ………………………………………………… 87
- 3－12　施工段階での調査 ……………………………………… 89

第4章　設計に関する一般事項 ………………………………… 91
- 4－1　基本方針 ………………………………………………… 91
  - 4－1－1　設計の基本 ……………………………………… 91

4-1-2　想定する作用 …………………………………… 92
　　　4-1-3　軟弱地盤上の土工構造物の要求性能 ……………… 94
　　　4-1-4　性能の照査 …………………………………………… 99
　　4-2　荷重 ……………………………………………………………… 105
　　　4-2-1　一般 ………………………………………………… 105
　　　4-2-2　自重 ………………………………………………… 106
　　　4-2-3　載荷重 ……………………………………………… 107
　　　4-2-4　土圧 ………………………………………………… 107
　　　4-2-5　水圧及び浮力 ……………………………………… 108
　　　4-2-6　地震の影響 ………………………………………… 108

第5章　軟弱地盤上の土工構造物の設計 ……………………………… 111
　　5-1　軟弱地盤上の土工構造物の設計の基本的な考え方 ………… 111
　　5-2　軟弱地盤上の土工構造物の安定性の照査 …………………… 113
　　5-3　常時の作用に対する沈下の照査 ……………………………… 119
　　5-4　常時の作用に対する安定の照査 ……………………………… 145
　　5-5　常時の作用による周辺地盤の変形の照査 …………………… 151
　　5-6　地震動の作用に対する安定性の照査 ………………………… 162

第6章　軟弱地盤対策工の設計・施工 ………………………………… 177
　　6-1　軟弱地盤対策工の設計・施工の基本的な考え方 …………… 177
　　6-2　軟弱地盤対策工及び工法の選定 ……………………………… 179
　　6-3　圧密・排水工法 ………………………………………………… 231
　　　6-3-1　表層排水工法 ……………………………………… 231
　　　6-3-2　サンドマット工法 ………………………………… 234
　　　6-3-3　緩速載荷工法 ……………………………………… 240
　　　6-3-4　盛土載荷重工法 …………………………………… 244
　　　6-3-5　サンドドレーン工法 ……………………………… 248
　　　6-3-6　プレファブリケイティッドバーチカルドレーン工法 ……… 258

6-3-7	真空圧密工法 ………………………………………………	263
6-3-8	地下水位低下工法 …………………………………………	266
6-4	締固め工法 ……………………………………………………………	269
6-4-1	サンドコンパクションパイル工法 ………………………	271
6-4-2	振動棒工法 …………………………………………………	284
6-4-3	バイブロフローテーション工法 …………………………	286
6-4-4	バイブロタンパー工法 ……………………………………	288
6-4-5	重錘落下締固め工法 ………………………………………	291
6-4-6	静的締固め砂杭工法 ………………………………………	293
6-4-7	静的圧入締固め工法 ………………………………………	295
6-5	固結工法 ………………………………………………………………	297
6-5-1	表層混合処理工法 …………………………………………	298
6-5-2	深層混合処理工法（機械攪拌工法） ……………………	302
6-5-3	高圧噴射攪拌工法 …………………………………………	312
6-5-4	石灰パイル工法 ……………………………………………	314
6-5-5	薬液注入工法 ………………………………………………	318
6-5-6	凍結工法 ……………………………………………………	323
6-6	掘削置換工法 …………………………………………………………	326
6-7	間隙水圧消散工法 ……………………………………………………	329
6-8	荷重軽減工法 …………………………………………………………	333
6-8-1	発泡スチロールブロック工法 ……………………………	335
6-8-2	気泡混合軽量土工法 ………………………………………	338
6-8-3	発泡ビーズ混合軽量土工法 ………………………………	340
6-8-4	カルバート工法 ……………………………………………	343
6-9	盛土補強工法 …………………………………………………………	344
6-10	構造物による対策工法 ………………………………………………	347
6-10-1	押え盛土工法 ………………………………………………	347
6-10-2	地中連続壁工法 ……………………………………………	350
6-10-3	矢板工法 ……………………………………………………	352

6-10-4　杭工法 …………………………………………………… 355
　6-11　敷設工法 ………………………………………………………… 357

第7章　施工及び施工管理 …………………………………………… 362
　7-1　施工及び施工管理の基本的な考え方 …………………………… 362
　7-2　施工及び施工管理における配慮事項 …………………………… 364
　7-3　盛土工の留意点 …………………………………………………… 366
　7-4　軟弱地盤対策工の品質管理及び出来形管理 …………………… 367
　7-5　軟弱地盤における情報化施工 …………………………………… 368
　　7-5-1　動態観測 …………………………………………………… 369
　　7-5-2　沈下管理 …………………………………………………… 372
　　7-5-3　安定管理 …………………………………………………… 378

第8章　維持管理 ………………………………………………………… 388
　8-1　基本方針 …………………………………………………………… 388
　8-2　平常時及び災害発生時の点検・調査 …………………………… 390
　8-3　補修・復旧 ………………………………………………………… 392

第1章 総　　説

1-1　適用範囲

> 軟弱地盤対策工指針（以下，本指針）は，道路土工において，軟弱地盤上に盛土等の土工構造物を構築する際の，軟弱地盤の調査・検討並びに軟弱地盤対策工の設計・施工及び維持管理に適用する。

(1)　指針の適用

　本指針は，軟弱地盤上に主として盛土等の土工構造物を構築する際の軟弱地盤の調査，軟弱地盤対策の必要性の判断，軟弱地盤対策が必要と判断された場合の対策工の設計・施工及び維持管理に関する基本的な考え方と手法，留意事項について示したものである。実用の際は，道路の性格，工事規模，その他の条件を十分考慮して本指針の基本精神に従って適用することが望まれる。

　本指針の適用に当たっては，以下の指針を併せて適用する。
　1) 道路土工要綱
　2) 道路土工－切土工・斜面安定工指針
　3) 道路土工－盛土工指針
　4) 道路土工－擁壁工指針
　5) 道路土工－カルバート工指針
　6) 道路土工－仮設構造物工指針

(2)　指針の構成

　本指針の構成を以下に示す。
第1章　総説
　本指針の適用範囲や本指針で扱う用語の定義，道路土工において問題となる

軟弱地盤の特性や分布，被害の発生形態と留意点並びに軟弱地盤対策の考え方の概要を示した。

第2章　軟弱地盤対策の基本方針

軟弱地盤対策の目的，軟弱地盤対策及び軟弱地盤上の土工構造物における留意事項や軟弱地盤対策の基本的な考え方等について示した。

第3章　調査・検討

軟弱地盤上に道路を建設する場合に必要となる計画から維持管理段階までの調査の進め方，その内容や方法を示すとともに，軟弱地盤対策の必要性の判断や対策工の選定等の概略及び予備検討について示した。

第4章　設計に関する一般事項

軟弱地盤上の土工構造物及び軟弱地盤対策工の設計に当たって要求される性能及び性能照査に関する基本的な考え方を示した。

第5章　軟弱地盤上の土工構造物の設計

主として道路盛土を対象に，軟弱地盤上に土工構造物を構築する場合に適用される慣用的な設計手法を示した。なお，この章の手法は「第6章　軟弱地盤対策工の設計・施工」に示す対策工法の設計にも準用できるものがある。

第6章　軟弱地盤対策工の設計・施工

軟弱地盤対策工法の選定の基本的な考え方及び対策工法ごとの設計・施工方法の概略について示した。

第7章　施工及び施工管理

軟弱地盤上の土工構造物及び軟弱地盤対策工の施工及び施工管理の基本的な考え方，沈下管理や安定管理等の軟弱地盤での情報化施工の方法等を示した。

第8章　維持管理

軟弱地盤上の土工構造物の供用後の維持管理方法とその留意点について示した。

なお，軟弱地盤対策工法は，多種多様であり，その全ての考え方を本指針で取り上げることは困難であり，ここでは基本的な事項のみを取り上げているにすぎない。したがって，実際の適用に当たっては，本指針に示す基本的な考え方を理解し，さらに詳細かつ総合的な検討を加え，個別に判断することが望ましい。

(3) 関係する法令，基準，指針等

　軟弱地盤の調査，軟弱地盤対策の検討，軟弱地盤対策工の設計・施工及び維持管理に当たっては，「道路土工要綱　基本編　第1章　総説」に掲げられた関連する法令等を遵守する必要がある。また，本指針及び(1)で示した指針，並びに以下の基準・指針類を参考に行うものとする。

「道路構造令の解説と運用」（平成16年；日本道路協会）
「道路橋示方書・同解説　Ⅳ下部構造編」（平成24年；日本道路協会）
「道路橋示方書・同解説　Ⅴ耐震設計編」（平成24年；日本道路協会）
「舗装の構造に関する技術基準・同解説」（平成13年；日本道路協会）
「共同溝設計指針」（昭和61年；日本道路協会）
「防護柵の設置基準・同解説」（平成20年；日本道路協会）
「道路照明施設設置基準・同解説」（平成19年；日本道路協会）
「道路標識設置基準・同解説」（昭和62年；日本道路協会）
「地盤調査の方法と解説」（平成16年；地盤工学会）
「地盤材料試験の方法と解説」（平成21年；地盤工学会）

　なお，これらの法令・基準・指針等が改訂され，参照する事項について変更がある場合は，新旧の内容を十分に比較した上で適切に準拠するものとする。

1-2　用語の定義

本指針で用いる用語の意味は次のとおりとする。

(1) 軟弱地盤

　　土工構造物の基礎地盤として十分な支持力を有しない地盤で，その上に盛土等の土工構造物を構築すると，すべり破壊，土工構造物の沈下，周辺地盤の変形，あるいは地震時に液状化が生じる可能性のある地盤。

(2) すべり破壊

　　土工構造物や基礎地盤がせん断抵抗を上回るせん断応力を受けることで，すべり面に沿ってせん断破壊する現象。

(3) 沈下

　　土工構造物等の荷重により土工構造物や基礎地盤に生じる鉛直変位。

(4) 残留沈下

　　沈下のうち工事完了後または供用開始後に生じるもの。

(5) 周辺地盤の変形

　　土工構造物等の荷重により周辺地盤に生じる水平及び鉛直方向の変位。

(6) 安定及び安定性

　　土工構造物及び基礎地盤にすべり等の大変形を生じないことを安定という。また，これに加えて，過大な沈下や周辺地盤の変形が生じないことを安定性という。

(7) 圧密

　　透水性の低い地盤が荷重を受け，内部の間隙水を長時間に渡り排水しながら，体積が減少していく現象。

(8) 液状化

　　飽和した砂質土層等が地震等による繰返しせん断応力を受けることによって，間隙水圧が上昇して有効応力が減少し，せん断強さを失う現象。

(9) 情報化施工

　　施工中の現場計測によって得られる情報を迅速かつ系統的に処理，分析しながら，次の段階の設計・施工に利用する施工管理システムのことで，

観測施工ともいう。また，近年では，情報通信技術の利用により各プロセスから得られる電子情報を活用して高効率・高精度な施工を実現し，さらに施工で得られる電子情報を他のプロセスに活用することによって，建設生産プロセス全体における生産性の向上や品質の確保を図ることを目的としたシステムのことをいうこともある。

(10) 軟弱地盤対策，軟弱地盤対策工

軟弱地盤の支持力増加，有害な沈下・変形の抑制及び液状化の防止等を目的に実施される対策を軟弱地盤対策といい，軟弱地盤対策を実施するために行われる計画，調査，設計，施工及び維持管理の一連の行為ないし造成された工作物を軟弱地盤対策工という。

(11) レベル1地震動

道路土工構造物の供用期間中に発生する確率が高い地震動。

(12) レベル2地震動

道路土工構造物の供用期間中に発生する確率は低いが大きな強度をもつ地震動。

1-3 軟弱地盤の特性及び対策の考え方

軟弱地盤上に土工構造物を構築するに当たっては，地盤の沈下やすべり破壊，周辺地盤の変形，地震時の地盤の液状化等の軟弱地盤特有の諸問題に対し，軟弱地盤及び構築する土工構造物の特性に配慮し，必要に応じて適切に対策をとらなければならない。

(1) 軟弱地盤の特性

軟弱地盤は，一般に粘土やシルトのような微細な粒子に富んだやわらかい土や，間隙の大きい高有機質土またはゆるい砂等からなる土層によって構成されている。これらの土層の性質は，堆積が新しいほど，地下水位が高いほど，また上位に堆積した土層の厚さが薄く小さな土かぶり圧しか受けていない場合ほど強度が小さく圧縮性が高いことが多く，問題の多い軟弱地盤を形成する。したがって，軟弱地盤の成層や土質は，地形に応じた生成環境によって大きく差

があるのが普通である。

　軟弱地盤においては，その上に土工構造物を構築する際や地震時に支持力やせん断強さが不十分で土工構造物が不安定となることがある。また，圧縮性が大きいため土工構造物に有害な影響を与えることもある。軟弱の程度の評価は相対的なもので，構築される土工構造物の種類や規模等によって地盤に作用する荷重や許容される変位量が異なるため，必要とされる地盤強度や沈下特性も異なったものとなる。一般に，粘性土ではN値4以下の地盤では沈下のおそれや安定に問題がある可能性があるため，また，砂質土ではN値10〜15以下では地震時に液状化による被害のおそれがあるため軟弱地盤とされる。

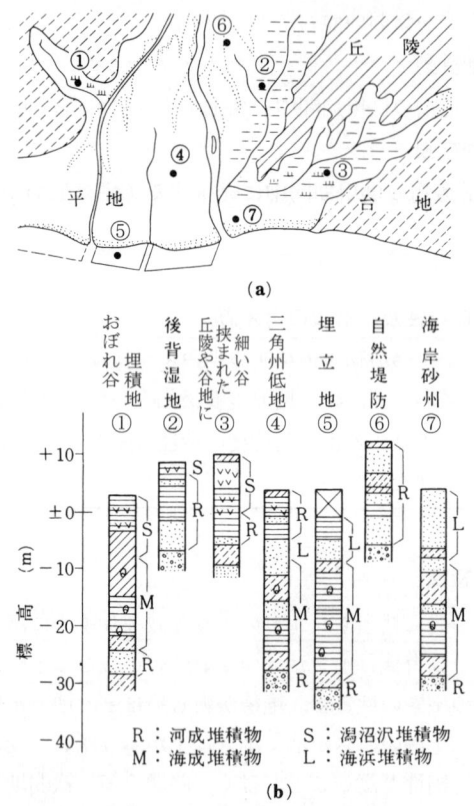

解図1−1　軟弱地盤の分布と成層例

軟弱地盤の分布域を地形的に分類すると，主としておぼれ谷埋積地，後背湿地，丘陵や谷地に挟まれた細長い谷，三角州低地，埋立地，海岸砂州や自然堤防に大別できる（「道路土工－盛土工指針」参照）。**解図1-1**及び**解表1-1，1-2**にはそれらの軟弱地盤の分布域と地盤の性状，代表的な土質性状を示した。

解表1-1　軟弱地盤の分布域と性状

分布域	軟弱地盤の性状
おぼれ谷埋積地	おぼれ谷（谷地形が海進により海面下に沈んだ地形）が堆積物で埋められた後に再度隆起して地表に現れた地形で，有機物を大量に混入した厚い軟弱地盤となることが多い。
後背湿地	自然堤防背後の後背湿地の地盤。粘性土と砂礫の互層地盤が多い。上部に河成の有機質土，粘性土等がかなり厚く堆積していることがある。
丘陵や谷地に挟まれた細長い谷	崩積谷，埋積谷，小おぼれ谷（海岸砂州等で湾口を閉ざされたおぼれ谷の地盤），枝谷等。上部に潟湖成泥炭や有機質土が，下部に海成粘土が厚く堆積していることが多い。層厚が10mを超えることは少ない。
三角州低地	緩流河川の河口三角州に形成された低地の地盤。粘性土と砂の互層地盤が多い。下部に厚い海成粘土層を有する大規模な軟弱地盤を形成することがある。
埋立地	最近埋め立てられた地盤。特に軟弱な海底を乱された粘土やシルトで厚く埋め立て，まだ十分圧密していない場合に問題が多い。また，砂質土で埋め立てられている場合には，液状化する可能性が高い。
海岸砂州自然堤防	海岸砂州や大河川の自然堤防に沿う地盤。一般には良好な地盤であるが，上部にゆるい砂層が厚く堆積し，下部に厚い粘性土層が分布することがある。
その他	現河道，旧河道，水面上の盛土地，自然堤防縁辺部，砂丘間の低地，砂丘と低地の境界部は，ゆるい砂質土が堆積していることが多く液状化する可能性が高い。

解表1-2 軟弱地盤の区分と一般的な土質

分布域	地盤区分	土質材料区分	土質区分	記号	w_n (%)	e_n	q_u (kN/m²)	N値
おぼれ谷埋積地 / 後背湿地	泥炭質地盤	高有機質土 {Pm}	泥炭(ピート){Pt} 繊維質の高有機質土	YYY YYY YYY	300以上	7.5以上	40以下	1[注1]以下
			黒泥{Mk} 分解の進んだ高有機質土		300〜200	7.5〜5		
丘陵や谷地に挟まれた細長い谷	粘性土地盤	細粒土 {Fm}	有機質土{O} 塑性図A線の下	‖‖ ‖‖‖	200〜100	5〜2.5	100以下	4[注1]以下
三角州低地			火山灰質粘性土{V} 塑性図A線の下	〜〜〜				
埋立地			シルト{M} 塑性図A線の下, ダイレイタンシー大	ーーー	100〜50	2.5〜1.25		
			粘土{C} 塑性図A線の上, またはその付近, ダイレイタンシー小	———				
海岸砂州自然堤防	砂質土地盤	粗粒土 {Cm}	細粒分まじり砂{SF} 75μm以下 15〜50%	••• ••• •••	50〜30	1.25〜0.8	—	10〜15以下
			砂{S} 75μm以下 15%未満	••• ••• •••	30以下	0.8以下		

注1）：盛土高さが数m程度の場合を想定したものであり、高盛土となるような場合には別途考慮する必要がある。

　解表1-2は，これまでの道路土工で遭遇した軟弱地盤における自然含水比 w_n，自然間隙比 e_n，一軸圧縮強さ q_u 及び標準貫入試験によるN値等の代表的な数値の範囲を泥炭質地盤，粘性土地盤及び砂質土地盤に区分して示したものである。

同表のような土層及び土質からなる地盤に遭遇した場合は，土工構造物の基礎地盤として十分な支持力を有しない可能性があるため，軟弱地盤としての調査，設計及び施工等の必要な処置を検討しなければならない。

解表1-3　軟弱地盤の挙動と問題点

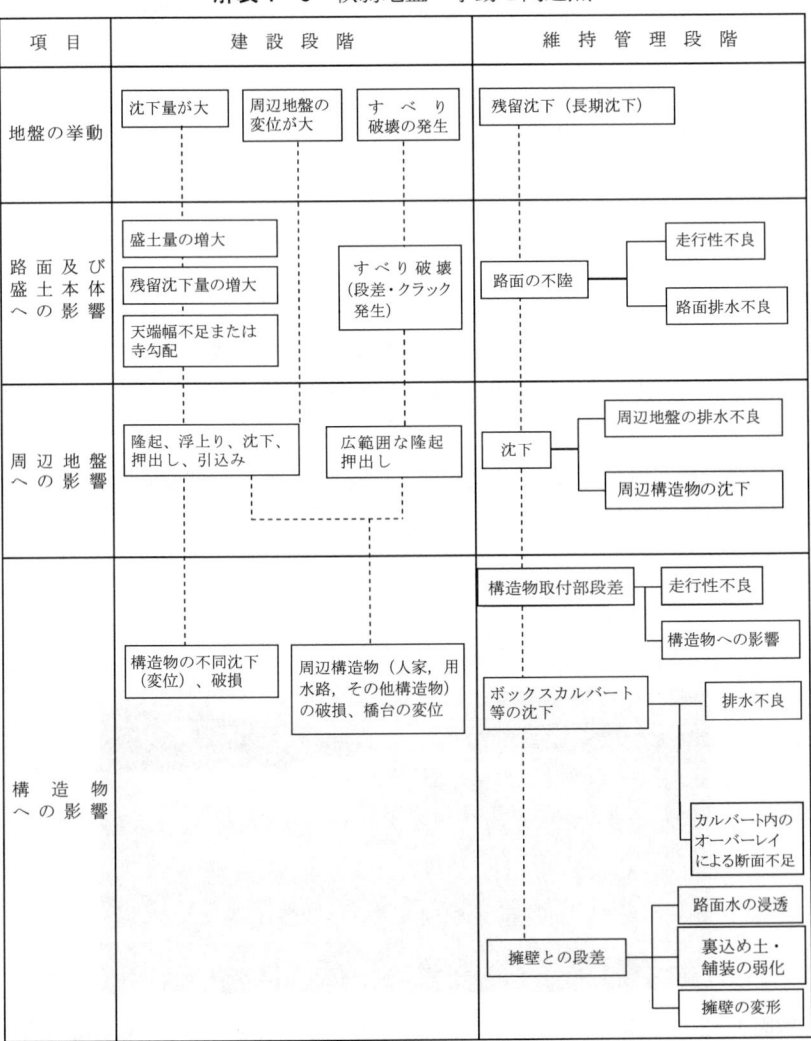

(2) 軟弱地盤における被害の形態と留意点

　軟弱地盤上で土工構造物を構築すると，**解表1-3**に示すように地盤のせん断強さや支持力の不足等による盛土のすべり破壊や圧密沈下による土工構造物や周辺地盤等の変形，路面の不陸が生じることがある。また，地震により土工構造物の損傷等の様々な被害が生じることがある。ここでは軟弱地盤上の道路土工において特に留意が必要な以下の変状とその留意点を示す。

　① 地盤のすべり破壊
　② 地盤の沈下及び周辺地盤の変形
　③ カルバート，擁壁等の損傷
　④ 地震による地盤のすべり破壊及び液状化

1) 地盤のすべり破壊

　軟弱地盤上に土工構造物を構築した場合，自重あるいは施工機械や交通荷重の与える振動等の原因によってすべり破壊が生じ，土工構造物が破壊することがある。また，それによって周辺の地盤や諸施設に大きな変形を及ぼすことがある。

　一般に，軟弱地盤上の土工構造物は，基礎地盤のすべり破壊に対する安定計算で評価する方法がとられる。しかし，このような方法から求められた安全率

解図1-2　軟弱地盤上の盛土により生じた周辺地盤を含むすべり破壊の例

の値は，土質調査の方法や精度，土質定数のとり方や安定計算の方法等によって異なることに注意する必要がある。**解図1-2**は，道路盛土により周辺構造物にもすべり破壊の影響が生じた事例であるが，このように周辺に家屋や重要施設が近接して存在する区間については，施工時並びに供用後の地盤の変状による影響についても検討する必要がある。

2) 地盤の沈下及び周辺地盤の変形

軟弱地盤で土工構造物を構築すると，その荷重によって沈下が生じる。地盤の沈下量が過大なときは，橋台，擁壁あるいはカルバート等に沈下や水平移動等の悪影響を与えたり，周辺の地盤まで沈下あるいは隆起させて，被害を諸施設に及ぼすことがある（**解図1-3**）。このため，土工構造物の構築に当たっては，周辺への影響を考慮し，被害を発生しないように必要な対策を講じるとともに，周辺地盤の沈下を見込んだ設計をしたり，地盤の沈下が十分進んだ後に構造物を施工したりするなどの配慮が必要である。

一方，盛土上に舗装が完成した後も続く過大な沈下は，路面の縦横断に影響して平担性を害し，走行性に影響を与えるだけでなく，排水の不良，舗装の破壊等の誘因ともなる。特に，橋梁，カルバート等の構造物と盛土の取付部に生

解図1-3 水路の引込み沈下の例

じる不同沈下は，走行に障害を与えることが多い。

舗装完成後に発生する沈下の大部分は盛土荷重による軟弱地盤の圧密によって生じるものであるから，その推定は設計段階では軟弱層の圧密計算による。しかし，このようにして求めた残留沈下量は，土質調査の方法と精度，土質定数のとり方や計算方法等によってかなり異なるので，現場の沈下計測等を踏まえて修正し，推定精度の向上を図ることが必要である。

また，許容残留沈下量の設定に当たっては，道路の性格，舗装の種類，沈下の場所，不同沈下による道路の縦横断勾配の変化が走行や排水に与える影響，残留沈下が構造物及び周辺の地盤や諸施設に及ぼす影響，補修の難易度と経済性等について配慮しなければならない。

なお，軟弱層が厚く長期に渡って大きい沈下が生じる地盤（**解図1－4**），あるいは広く地盤沈下が進行している地域等に盛土をする際は，目標の範囲内に残留沈下量を収めることが困難であるか，極めて不経済になることが多い。このような場合は，踏掛版の設置，パッチング補修あるいは仮舗装の施工等残留沈下量をある程度許容し，維持管理段階でそれへの対応を行うなどの対策を検

解図1－4　供用後の沈下の例

討する必要がある。

　さらに，盛土高が 2.0 ～ 2.5m 以下の低い道路盛土を軟弱地盤上に施工した場合，供用後の交通荷重によって路面の平坦性や舗装の維持に問題を及ぼすような不同沈下を生じることが多い。これは，低盛土の場合には，軟弱地盤に及ぼす交通荷重の影響が盛土荷重よりも相対的に大きくなるほか，地下水の影響により盛土自体のせん断強さが減じるなどの要因によるもので，これに伴う変状に十分対応できる対策を講じておかなければならない。

　また片盛り部等で，軟弱層の厚さが縦横断方向に著しく変化している場合や，地盤の浅部に局部的な砂礫層が存在するような場合には，供用後の路面に著しい不同沈下が生じる可能性がある。このような箇所を工事前のボーリング調査から把握することは困難であるため，踏査や施工時に現地で確認した地形や地質等の状況から判断し，適切に対応することが大切である。

3）カルバート，擁壁等の変形

　盛土内あるいは盛土に接して盛土工事と同時期に施工されるカルバートあるいは擁壁等の構造物が，施工中または施工後に過大な変状を生じることがある。解図 1-5 は，盛土の沈下に伴って道路横断カルバートが沈下し，排水不良で

解図 1-5　カルバートの沈下による交差道路の滞水の例

滞水している事例である。カルバートや擁壁の沈下や変位を防ぐために支持層に達する杭基礎を設ける場合があるが，軟弱地盤が厚い場合に杭の長さが長くなり，不経済になるだけではなく，さらに盛土の沈下に伴うネガティブフリクションや背面の盛土からの偏載荷重を受ける。また，道路を横断するカルバートの場合には，路面に不同沈下を生じさせる原因ともなる。したがって，カルバートの場合は支持杭による基礎を設けることはできるだけ避け，あらかじめ先行して盛土を行い，沈下が十分進んだ後，構造物を施工する工法を優先的に検討することが望ましい。このような工法によって盛土内にカルバートを施工した場合，土かぶりが薄いカルバートでは路面に多少の不同沈下が見られることもあるが，土かぶりの厚いカルバートでは問題が少ない。

　また，掘割構造の道路を地下水位の高い軟弱地盤に構築する場合には，軟弱地盤対策に要する工費や供用開始後の地下水の排水に必要な費用が高くなる場合が多い。しかし，やむを得ず掘割構造にする場合には，道路の重要度に応じて以下の項目を考慮し，必要に応じて適切な対策を施す必要がある。

① 掘割道路の基礎の不同沈下
② 地下水や浸透水による浮き上がり
③ 地下水や雨水の排水
④ 地震時の安定性

　地下水位の高い箇所に設ける掘割道路の構造はU型擁壁構造とすることが多い。U型擁壁については，「道路土工－擁壁工指針」を参照されたい。

4）地震による地盤のすべり破壊及び液状化

　軟弱地盤上に施工された土工構造物が大きな地震に遭遇した場合，一時的に安定性が低下し，すべり破壊や沈下等の大きな被害を受けることがある。

　軟弱地盤上の盛土の地震による主な被害形態を**解図1-6**に示す。**解図1-6**(a)は地盤内にすべり面が生じ，路面に亀裂・沈下が生じたものである。同図(b)は液状化により地盤内にすべり面や著しい側方移動が生じ，路面のきれつ・沈下が大規模に生じたものである。同図(c)は，地盤の側方変位により盛土が原形を保持しながらめり込みが生じたものである。同図(d)は横断面的には(a)～(c)のいずれかを伴って生じたものであるが，比較的変位の少ない橋

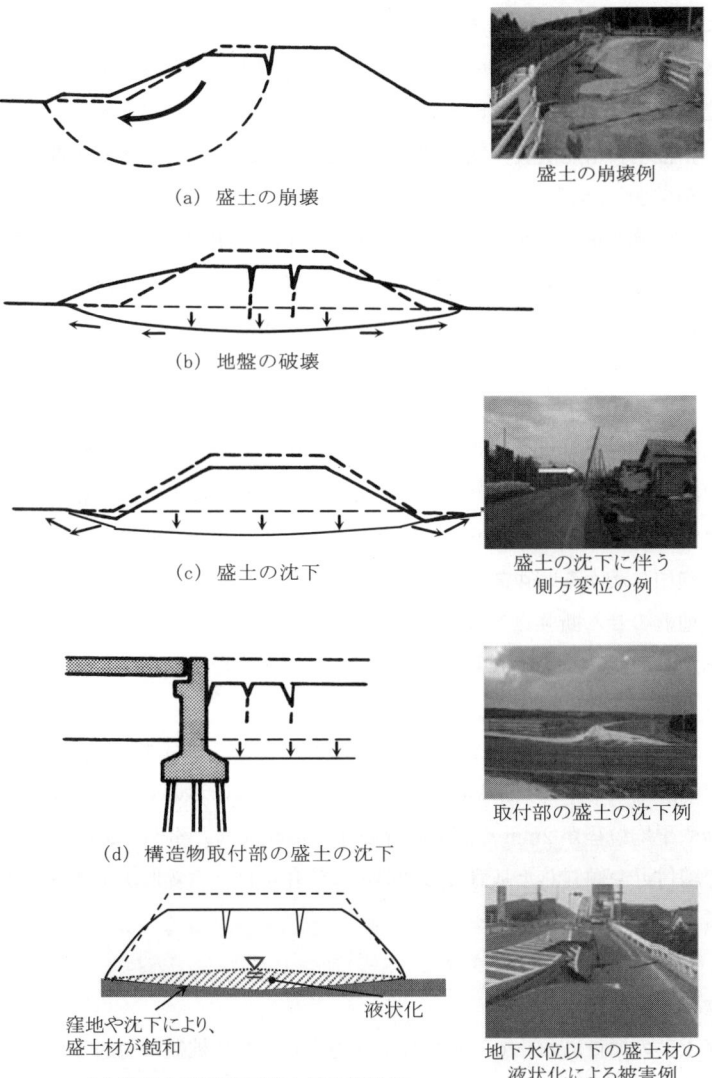

解図1-6 軟弱地盤上の盛土の地震による被害

― 15 ―

台やカルバート近傍では一般盛土箇所以上に盛土の亀裂・沈下及び段差が道路交通に支障を与えることがある。

　軟弱地盤における地震時の特徴を整理すると以下のとおりであり，軟弱地盤上に道路を構築する場合には十分な注意が必要である。

① 　粘性土質や泥炭質の軟弱地盤は，時間の経過とともに圧密が進行して強度が増加し，地震に対する安定性に余裕が得られる場合が多い。このため，盛土の施工後ある程度の期間が経過した段階で地震動の作用を受けても，道路機能に著しい影響を及ぼすことは少ない。ただし，**解図1－6** (e)のように，地下水位が高く，圧密による沈下が著しい箇所，原地盤の窪地等を埋めた箇所では，地下水位以下の盛土材やサンドマットの液状化により，盛土に変状が生じた事例も見られるので注意が必要である。

② 　基礎地盤が粘性土であっても，昭和39年男鹿西方沖地震における干拓堤防の被災例のように，鋭敏比の大きな粘土やシルトは，地震動の作用によって強度が大きく低下する場合があるため注意が必要である。

③ 　飽和したゆるい砂質土地盤では，地震動の作用による地盤の液状化により地盤のせん断強さが大きく失われる場合があるので注意が必要である。また，地盤の液状化による道路機能への影響度合は，飽和した砂質土層が厚いほど著しい。

④ 　地盤の液状化が生じるのは，ほとんどの場合，沖積砂質土層である。ただし，平成7年の兵庫県南部地震や近年の地震において，低塑性シルト質砂や平均粒径が2mmを超える礫質土で液状化した事例もある。また，水際線付近や傾斜した基盤では地盤の液状化に伴う大変形が生じることがあるため注意が必要である。

(3) 軟弱地盤対策の考え方

　道路土工の調査において，十分な支持力を有しない地盤に遭遇した場合，軟弱地盤対策を適用しないで土工構造物が構築できるか，また供用後に土工構造物が要求される性能を確保できるかを判断する。その結果，安全な構築や供用中の性能の確保が難しいと判断した場合に，地盤のせん断強さや変形抵抗性の

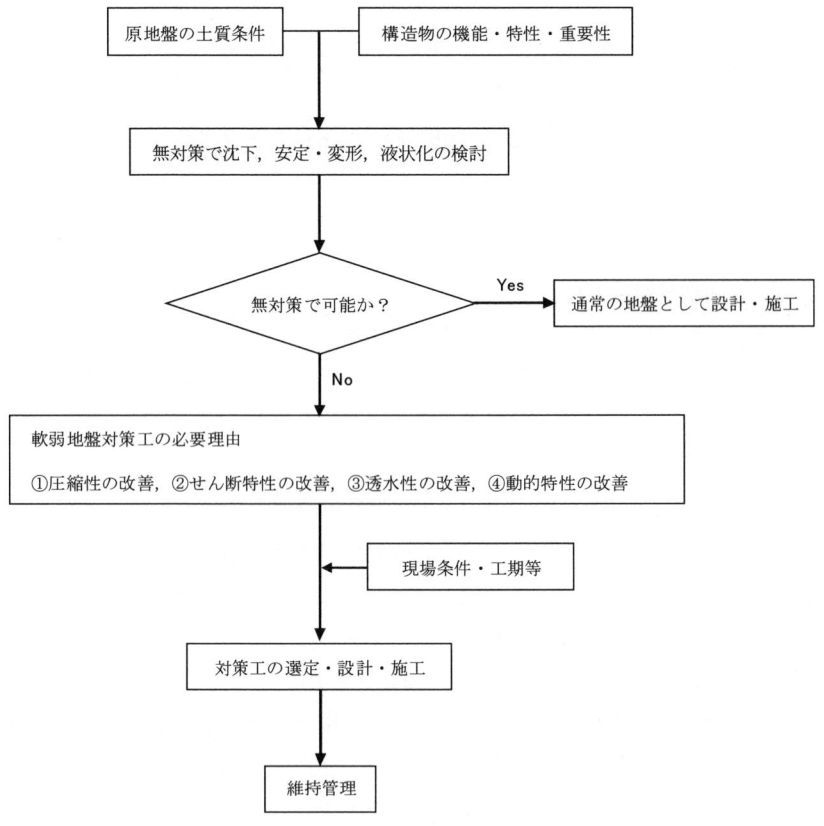

```
┌──────────────────┐     ┌──────────────────────────┐
│ 原地盤の土質条件 │─────│ 構造物の機能・特性・重要性 │
└──────────────────┘     └──────────────────────────┘
                │
                ▼
  ┌────────────────────────────────────────┐
  │ 無対策で沈下，安定・変形，液状化の検討 │
  └────────────────────────────────────────┘
                │
                ▼
           ╱ ╲             Yes    ┌──────────────────────────┐
          ╱無対策で╲──────────────│ 通常の地盤として設計・施工 │
          ╲ 可能か？╱              └──────────────────────────┘
           ╲ ╱
            │ No
            ▼
┌─────────────────────────────────────────────────────────┐
│ 軟弱地盤対策工の必要理由                                │
│ ①圧縮性の改善，②せん断特性の改善，③透水性の改善，④動的特性の改善 │
└─────────────────────────────────────────────────────────┘
            │        ┌──────────────────┐
            ◀────────│ 現場条件・工期等 │
            ▼        └──────────────────┘
  ┌──────────────────────┐
  │ 対策工の選定・設計・施工 │
  └──────────────────────┘
            │
            ▼
      ┌──────────┐
      │ 維持管理 │
      └──────────┘
```

解図1-7 軟弱地盤対策の考え方

増加等構築する土工構造物や地盤条件に適合した軟弱地盤対策工を実施し，また適切な維持管理を行う。全体的な流れを**解図1-7**に示す。

また，軟弱地盤の調査・検討は，「第3章 調査・検討」で示すように，道路建設の流れに合わせ，概略調査，概略検討，予備調査，予備検討及び詳細調査等の段階を踏んで，順次，内容・精度を高めながら進める。

対策工には，軟弱地盤もしくは土工構造物の改良・改善により沈下の促進・抑制，安定対策，周辺地盤の変形対策及び液状化対策等を行う様々な工法がある。工法の選定の考え方並びに各工法の設計・施工法の概略は「第6章 軟弱地盤対策工の設計・施工」を参照されたい。

第2章 軟弱地盤対策の基本方針

2-1 軟弱地盤対策の目的

> 軟弱地盤対策は，軟弱地盤上に土工構造物を安全かつ経済的に構築するとともに，その土工構造物が供用開始後の長期間に渡り，道路交通の安全かつ円滑な状態を確保するための機能を果たすことを基本的な目的とする。

　軟弱地盤対策は，そのままでは土工構造物の構築が困難な，また構築されたとしても，地盤の変形により土工構造物がその性能を保ち得ないような軟弱な地盤の上に，土工構造物を安全かつ経済的に構築するとともに，その土工構造物が供用開始後の長期間に渡り，道路交通の安全かつ円滑な状態を確保するために必要な機能を保持し続けるために実施する。

　また，軟弱地盤上に土工構造物を建設した場合には，土工構造物のみならず周辺の地盤にも影響し，周辺の構造物にまで被害を及ぼすことがあり，土工構造物の機能確保と合わせて周辺地盤の沈下や変形を抑制することも求められる。

2-2 軟弱地盤対策の基本

> (1) 軟弱地盤対策の実施に当たっては，使用目的との適合性，構造物の安全性，耐久性，施工品質の確保，維持管理の容易さ，環境との調和，経済性を考慮しなければならない。
> (2) 軟弱地盤対策の実施に当たっては，軟弱地盤の特性を踏まえて対策の必要性を判断し，計画，調査，設計，施工及び維持管理を適切に実施しなければならない。

(1) 軟弱地盤対策における留意事項

　軟弱地盤対策を実施するに当たり，常に留意しなければならない基本的な事項を示したものである。

1) 使用目的との適合性

　使用目的との適合性とは，軟弱地盤上に構築される土工構造物が計画どおりに交通に利用できる機能のことであり，通行者が安全かつ快適に使用できる供用性等を含む。

2) 構造物の安全性

　構造物の安全性とは，常時の作用，降雨の作用，地震動の作用等に対し，軟弱地盤上に構築される土工構造物が適切な安全性を有していることである。

3) 耐久性

　耐久性とは，軟弱地盤上に構築された土工構造物に経年的な劣化が生じたとしても使用目的との適合性や構造物の安全性が大きく低下することなく，所要の性能が確保できることである。

4) 施工品質の確保

　施工品質の確保とは，使用目的との適合性や構造物の安全性を確保するために確実な施工が行える性能を有することであり，施工中の安全性も有していなければならない。このためには，構造細目への配慮を設計時に行うとともに，施工の良し悪しが耐久性に及ぼす影響が大きいことを認識し，品質の確保に努めなければならない。

5) 維持管理の容易さ

　維持管理の容易さとは，供用中の日常点検，材料の状態の調査及び補修作業等が容易に行えることであり，これは耐久性や経済性にも関連するものである。

6) 環境との調和

　環境との調和とは，軟弱地盤上に構築された土工構造物が建設地点周辺の社会環境や自然環境に及ぼす影響を軽減あるいは調和させること，及び周辺環境にふさわしい景観性を有すること等である。

7) 経済性

　経済性に関しては，ライフサイクルコストを最小化する観点から，単に建設費を最小にするのではなく，点検管理や補修等の維持管理費を含めた費用がより小さくなるよう心がけることが大切である。

(2) **軟弱地盤対策の基本的な考え方**
1) 　軟弱地盤対策の進め方

　軟弱地盤対策の全体のフローを**解図2-1**に示す。軟弱地盤及び対策工の調査・検討等は，道路土工の各段階での検討に応じて精度を上げながら系統的に実施する。道路建設・道路土工の全体のフローについては，「道路土工要綱　基本編　第2章　**解図2-1**　道路建設の流れと道路土工の関係」を参照されたい。

　軟弱地盤における道路土工の手順は，まず，対象地盤の成層状態や各層の力学的性質を調査して，道路計画から求められる構造・規模の土工構造物を対策を行わずに構築可能か，対策の必要性を判断する。施工過程での安全性を満足しない場合，また構築可能でも供用開始後に構造物の安定性や将来の沈下等により機能・性能を確保できないと判断された場合は，軟弱地盤対策を検討する。その際，安定の確保や沈下低減等，対策に期待する目的や効果を明確にし，これに対応できる複数の軟弱地盤対策工法を選定する。場合によっては，土工構造物の構造形式の変更や全体工程の見直しもその対象となる。さらに，選択された対策工法について，適用性等の追加調査と，実施の効果や工費の比較，資機材の調達及び施工空間の制約等の施工面の検討を経て，構造物と地盤に最も適した対策工法を選定する。

　軟弱地盤対策は費用の面でも，また時間の面でも道路建設に及ぼす影響は大きいため，道路建設の流れの当初から軟弱地盤を考慮した道路計画を立案することが重要である。

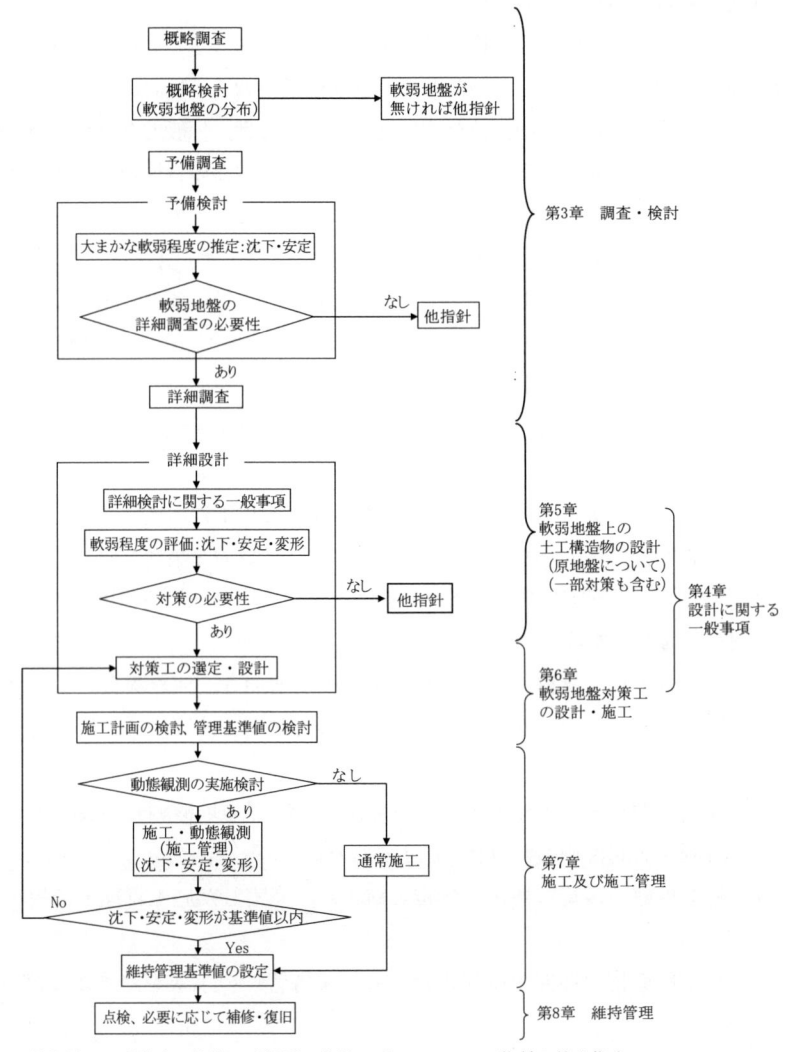

＊他指針とは「盛土工指針」,「擁壁工指針」,「カルバート工指針」等を指す。

解図 2−1 軟弱地盤対策の流れ

― 21 ―

2) 軟弱地盤対策の基本的な考え方

　軟弱地盤上の土工構造物の構築は，土工構造物のみならず周辺の地盤や構造物等へも影響を及ぼす場合があるため，軟弱地盤の調査・検討，対策を実施する場合の対策工の設計・施工及び維持管理については，一般的な地盤よりも特に入念な配慮が必要である。すなわち，「1-3　軟弱地盤の特性及び対策の考え方」で示したような軟弱地盤の特性を十分に踏まえたうえで，調査から維持管理までを適切に実施する必要がある。

　軟弱地盤対策の検討に当たっては，道路の特性，沿道の条件，工期及び供用開始後の維持管理体制等を考慮し，周辺の地盤や構造物等に与える影響を含め，軟弱地盤上に構築される土工構造物が確保すべき性能を満足するよう，軟弱地盤の調査・検討及び軟弱地盤対策工の計画・設計・施工・維持管理を実施する必要がある。

　本指針における軟弱地盤対策の基本的な考え方を以下に示す。

① 軟弱地盤に対し，条件の許す限りできるだけ負荷をかけない。
② 無対策では安定性や施工条件等を満たせない場合，対策の目的に適した対策工を選定する。
③ 十分な工期を確保して，圧密による強度増加等，地盤が有する特性を利用する対策工法（盛土載荷重工法や緩速載荷工法等）の適用を優先的に検討する。
④ 現状の調査・解析技術の限界を考慮し，実際の地盤調査や設計・施工の不確実性に配慮した設計・施工を行う。
⑤ 軟弱地盤の複雑な性状と分布を踏まえ，充実した施工管理・情報管理を行う。
⑥ 土工構造物の性能の確保のために，維持管理の水準を踏まえた設計・施工を行う。

3) 軟弱地盤対策の各段階での留意点

　軟弱地盤対策の基本的な考え方は前述したとおりであるが，以下では軟弱地盤対策に関連して計画・調査から維持管理までの各段階における留意点を

示す。
(i) 計画・調査段階（概略設計及び予備設計）での留意事項
　① 一般的に道路の縦横断線形は，経済的・社会的要因に基づき，ほぼ決定される場合が多いが，可能ならばできるだけ軟弱地盤を避けることが道路建設・維持管理の面から望ましい。また，軟弱地盤を回避できない場合には，与えられた条件の下で盛土高をなるべく低くし，大規模な地盤改良や周辺の地盤や構造物等に変形が生じる可能性を回避するなどの配慮が求められる。
　② 設計段階と比べ，計画段階での対策工法の選定は，軟弱地盤対策の工費や工期にきわめて大きな影響を及ぼす。設計段階では構造物の構造形式や対策工法の種類がおおむね決まっているために，自由度は少なく工夫の余地もあまりない。したがって，本指針では「4章　設計に関する一般事項」に示される性能規定型の枠組みを導入したことを踏まえ，計画段階でも新技術・新工法の導入を含め様々な対策工法の可能性を検討することが重要である。
　③ 軟弱地盤の検討は，道路建設の流れの中で橋梁等の他の構造物と併せて実施されるが，経済的かつ合理的に対策工法の選定・設計を行うには様々な角度からの検討が求められ，そのために多くの時間を要する。したがって，軟弱地盤対策の検討は，道路建設のできるだけ早い段階から実施することが必要である。
(ii) 設計（詳細設計）段階での留意事項
　① 軟弱地盤の性状は一般に複雑で，地盤調査結果を用いて解析による検討を行う場合においても，地盤の性状を確実に把握し，施工過程あるいは供用開始後に土工構造物に生じる現象を正確に予測することは極めて困難である。したがって，軟弱地盤対策工の設計においては，必要に応じて試験施工を行い，その結果を基に逆解析等により設計のパラメータを推定し，対策工法や土工構造物の設計を行うことが望ましい。
　② 対策工法の決定の流れとしては，まず余盛工法やプレロード工法等の盛土載荷重工法，緩速載荷工法等の圧密による強度増加等，地盤が有す

る特性をできるだけ利用する工法の検討を優先的に行い，工事期間の制約が厳しい場合には，他工法の検討を行うのが望ましい。

③　今回の指針の改訂では，性能設計の枠組みを導入した。性能設計の枠組みの中で，土工構造物に要求される事項を満足する範囲で従来の規定によらない解析手法，設計方法，材料及び構造等を採用する際の基本的な考え方を整理した。軟弱地盤対策においても，合理的と認められる解析手法を用いた設計照査の適用，あるいは試験施工や観測施工を行い地盤パラメータの精度を上げて当初設計段階の地盤情報を向上させ，確実かつ経済的な設計施工を行うなどの工夫が重要になる。

④　軟弱地盤対策工法には従来から広く用いられている工法から近年普及してきた工法，あるいは最近新たに開発提案された工法等各種のものがあるが，新工法・新技術を適用することにより，適正な品質の土工構造物を，より効率的，経済的に構築できる可能性がある。新工法・新技術の導入に当たっては，施工段階での工期短縮，コスト縮減のみでなく，品質の確保，耐久性や維持管理の容易性及び交通規制期間の交通渋滞等の維持管理段階を含めたトータルな経済性について総合的に検討する必要がある。

　また，試験施工等で従来技術による場合との比較検討を必要に応じて行い，適切な性能評価を行って導入を検討することが望まれる。なお，新技術に関する情報については，新技術情報提供システム（NETIS）等を参考にするとよい。

(ⅲ) 施工段階での留意事項

①　施工に当たっては，軟弱地盤対策工と土工構造物の品質を確保するために，軟弱地盤の性状を考慮して入念に施工計画を立案するとともに，できる限り情報化施工を実施し，工事の全期間を通じて必要な施工管理を行う。軟弱地盤対策は完了後に不備が判明した場合，再施工が困難である。そのため，土工構造物の性能を確保するには，施工期間中の品質管理や施工管理を確実に実施することが重要である。この場合，以下の点に留意する必要がある。

- 設計図や仕様書の条件，特に工期と品質及び出来形に基づいて施工計画を立てる。
- 代表的な場所を選定し，管理基準値を設定し，沈下及び安定の管理に必要な観測を行う。

　観測結果から管理基準値を上回る大きな変化が予測されたときは，基礎地盤の変形量が急速に増加し，破壊に至る危険性があるため，即時に施工計画を再検討し，必要に応じて応急対策を行うとともに，その後の工法等に必要な修正を加える。

② 　軟弱地盤で行う工事では，施工時に発生する騒音や振動が生活環境へ与える影響の他，道路周辺の諸施設に予想外の被害を与えることも多いので，周辺の地盤や構造物等の条件とその重要性に応じた確実で，しかも応急の変更措置がとれるような対策をしておくことが必要である。

(iv) 維持管理段階での留意事項

　軟弱地盤上に構築した土工構造物は，供用開始後も沈下変形が継続し，適正な維持管理を行わないと道路機能への障害が生じる可能性がある。このため，沈下変形の継続が予測される箇所については，維持管理計画の立案の際に重点点検箇所として位置付けるとともに，地盤調査データや動態観測データ等調査・設計・施工時の資料を整理し，活用することが大切である。

第3章　調査・検討

3-1　基本的な考え方

> 軟弱地盤上に土工構造物を構築するに当たっては，軟弱地盤並びに軟弱地盤対策の特性を考慮し，その計画，設計，施工及び維持管理に必要な軟弱地盤の調査や対策の検討を効率的かつ的確に行わなければならない。

ここでは，軟弱地盤上に盛土や擁壁等の土工構造物を構築する際の調査・検討の基本的な考え方を示す。

(1)　道路の計画・設計との整合と段階的な調査・検討

「第1章　1-3（2）　軟弱地盤における被害の形態と留意点」で示したように，施工時においては土工構造物の安定問題や沈下問題，さらに周辺の構造物の変形問題が生じる。また，供用時においても長期間に渡り，沈下等の様々な被害が発生する。軟弱地盤で発生するこれらの被害の程度は，軟弱地盤の規模やその性状，また建設する土工構造物の種類や規模によって異なるが，一般に，その対策に多くの時間と費用を要し，道路の計画・設計におけるルート選定や盛土高さなどの平面線形や縦横断線形等に軟弱地盤は大きな影響を及ぼす。このため軟弱地盤の調査と対策の検討は，**解図3-1**に示すように段階的に道路建設の流れの中で道路の計画・設計に必要な情報を提供するため，道路の計画・設計と同時に適切に実施する必要がある。

(2)　調査・検討に当たっての留意点

調査・検討に当たっては，土工構造物の種類や規模，工事期間等の道路計画面での条件と地盤の条件に応じて，沈下・変形量等の許容値を的確に定めるこ

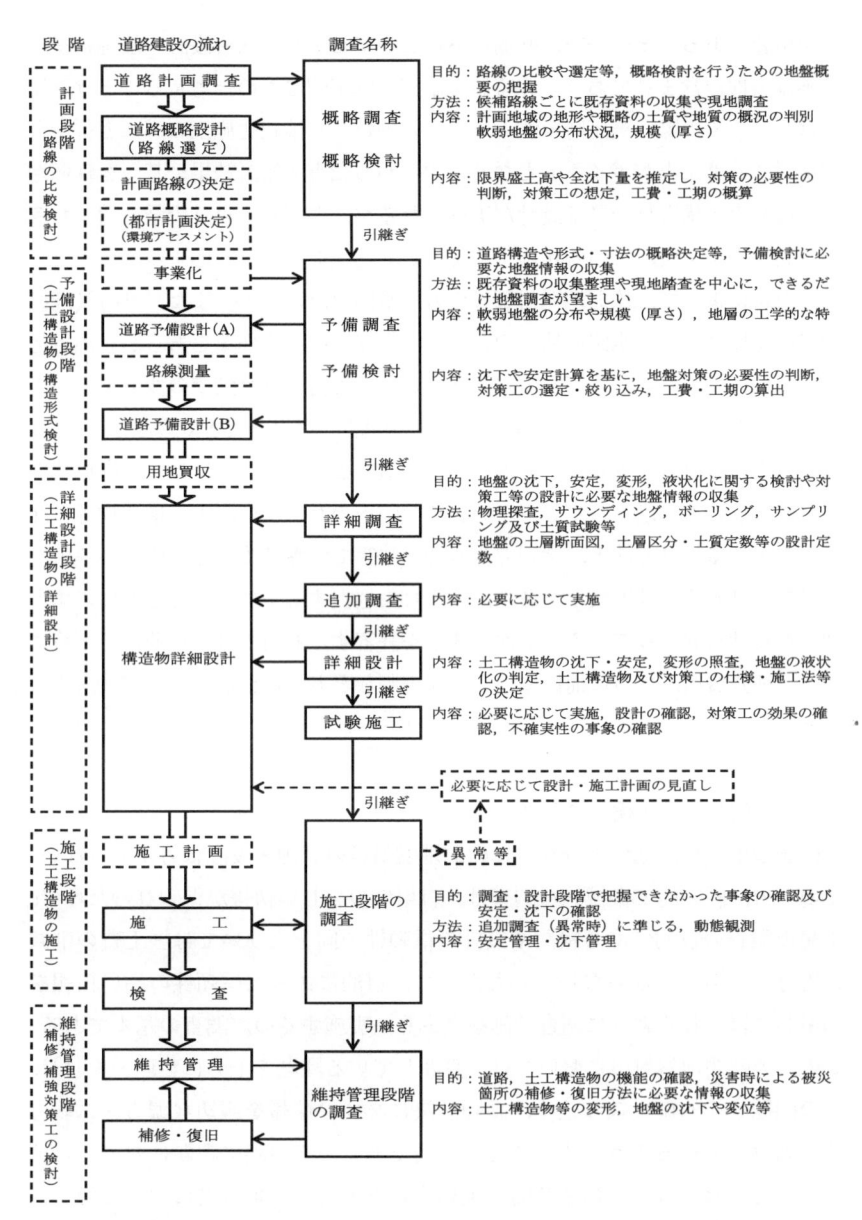

解図3-1 道路建設の段階と軟弱地盤の調査・検討との関連

とが重要である．その一方，軟弱地盤においては土質性状や設計手法等に多くの不確実性が含まれており，許容値を確実・固定的なものと考えることは適切ではない．その際，施工時の沈下・安定管理として情報化施工の導入と維持管理に対する考え方がポイントとなる．すなわち調査・検討結果に基づき軟弱地盤対策や土工構造物の詳細設計が実施されるが，調査から設計段階に含まれる不確実性を施工段階で情報化施工を導入して逐次把握し，対応することができるか否かによって，軟弱地盤対策等の方法や内容が異なる．また，維持管理段階での変形に対し，水路の補修や盛土の嵩上げ等の補修作業をあらかじめ見込み，ある程度の変形を許容する対策とするか，維持管理段階での変形を極力少なくする対策とするかで，対策の種類や工事期間，費用が大きく異なる．また，基礎を設ける擁壁やカルバート等の土工構造物と盛土との間には，基礎形式の相違により大きな段差が生じやすい．この防止のためには，土工構造物等に沈下を許容する設計方法と，深層混合処理工法等で地盤を改良し，盛土の残留沈下量を低減する設計方法とがあり，いずれを選択するかによって地盤に対する調査も設計も異なってくる．なお，沈下を許容する対策では，初期の工事費に加え，補修費用，さらに補修に伴う交通規制なども評価に加えて比較検討することが望ましい．

(3) 効率的な調査・検討の実施

軟弱地盤では，地盤調査なしに軟弱地盤対策の計画・設計は考えられない．その一方，画一的で機械的な調査は，有用性の乏しい情報が得られるだけで，本来の調査の目的である検討や設計の信頼性の向上，ひいては施工費の削減に寄与するものとならない．したがって，目的にあった信頼性の高い情報を効率的に得られるように調査計画を立案し，実施するのが調査の基本である．このため軟弱地盤対策においては，直面している課題を十分に整理・検討し，その問題点を的確に絞り込み，課題解決に必要な情報を適切な調査・試験方法で効率よく得るようにすることが大切である．その際に課題に対応した調査を一貫した方針の下に系統的に実施するとともに，各段階において適切に情報を引き継ぐことも重要である．さらに，近年は電子情報化技術の進展に

よりボーリングデータのデータベース等収集可能な情報の種類や内容は多様化・高度化している。これらの資料収集・整理は，初期の調査段階だけでなく設計・施工段階においても効率的な調査・検討を行う上でより重要性が増している。

3-2 調査・検討の進め方

> 軟弱地盤の調査と対策の検討は，道路建設の計画，予備設計，詳細設計の各段階に応じて，概略調査，概略検討，予備調査，予備検討及び詳細調査と順次精度を上げながら実施し，不十分と判断された場合は，詳細設計の段階でも必要に応じて追加調査を行う。また，施工段階においては施工管理・安全管理の調査を，維持管理段階においては点検と修繕・復旧のための調査をそれぞれ実施する。なお，詳細設計段階で必要に応じて試験施工を実施する。

(1) 調査・検討の流れ

軟弱地盤の調査と対策の検討は，道路建設の中で橋梁等の他の構造物と関連を持ちながら進められるが，道路土工の各段階に応じて必要となる情報の種類や検討の内容・精度が異なるため，それぞれの段階に応じて順次必要な調査・検討を実施し，設計・施工・維持管理を行う。

道路建設と道路土工の計画から維持管理までの全体の流れについては，「道路土工要綱　基本編　2章　解図2-1」によるものとし，解図3-1は，その一連の流れの中で，道路建設と軟弱地盤対策で実施すべき地盤調査・検討との関連を示したものである。軟弱地盤の調査・検討に当たっては，地形，地質・土質等の地盤条件の他，周辺構造物や地表水の状況，気象条件等の様々な情報が必要となるが，本指針では，主に地盤条件に関わる調査・検討を主体に記述しており，他の項目については「道路土工要綱　共通編　第1章　調査方法とその活用」を参照にされたい。道路建設の計画段階では概略調査を予備設計段階では予備調査を実施する。それぞれの調査に対応して，概略検討及び予備検討を実施する。詳細設計段階では詳細調査と追加調査を行い，軟弱地盤上の土工構造物及び軟弱地盤対策工の詳細設計を行う。また，詳細設計の実施に

当たって，情報の内容や精度に課題がある場合等，必要に応じて追加調査や試験施工を行う。施工段階と維持管理段階でも調査を実施する。

本章では，**解図3-1**に示した軟弱地盤上に土工構造物を建設する場合に必要となる，計画段階から維持管理段階までの調査の進め方及びその内容や方法を述べるとともに，軟弱地盤対策の必要性の判断や対策工法の選定等，軟弱地盤対策の計画段階及び予備設計段階に当たる概略及び予備検討について記述している。

各段階での地盤調査の概要は，以下のようなものである。

① 概略調査

　概略調査は，道路計画段階で実施される概略検討において候補路線の比較や選定等を行うために，必要な対象域の情報（地形，地質・土質）を概略的に把握し，軟弱地盤の存在や規模を明らかにするものである。既存資料の収集と現地踏査が主体の調査である（「3-3　概略調査」参照）。

② 概略検討

　概略検討は，候補路線について概略調査で得られた地盤条件に基づいて，通常の盛土が行える普通地盤であるか，問題となる軟弱地盤であるかの概略の判断を行う。軟弱地盤であると判断された場合には，対策工法を想定し，概略の工費・工期を算定し，路線決定の資料とするとともに，予備調査・予備検討に進む（「3-4　概略検討」参照）。

③ 予備調査

　予備調査は，路線決定後に軟弱地盤対策の必要性の判断及び必要とされた場合の対策工法の種類や組み合わせ等を検討するための情報を得るために実施する。概略調査と同様に既存資料の収集と現地踏査が調査の中心であるが，可能な限りサウンディング等の地盤調査を行うことが望ましい（「3-5　予備調査」参照）。

④ 予備検討

　予備検討は，予備調査の結果を基に原地盤で土工構造物を構築した場合の沈下量や安全率を求め，目標値との比較から軟弱地盤対策の必要性の判断を行う。対策が必要と判断された場合には，対策工法の種類や規模，組

み合わせ等の概略の検討及び概略の工費・工期の算定を行うとともに，詳細調査計画の立案等を行う（「3−6　予備検討」参照）。
⑤　詳細調査

　　詳細調査は，土工構造物や軟弱地盤対策工の詳細設計のために実施する調査である。地盤調査は，サウンディング，ボーリング，サンプリング及び土質試験等検討に必要な項目を実施し，土層構成，土質の種類とその強度・変形及び圧密特性等を詳細に把握する（「3−7　詳細調査」参照）。
⑥　追加調査

　　追加調査は，地盤が局所的に著しく軟弱で問題が多い場合や土工構造物や対策工法が変更になった場合等，詳細調査の結果だけでは安全で経済的な設計ができない場合に行うスポット的な調査である。調査項目は，詳細調査の場合とほぼ同じであるが，設計における問題点を解明するために適宜必要項目を追加して実施する（「3−8　追加調査」参照）。
⑦　詳細設計

　　詳細設計は，詳細調査や追加調査の結果を基に軟弱地盤上に土工構造物を構築する場合の要求性能並びに沈下・安定・変形に関する詳細な検討を行い，最終的な土工構造物の構造・寸法及び必要な対策工法の種類や施工仕様等を決定する（「第4章　設計に関する一般事項」，「第5章軟弱地盤上の土工構造物の設計」，「第6章　軟弱地盤対策工の設計・施工」参照）。
⑧　試験施工

　　設計に用いた設計値や対策工法の効果を本施工前に確認しておく必要がある場合に実施する。新技術や新工法の効果や施工性等の確認のためにも実施される（「3−11　試験施工」参照）。
⑨　施工段階の調査

　　施工段階の調査は，工事中に不測の事態や問題点が発見された際の原因解明のために行う調査と，沈下管理・安定管理として地盤や土工構造物が所定の挙動を示しているかを確認するための調査がある（「3−12　施工段階の調査」，「第7章　施工及び施工管理」参照）。

⑩　維持管理段階の調査

　維持管理段階の調査は，日常的に道路を良好な状態に維持するための保守，または異常が発生したとき，あるいは破損等が生じたときの補修・復旧等の対策を検討するために行う。この他，後述する「3-2 (4)」に示す，特に注意を要する箇所については継続的に調査を行うこともある（「第8章　維持管理」参照）。

　概略調査・予備調査・詳細調査・追加調査と概略検討・予備検討・詳細設計との関連を**解表3-1**に示す。

(2) 地盤調査に当たっての留意点

　上述した調査の基本方針に照らし，軟弱地盤調査に当たって，以下のような事項に留意する必要がある。

1) 調査計画は，調査の目的，軟弱地盤の規模及び道路構造等に応じた適切な調査方法や規模等を選定し立案する。また，調査の進捗によって順次判

解表3-1　各調査と検討・設計との関連

道路建設段階	調査				検討		
	概略調査				概略検討		
	方法		成果		方法		成果
計　画	・既存の資料の収集・整理，現地踏査		・軟弱地盤の分布，工学的な地盤性状の概略的把握 ・軟弱地盤対策の必要性の把握のための情報収集		・限界盛土高の計算 ・全沈下量の計算		・問題箇所（軟弱地盤）の評価，回避の検討 ・土工構造物の構造形式及び対策工法の想定 ・複数候補路線からの絞り込み
	路　線　決　定						
予備設計	予備調査				予備検討 地盤情報が十分でない場合		
	方法		成果		方法		成果
	・既存資料の収集・整理，現地踏査，簡易なサウンディングやサンプリング及び土質分類等のための土質試験		・計画路線上の軟弱地盤の分布や規模，工学的特性 ・対策工法の種類選定や規模決定のための情報収集 ・自然含水比等から諸土質定数推定		・限界盛土高の計算 ・盛土中心での軟弱地盤の沈下量の計算（通常，即時沈下は考慮しない）		・土工構造物の構造形式・寸法及び対策工法の絞り込み

解表 3-1　各調査と検討・設計との関連（つづき）

	予備調査		予備検討	
			地盤情報が十分な場合	
	方法	成果	方法	成果
予備設計	・同上に加え，公共用地等で地盤調査の実施 ・ボーリング ・サウンディング ・物理探査 ・サンプリング ・土質試験 ・原位置試験	・土工構造物の構造形式・寸法及び対策工法の絞り込みのために既存資料から土質定数の推定及び地盤調査から土質定数の設定	・施工条件と盛土速度の設定 ・沈下計算 　－全沈下量 　（一次圧密，必要に応じ即時沈下を検討） 　－沈下速度 　－残留沈下 ・安定計算 　（通常，圧密による強度増加を考慮しない） ・液状化の概略判定	・土工構造物の構造形式・寸法及び対策工法の絞り込み
	路線幅決定・用地取得			
	詳細調査・追加調査		詳細設計	
	方法	成果	方法	成果
詳細設計	・詳細調査では路線全域の道路中心線に沿って地盤調査の実施，追加調査では要注意箇所で調査の実施 ・ボーリング ・サウンディング ・物理探査 ・サンプリング ・土質試験 ・原位置試験	・土工構造物の詳細設計のための情報収集 ・設計土質定数の設定	・沈下計算 　－全沈下量 　（即時沈下を考慮） 　－沈下速度 　－残留沈下 　（必要に応じ二次圧密を考慮） ・安定計算（圧密による強度増加を考慮） ・耐震設計（液状化判定，残留変形，安定解析）	・詳細な土工構造物と対策工の設計 ・沈下や安定計算の安全率等の要求性能の照査 ・設計・契約図書等を作成
	試験施工			
	・土工構造物及び地盤挙動の計測	・設計定数・対策工の効果の確認		

明する調査結果を中間時点でも把握し，当初の調査計画により目的が達成できるかどうか確認し，必要に応じて調査計画の変更を行う。
2) 軟弱地盤の土質性状，土層構成は複雑で調査地点ごとに異なる場合が多いので，調査に当たっては，個々のボーリングデータを判読すると同時に，全体的な地盤性状と個々の部分的な地盤性状の関係を絶えず見極めながら総合的に判断する。また，調査地点の選定に当たっては，以下の事項について確認しておく必要がある。
   ① 周辺の地形，地質の状態や軟弱地盤となった成因，田畑や人家，水路等の土地の利用状況及び湧水箇所
   ② 軟弱地盤の平面的な広がり及び深さ
   ③ 計画道路の盛土高，盛土幅及び盛土形状等の道路構造
   ④ 周辺構造物の位置，構造・基礎形式及び規模
3) 軟弱地盤の沈下・安定については，地盤の地質学的な生成過程，地形，軟弱層厚及び土層構成等によってある程度の推定が可能である。既往の施工事例によると，類似の地盤では同じような現象が生じることが多く，調査に当たっては，類似地盤における資料を参考にすることが必要である。代表的な軟弱地盤の土層構成とその特徴を**解表3-2**に示す。
4) 詳細調査は，代表的な断面に着目して土質調査を行う。
5) 中間排水層の存在は，沈下時間に大きな影響を与えるので非常に重要である。しかし，どの層が排水層として役目を果たすか判断が難しいので注意が必要である。

地盤調査及び調査手法の一般的な事項は，以下の文献を参考にするとよい。
「地盤調査の方法と解説」（平成16年；地盤工学会）
「地盤材料試験の方法と解説」（平成21年；地盤工学会）
　なお，地下水，土壌汚染等環境項目の調査については，「道路土工要綱　共通編」，「道路土工－盛土工指針」を参照するとともに，以下の文献等を参考とするとよい。
「道路環境影響評価の技術手法」（平成19年；道路環境研究所）
「建設工事で遭遇する地盤汚染対応マニュアル」（平成24年；土木研究所）

「建設工事で遭遇するダイオキシン類汚染土壌対策マニュアル(暫定版)」
(平成17年;土木研究所)
「建設工事で遭遇する廃棄物混じり土対応マニュアル」(平成21年;土木研究センター)

解表3-2 代表的な軟弱地盤の土層構成とその特徴

名 称	概略図	軟 弱 地 盤 の 性 質	主な分布地域
粘土層型		軟弱地盤の最も標準的なタイプとして粘土または有機質分を含む粘土のみで構成されているものであり、q_u値は深さ方向に地表より直線状に増大する。なお層厚が厚い場合、下位に現れる海成粘土は鋭敏比が高く地盤対策工等で乱すと強度の回復に長時間を要し圧密の進行が非常に遅いことが多い。	小おぼれ谷 臨海埋立地
上部砂層型		地表に3～5mの砂層が載っているタイプであり、砂層が排水層となるので安定の問題は少ない。地震時における液状化が問題となることがある。	海岸砂州 自然堤防
砂層挟在型		上部に陸成粘土、下部に海成粘土が堆積し、その境界に中間砂層が介在するタイプ。中間砂層が排水層となり安定の問題は少ないが、盛土終了後も長期に渡って下部粘土層の遅れに起因する沈下が継続することが多い。	後背湿地 三角州低地
上部泥炭型		地表部に泥炭層があるタイプでその下の堆積粘土層は、上部10～15mが陸成で、深くなればその下に海成の粘土が堆積していることが多い。この型では直下の粘性土は鋭敏比が高く、安定に問題が多い。なお粘性土がなくピートだけの場合、初期沈下量は非常に大きいが、時間の経緯とともに急速に沈下は減少することが多い。	小おぼれ谷 後背湿地
泥炭挟在型		地表部に粘性土があり、その下に泥炭層が埋もれた形で堆積しているタイプ。複雑な層構成のためq_u値の深度分布傾向は判然としない。盛土施工の際には、泥炭下の有機質粘土の強度及び挙動が重要な要素となる。	後背湿地

(3) 調査結果の利用に当たっての留意点
1) 自然地盤は土層構成や土質性状が複雑であり不均一であること
　軟弱地盤においては,地盤調査の結果を基に沈下や安定等の検討がなされる。鉄やコンクリートのような人工材料では設計計算に従い施工を行えば安全な構造物が構築される。しかし、自然に存在する土や地盤を対象にする場合、その不均質性のため詳細に調査を行っても、地盤全体から見れば限られた部分についてのデータでしかない。また、地盤調査や土質試験のデータについても、場

合によっては試料の乱れ等の影響を受け，正確な地盤の情報となっていないこともある。地盤調査結果の利用に当たっては，これらの限界に留意しておく必要があり，利用に際しては，個々のデータの試験値の相互間の関係を検討し，疑問のある結果が得られた場合には再調査・試験を行うことも必要である。また，調査したデータや設計が信頼できるかを確認するため，変形や沈下等が予測したものと整合しているかを観測しながら施工を行い，結果を再度，設計・施工に反映させる情報化施工の適用も重要である。

2) 地盤の変形や破壊の正確な事前予測が困難なこと

地盤が変形して破壊に至る過程，長期的に沈下が継続し次第に収束する過程等についての研究はかなり進んでいる。しかしながら，調査方法，土質試験方法及び設計・解析方法について一貫した考え方の基に地盤全体の挙動を定量的に予測する実用的な方法は確立するには至っていない。したがって調査から解析の各方法の適用の限界や長所・短所に注意し，設計や解析で求めた値には，不確実性が含まれていることを前提として結果を判断することが必要である。

(4) 注意の必要な軟弱地盤の調査

軟弱地盤では，以下に示すような状況のときに特に沈下や安定に対して問題となることが多いので，必要に応じて詳細な調査を行うものとする。また，盛土の沈下やすべり破壊が周辺に重大な影響を及ぼすことが予想される場合や，交通量が多く供用後の交通規制が困難な場所，災害時に代替路線のない箇所では，特に詳細な調査が必要である。

① 片切り片盛り部の場合
② 道路縦横断方向に軟弱層厚の変化が著しく，基盤が傾斜している場合
③ 既設構造物がある場合
④ 橋台等との取付部やカルバートに接する盛土の場合
⑤ ゆるい砂質土等からなる地盤で地震時に液状化が予想される場合
⑥ 長期沈下が発生するおそれのある場合

また，以下に示す地盤条件の場合には，特に慎重な配慮が必要である。

1) 基盤が傾斜している地盤

　軟弱層の基盤が傾斜している地盤上に盛土を行う場合には軟弱層の厚い側の沈下が大きくなり，また側方への流動に伴いすべり破壊の生じることが多いので特に慎重な検討を必要とする。調査に当たっては，サウンディング調査を主体にした面的な調査を行い，代表的な地点でボーリング調査を行う。また，平地部から山地部にかかる箇所や複雑な地形の谷部では，一般に地質構造が複雑なため，地形状況だけでなく，必要に応じてサウンディング等により軟弱層の広がりや基盤の状態を調査しておく必要がある。

2) 海成粘土

　有明粘土等に代表されるように，高含水比で高塑性の海成粘土の中には，粒子間の固結が弱く，施工に伴う乱れにより著しい強度低下を引き起こす軟弱地盤が存在する。このような軟弱地盤には，できる限り乱れの影響の少ない軟弱地盤対策工法の採用や，供用開始後の大きな沈下への配慮が求められ，このため調査の段階で，正確な層厚分布や圧密特性及び鋭敏比等を把握することが必要である。

3) 泥炭地盤

　高有機質土（Pm）からなる泥炭質地盤には，未分解の繊維質を多く含む高有機質土の泥炭（Pt）（$w_n > 300\%$）から成るピート地盤及び分解の進んだ高有機質土の黒泥（Mk）から成る黒泥地盤がある。このような地盤のうち，ピート地盤では透水性が高いため慎重な施工を行なえば安定上それほど問題となることは少ないが，黒泥地盤では，ピート地盤に比較し，含水比が小さいものの（$w_n < 300\%$），透水係数が小さく，一度乱した場合，強度低下が著しく強度回復が遅いので安定上問題となることが多い。そのため，泥炭地盤では，調査段階においてピートと黒泥との識別をつけておくことが必要である。

4) 泥炭と海成粘土からなる地盤

　泥炭層の直下に厚い粘土層（$w_n > w_L$）が堆積している地盤の場合，安定計算を行うと泥炭層の下端を通るすべり円が最小の安全率となるが，実際には泥炭層の圧密速度は早く，早期の強度増加が期待できるため，すべり破壊面が生ずるのは，その下層の粘土層であることが多い。このような地盤は過去の破壊

事例の中では特に多く，また粘土層厚が厚い場合には供用後の残留沈下も大きい。そのため，調査に当たっては，泥炭層とともに，その下層の粘土層についての調査を入念に行う必要がある。

3-3 概略調査

> 概略調査は，路線の比較設計や選定等の概略検討に必要となる資料を得るために既存資料の収集・整理及び現地踏査を実施する。

　道路土工における概略調査は，巨視的な観点から広範囲に調査対象地域の地形，地質・土質の特徴を明らかにし，路線選定に当たって重大な支障となる事項や工費等の観点から複数の候補路線の優劣等を比較することで，最終的に一本の路線に決める（道路概略設計）ための資料を得ることを目的にしている。

　概略調査全体については，「道路土工要綱　基本編　2-3-1　概略調査」に示されているので，これを参照されたい。

　概略調査は，複数の候補路線を描き，これらの路線を比較・検討するためのものであり，この段階では精度の高い内容は要求されない。軟弱地盤に関する概略調査としては，対象路線の地盤が軟弱地盤か否かを知り，軟弱地盤である場合には，規模や土質性状を概略的に把握することが必要である。概略調査では，高い精度で調査を行っても，路線の選定段階で候補から外れた場合，調査が無駄になるため，資料調査・現地踏査を主体とする。既存資料として以下のような項目について収集・整理し，軟弱地盤の広がり（分布状況）や軟弱地盤の厚さ，土層の種類と概略の工学的性状等を把握する。

① 計画地域の地形や概略の地質・土質の状況
② 軟弱地盤の分布状況
③ 近隣の過去の施工や発生した災害の状況
④ 自然環境保全のための禁止または制限事項
⑤ その他

なお，これら既存資料の具体的な調査方法は，「3－5(1)　既存資料の利用」と同様である。

3－4　概略検討

> 概略検討は，道路計画の候補路線の基礎地盤が対策を必要とする軟弱地盤であるかを概略的に判断し，対策が必要であると判断された場合には，対応できる工法及び概略工費・工期を予測し，道路概略設計において路線の優劣を比較検討するための資料の作成及び予備調査計画を立案するために実施する。

　概略検討においては，概略調査により得られた比較対象路線における軟弱地盤に関する情報から，それぞれの路線について軟弱地盤の分布状況や厚さ，土層の種類と概略の工学的性状等の地盤条件と，路線の縦断線形から要請される盛土高や構造物等の道路条件，さらに沿道の構造物等の周辺条件から，軟弱地盤対策の必要性の判断を行う。そのために，必要に応じて，対象地盤で概略の限界盛土高や全沈下量の推定を行い，上記の道路条件に適合するか検討する。また，地震時の液状化の可能性に関しては，後述する諸方法のうち，**解表3－5**に示すような微地形分類により概略の判断を行う。対策が必要と判断された場合には，一般的に想定される範囲の中で対策工法の種類や規模の検討がなされ，それらに基づいて概略の工費や工期が算定される。これらの資料は，候補路線の比較・計画路線の決定のための資料に用いられる。

　特に，建設工事で難航が予想される軟弱地盤はできるだけ避ける姿勢が重要である。無理な計画を進めると，維持管理の段階まで困難な問題を持ち込むことになり，十分な注意が必要である。

　また，概略検討の結果は，概略調査の結果とともに，予備調査に引き継がれ，予備調査を効率的に実施するための調査計画の立案にも利用される。なお，概略検討の結果，軟弱地盤がなければ，土工構造物の各指針に従った検討に移り，軟弱地盤対策としての調査は省略してよい（**解図2－1**参照）。

3-5 予備調査

> 予備調査は，路線決定後に軟弱地盤対策の必要性の判断及び必要とされた場合の対策工法の選定等の予備検討に必要となる軟弱地盤の広がりや土質性状等の資料を得るために以下の調査を実施する。
> (1) 既存資料の利用
> (2) 現地踏査
> (3) 簡易な地盤調査

　予備調査は，計画路線の決定後に行われるもので，道路予備設計での道路の構造形式や寸法等の概略を決定するための資料を得るために実施する。予備調査の段階では，一般に用地が未買収であるため，調査は既存資料の収集整理や現地踏査を中心に実施する。ただし，道路の構造や工費に著しく影響を与える可能性のある箇所については，状況の許す限り，近隣の公共用地等を利用し，物理探査やサウンディング，ボーリング等の調査を実施することが望ましい。

　軟弱地盤の調査では，決定された計画路線上の軟弱地盤の分布や規模(厚さ)，軟弱な土層の工学的な特性を把握し，軟弱地盤対策の必要性の判断を再度，より具体的な情報に基づいて行う。対策工が必要と判断された場合，その必要理由に応じ，対策工法の種類の選定・絞り込みを行う。

　この段階では，後述する方法により沈下や安定，液状化等の検討を行い，軟弱地盤の状況とその上に構築される土工構造物の種類や構造，さらに工事完成までの期間の長短等に応じて，様々な対策工法の中から幾つかの対策工法の選定・絞り込みが行われる。この選定・絞り込みの適否は，工事の安全性はもとより，工費・工期に大きく影響する。このため，予備調査及び予備検討は極めて重要であり，慎重に実施する必要がある。

　なお，軟弱地盤上の土工構造物の安定性の具体的な検討方法については，「3-6　予備検討」，「第4章　設計に関する一般事項」，「第5章　軟弱地盤上の土工構造物の設計」を，また，対策工の具体的な選定や設計・施工法については，「第6章　軟弱地盤対策工の設計・施工」を参照されたい。

(1) **既存資料の利用**

軟弱地盤の存在を知るのに有効な既存資料とそれによって得ることができる地盤情報について説明する（「道路土工要綱　共通編　1-2既存資料の収集・整理」参照）。

1) 地形図

1/25,000及び1/50,000の縮尺の地形図が市販されており，その他に都市及び周辺部では1/2,500，その他の地域では1/5,000の地形図が全国の主要な箇所で作成されている。最近では地図の電子化が進んでおり，紙ベースの地形図のほか，電子化された数値地図がある。軟弱地盤は沖積低地に分布し，その地形的な特徴としては，一般に地表面の勾配が緩く，水田や低湿地となっていることが多い。軟弱地盤となっていることの多い代表的な地域については，**解表1-1**を参照されたい。

2) 空中写真

写真の濃度，色調，実体視等により地形，特に微地形を判読し，地形図と合わせて軟弱地盤の発見に利用することができる。軟弱地盤の地形的特徴は，1)地形図の場合と同じであるが，空中写真では地形図より微細な地形がよく表現され，地形全体像や広がり，連続性を把握しやすい。また，カラー写真の場合，焦げ茶色の地面か，湿地に特有の植生により濃緑色になっているところが軟弱地盤の可能性が高い。また，水分が多く粘土質の軟弱地盤地域は暗灰色を示す。

3) 地質図

表層土質の種類や軟弱地盤の判定に利用できる。また，地盤の成因等から，軟弱地盤の工学的な特性が把握できる場合もある。しかし，地質図は通常，縮尺が小さいため，狭い範囲の調査に適さないことが多い。

4) 古地図，地形分類図，土地利用図

古地図から過去の盛土や干拓等の歴史，人工的改変がなされる以前の地形（自然堤防，旧河道等）がわかる。また，地形分類図や土地利用図から現在の地形（低湿地，平坦地，盛土，台地等）や土地利用（水田，畑，宅地，森林等）がわかる。軟弱地盤では水田や蓮田等になっていることが多い。近年では都市化等により元の地形や土地利用の状況がわかりにくくなっている場合が多

いが，古い地形図や空中写真で元の土地利用等を確認する必要がある。
5) 既存の地盤調査結果

対象地域において，過去に実施された地盤調査の報告書が入手できれば有効な情報が得られる。しかし，軟弱地盤はその土層構成が複雑であり，土質性状の変化が著しいので，既存資料の利用に当たっては，その調査地点と現在検討中の地点との地盤生成環境の類似性を確認する必要がある。

また，最近では，地盤調査結果のデータが集積されたデータベースが公開されている箇所もあるので，参考にするとよい。

6) 周辺の他工事の工事記録及び試験施工の記録

対象地域周辺で行われた他工事の工事記録及び試験施工等の記録には，設計・施工上の問題点やその対応策等が含まれており，新しい計画には役立つことが多い。ただし，既存の地盤調査結果と同様に当該の道路計画線上の記録ではないのが普通であるから，他の資料と併せて検討する必要がある。

7) 変状・災害記録

調査対象地域周辺に存在する土木構造物等の沈下等の記録，あるいは地震による液状化等の記録を調べることにより，軟弱地盤としての問題点が明らかになる。また，住民からの聞き込み調査も有効なことがある。

(2) 現地踏査

現地を視察し，それまでの資料による調査と合わせて軟弱地盤の状況を明確にするもので，地形図及び空中写真の判読時の疑問点を解明し，地形を確認する。現地踏査時には，既存資料を現地に携行し，さらにカメラ・ハンドレベル・巻尺等を持って簡単な地形・地質調査を行い，それらを記録する。

踏査時には，以下の点に留意する。
① 地形図，空中写真等から判読された地形と実際の地形の関係が合致しているかを判断する。
② 既存の地盤調査結果の利用の可能性を明らかにするため，その調査地点を調べ，対象地域と同じ生成環境にあるか否かを判断する。
③ 軟弱地盤と想定される地域の既存の土木構造物の状況を詳細に調査

する。例えば，道路の場合では盛土高，路面の平坦性，沿道の地盤の高低の状況，のり先側溝の沈下や蛇行の有無，横断構造物の沈下や移動，クラック，構造物前後の道路の段差等，その他では農業用水路の状況，電柱の並び及び家屋の状況等を観察する。

(3) 簡易な地盤調査

可能であれば現地踏査と合わせ，以下の簡易な地盤調査や，「3-7　詳細調査」で記述する地盤調査をできるだけ実施することが望ましい。

1) 簡易なサウンディング

簡易なサウンディングとしては，ポータブルコーン貫入試験，スウェーデン式サウンディング試験等があり，土層構成が一定とみなせる範囲で最低1箇所程度，軟弱地盤区間が長い場合には，適宜数を増やす。

2) 簡易なサンプリング

簡易なサンプリングの器具としては，スコップ，ハンドオーガ等があり，これらを用いて試料を採取し，必要に応じて土質分類のための土質試験を実施する。

3-6　予備検討

> 予備検討では，決定された路線について予備調査で得られた地盤情報を用いて，軟弱地盤対策の必要性の判断や，対策が必要と判断された場合の軟弱地盤対策工法の種類や組み合わせの選定及び概略の工費・工期の算定を行う。

予備検討においては，検討の手順として，概略調査や概略検討等の結果及び予備調査で得られた地盤情報を踏まえ，まず軟弱地盤の対策を行わない原地盤に道路計画から要求される土工構造物を構築する場合を検討し，対策の必要性を判断する。

検討する内容は，予備調査で得られた地盤条件のもとで，原地盤で対策しなくても土工構造物の安全な施工が可能で，かつ舗装完成後に生じる沈下量が許容されるものであるかを，簡便な安定計算や全沈下量，残留沈下量の計

算を行って判定する。

　施工時に土工構造物の安定を確保できない可能性がある場合，また，過大な沈下が生じる場合，あるいは施工後に有害な沈下が残ることが推定される場合には，適切な対策工法の選定及び概略の工費・工期の算定を行うとともに，引き続き詳細調査を実施し，「第4章　設計に関する一般事項」，「第5章　軟弱地盤上の土工構造物の設計」及び「第6章　軟弱地盤対策工の設計・施工」に従い，軟弱地盤上の土工構造物の詳細な設計並びに対策工法の選定・絞り込み，対策工法の設計を行う。施工時に土工構造物が十分な安定性を有し施工後も有害な沈下が生じないと推定される場合は，軟弱地盤としての詳細調査を行なわず，土工構造物の各指針に従った検討に移る。

　予備検討段階での各種検討は，予備調査で得られた情報の内容や量・精度に応じて以下の方法で行うとよい。なお，以下では対象構造物として主に道路盛土を想定し，予備調査を踏まえた検討の内容を述べる。

(1)　詳細な地盤情報がほとんど得られていない段階

　予備検討の初期の段階では，地盤の特性の検討に役立つ資料がわずかしか得られていない場合が普通である。周辺の類似地盤において土質調査や盛土の沈下測定等の結果があれば，それらを流用することも可能であるが，ほとんどの場合，そのようなデータのない状況下で予測を行わなければならない。このため予備調査で得られた情報の中から，できるだけ信頼性の高い地盤情報，土質定数を見出し，無対策での原地盤における限界盛土高や全沈下量等の推定，液状化の判定を行うことが大切である。そして，普通の盛土が可能な地盤か，どの程度の軟弱な地盤であるかを概略判断し，必要に応じて軟弱地盤対策工の工法及び概略の工費・工期等について検討する。

　予備検討の初期の段階では，以下の関係及び計算式を用いて限界盛土高や全沈下量を推定することができる。

1) 限界盛土高の推定
（i） 土の強度の推定
i） サウンディングによる土の強度定数の推定[1]

　粘性土の強度としては，一軸圧縮強さ q_u から得られる非排水せん断強さ $c_u(=q_u/2)$ を用いることが多い。土質試験によって q_u 値が直接求められていないような場合は，N 値，コーン貫入抵抗 q_c，スウェーデン式サウンディング試験の結果から式(解3−1)〜式(解3−5)により推定することができる。なお，標準貫入試験の N 値からの一軸圧縮強さの推定は，低強度領域では，ばらつきが大きく精度が低いため，推定値の利用に当たっては十分に注意する必要がある。

①標準貫入試験より [1]

$$q_u = 25 \sim 50N \quad (\text{kN/m}^2) \quad (N>4)$$
解図 3−2 による $\quad (N \leq 4)$ ……（解 3 − 1）

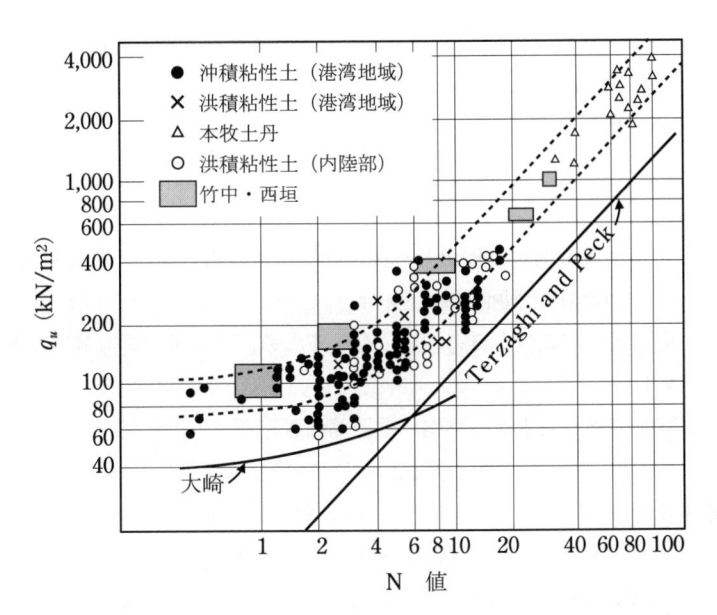

解図 3−2　一軸圧縮強さ q_u と標準貫入試験の N 値の関係[1]

ここに，

　　　q_u：一軸圧縮強さ（kN/m^2）

　　　N：標準貫入試験の N 値（打撃回数）

②コーン貫入試験より

　　$q_u = 1/5 q_c$ ……………………………………………………………（解3−2）

　　　$= 2(q_t - \sigma_{vo})/N_{kt}$ ………………………………………………（解3−3）

また，ポータブルコーン貫入試験のコーン貫入抵抗 q_c とオランダ式二重管コーン貫入試験のコーン貫入抵抗 q_{cd} とは次の関係がある。

　　$q_c ≒ 0.741 q_{cd}$ (kN/m^2) …………………………………………（解3−4）

ここに，

　　　q_c：ポータブルコーン貫入試験のコーン貫入抵抗（kN/m^2）

　　　q_t：電気式コーン貫入試験の先端抵抗（kN/m^2）

　　　σ_{vo}：鉛直全応力（kN/m^2）

　　　N_{kt}：電気式コーン貫入試験のコーン係数　（$N_{kt}=8\sim16$）

　　　q_{cd}：オランダ式二重管コーン貫入試験のコーン貫入抵抗　（kN/m^2）

③スウェーデン式サウンディングより

　　$q_u ≒ 0.045 W_{sw} + 0.75 N_{sw}$ ……………………………………（解3−5）

ここに，

　　　W_{sw}：1,000N 以下で貫入した場合の荷重（N）

　　　N_{sw}：上記の荷重で停止した後，回転により貫入させた時の貫入量 1m 当たりの半回転数（回/m）

なお，相関式は地域の土質特性に依存するため，当該地域の経験式に基づくことが望ましい。

ii) 軟弱地盤の平均含水比と平均一軸圧縮強さ

　地盤の含水比 w_n 及び一軸圧縮強さ q_u について，それぞれの深度分布図を描き，**解図3−3**に示すように軟弱層厚 H に対する平均含水比 $\bar{w}_n$ 及び平均一軸圧縮強さ $\bar{q}_u$ の関係を求める。**解図3−4**はこのようにして求めた $\bar{w}_n$ と $\bar{q}_u$ の関係を示した例である。図より平均含水比から平均一軸圧縮強さを求めることができる。

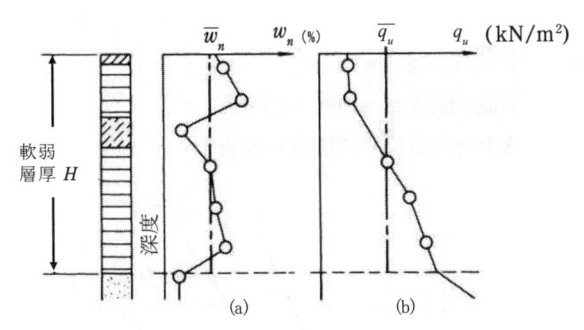

解図3-3 平均含水比 $\overline{w}_n$，平均一軸圧縮強さ $\overline{q}_u$ の求め方

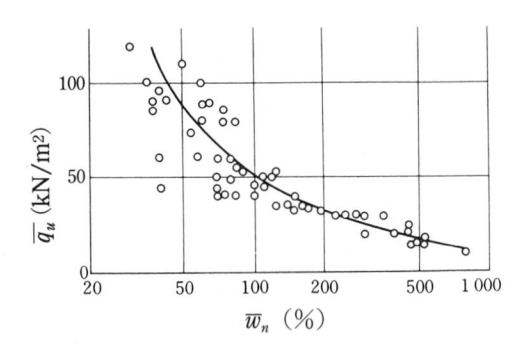

解図3-4 平均含水比 $\overline{w}_n$ と平均一軸圧縮強さ $\overline{q}_u$ の関係
（名神・東名高速道路，東京周辺の一般国道）

iii) 限界盛土高の推定

　通常，限界盛土高は地盤の一軸圧縮強さ等を用いて安定計算または安定図表を用いる方法等によって求めるが，**解図3-3**及び**解図3-4**で求めた軟弱層の平均一軸圧縮強さ $\overline{q}_u$ に対する地盤の限界支持力度 q_d を**解図3-5**に示した関係を用いて求め，式（解3-6）から，限界盛土高 H_{EC} を計算することができる。

$$H_{EC} = q_d / \gamma_E \quad \cdots\cdots\cdots\cdots\cdots\cdots\cdots\cdots\cdots\cdots\cdots\cdots\text{(解3-6)}$$

ここに，

H_{EC}：限界盛土高（m）
q_d：地盤の限界支持力度（kN/m²）
γ_E：盛土材の単位体積重量（kN/m³）

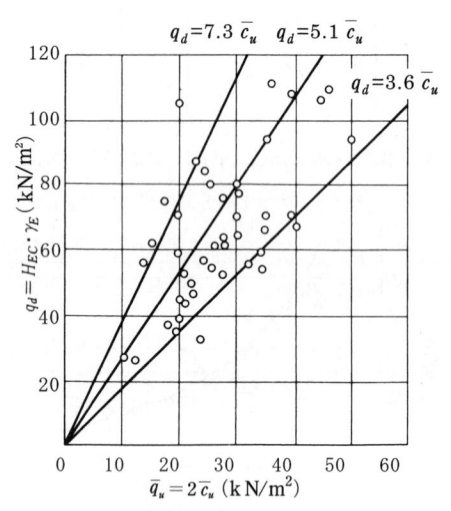

地盤条件	q_d (kN/m²)
厚い粘性土地盤及び黒泥，または有機質土が厚く堆積した泥炭質地盤	$3.6\,\overline{c_u}$
普通の粘性土地盤	$5.1\,\overline{c_u}$
薄い粘性土地盤及び黒泥，または有機質土をほとんど挟まない薄い泥炭質地盤	$7.3\,\overline{c_u}$

解図3-5 平均一軸圧縮強さと限界支持力 q_d との関係
（高速道路，一般国道，旧国鉄の例）

［参考3-6-1］ 軟弱地盤の平均含水比と盛土高の関係

参図3-1は名神，東名高速道路等で遭遇した軟弱地盤の平均含水比 $\overline{w_n}$ とその上に施工された盛土高 H_E の関係を示したものである。

図中に，**解図3-4**における $\overline{w_n}$ と $\overline{q_u}$ の関係及び**解図3-5**におけるる q_d と $\overline{c_u}$ の関係を用いて求めた限界盛土高 H_{EC}（盛土材の単位体積重量は17kN/m³ と仮定）を入れると，

これらの軟弱地盤の大部分では，限界盛土高にほぼ近い盛土が施工されたことがわかる。このように大部分の軟弱地盤では，特別な対策工を施さなくても盛土が破壊した例はごくわずかであった。ただし，高速道路における盛土速度は，3〜10cm/日程度以下であった。

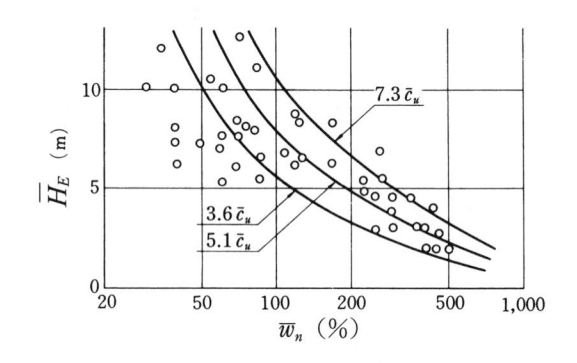

参図3-1 平均含水比 $\overline{w}_n$ と盛土高さ H_E の関係（名神，東名その他高速道路）

2) 全沈下量の推定
(i) 土質定数
i) 軟弱層の平均含水比と平均体積圧縮係数

地盤の沈下量の概略値を計算するために，軟弱層の平均体積圧縮係数 $\overline{m}_v$ を用いることがある。**解図3-6**は，これまでの高速道路や一般国道の盛土におけるデータから平均含水比 $\overline{w}_n$ と平均体積圧縮係数 $\overline{m}_v$ の関係を求めた結果である。

ii) 軟弱地盤の平均含水比と $e\text{-}\log p$ 曲線

解図3-7は，多くの軟弱地盤について，自然含水比 w_n の範囲をパラメータにして，$e\text{-}\log p$ 曲線を統計的に処理した結果である。したがって，$e\text{-}\log p$ 曲線が試験で得られていない場合には，地盤の含水比の範囲を知ることにより，この図を用いて概略の沈下量を推定することができる。

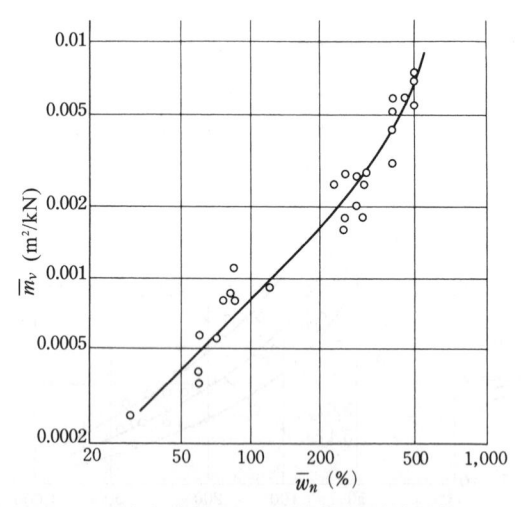

解図 3-6 平均含水比 $\overline{w}_n$ と平均体積圧縮係数 $\overline{m}_v$ の関係
（高速道路，一般国道）

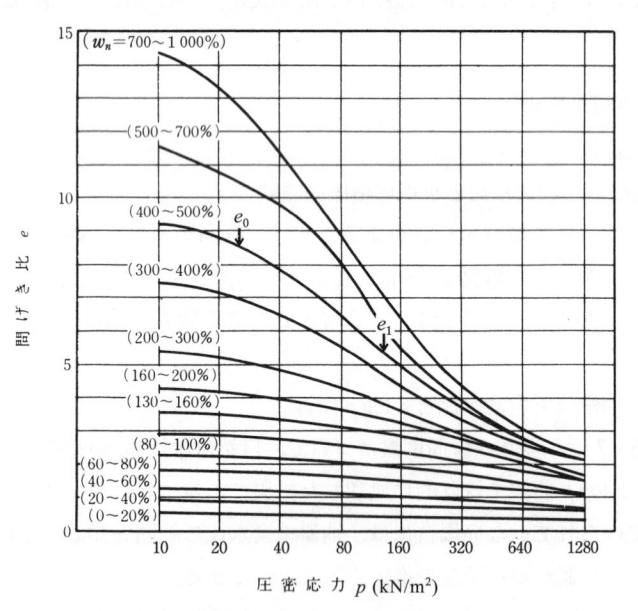

解図 3-7 自然含水比 w_n と e-$\log p$ 曲線の関係
（高速道路，一般国道）

iii) 軟弱地盤の液性限界と圧縮指数

地盤の沈下量の概略値を計算するために，軟弱層の圧縮指数 C_c を用いることがある。**解図3-8**は，液性限界 w_L と圧縮指数 C_c の関係を求めた結果の例である。液性限界と圧縮指数の関係は，地域によって異なるが，式（解3-7）により沈下量の目安の推定に用いることができる。

$$C_c = 0.009 \times (w_L - 10) \sim 0.015 \times (w_L - 19) \quad \cdots\cdots\cdots\cdots\cdots \text{（解3-7）}$$

ここに，
$\quad C_c$：圧縮指数（無次元）
$\quad w_L$：液性限界 （%）

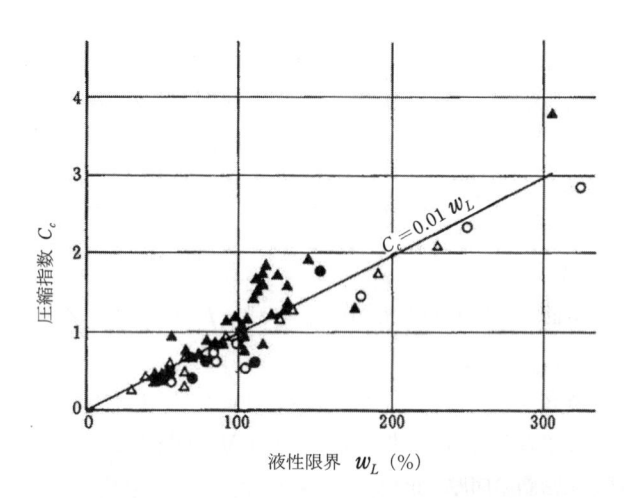

解図3-8 液性限界と圧縮指数の関係の例[2]

(ii) 全沈下量の推定

軟弱地盤上に施工した盛土の中央部に生じる全沈下量 S は，以下の方法で概略値を計算することができる。

i) 平均体積圧縮係数による方法

解図 3-6 に示した関係を用いて軟弱層の平均体積圧縮係数 $\overline{m}_v$ を求め，式（解3-8）により全沈下量 S の概略値を計算することができる。

$$S = \overline{m}_v \cdot \Delta p \cdot H \quad \cdots\cdots\cdots\cdots\cdots\cdots\cdots\cdots\cdots\cdots\cdots\cdots\cdots\cdots\cdots\cdots (解 3-8)$$

ここに，

　　　S：全沈下量（m）

　　　$\overline{m}_v$：軟弱層の平均体積圧縮係数（m²/kN）

　　　Δp：盛土による鉛直有効応力の増分（kN/m²）

　　　H：圧密層の層厚（m）

ii) e-$\log p$ 曲線による方法

解図 3-7 に示した自然含水比 w_n と e-$\log p$ 曲線の関係から圧密応力に応じた e_0 及び e_1 を求め，式（解3-9）を用いて全沈下量 S の概略値を計算することができる。

$$S = \frac{e_0 - e_1}{1 + e_0} \cdot H \quad \cdots\cdots\cdots\cdots\cdots\cdots\cdots\cdots\cdots\cdots\cdots\cdots\cdots (解 3-9)$$

ここに，

　　　e_0：**解図 3-7** の自然含水比 w_n の e-$\log p$ 曲線における初期鉛直有効応力 p_o の間隙比

　　　e_1：**解図 3-7** の自然含水比 w_n の e-$\log p$ 曲線における盛土荷重による鉛直有効応力の増加時 $p_1 = p_0 + \Delta p$ の間隙比

　　　H：圧密層の層厚（m）

なお，泥炭質地盤のように含水比の著しく異なる層に分かれているときは，各層ごとに平均含水比から層別の沈下量を計算するのがよい。

iii) 圧縮指数による方法

式（解3-7）より液性限界 w_L から圧縮指数 C_c を求め，**解図 3-7** より自然含水比 w_n の e-$\log p$ 曲線における初期の鉛直有効応力 p_0 での初期間隙比 e_0 を求め，式（解3-10）により全沈下量 S の概略値を計算することができる。

$$S=\frac{C_c}{1+e_0}\cdot \log \frac{p_0+\Delta p}{p_0}\cdot H \cdots\cdots\cdots\cdots\cdots\cdots\cdots\cdots\cdots\cdots\cdots（解3-10）$$

ここに，

C_c：圧縮指数　（無次元）

p_0：初期の鉛直有効応力（kN/m^2）

Δp：盛土による鉛直有効応力の増分（kN/m^2）

H：圧密層の層厚（m）

3）液状化の概略判断

　地盤情報がほとんど得られていない段階での地震時における地盤の液状化の可能性については，後述の**解表3-5**に示すような微地形分類により概略の判断を行う。

(2) 地盤情報がある程度得られた段階

　予備調査で地盤情報がある程度得られた段階では，得られた情報を用いて予定された盛土条件に基づいて，盛土に生じる全沈下量，沈下速度及びすべり破壊に対する安定を検討する。また，基礎地盤に地震時の液状化被害が予想される場合は，必要に応じて液状化の検討を行い，必要な対策工法の種類の検討と概略の工費，工期等を算定する。

1）検討条件の設定

(ⅰ) 地盤条件

　　地盤条件は，予備調査の結果に基づき，「3-9　調査結果のとりまとめ」及び「3-10　設計のための地盤条件の設定」で示すように条件を決定する。

(ⅱ) 盛土条件

ⅰ) 盛土の荷重

　一般に道路路面の計画高までの盛土を対象にして検討を進めるが，低盛土の場合には必要に応じて舗装荷重及び**解図5-12**に示す交通荷重の影響を加えた検討も実施する。

ⅱ) 盛土材の単位体積重量

　盛土材の単位体積重量は，予備検討段階では土質試験で求めることができな

解表3-3 盛土材・地盤の単位体積重量 (kN/m³)

	土質	緩いもの	密なもの
自然地盤	砂及び砂礫	18	20
	砂質土	17	19
	粘性土	14	18
盛　土	砂及び砂礫	20	
	砂質土	19	
	粘性土（ただし w_L ＜50%）	18	
	火山灰質粘性土	15	

い場合も多い．そのときは，単位体積重量を**解表3-3**のように仮定してもよい．

iii) 盛土荷重による地盤内の鉛直応力

　一般的な台形形状の盛土による地盤内の鉛直応力の増分 Δp は，「5-3 (2) 沈下計算1) (ii) 盛土条件」に示す方法を用いて求める．

　盛土荷重の計算には，予備検討段階では通常計画盛土高をとり，特に沈下量を考慮しなくともよい．

　また，鉛直有効応力の増分 Δp は一般に盛土中央下のみについて求めておけばよいが，他の部分の地中応力の増分が必要な場合には**解図5-5**を用いて求める．

iv) 盛土速度

　予備検討段階での工期の算定のための盛土速度は，地盤の性質に応じて，**解表3-4**の値を用いることができる．工期の関係からより速い速度で盛り立

解表3-4 盛土の施工速度

地盤条件	盛土速度 (cm/日)
厚い粘性土地盤及び黒泥，または，有機質土が厚く堆積した泥炭地盤	3
普通の粘性土地盤	5
薄い粘性土地盤及び黒泥，または，有機質土をほとんど挟まない薄い泥炭地盤	10

てる場合には，詳細な地盤調査を行い，安定性を検討する必要がある。
v) 目標値の設定

予備検討における土工構造物の沈下と安定の目標値を設定する場合は，以下の考え方を基本に設定する。

土工構造物によって生じる基礎地盤のすべり破壊に対する最小安全率は1.2～1.3を目標とするが，情報化施工を前提に設計する場合には，その計測・管理システムの内容や精度に応じて目標安全率を設定するとよい。また，沈下量の目標値の設定については，「5-3　常時の作用に対する沈下の照査」に準じてよい。

2) 沈下の検討
(i) 全沈下量

予備検討段階では，盛土の載荷によって生じる地盤のせん断変形に伴う即時沈下及びゆるい砂層に生じる圧縮沈下を無視し，盛土中央下の軟弱土層の一次圧密沈下量のみを求めて全沈下量 S としてよい。

全沈下量 S は土層区分された圧密層ごとに式（解3-8）～式（解3-10）により一次圧密沈下量を求め，軟弱層全体について合計して求める。

近接して構造物等があり周辺地盤への影響を考慮する場合や，急速盛土等により地盤のせん断変形に伴う即時沈下の影響が大きいと予測される場合には，全沈下量に加え，「5-3 (2) 沈下計算」を参考に即時沈下についても考慮する。

(ii) 沈下速度

圧密沈下の速度は，排水が鉛直方向にだけ行われるとする一次元排水条件によって求める。

沈下速度は，「5-3　常時の作用に対する沈下の照査」に基づいて，圧密時間 t での圧密度 U を式（解5-8）及び**解図5-8**により求め，また圧密沈下量 S_t を $S_t = S \cdot U$ により求め，圧密時間 t と圧密沈下量 S_t から沈下速度を算定する。

(iii) 残留沈下量

予備検討において，残留沈下量は一次圧密のみを対象に，式（解3-11）によって求める。

$$\Delta S = S \cdot (1 - U) \quad \cdots\cdots\cdots\cdots\cdots\cdots\cdots\cdots\cdots\cdots\cdots\cdots\cdots\cdots\cdots (解3-11)$$

ここに，
　　ΔS：残留沈下量（m）
　　S：全沈下量（m）
　　U：圧密度

3) 安定の検討

予備検討においては基礎地盤の圧密による強度増加を無視した全応力法によって，地盤のすべり破壊に対する安全率を求める。

安定の検討は，「5－4　(2) 3) (i)　すべりに対する安定計算方法」に準じて行う。その際，詳細設計段階では圧密に伴う強度増加を考慮して計算するが，予備検討の段階では通常，十分な土質データが得られていないため，圧密による強度増加を考慮しない。

4) 液状化の検討

盛土を支持する砂質土地盤において地震時に液状化が生じた場合，地盤の支持力が大幅に失われ，結果として盛土が大規模な被害を受けることがある。したがって，このような条件の地盤と判別された場合には液状化の影響を考慮した検討を行うのがよい。なお，定量的な液状化判定方法は「5－6　地震動の作用に対する安定性の照査」に示しているので，適宜参照されたい。

(i) 液状化現象に関連する因子

砂質土地盤の液状化現象は砂質土が振動を受けたときに生ずる負のダイレイタンシーが間隙水圧に転化されることによって生じ，地盤の有効応力が低下し，強度や支持力が完全にまたは部分的に失われる現象である。

地震時に砂質土地盤が液状化するかどうかは，一般に以下のような要因に支配される。

i) 地震動

地震動が強いほど，地盤内の地震時せん断応力が大きくなるため，液状化が発生する可能性が高くなる。逆に，地盤の状態に応じた限界以上の地震時せん断応力を発生させるような強い地震動でなければ，液状化は生じない。また，地震動の継続時間が長いほど液状化の発生に有効な波数が多くなるため，液状化の発生する可能性は高くなる。

ii) 密度及び拘束圧

　液状化は地盤の密度が大きくなるほど発生しにくい。また，土の種類及び拘束圧が一定のとき，土の密度が大きいほどN値は大きい。このためN値が大きいほど液状化は生じにくいことになる。なお，N値は一定密度において拘束圧が増加すると大きくなるため，液状化の評価を行う際には，N値を一定の拘束圧相当に換算したN値を用いて評価が行われる。なお，土層に粒度の粗い礫等が含まれる粗砂の場合には，N値は実際の動的せん断強度比の割には大き目に測定されるので，注意が必要である。逆に，粒度の小さいシルト分等が含まれる細砂の場合には，N値は小さめに測定される。

iii) 粒度分布

　砂質土の粒度分布も液状化に影響を与える。これは，砂質土に細粒分，特に粘土分が多く含まれると間隙水圧が上昇しても，土粒子が相互にばらばらになりにくく強度の低下度合が著しくないこと，逆に粒径が大きいと地盤中に発生した過剰間隙水圧が消散しやすく，有効応力の低下度合が小さいことによる。

　実際に液状化した地盤及び液状化の可能性があるといわれる地盤の粒度範囲の一例として**解図3-9**を示すが，より定量的な粒度範囲については「5-6 地震動の作用に対する安定性の照査」を参照されたい。

iv) 上載荷重，地下水位及び地層構成

　動的せん断強度及び地震時に発生するせん断応力は，地盤内において深さが

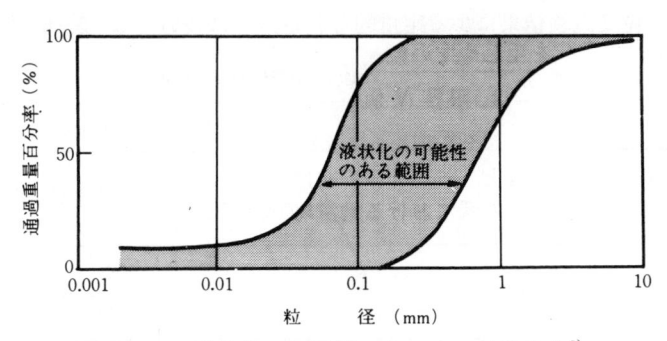

解図3-9 液状化の可能性のある土の粒径分布[3]

大きくなれば増大する。しかし，一般に深さが深いほど，あるいは盛土等の上載荷重が大きいほど，また地下水位が低いほど，液状化が生じにくい傾向がある。これは，動的せん断強度は，有効上載圧の増加に比例して大きくなるのに対し，地震時に発生するせん断応力は有効上載圧の増加に対して一次比例的には大きくならないためである。また，土層構成によっても液状化の様相は著しく変化する。例えば，厚さが3m程度以上の液状化しにくい土層が表層にある場合には，地中において液状化が生じても，液状化現象の痕跡である噴砂噴水が見られない[4]。このため，地盤の深層部の液状化は浅層部の液状化ほどには構造物に大きな影響を与えないと考えられる。

(ii) 液状化の可能性のある地盤の判別

液状化の可能性のある地盤の判別のためには，各検討段階に応じて様々な検討及び判定手法がある。地盤・土質の詳細な情報の少ない概略調査や予備調査段階では，微地形やN値のような情報に基づいて地震時に液状化を生ずる可能性のある地盤の有無を概略把握し，その後の調査計画・検討方法を判断する。

i) 地形・地質等に基づいた概略の判別

過去の地震の経験から，液状化は沖積地盤あるいは人工埋立地盤で起こると考えてよいが，旧河道，埋立地，水辺に近接する箇所等で飽和したゆるい砂質土が堆積した地盤では，特に液状化が生じやすい。**解表3-5**は地形的な特徴に着目して液状化の発生の可能性について整理したものである[5]。

ii) N値，粒度試験結果等に基づく概略の判別

N値，粒度試験結果による定量的な判定方法については「5-6 地震動の

解表3-5 地形による液状化の可能性[5]

微地形分類	液状化の可能性
埋立地，水上の盛土，現・旧河道，発達が微弱な自然堤防，砂丘間の低地，砂丘と低地の境界部	可能性が高い
上記以外の低地	場合によっては可能性あり
台地，丘陵，山地	可能性が低い

作用に対する安定性の照査」に示しているが，概略または予備調査の段階では，液状化による被害のおそれのある N 値の範囲としては**解表 1-2** に示した 10〜15 以下を目安とすればよい。

3-7 詳細調査

> 詳細調査では，軟弱地盤対策の必要性の判断及び必要とされた場合の対策工法の選定や詳細設計に必要となる軟弱地盤の性状等の資料を得るために以下の調査を実施する。
> (1) 現地踏査
> (2) 物理探査
> (3) サウンディング
> (4) ボーリング
> (5) サンプリング
> (6) 土質試験
> (7) 原位置試験

詳細調査は，軟弱地盤上の土工構造物及び軟弱地盤対策工の詳細設計（すなわち，「第 4 章 設計に関する一般事項」，「第 5 章 軟弱地盤上の土工構造物の設計」，「第 6 章 軟弱地盤対策工の設計・施工」）を行うことを目的として，確定した道路中心線に沿って路線全域に渡って実施するもので，現地踏査，物理探査，サウンディング，ボーリング，サンプリング，土質試験及び原位置試験等を主体として行う。詳細調査は，路線全域に渡る総括的調査と，問題のある箇所あるいは特に検討を要する箇所の調査とを段階に分けて行う。最初に路線全域を一定の間隔で調査する。さらに，縦横断方向に変化の激しい箇所や土工構造物の規模の大きな箇所等では，より詳細に間隔を詰めて調査を実施し，対策の検討に必要な軟弱地盤の厚さや土層の成層状態，物理特性や強度，圧密特性や液状化抵抗等の情報を過不足なく得るように実施する。調査の内容は，画一的な調査を実施するのでなく，予備検討で絞り込んだ対策工法の設計や実施に必要な項目を中心に効率的に行う。詳細調査で得られる情報を基に，土工

構造物や地盤の安定性を照査し，土工構造物の設計や軟弱地盤対策工法の種類や規模，施工仕様等を最終的に決める。この詳細調査で情報が不足した場合には追加調査を行う。

(1) **現地踏査**

　現地踏査の詳細については，「3-5(3)　現地踏査」を参照されたい。

(2) **物理探査**

　物理探査には，弾性波，電気，電磁波及び重力等を利用した様々な方法がある。物理探査で計測する対象は物理量であって，地盤の工学的性質そのものを直接示すものではないが，サウンディングやボーリング等の点の調査とは異なり，測線に沿って連続的に地質状況が分かる利点もあり，概略の地盤状態や相対的な弱点箇所を把握するのに有効な場合がある。

　軟弱地盤において，重要な構造物の地震応答解析等の詳細な検討を行う際に，PS検層（弾性波速度検層）を実施することがある。PS検層はボーリング孔を利用して行われる物理探査であり，地盤の弾性波速度（P波，S波）が得られる。この結果から地盤のせん断剛性 G や耐震設計上の基盤面の設定など，地盤の地震応答解析用のモデルが設定される。

(3) **サウンディング**

　サウンディングは軟弱地盤の厚さ，土層の成層状況，中間砂層の存在等を明らかにし，設計に際して土層区分をするための判断資料を得るために行うものである。その方法は，パイプまたはロッドの先端につけた抵抗体を地中に挿入し，これに貫入，回転，引き抜き等の力を加えた際の土の抵抗から土層の分布と強さを相対的に判別する手段である。

　サウンディングはボーリング，サンプリングに先立って実施し，その結果に基づいてサンプリングすべき位置と深さを決める。我が国で多く用いられるのは，標準貫入試験，スウェーデン式サウンディング試験及びコーン貫入試験である。

標準貫入試験は，ボーリング孔を利用して実施されるため，地盤の途中に硬い土層があっても試験（N値測定）を続行できること，土質試料を採取できることが大きな利点である。標準貫入試験は原則として深さ1mごとに実施する。試験深度は安全側にみて，土層にかかわりなく十分な支持力を得られる土層までとするのが望ましい。N値は地盤構造を評価するために利用されるだけでなく，土質定数の推定に用いられる。しかしながら，基本的にN値は地盤の硬軟を幅広く表す指標であり，軟弱粘性土の力学特性を推定する指標としては，精度が低く推定結果に大きな幅を有することに留意する必要がある。また，砂質土層の液状化の検討にN値を用いる場合は，上載荷重や細粒分や塑性指数等による補正が必要であることに留意する。

軟弱地盤の強度の推定にはコーン貫入試験（ポータブルコーン貫入試験，オランダ式二重管コーン貫入試験及び電気式コーン貫入試験等）やスウェーデン式サウンディング試験がよく用いられる。オランダ式二重管コーン貫入試験はある程度の強さの中間砂層を貫通することができるとともに，連続的な土質データが得られる。電気式コーン貫入試験は，これに加え間隙水圧の測定により土質の推定や排水層の確認ができる。また，スウェーデン式サウンディング試験は，操作が簡単で調査に要する時間が短いため多くの地点の調査ができる。

これらのサウンディング試験は，貫入抵抗等が測定されるが，貫入抵抗等と地盤のせん断強さとの相関関係が提案されており，せん断強さを推定することができる。また，深さ方向に連続的にデータが得られるため，挟在する砂層等を確実にとらえることができる利点がある。他方，地盤の浅層等に砂礫や硬い層があると，これらを貫通させることに困難を生じるなどの弱点もある。

サウンディングの間隔は，地形や地層の変化の程度により変える必要があり，道路中心線に沿っての間隔は，20〜100m程度とする。調査の進め方として，最初は100m間隔程度で実施し，その結果に応じて中間点等に調査地点を補足していくのがよい。地形変化のはげしいところや軟弱地盤の土層構成が複雑な場合には，予定される盛土両側ののり先でもサウンディングを行い，横断方向の土層構成の変化を明らかにする。

特に，谷地部の軟弱地盤を横断するようなときは，道路縦断方向に軟弱層厚

が大きく変化するとともに，道路横断方向にも基盤の傾斜や軟弱層厚の変化がみられることが多い。このため，道路中心線とともに，予定される盛土両側ののり先付近についてもサウンディング等で調査を行い，全体的な基盤形状と土質性状を把握することが望ましい。また，後述する**解図3-13**に示すような道路縦断方向の土層断面図を作成することになるので，地形的にひとつの軟弱地盤区域とみなされる範囲内では，道路縦断方向に少なくとも2地点以上でサウンディングを実施することが望ましい。

解表3-6に主なサウンディング方法の特徴を示す。また，後述する「(7)原位置試験」についても同表に並記する。

(4) ボーリング

ボーリングは，地盤調査において重要な方法の一つとして予備調査から詳細調査までの各段階において多用されている。ボーリングでは，掘削抵抗，掘削速度及び掘削流体中のスライムから，概略の土質，土層構成を把握することができる。

また，軟弱地盤の調査では，ボーリング孔を利用して，サンプリングや原位置試験が行われるのが一般的である。なお，ボーリングの孔径は，ボーリング孔の利用目的に応じて異なるので，適切に設定する必要がある。**解表3-7**にボーリング孔の利用目的と孔径について示す。

(5) サンプリング

地盤を構成する軟弱層の土質の強度試験や圧密試験のために，適切なサンプラーを利用し乱さない試料を採取をする。

サンプリング位置はサウンディング結果を参考にして，軟弱層の厚い箇所，あるいは最も強度の弱いと考えられる地点を主に選定し，さらに砂質土の場合には，液状化する可能性がある位置を選定する。道路縦断方向の間隔は50～100mを標準とするが，地形的にみて一つの軟弱地盤の区域とみなされる範囲内や，谷地部の軟弱地盤を横断する箇所では，少なくとも縦断方向に2地点以上でのサンプリングを実施するのが望ましい。

解表3−6 サウンディング方法及び原位置試験の特徴[1]に一部加筆・修正

方法	名称	連続性	測定値	測定値からの推定量	適用地盤	可能深さ	特徴	規格
静的	スウェーデン式サウンディング試験	連続	1000N 以下で貫入した場合の荷重(W_{sw})、貫入量1m当たりの半回転数(N_{sw})	N値やせん断強さに換算（数多くの提案式がある）	粘性土地盤や砂質土地盤	10m程度	標準貫入試験に比べて作業が簡単である	JIS A 1221
	ポータブルコーン貫入試験	連続	貫入抵抗 q_c	せん断強さ	粘性土や腐植土地盤	5m程度	簡易試験で極めて迅速	JGS 1431
	オランダ式二重管コーン貫入試験	連続	先端抵抗 q_{cd}（周面摩擦 f_s）	せん断強さ、土質判別	粘性土地盤や砂質土地盤	貫入装置や固定装置の容量による	データの信頼度が高い	JIS 1220
	電気式コーン貫入試験	連続	先端抵抗 q_t 間隙水圧 u（周面摩擦 f_s）	せん断強さ、土質判別、概略の排水や圧密特性	粘性土地盤や砂質土地盤	貫入装置や固定装置の容量による	データの信頼度が高い	JGS 1435
	原位置ベーンせん断試験	不連続	最大トルク	粘性土の非排水せん断強さ	軟弱な粘性土地盤	15m程度	軟弱粘性土専用で c_u を直接測定	JGS 1411
	孔内水平載荷試験	不連続	圧力、孔壁変位量、クリープ量	地盤の水平方向の変形特性（変形係数、初期圧力、降伏応力）	孔壁面が滑らかで自立するあらゆる地盤、岩盤	基本的に制限なし	推定量の力学的意味が明瞭である	JGS 1431
動的	標準貫入試験	不連続最小測定間隔は50cm	N値（所定の打撃回数）	砂の密度、せん断抵抗角、変形係数、液状化強度、支持力、一軸圧縮強さ	玉石や転石を除くあらゆる地盤	基本的に制限なし	普及度が高く、ほとんどの地盤調査で行われる	JIS A 1219
	簡易動的コーン貫入試験	連続	N_d（所定の打撃回数）	$N_d=(1〜2)N$ N値と同等の考え方	玉石や転石を除くあらゆる地盤	10m程度（深くなるとロッド摩擦が大きくなる）	標準貫入試験に比べて作業が簡単	JGS 1433

解表3−7 ボーリング孔の利用目的と孔径[1]に一部修正

ボーリング孔を利用した試験・サンプリング	孔径(mm)	利用目的 地層判定	盛土の安定	盛土の沈下	側方変形	液状化
標準貫入試験	66	○	○	△	△	○
PS検層	66-116	○	−	−	−	△
固定式ピストンサンプラーによる試料採取	66-116	○	○	○	○	△
二重管/三重管サンプラーによる試料採取	116	○	○	○	○	○

○…適，　△…場合によっては適

　平面的な位置としては道路中心線上でサンプリングするのが原則であるが，高盛土ですべり破壊に対する安定の検討が必要な場合は，盛土ののり先付近でもサンプリングを行う。特に，高盛土ののり先に明らかに弱い層が認められるときには，のり面下でもサンプリングを行う。

　サンプリングの深度は軟弱層の下の支持層に達するまでを原則とするが，液状化の可能性がない地盤で，すべり破壊に対する検討を必要としない低盛土で軟弱層が厚い場合には，一般に必ずしもすべての層からのサンプリングをする必要はなく，道路敷幅の半分程度の深さまでのサンプリングで止めてもよい。ただし，ボーリング，サウンディング等により軟弱層の厚さは必ず確認しておく必要がある。

　サンプラーによるサンプリングの深さ方向の間隔としては，同一とみなされる土層から少なくとも1箇所ずつ試料を採取するのが最低条件で，層厚が厚い場合には，同じ土層から2～3箇所以上のサンプリングをするのが望ましい。サンプリング深さはサウンディング結果を参考にして決めるのがよい。なお，軟弱地盤は深さ方向の土性の変化が複雑なことが多く，土層を明確に区別することが容易ではないので，それぞれの土層の代表的な試料を採取することは必ずしも簡単ではない。したがって，土性の変化が非常に複雑な場合には，画一的ではあるが，深さ1～2mおきにサンプリングをするのが実際的であるといえる。

　これまで，様々なサンプラーが開発されているが，基準化されたものを**解表3−8**に示す。なお，この表は**解表3−7**の「固定式ピストンサンプラー

解表 3-8 各種サンプラーの適用土質と特徴[1]に加筆

サンプラーの種類		構造	地盤の種類							
			粘性土			砂質土			砂礫	
			軟質	中くらい	硬質	ゆるい	中くらい	密な	ゆるい	密な
			N値の目安							
			0〜4	4〜8	8以上	10以下	10〜30	30以上	30以下	30以上
固定ピストン式シンウォールサンプラー	エキステンションロッド式	単管	◎	○	—	○	—	—	—	—
	水圧式	〃	◎	◎	○	○	—	—	—	—
ロータリー式二重管サンプラー		二重管	—	◎	○	—	—	—	—	—
ロータリー式三重管サンプラー		三重管	—	◎	◎	○	◎	◎	—	○
ロータリー式スリーブ内蔵二重管サンプラー		二重管	—	◎	◎	○	◎	○	—	○
ブロックサンプリング		—	◎	◎	◎	○	○	○	—	○
ロータリー式チューブサンプラー		多重管	—	—	—	—	○	○	—	—

※1) ◎：最適，○：適
※2) 砂質土に対する適用性はせん断強さ試験についてのものであり，変形係数や液状化抵抗を求める試験への適用性は低い。

による試料採取」及び「二重管/三重管サンプラーによる試料採取」を細かく分類し表示したものである。サンプラーによって適用土質が異なる。特に，砂質土層の動的せん断強度比を室内試験で求める際には，不撹乱試料といえどもわずかの試料の乱れが動的せん断強度比の試験結果に大きな影響を与えるので，サンプリングの適用に当たっては慎重に検討する必要がある。一般に，**解表 3-8** に示したサンプラーでは細粒分の少ない砂質土の動的特性試験の試料を得るのは困難である。このため，通常，動的特性は (6) 室内土質試験で述べるN値等を用いた経験式によって推定するが，高品質の試料を得るための凍結サンプリングや高分子剤を用いたサンプリング方法なども開発されている。

(6) 室内土質試験

　土層判別の検討及び安定検討，圧密沈下検討及び地震時検討に用いる代表的な土質試験を**解表 3-9** に示す。なお，各種検討の解析方法や解析精度によっては，特殊な土質試験を実施する必要がある。

　土質の判別分類のための土質試験は，乱した試料を用いてよいが，盛土の沈下，安定及び地震時の検討や設計を行う場合には，乱さない試料を用いて室内で土質試験を行い，土質定数を求める必要がある。サンプリングチューブ内の乱さない試料を利用して土質試験をする際には，不用意な振動を与えないよ

う取扱いには十分に注意するとともに，含水比の変化や乱れの影響を考慮し，チューブの端部の試料の利用を避けるようにする。

1）判別分類に関する土質定数

軟弱地盤対策の検討では，検討区域の整理のために軟弱地盤の土層断面図を作成する。その際，参考とする土質試験値として自然含水比，土粒子の密度，液性限界・塑性限界，粒度及び有機物含有量（泥炭質地盤の場合）等を求める必要がある。これらの試験には，標準貫入試験時に得られる乱した試料を用い

解表3-9 試験目的と室内土質試験

		安定検討	圧密検討	地震時検討	規格
物理特性	土粒子の密度試験	◎	◎	◎	JGS0111-2000 JIS A-1202
	土の含水比試験	◎	◎	◎	JGS0121-2000 JIS A-1203
	土の液性限界・塑性限界試験	◎	◎	◎	JGS0141-2000 JIS A-1205
	土の粒度試験	◎	◎	◎	JGS0131-2000 JIS A-1204
	土の湿潤密度試験	◎	◎	◎	JGS0191-2000 JIS A-1225
	土の最小密度・最大密度試験	―	―	○	JGS0161-2000 JIS A-1224
強度特性	土の一軸圧縮試験	◎	―	―	JGS0511-2000 JIS A-1216
	土の非圧密非排水(UU)三軸圧縮試験	○	―	―	JGS0521-2000
	土の圧密非排水(CU)三軸圧縮試験	○	―	○	JGS0522-2000
	土の圧密非排水($\overline{CU}$)三軸圧縮試験	○	―	○	JGS0523-2000
	土の圧密排水(CD)三軸圧縮試験	○	―	○	JGS0524-2000
圧密特性	土の段階載荷による圧密試験	―	◎	―	JGS0411-2000 JIS A-1217
	土の定ひずみ速度載荷による圧密試験	―	○	―	JGS0412-2000 JIS A-1227
動的特性	土の繰返し非排水三軸試験（液状化試験）	―	―	○	JGS0541-2000
	地盤材料の変形特性を求めるための繰返し三軸試験	―	―	○	JGS0542-2000
	土の変形特性を求めるための中空円筒供試体による繰返しねじりせん断試験	―	―	○	JGS0543-2000

※）◎：重要な試験，○：必要に応じて実施する試験

ることができる。このうち，自然含水比は土層の違いを識別するために重要なものであり，また強度や変形特性と密接な関係があるので，できるだけ多く異なる深さで求める。自然含水比は必ずしも単独に求める必要はなく，一軸圧縮試験等の供試体成形時に測定する含水比をもってこれに代えることもできる。各調査地点において，深さ方向の含水比分布ができるだけ連続的に得られるよう配慮する。

自然含水比以外の項目については，全てのサンプリングチューブごとに求める必要はなく，土層を代表する部分について求めればよい。これらの土質定数が異なる場合には，土層も異なると考えられ，これに留意して判別分類試験を行わなければならない。

2) 強度特性

軟弱地盤において，地盤のすべり破壊が予想される場合には，安定検討を行うためにせん断強さを求める必要がある。せん断強さとしては，盛土を急速に施工するときの安定を検討する場合，一面せん断強さや一軸圧縮強さ，非圧密非排水三軸圧縮試験のせん断強さを求める。地盤の強度増加を期待する設計・施工を行う場合，すなわち段階施工や緩速施工を計画している場合には，圧密非排水三軸圧縮試験を行う。

特に，一軸圧縮強さは一つの土層内でも一様でないことがあり，適切な設計値を決めるには多くの一軸圧縮強さとその他の土質試験値を総合的に検討することが必要である。一軸圧縮試験は，一つの土層において最低限2〜3深度で，できれば4深度以上で実施することが望ましい。

三軸圧縮試験は，粘着力とせん断抵抗角の一組の強度定数 (c_u, ϕ_u), (c_{cu}, ϕ_{cu}) または (c', ϕ') を求めるのに少なくとも3個の供試体について圧力を変えて試験するのを原則とする。三軸圧縮試験の圧力は盛土前の土かぶり圧とこれに最大盛土荷重（盛土高×盛土材の単位体積重量）を加えた圧力の間でいくつかの異なる大きさに設定する。

3) 圧密特性

盛土に伴う沈下量や沈下速度に関する検討を行うために圧密試験を実施する。圧密特性も強度と同様に，同一土層においても均一でないことがあるので，

できるだけ多くの試験を実施して，設計定数が合理的に決定できるようにしなければならない。軟弱地盤の調査のうち，圧密試験は最も重要なものの一つであるから，一つのサンプリングチューブの中から必ず1個は圧密試験の供試体を取り出し，圧密試験を実施する。最大圧密圧力は，盛土前の土かぶり圧と盛土荷重(盛土高×盛土材の単位体積重量)を加えた圧力を超えるよう設定する。

4) 動的特性

耐震性に関する検討では，必要に応じて，液状化判定，安定検討及び地震時残留変形解析等が行われる。耐震性に関する検討において必要となる動的特性の多くは，標準貫入試験より得られるN値と標準貫入試験用サンプラーで採取された試料の物理試験及び常時の強度特性等から設定できるが，地盤条件や検討方法，求める精度によっては追加の動的な土質試験が必要となる場合もある。

液状化判定は，動的せん断強度比Rと地震時せん断応力比Lとの比で定義される液状化抵抗率F_L（$=R/L$）で行うのが一般的である（「5-6　地震動の作用に対する安定性の照査」参照）。標準貫入試験から動的せん断強度比を推定する場合には，N値とともに細粒分含有率等の物理試験結果のデータも必要となるため，液状化が想定される地層において標準貫入試験で採取された試料の物理試験を可能な範囲で多くの深度において実施しておくことが望ましい。なお，重要かつ規模の大きい土工構造物の設計に際して，動的せん断強度比を土の繰返し非排水三軸試験から直接求め，さらに地震時せん断応力比を地盤材料の変形特性を求めるための繰返し三軸試験や土の変形特性を求めるための中空円筒供試体による繰返しねじりせん断試験の試験結果を地盤の応答解析に用いて求めることもできる。しかし，特に細粒分の少ない砂質土の場合，一般にチューブサンプリングにより得られた試料は，サンプリングの際に生じた乱れの影響を受け，動的せん断強度比を適切に評価できないおそれがある。このため，特に細粒分の少ない砂質土の場合，凍結サンプリング等の乱れの影響の少ないサンプリング方法の適用を検討する必要がある。

(7) 原位置試験

　室内土質試験で乱さない試料を用いて土の力学特性を求めることができるが，採取した試料の試験では地中応力の解放等の避けられない影響もある。一方，原位置試験は原位置での地盤の状態や性質を調べることが可能なものである。原位置試験として，**解表3-6**に示した孔内水平載荷試験，ベーン試験等がある。孔内水平載荷試験とベーン試験は，ボーリング孔を利用して直接地盤の変形特性や強度を調べるもので，孔内水平載荷試験は軟弱地盤の水平方向の地盤の変形係数を，ベーン試験は軟弱層のせん断強さを，それぞれ原位置で直接求める試験である。サンプリングが困難な地盤や強度異方性が卓越する地盤，サンプリング時に乱れが予想される地盤または繊維質が残された有機質土などに有効である。この他に原位置試験には，地盤の支持力の確認のための平板載荷試験等がある。

(8) 盛土材の試験

　盛土材の検討を行う場合には，土粒子密度や粒度分布等の物理特性や締固め特性，乱した土のCBR及び締め固めた土のコーン指数等の試験を，また盛土自体のせん断強さが必要な場合には三軸圧縮試験等が必要となる。これらの盛土材の調査・試験の詳細については，「道路土工―盛土工指針」を参照されたい。

3-8　追加調査

> 追加調査は，詳細調査の結果だけでは設計を完了できない場合に必要な軟弱地盤の性状等に関する資料を得るために実施する。

　詳細調査が路線全体に渡って実施される調査であるのに対して，追加調査は軟弱地盤の中で特定の箇所に集中的に実施するものであって，詳細調査で問題の多い軟弱地盤であることがわかり，かつ詳細調査の結果からだけでは設計のために十分な資料が得られないときに行うものである。具体的には，以下に示すような場合に適切な方法による追加調査を行う必要がある。なお，必要に応じて，さらに追加調査を実施することもある。

① 道路の位置，形式あるいは規模等が変更になった場合
② 当初予想していたより複雑な土層構成であるため，土層の連続性が明確に判断できない場合
③ 軟弱層の深さが地点ごとに著しく異なり，基盤の傾斜が局所的に変化していて道路の不同沈下や安定に不安がもたれる場合
④ 必要な場所における試料採取が不足していて，地盤の土質定数が決定できない場合
⑤ 選定された軟弱地盤対策工の適用性を検討する場合
　設計段階で選定される対策工法の種類に応じて，必要な調査試験を追加する。例を以下に示す。
・サンドマット工法：サンドマット材の粒度試験や透水試験
・バーチカルドレーン工法：ドレーン材の品質試験（透水性や目詰まり）や地盤の透水性試験
・表層及び深層混合処理工法：土の物理・化学試験，配合試験，六価クロム溶出試験（セメント及びセメント系固化材を使用する場合）
⑥ 選定された対策工法の実施により，地下水の流れや水質に影響を与える可能性がある場合
　設計段階で選定される対策工法の種類に応じて，必要な調査・試験を追加する。例を以下に示す。
・地下水位低下工法：地盤の透水試験（透水性及び周辺地盤の地下水位）
・薬液注入工法：注入試験，水質検査，透水試験及び流向流速測定，六価クロム溶出試験（セメント系薬液を使用する場合）
・深層混合処理工法等で連続な壁式改良を行う場合：揚水試験，透水試験，流向流速測定，水質検査

　また，軟弱地盤の規模が大きく，類似地盤での実績が少なく，工費等に重要な影響を及ぼすと推定される場合には，本施工に先立って実物大規模の試験施工を行い，理論的に推定した予測値と実際の挙動とを比較検討し，その結果を設計・施工及び維持管理に反映させることも効果的である。なお，試験施工に

ついては,「3-11 試験施工」を参照されたい。施工段階の調査については,「3-12 (2) 施工管理のための調査」を参照されたい。

3-9 調査結果のとりまとめ

> 調査結果は,予備検討あるいは詳細設計に適用しやすい形に整理するとともに,検討に用いる土質定数を設定する。

　地盤調査の結果は,まず,サウンディング,原位置試験,ボーリング柱状図及び土質試験等の結果を調査地点ごとに「土性図」としてとりまとめる。そして,これらを整理して「土層断面図」を作成し,調査地点を明示した平面図を付してまとめるのが一般的である。この際,結果が沈下,安定計算及び液状化の検討に役立つよう考慮してとりまとめを行なわなければならない。例えば,土層区分を細分化し過ぎると検討が繁雑になり,反対に土層区分を大まかにするあまり,沈下・安定及び液状化の検討を行う上で問題となる軟弱層,砂層等を示す土質試験結果が見落とされることがあるので,適切な対応が必要である。調査結果のとりまとめは,**解図3-10**に示すような手順で行われる。

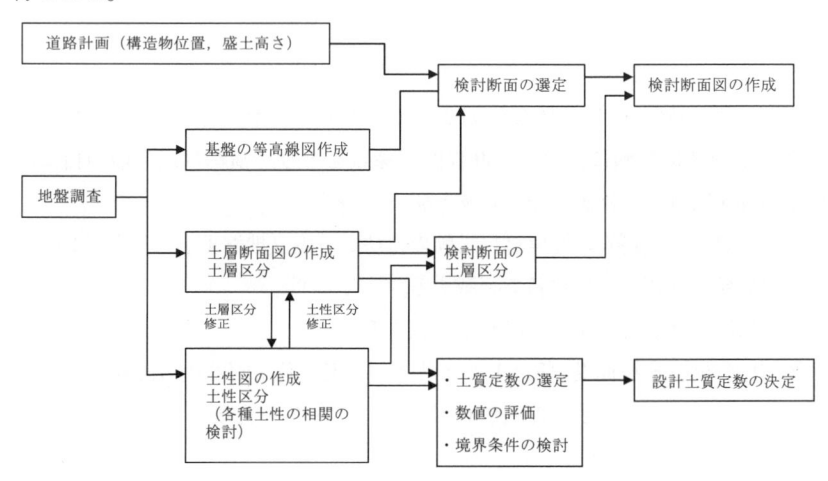

解図3-10 調査結果のとりまとめ手順と土質定数の決定

(1) 土性図（調査結果一覧図）の作成

　設計条件である土層区分と設計土質定数の設定に用いるため，ボーリング地点ごとにボーリング柱状図と併せてサウンディング（標準貫入試験等）や原位置試験（ベーン試験等），土質試験の結果を深さ方向に整理した土性図を作成する。また，PS検層等の結果も深さ方向に整理する。

　土性図の例を**解図3-11**に示す。土性図は，縦軸に縮尺1/100程度で深さをとり，横軸は以下の項目ごとに座標軸を設けて試験値等をプロットする。

① 土質名：土質名は「地盤材料試験の方法と解説」（平成21年；地盤工学会）の分類基準による分類名で記載する。

② 粒度組成：粘土分，シルト分，砂分及び礫分の構成を示す。

③ コンシステンシー指数（液性限界w_L，塑性限界w_p），自然含水比（w_n）

④ 湿潤単位体積重量（γ_t）または湿潤密度（ρ_t），土粒子の密度（ρ_s），間隙比（e）

⑤ 標準貫入試験結果（N値），一軸圧縮強さ（q_u），一軸圧縮破壊ひずみ（ε_f）

⑥ 圧密降伏応力（p_c），有効土かぶり圧（p_o），圧縮指数（C_c）

　圧密係数（c_v）及び体積圧縮係数（m_v）は，圧密荷重によって異なるため一覧図には入れないのが普通である。

⑦ 一面せん断試験結果または三軸圧縮試験結果（c_u, ϕ_u），（c_{cu}, ϕ_{cu}）または（c', ϕ'）を必要に応じて記載する。

⑧ 変形係数（初期接線変形係数E_0，割線変形係数E_{50}）

　また，PS検層の結果の例を**解図3-12**に示す。PS検層結果図についても，土性図と同様に縦軸に縮尺1/100程度で深さをとり，横軸は以下の項目ごとに座標軸を設けて試験値等をプロットする。

① 土質名：土質名は「地盤材料試験の方法と解説」（地盤工学会　平成21年）の分類基準による分類名で記載する。

② 標高に応じて，N値，密度を記載する。

③ P波及びS波速度（V_p, V_s）とともに，V_p, V_s，密度から計算されるポアソン比ν，せん断弾性係数G及びヤング率Eを記載する。

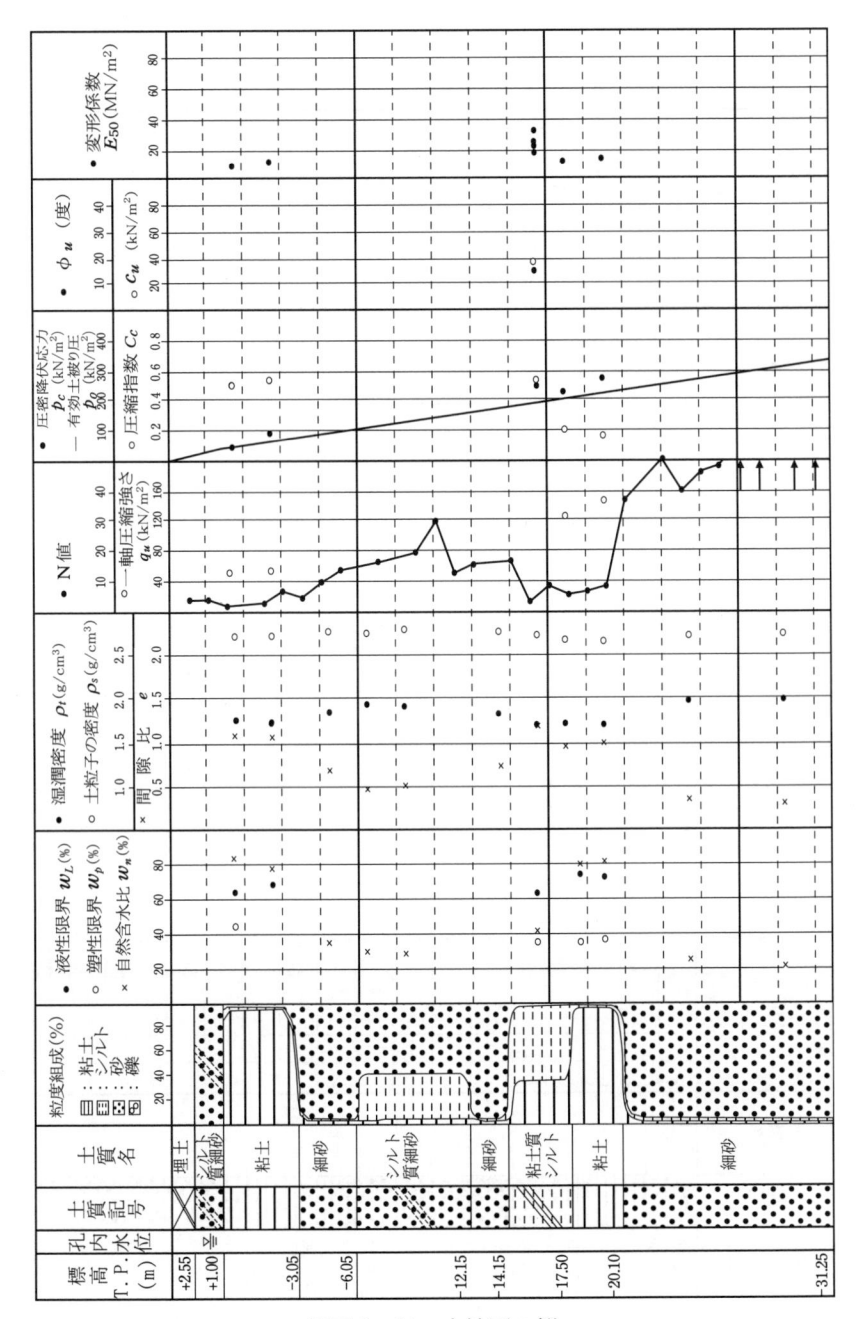

解図 3-11 土性図の例

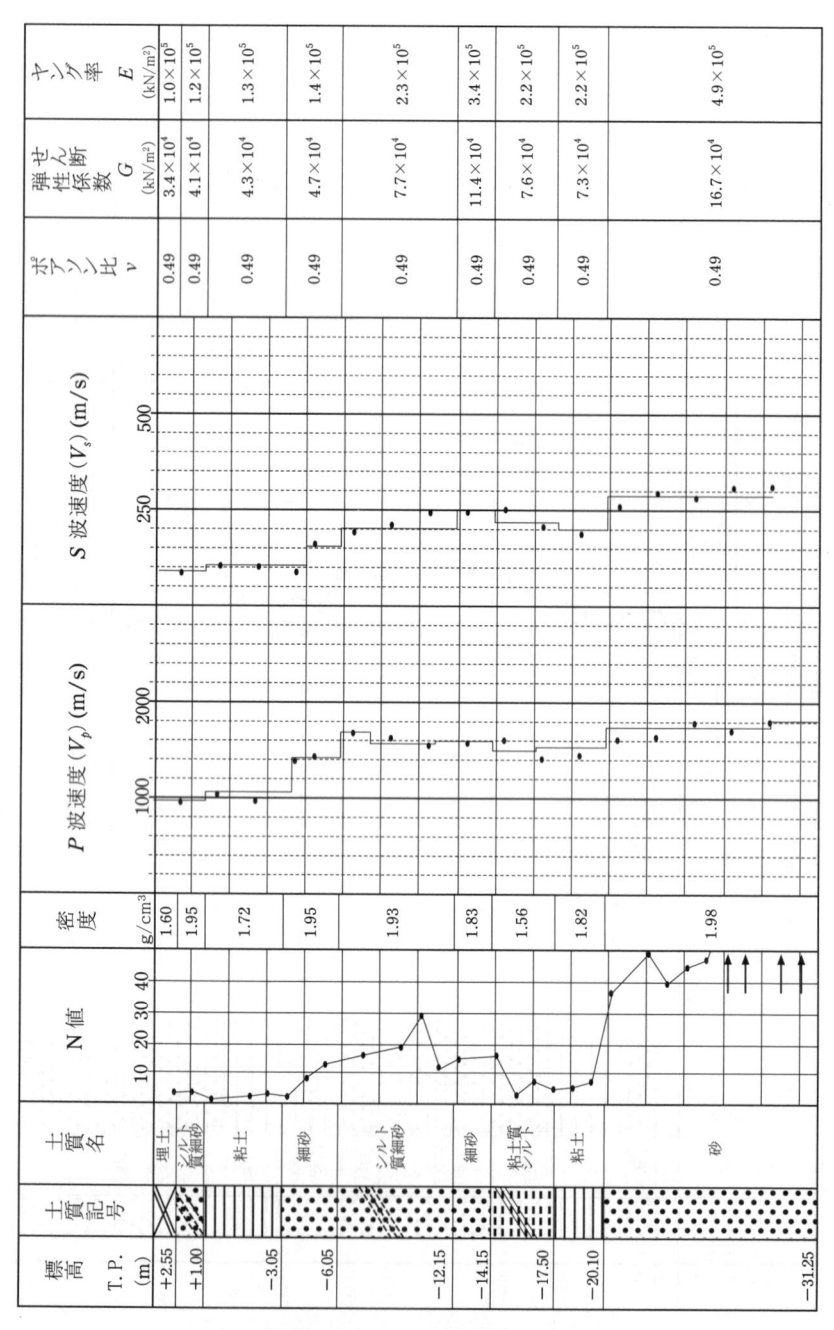

標高 T.P. (m)	土質記号	土質名	N値 10 20 30 40	密度 (g/cm³)	P波速度 (V_p) (m/s)	S波速度 (V_s) (m/s)	ポアソン比 ν	せん断弾性係数 G (kN/m²)	ヤング率 E (kN/m²)
+2.55		埋土		1.60			0.49	3.4×10^4	1.0×10^5
+1.00		シルト質細砂		1.95			0.49	4.1×10^4	1.2×10^5
−3.05		粘土		1.72			0.49	4.3×10^4	1.3×10^5
−6.05		細砂		1.95			0.49	4.7×10^4	1.4×10^5
−12.15		シルト質細砂		1.93			0.49	7.7×10^4	2.3×10^5
−14.15		細砂		1.83			0.49	11.4×10^4	3.4×10^5
−17.50		粘土質シルト		1.56			0.49	7.6×10^4	2.2×10^5
−20.10		粘土		1.82			0.49	7.3×10^4	2.2×10^5
−31.25		砂		1.98			0.49	16.7×10^4	4.9×10^5

解図 3−12　PS検層結果の例

(2) 土層断面図の作成

　軟弱地盤の規模及び土層構成の連続性を明らかにすることが検討条件設定の第一段階で，そのためにサウンディング及びボーリング結果を用いて土層断面図を作成する。土層断面図は，地盤の土層構成状況を明確にするためのものである。土層の区分はボーリングとサウンディング結果のみではなく，土性図に示した土質試験結果及び堆積環境をも勘案して行い，全ての調査・試験を総合して，土層断面図を完成する。このようにして作成した土層断面図の例を**解図 3-13** に示す。

　ボーリングまたはサウンディングは道路中心線上で実施するのが原則であるから，土層断面図はまず道路縦断方向に作成する。これには，路線測量で作成された縦断面図を用い，鉛直方向の縮尺を 1/100 あるいは 1/200 程度として，それぞれの調査地点の標準貫入試験結果を含むボーリング柱状図とサウンディング結果を記入し，土層断面図を作成する。土層断面図の作成に際しては，以

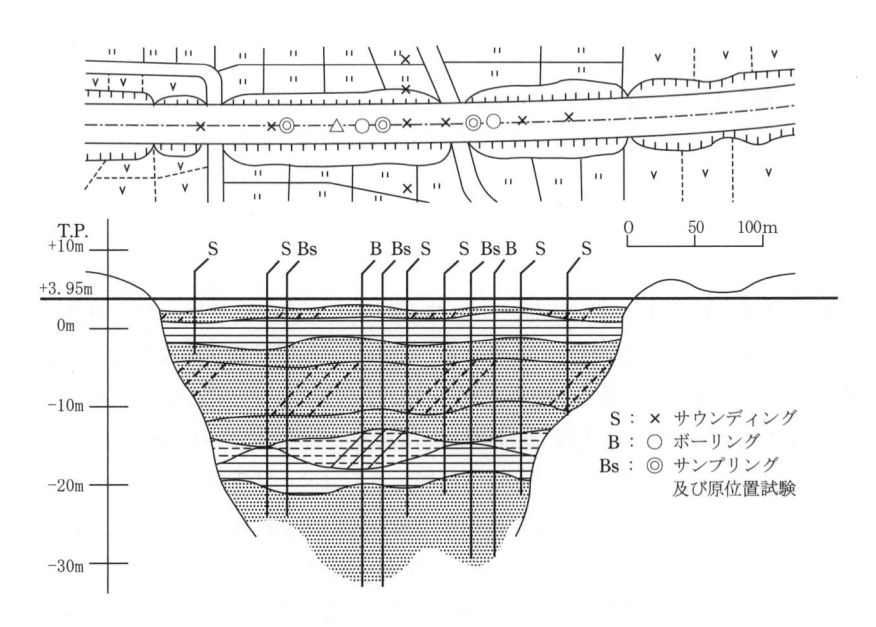

解図 3-13　土層断面図の例

下の事項に留意することが重要である。隣接する2箇所のボーリング地点の一方に認められる土層が他方にはない場合（中間砂層がレンズ状に存在する場合など）には，その層がどこまで広がっているかをボーリング地点間のサウンディング結果で判断する。なお，必要があれば，追加のサウンディングやボーリング調査を行う。

また，土層断面図には，軟弱層の下の支持層（基盤）の位置及びその地質，特に透水層であるか難透水層であるか，また軟弱層にある中間砂層の存在等を明確に示すことが重要である。土層断面図は道路の縦断方向のほかに，横断方向にも作成しなければならないことがある。狭い谷部を横断するような場合では，横断方向に軟弱層の層厚や土層構成が著しく変化していることが考えられ，道路中心で行うボーリングのほかに，盛土両のり尻付近でサウンディングを実施し，横断方向の土層断面図を作成するのがよい。また，インターチェンジや取付道路のため広範囲に盛土が行われるような場合等でも，同様な配慮を行う必要がある。

3-10　設計のための地盤条件の設定

> 設計のための地盤条件の設定に当たっては，個々の地点の地盤調査結果から軟弱地盤全体の状態を推定し，設計に用いるべき地盤の状態と，その土質定数を決定する。

軟弱地盤上の盛土の設計では，主に沈下計算と安定計算を行うが，場合によっては液状化の検討を行うこともある。これらの設計計算・検討のための地盤条件は，地盤調査結果から決められる。ここで地盤条件とは，軟弱層と考えられる粘性土層や有機質土層，液状化の可能性のあるゆるい砂質土層，排水層となる中間砂層，下部の境界層となる砂層，または硬い粘土層等の位置やその厚さと性質である。これらの土質は均質ではなく，平面的にも深さ方向にも性状が変化しており，地盤調査でその状況を完全に把握することは難しい。また，詳細に分かったとしても，あまり複雑な土質情報を計算に取り入れることはできない。

地盤条件の設定に当たっては，個々の地点の地盤調査結果から軟弱地盤全体の状態を推定し，求められた土質試験結果の妥当性を判断し，その値を取捨選択して設計に用いるべき地盤の状態と，その土質定数を決定する。
　土質調査結果から設計のための地盤条件を設定する手順は，おおよそ以下の通りである。
　① 土質試験結果のうち諸数値の相互関係を考慮して，数値の異常なものがある場合には，その原因を把握し，補正・取捨を行うとともに，軟弱層の区分，排水層・不透水層等の境界条件となる土層を決める。
　② 計算を行う必要のある断面を選定し，用いるべき土質定数を設定する。

(1) **土質試験結果の妥当性の判定**
　土質定数の設定の前に，土質試験結果をそのまま用いるのではなく，まず土質試験結果の妥当性を判定することが重要である。そのため，以下のようなことを参考にして正しい試験値が得られているかを判断する。ただし，これらは主として同一土質に対していえることで，土質の異なる場合にはあてはまらない。土質が異なるかどうかは，土粒子の密度，粒度組成，コンシステンシー等により判断する。
　① 湿潤密度の値は，一般に含水比が高くなると密度が小さくなるという傾向がみられるので，この傾向からはずれた場合はその原因を確かめる必要がある。また，地下水位以下の粘性土では，飽和度を計算して100％近くなっている場合は，一応正しい密度が得られていると考えてよい。これと逆に，地下水位以下の土であるにもかかわらず飽和度が100％付近にない場合は，含水比，湿潤密度及び土粒子の密度等をチェックする必要がある。
　② 一軸圧縮試験において，サンプリング及び試験時等の乱れのため強度が低下した供試体は，破壊ひずみが大きくなる傾向がある。また，一般には深い部分ほど一軸圧縮強さが大きくなるとされている。なお，試料に砂分が混入している場合には，応力解放の影響をさらに強く受け，地盤のせん断強さを過小評価することがあるので，その場合には，非圧密非排水三軸

圧縮試験を併用するか，粘土含有量や塑性指数による補正を行い，一軸圧縮強さを再評価することも必要である。
③　圧密降伏応力も一般には深さとともに大きくなるが，そのような傾向からはずれるものについては，試料の物理的特性及び採取土層の堆積環境等を確かめる必要がある。
④　圧縮指数と含水比は高い相関性があるのが普通である。
⑤　圧密係数は，過圧密の応力範囲で大きく，正規圧密の応力範囲で小さいが，それぞれの範囲では通常，あまり大きな変動がないため，圧密係数の値を一定とした圧密理論を適用することが多い。また，過圧密から正規圧密にまたがる圧密の計算は，過圧密土の圧縮性が小さいため，実用上，正規圧密範囲の圧密係数のみを用いて計算を行う。両範囲の平均値を用いると圧密速度を速く見積もることになるため，注意が必要である。

(2)　検討に用いる土質定数の決定

検討断面の沈下計算と安定計算のために用いる数値は，区分された土層ごとに原則的には，求められた土質試験結果の平均値または代表値を用いる。その際に，軟弱地盤の検討に用いる土質定数の決定に当たっては，軟弱地盤全体をみて，総合的に判断しなければならない。その上で極端にとびはなれた値でその数の多くないものは除外する。ここで代表値とは，他の試験結果からみてその層の代表とみなすことができる部分の土質試験結果のことで，機械的に平均値を求めて採用するより，技術者としての判断を入れた代表値を重視する方が望ましい。

設計値はひとつのボーリング地点のものだけではなく，軟弱地盤全体としての値を求めなければならないが，ある特定の断面の土質が特に軟弱であるときには，その断面のみに特別の値を設定しないと実状に合わない場合もある。

また，試験施工結果や既往事例等より土質定数の推定及び見直しを行う場合には，入手した地盤情報や土工構造物の挙動を総合的に判断して，土質定数を決定する必要がある。

土質試験の結果から設計値を決定するには，以下のような点を考慮する。

① 初期間隙比 e_0，圧密降伏応力 p_c，有効土かぶり圧 p_0，圧縮指数 C_c，湿潤単位体積重量 γ_t 及び一軸圧縮強さ q_u

これらの定数は，それぞれ解図3-14に示したように泥炭層・粘土層の層別に各定数の平均をとって代表値とする。ただし，有効土かぶり圧 p_0 の代表値は，各土層の中央深度における値を地下水位を考慮して計算する。

安定計算に用いる軟弱層の非排水せん断強さとしては，一般に一軸圧縮強さの1/2をとる。また，圧密による強度増加を考慮する場合には，④強度増加率 m を用いて求めた軟弱層の非排水せん断強さにより安定計算を行う。一軸圧縮強さは深くなるにつれて増加していることが多く，区分された一層の中でもかなり変化することがある。このような場合には層ごとに一定値をとるより，深さに応じ漸増する値をとる方がよい。

なお，一軸圧縮強さの小さい値があるときに，これを無批判に除外すると危険側の結果を招くことがあるので，その値の有意性について注意しなければならない。

軟弱層中に挟まれたゆるい砂層または砂質土層の厚さがごく薄いときは，安定計算においてこれを無視し，上下の粘性土層と同じ性質として取り扱ってよい。

ただし，挟在砂層が連続していて排水層として十分に機能を有すると考え

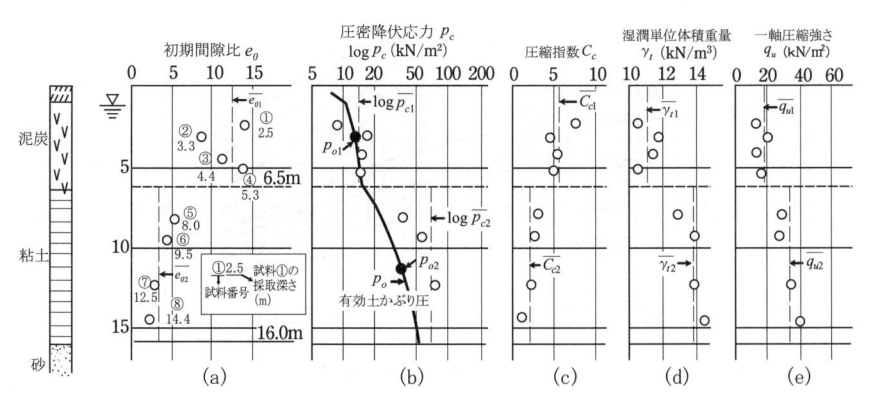

解図3-14　各層の代表土質定数の算出例

られるものは，圧密沈下による沈下速度計算において考慮する．軟弱層中に挟まれた砂層または砂質土層が1m程度以上ある場合は，安定計算に用い，その際のせん断抵抗角ϕはサウンディングや三軸圧縮試験の結果等から設定するか，25°〜30°程度と仮定する．

② e-log$p$ 曲線

e-log$p$ 曲線は各層の平均間隙比に近い試料の曲線をとって代表曲線としてもよいが，より正確に求めるためには，以下の手順に従えばよい．

すなわち，**解図 3-15** に示したように深度ごとの採取試料の圧密試験により得られた e-log$p$ 曲線群を描き，**解図 3-14** で求めた e_0，p_c 及び C_c の代表値を用いて，曲線群の形を見ながら**解図 3-15** に破線で示したように区分された各層の中間深さにおける e-log$p$ 曲線を描いて代表曲線とする．

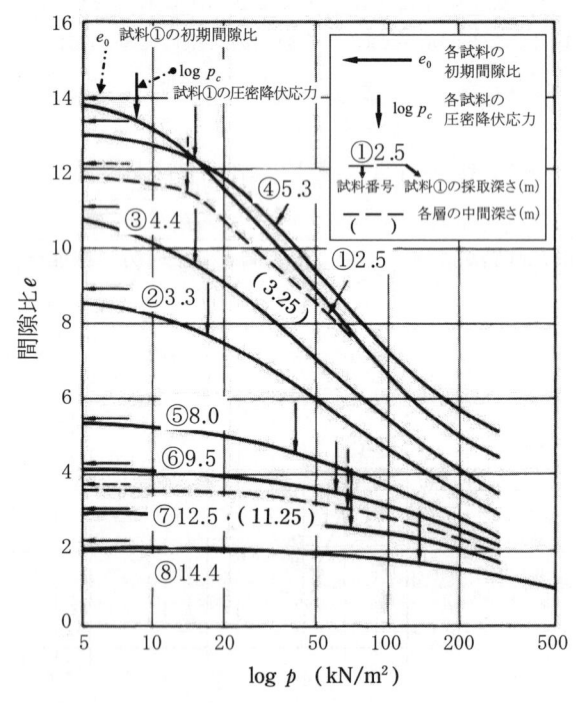

解図 3-15 各層を代表する e-log$p$ 曲線の算出例

③ 圧密係数 c_v

　圧密係数 c_v は，各層の平均間隙比に近い試料の $\log c_v - \log p$ 曲線を代表曲線とし，この曲線を用いて決定すればよい。しかし，試料ごとの $\log c_v - \log p$ 曲線が著しく変化していて代表曲線が選びにくい場合は，例えば，**解図 3-16** に示した方法を用いることができる。すなわち各試料の $\log c_v - \log p$ 曲線群図(a)の盛土荷重載荷後の鉛直有効応力分布図(b)を対比して描き，各試料の採取深度の盛土荷重載荷後の鉛直有効応力 $p_0 + \Delta p/2$ に対応する c_v 値を求め，これを深度ごとに整理し(c)を得る。その後，(c)に示したように区分された土層ごとの平

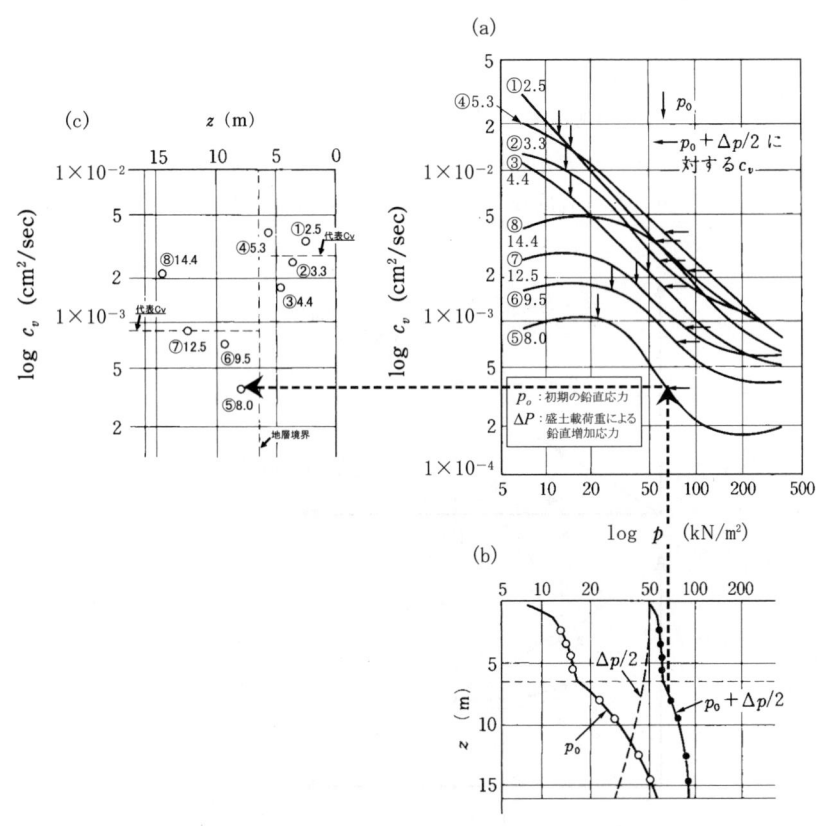

解図 3-16 代表圧密係数 c_v 値の決定の例

均値をとって，その層の代表 c_v 値とする。ただし，圧密が終了していない地盤等では適用できないので注意する必要がある。図中の点はある1点を例に整理方法を示したものである。

なお，土質試験データが一部欠けている場合は，土質定数間の相関関係を利用して推定してもよい。

④ 強度増加率 m

土は圧密されることによって密度を増し，その強度が増加する。従来，強度増加率 m は以下の諸方法で求められている。

(i) 圧密非排水条件の三軸圧縮試験または一面せん断試験による方法

正規圧密土の強度増加率 m は，**解図 3-17** に示したように自然状態の非排水せん断強さ c_u と受けている有効土かぶり圧 p'_0 の比，すなわち c_u/p'_0 で表される。しかしながら，実際に軟弱地盤を対象とした設計を行う場合に，軽く過圧密された軟弱地盤の強度増加率 m を知らなければならないことも少なくない。この場合，注意しなければならないのは過圧密地盤の強度増加は，同図に示

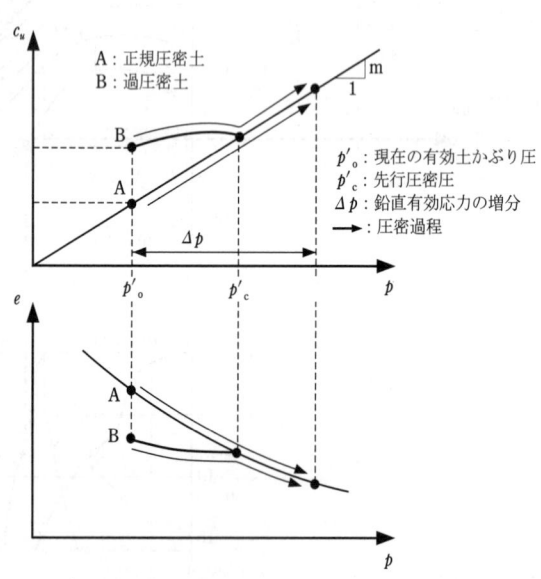

解図 3-17 c_u-p 及び $e-p$ の関係

したように圧密有効応力が先行圧 p'_c に達するまでは極めて小さいことである。したがって，過圧密地盤については，先行圧以下の圧密有効応力に対しては圧密による非排水せん断強さの増加を無視するか，先行圧に対する圧密荷重の大きさに応じて適切な増加係数を選ぶようにしなければならない。なお，土質試験でこれらを求めるに当たって，一面せん断試験は現場の応力状態（K_0 圧密状態）に近いが，等方圧密条件での三軸圧縮試験は原位置強度を過大評価するおそれがあり，適当な補正等を行うのがよい[6]。

(ii) 経験的な値を用いる方法

我が国の軟弱地盤に堆積している土の塑性指数は一般に 30～100 の範囲に入ることが多い。したがって，強度増加率は地盤の非排水せん断強さ，圧密状態，現状の土かぶり圧，施工中の土の乱れ等を考慮して，土質に応じ目安として**解表 3-10** の範囲から選ぶことができる。

解表 3-10 強度増加率 m の目安

土　質	m
粘性土	0.30～0.45
シルト	0.25～0.40
有機質土及び黒泥	0.20～0.35
ピート	0.35～0.50

(iii) 土の塑性指数 I_p に応じて，$c_u/p_0 = 0.11 + 0.0037 I_p$ の Skempton 関係式を用いる方法

この式は我が国の土には当てはまらないともいわれているので適用に当たっては注意が必要である。

⑤ 砂層，砂質土層のN値

液状化の判定や液状化対策の検討の目安とするため，N値 15 程度以下のゆるい砂層または砂質土層のN値を**解図 3-18** に示したようにプロットし，代表値を決める。

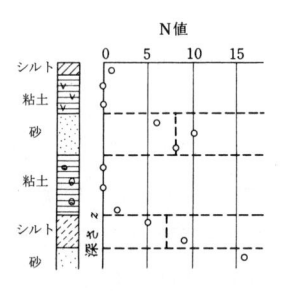

解図3-18　各層の代表となるN値の例

⑥　軟弱層の変形係数

　粘性土層における変形係数は一軸圧縮試験から求めることが多く，この場合，一軸圧縮試験における最大圧縮応力の50％の点を通る割線変形係数E_{50}を用いるものとし，**解図3-19**に示したようにプロットして代表値を定める。

　なお，一軸圧縮試験から得られたE_{50}を用いて変形量を求めると，一般的には大きめの値が得られるといわれている。特に，一軸圧縮試験の試料の乱れが著しいときは圧縮破壊ひずみε_fは大きくなり小さいE_{50}が得られ，過大な変形量が計算されるので，圧縮破壊ひずみε_fを**解図3-19**のようにプロットし，試料の乱れをチェックしたうえでE_{50}を適切に決定する必要がある。また，E_{50}については，［参考3-10-1］のように求める方法もある。

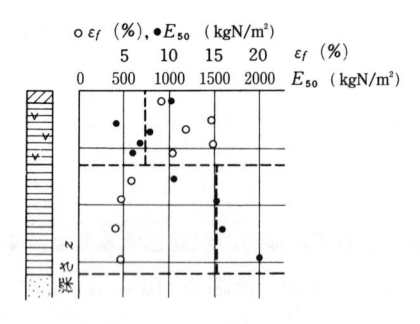

解図3-19　各層の変形係数E_{50}と圧縮破壊ひずみε_fの代表値の設定例

[参考3-10-1] 粘性土の自然含水比と変形係数

　変形係数の値は土によって大幅に異なるが，同じ土であっても自然含水比 w_n によって異なる。ただし，変形係数は試料採取時等での乱れの影響を受け，小さめの値を示すことがある。

　参図3-2 は，東京周辺の軟弱地盤から採取した土の自然含水比 w_n と変形係数 E_{50} の関係を示したものである。

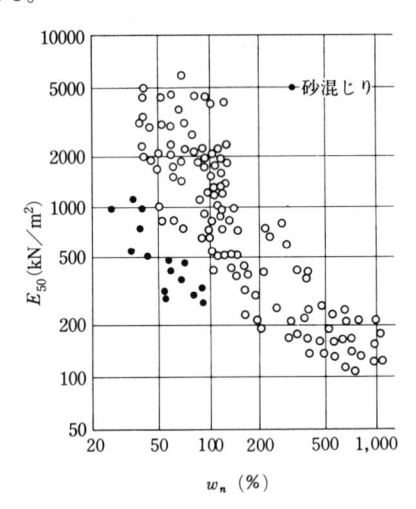

参図3-2　変形係数 E_{50} －自然含水比 w_n の関係（東京周辺軟弱地盤）

⑦　液状化判定のための定数

　液状化判定を必要とする場合は，「5-6　地震動の作用に対する安定の照査」に従って，必要な土質定数（繰返し三軸強度比，動的せん断強度比等）のとりまとめを行うものとする。

(3) **検討断面の土層区分**

　設計計算に先立って，縦断方向の地盤の土層断面図を基に **解図3-20** に示したように横断方向の検討断面を作成する。

　この土層区分で明確にすべき事項は，軟弱層の厚さ（基盤すなわち軟弱層の下の強固な層の位置），軟弱層下部の境界条件（基盤が難透水層であるか透水

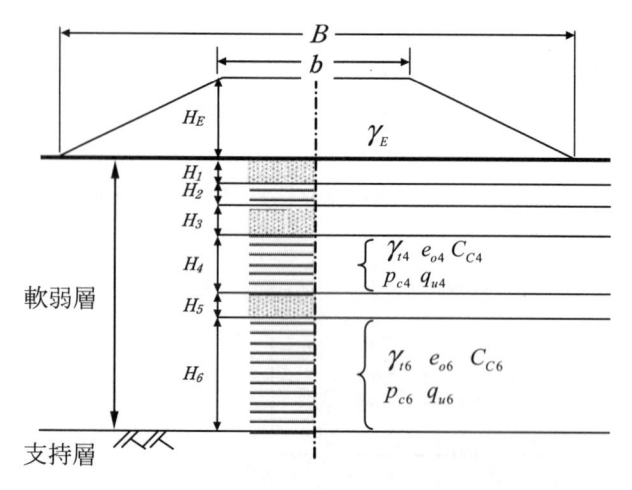

解図 3-20　土層区分の例

層であるか），排水層となる中間砂層の有無及び軟弱層の層区分（軟弱層のうち，性質の異なる層を判断区分する）であり，これらは，ボーリング，サウンディング，土質試験，現地踏査の調査結果，さらに沖積層，洪積層の区分をはじめとする地質学的な検討結果を総合して判断する必要がある。

　土層区分を行うに当たっての基本的な考え方として，以下のようなことがあげられる。

① 軟弱層が厚く層構成が複雑な場合でも，最大5～6層程度までとするのがよい。特に連続性のない層，排水層として機能せず土質物性が似ている層等を統合の対象層とするのがよい。

② 連続性のよい薄い砂層は沈下量の計算や安定解析の際には無視するが，圧密過程の計算上の境界条件における排水層としては考慮する。

③ 谷間などを埋積した軟弱地盤において，横断方向の土の傾斜や層厚の変化が明らかにされている場合，これらの点も考慮して土層区分を行う。

④ 土層区分は土質名による。これにより中間あるいは基盤の透水層が確認でき，軟弱層内ではシルト，粘土と有機質土を分けることができる。砂質土層でも，横方向によく連続していれば有効な排水層となる。

⑤　軟弱層の基盤はサウンディング結果等により判定する。盛土等の通常の土工構造物を想定した場合，軟弱層の基盤とみなし得る目安をN値で判断する場合は，粘性土では4～6程度以上，砂・砂質土で10～15程度以上の層となる。またスウェーデン式サウンディングで判断する場合は，粘性土に対して1m当たりの半回転数が100程度以上，オランダ式二重管コーン貫入試験によるコーン指数で判断する場合には，粘性土は$q_c=1,000\,\mathrm{kN/m^2}$程度以上，砂・砂質土では$q_c=4,000～6,000\,\mathrm{kN/m^2}$程度以上の層である。

　なお，基盤は作用する荷重により変化するため，土工構造物の荷重を想定して軟弱層の基盤を検討することとし，深さ及び水平方向に連続性を有することを確認すること。

⑥　土質分類のうえから同一土質と考えられる軟弱層をさらに細分すべきかどうかは，土質試験結果により判断する。その場合に注目すべきものは自然含水比，湿潤密度，一軸圧縮強さ，圧密降伏応力，圧縮指数等で，これらが明らかに異なる層は同一土質であっても別の層とみなすのがよい。その際には，サウンディング結果も参考にするとよい。

層区分は上記のような各項目についての総合判断によって決めるが，計算の目的に応じて異なる層区分としてもよい。

3-11　試験施工

> 試験施工は，軟弱地盤上における土工構造物や対策工の計画・設計・施工に当たって，計画した対策工や適用した設計法，設定した地盤定数や設計値の妥当性並びに施工方法，新工法・新技術の適用性等の確認のために必要に応じて実施する。

試験施工は，軟弱地盤上における土工構造物や対策工の計画・設計・施工に当たって，計画した対策工や，適用した設計法，設定した地盤定数や設計値の妥当性，並びに施工方法，新工法・新技術の適用性等の確認のために必要に応じて実施する。試験施工の時期は，以下の項目に大きく分けられる。また，試験施工は，試験で確認したい内容や項目等によって規模や方法等が異なる。

(1) 本工事に先がけて別途行う試験施工

本工事に先駆けて別途行う試験施工は，以下のような目的で実施される。

1) 地盤定数や設計値の妥当性確認

軟弱地盤上における対策工や土工構造物の検討に当たって，地盤調査で得られる地盤情報は限られたものであり，また，解析手法についても多くの仮定や不確定要素を含むことから，軟弱地盤上における対策工や土工構造物の挙動を厳密に再現できるものではない。試験施工では，実大規模の土工構造物を構築することにより，実際の挙動と理論的な予測との相違を確実に検証することができ，設定した地盤定数や設計値の妥当性を確認することが可能となる。このため軟弱地盤の規模が大きく，対策工が工費や工期等に重要な影響を及ぼすことが想定される場合や，残留沈下の目標値を設定する必要がある場合等では，試験施工を行い，軟弱地盤対策工の効果をあらかじめ把握するとともに，設定した地盤定数や設計値の妥当性の確認を行うことが望ましい。

試験施工は本工事にできるだけ近い規模で実施し，かつ試験結果を解析し，本施工に確実に反映できるだけの時間的な余裕をもって行うことが望ましい。土工構造物の挙動を計測し，解析結果と試験結果との比較を行うとともに，逆解析により地盤定数や設計値等を見直す。その程度に応じて土工構造物の構造・規模の見直し，あるいは対策工法の追加や変更等の必要な対策をとる。試験施工における測定項目・手法・位置は，「3－12　施工段階の調査」と同様に，設計値を照査する箇所及び周辺の状況に応じて適切に判断することが必要である。それらの測定項目に関しては，「第7章　施工及び施工管理」で詳細に示す。その他，施工段階の調査については，「道路土工－盛土工指針」を参照されたい。

2) 新技術・新工法の適用性確認

新技術・新工法の採用に当たって，対策の効果の確認や，施工機械や材料の適性等の判断を机上だけで十分に行うことは難しい。このために実大の規模の試験施工により行うことが望ましい。

(2) 工事期間内において施工の着手前あるいは施工中に行う試験施工

　施工の着手前あるいは施工中に随時行われる試験施工は，設計方針及び施工計画の大筋については既に決まっているものの，その細部についての適用性を試みる必要がある場合等に行われるもので，本工事の中で各施工の着手前に材料の比較や良否の判定，建設機械の適用性及び施工方法について簡単な試験施工を試みるものである。

　これは，施工の途中においてそれまでの施工と異なる状況に遭遇したときなど，その状況に即した施工法を求めるためにも試みられる。具体的な例としては，固化材の材質や配合量，混合攪拌方法や攪拌時間等について本施工に先立って実施工を行い，固化工法の材料や施工法，工程等の確認，また土質条件が工事途中で変化した場合の材料や施工法を確認する。この場合の試験施工における調査内容は，基本的に品質管理及び出来形管理等の施工管理に用いる試験内容が中心となり，当初の計画に合致しない場合でも，よほど大きな問題がない限り土工構造物や軟弱地盤対策工法を変更することは少なく，使用材料やその添加量，攪拌時間等の施工方法の変更でとどめることが一般である。

3-12　施工段階での調査

> 　施工の段階の調査では，工事を確実に実施するために，必要に応じて施工前に以下の調査を実施する。
> 　(1)　詳細調査段階に把握できなかった地盤条件に対する調査
> 　(2)　施工管理のための調査

(1) 施工前に把握できなかった地盤条件に対する調査

　地層条件が複雑であったために調査段階の調査結果とは異なった土質と遭遇する場合や，設計・施工段階で土工構造物の構造や規模が変更になる場合は少なくない。このような場合には必要に応じて施工段階で補足的な地盤調査を実施し，対策工に反映することが必要である。

(2) 施工管理のための調査

　施工途中の地盤や土工構造物の挙動を計測し，所定の安全性と沈下特性を有しているか確認することを目的として沈下管理，安定管理が行われる。沈下管理，安定管理では，地盤の沈下量や側方変形等を計測する。

　測定項目，手法及び位置は，施工状況や目的，周辺の状況に応じて適切に判断する必要があるが，測定項目や位置に関しては，数値解析等で事前に土工構造物や地盤の挙動を予測し，検討しておくことが望ましい。施工段階における沈下管理及び安定管理については，「第7章　施工及び施工管理」で詳細に示す。その他，施工段階の調査については，「道路土工－盛土工指針」を参照されたい。

　施工段階の調査は，上記のような施工中の当該現場の沈下や安定管理等の管理とともに，工事規模がある程度大きい場合には，試験施工と同様に工事全体でより合理的な設計・施工を可能とするために実施する。

　すなわち，工事規模がある程度大きい工事では，工事区間を幾つかの工区に分割し，先行した工区で施工中の地盤や土工構造物の挙動を計測し，その情報を後行の工区で利用し，設計・施工にフィードバックすることで，より精度の高い合理的な設計・施工が可能になる。

　工事規模や工期に余裕がある場合には，試験施工に加え，より合理的な施工方法となる。

参考文献

1) 地盤工学会：地盤調査の方法と解説，2004.
2) 建設産業調査会：土木・建設技術者のための軟弱地盤ハンドブック，p. 99, 1984.
3) 日本港湾協会：港湾の施設の技術上の基準・同解説，p. 2-169, 1979
4) 石原研而：Stability of Natural Deposits during Earthquakes, 11 th Int. Conf.on SMFE, pp. 321-376, Vol. 1, 1985.
5) 安田進：液状化の調査から対策工まで，鹿島出版会，1988.
6) 地盤工学会：土質試験の方法と解説（第一回改訂版），pp.495-499, 2000.

第4章　設計に関する一般事項

4-1　基本方針
4-1-1　設計の基本

> (1) 軟弱地盤上の土工構造物及び軟弱地盤対策工の設計に当たっては，使用目的との適合性，構造物の安全性，耐久性，施工品質の確保，維持管理の容易さ，環境との調和，経済性を考慮しなければならない。
> (2) 軟弱地盤上の土工構造物及び軟弱地盤対策工の設計に当たっては，原則として，想定する作用に対して土工構造物の要求性能を設定し，それを満足することを照査する。
> (3) 軟弱地盤上の土工構造物及び軟弱地盤対策工の設計は，論理的な妥当性を有する方法や実験等による検証がなされた手法，これまでの経験・実績から妥当とみなせる手法等，適切な知見に基づいて行うものとする。

(1)　設計における留意事項

　軟弱地盤上の土工構造物及び軟弱地盤対策工の設計に当たって常に留意しなければならない基本的な事項を示したものである。軟弱地盤上の土工構造物及び軟弱地盤対策工の設計では，「2-2　軟弱地盤対策の基本」に示した軟弱地盤対策の留意事項を十分に考慮するものとする。

(2)　要求性能と照査

　軟弱地盤上の土工構造物及び軟弱地盤対策工の設計に当たっては，原則として，(1)に示した留意事項のうち，使用目的との適合性，構造物の安全性について，「4-1-2　想定する作用」に示す想定する作用に対して安全性，供用性，修復性の観点から軟弱地盤上の土工構造物の要求性能を設定し，土

工構造物がそれらの要求性能を満足することを照査する。要求性能は，土工構造物に関連する「道路土工－盛土工指針」，「道路土工－擁壁工指針」，「道路土工－カルバート工指針」及び道路内の付属施設や占用施設等の関連する指針等に示す事項を満足するように設定をする。

(3) 設計手法

　今回の改訂では，性能設計の枠組みを導入したことにより，本章は性能照査による方法を主体とした記述構成にしている。これに伴い，要求する事項を満足する範囲で従来の方法によらない解析手法，設計方法，材料，構造等を採用する際の基本的考え方を整理して示した。この場合には，当該構造物が要求する事項を満足するか否かの判断が必要となるが，本指針では，その判断として，論理的な妥当性を有する方法や実験等による検証がなされた手法，これまでの経験・実績から妥当とみなせる手法等，適切な知見に基づいて行うことを基本とした。

　一方で，軟弱地盤においては，**解表1-3**に示したような問題が生じることが多いが，「2-2　軟弱地盤対策の基本」に示したように，地盤の性状は一般に複雑で，地盤の挙動や対策の効果を調査・設計段階で確実に把握し，工事中や工事後の土工構造物の挙動あるいは周辺への影響を正確に予測することは困難であることが多い。このため，軟弱地盤上の土工構造物及び軟弱地盤対策工の設計に当たっては，類似土質条件の地点における施工実績や災害事例等を十分に調査し，総合的な立場より決定することが大切である。また，必要に応じて試験施工を行うとともに，情報化施工を活用し，その結果を設計・施工法にフィードバックすることが重要である。

4-1-2　想定する作用

> 　軟弱地盤上の土工構造物及び軟弱地盤対策工の設計に当たって想定する作用は，土工構造物に関連する「道路土工－盛土工指針」，「道路土工－擁壁工指針」，「道路土工－カルバート工指針」によるものとする。

軟弱地盤上の土工構造物及び軟弱地盤対策工の設計に当たって考慮しなければならない作用の種類は，「道路土工－盛土工指針」，「道路土工－擁壁工指針」，「道路土工－カルバート工指針」によるものとし，土工構造物の設置箇所等の諸条件によって適宜選定する。

以下では，「道路土工－盛土工指針」，「道路土工－擁壁工指針」，「道路土工－カルバート工指針」で想定している主な作用について示す。

(1) 常時の作用

常時の作用としては，自重や載荷重，水圧や浮力の作用等，土工構造物及び軟弱地盤対策工に常に作用すると想定される作用を考慮する。

(2) 降雨の作用

土工構造物の種類，軟弱地盤対策工の種類及び設置条件等により適宜考慮する。降雨の作用は，地域の降雨特性，土工構造物の立地条件，路線の重要性及び事前通行規制との併用等を鑑み適切に考慮する。

(3) 地震動の作用

地震動の作用としては，レベル1地震動及びレベル2地震動の2種類の地震動を想定する。ここに，レベル1地震動とは供用期間中に発生する確率が高い地震動，また，レベル2地震動とは供用期間中に発生する確率は低いが大きな強度を持つ地震動をいう。さらに，レベル2地震動としては，プレート境界型の大規模な地震を想定したタイプⅠの地震動及び内陸直下型地震を想定したタイプⅡの地震動の2種類を考慮することとする。

レベル1地震動及びレベル2地震動の詳細は「道路土工要綱　巻末資料　資料-1」を参照するのがよい。ただし，想定する地震動の設定に際して，対象地点周辺における過去の地震情報，活断層情報，プレート境界で発生する地震の情報，地下構造に関する情報，表層の地盤条件に関する情報，既往の強震観測記録等を考慮して対象地点における地震動を適切に推定できる場合には，

これらの情報に基づいて地震動を設定してもよい。

(4) その他の作用

その他の作用としては，低温による凍上，塩害の影響及び酸性土壌中での腐食等の環境作用等があり，土工構造物及び軟弱地盤対策工の種類，設置条件により適宜考慮する。

4-1-3 軟弱地盤上の土工構造物の要求性能

> 軟弱地盤上の土工構造物及び軟弱地盤対策工の設計に当たっては，使用目的との適合性，構造物の安全性について，安全性，供用性，修復性の観点から，「道路土工－盛土工指針」，「道路土工－擁壁工指針」，「道路土工－カルバート工指針」，道路内の付属施設や占用施設等の関連する基準類の規定を満足するように，土工構造物の要求性能を設定することを基本とする。

(1) 軟弱地盤上の土工構造物に必要とされる性能

本指針では，想定する作用に対して，使用目的との適合性，構造物の安全性について，安全性，供用性，修復性の観点から，軟弱地盤上の土工構造物の要求性能を設定することを基本とした。軟弱地盤上の土工構造物に必要とされる性能は「道路土工－盛土工指針」，「道路土工－擁壁工指針」，「道路土工－カルバート工指針」に基づき設定する。その際，道路内の付属施設や占用施設等に関連する基準類や，橋梁取付部の盛土においては「道路橋示方書」の規定を満足するように設定する必要がある。ここで安全性とは，想定する作用による土工構造物の変状によって人命を損なうことのないようにするための性能をいう。供用性とは，想定する作用による変形・損傷に対して土工構造物が本来有すべき通行機能や避難路，救助・救急・医療・消火活動及び緊急物資の輸送路としての機能を維持できる性能をいう。修復性とは，想定する作用によって生じた損傷を修復できる性能をいう。特に，橋台背面アプローチ部は，沈下を生じにくい橋台と沈下が生じやすい盛土等の境界部であるため，両者の沈下量の差により段差が生じやすい。最近では，地震時に橋本体の損傷よりも橋台背面

アプローチ部の沈下による段差で通行が困難となり，結果的に使用目的との適合性の観点から橋としての性能を満足できない例が相対的に増えてきている。したがって，橋台背面アプローチ部は，一般の盛土部等よりも構造の設計・材料の選定及び施工管理等に関して特段の配慮が必要である。

(2) 要求性能の水準

　土工構造物の要求性能の水準は「道路土工－盛土工指針」，「道路土工－擁壁工指針」，「道路土工－カルバート工指針」において，以下のものを基本としている。
　性能1：想定する作用によって土工構造物としての健全性を損なわない性能
　性能2：想定する作用による損傷が限定的なものにとどまり，土工構造物としての機能の回復が速やかに行い得る性能
　性能3：想定する作用による損傷が土工構造物として致命的とならない性能
　性能1は想定する作用によって土工構造物としての健全性を損なわない性能と定義した。性能1は安全性，供用性，修復性のすべてを満たすものである。土工構造物の場合，長期的な沈下や変形，地震動の作用による軽微な変形を全く許容しないことは現実的ではない。このため，性能1には，通常の維持管理程度の補修で土工構造物の機能を確保できることを意図している。特に軟弱地盤上の土工構造物に関しては，基礎地盤の沈下等の変形をある程度許容し，供用開始後に対応することが合理的である場合も多いので，供用開始後も通常の維持管理，もしくは計画的な補修で土工構造物が性能1を確保できることを想定している。ここで，「通常の維持管理」とは路体の掘削を行わない範囲の維持補修と考えてよい。例えば，パッチングやオーバーレイによる舗装の補修，U型側溝の取替えによる排水工の湾曲修正等が該当すると考えられる。また，道路管理者が「地震後には点検のため通行規制を行う」等の事項を定めている場合にも，この定めによる通行規制は通常の維持管理と考えられる。「計画的な補修」とは供用開始後の沈下を考慮し，補修して対応することを前提に構築した土工構造物を計画の範囲内において補修することとしてよい。例えば，基礎地盤の沈下を見越して，計画よりも幅広な土工構

造物を構築し，ある程度沈下が生じた後に，嵩上げ盛土により補修していくこと等が該当すると考えられる。

性能2は想定する作用による損傷が限定的なものにとどまり，土工構造物としての機能の回復がすみやかに行い得る性能と定義した。性能2は安全性及び修復性を満たすものであり，土工構造物の機能が応急復旧程度の作業によりすみやかに回復できることを意図している。

性能3は，想定する作用による損傷が土工構造物として致命的とならない性能と定義した。性能3は供用性・修復性は満足できないが，安全性を満たすものであり，土工構造物には大きな変状が生じても，崩壊等により隣接施設等に致命的な影響を与えないことを意図している。

(3) 重要度

「道路土工－盛土工指針」，「道路土工－擁壁工指針」，「道路土工－カルバート工指針」では，重要度の区分は以下を基本としている。

重要度1：万一損傷すると交通機能に著しい影響を与える場合，あるいは，隣接する施設に重大な影響を与える場合

重要度2：上記以外の場合

重要度の区分は，土工構造物が損傷した場合の交通機能への影響と，隣接する施設に及ぼす影響の重要性を総合的に勘案して定めることを示したものである。

土工構造物が損傷した場合の道路の交通機能への影響は，必ずしも道路の規格による区分を指すものではなく，迂回路の有無や緊急輸送道路であるか否か等，万一損傷した場合に道路のネットワークとしての機能に与える影響の大きさを考慮して判断することが望ましい。

(4) 土工構造物の要求性能

軟弱地盤上の土工構造物及び軟弱地盤対策工の設計で考慮する土工構造物の要求性能は，「道路土工－盛土工指針」，「道路土工－擁壁工指針」，「道路土工－カルバート工指針」に従い，想定する作用と土工構造物の重要度に応じ

解表 4-1 軟弱地盤上の土工構造物の要求性能の例（盛土の例）

想定する作用	重要度	重要度1	重要度2
常時の作用		性能1	性能1
降雨の作用		性能1	性能1
地震動の作用	レベル1地震動	性能1	性能2
	レベル2地震動	性能2	性能3

て，「(2) 要求性能の水準」から適切に選定する。一例として盛土の要求性能の目安を**解表4-1**に例示する。以下に，**解表4-1**に例示した個々の作用に対する要求性能の内容を示す。

1) 常時の作用に対する土工構造物の要求性能

自重・載荷重等の常時の作用による沈下や変形は，土工構造物構築中や構築直後に生じるもの及び供用中に生じるものがある。

土工構造物構築中や構築直後においては，構築される土工構造物や付帯構造物等の荷重により，土工構造物本体及び基礎地盤に損傷が生じず安定している必要がある。また，供用中には，時間の経過とともに，基礎地盤ないし盛土等においては土工構造物自体の圧密（圧縮）変形が生じる。これにより供用性に支障を与えることを防止する必要があるが，軟弱地盤の場合であっても，計画的な補修によりその影響を軽減することが可能である。このため，常時の作用に対しては重要度にかかわらず性能1を要求することとした。

2) 地震動の作用に対する土工構造物の要求性能

地震動の大きさと重要度に応じて性能1〜性能3を要求することとした。

これは，地震動の作用に対する土工構造物の要求性能を一律に設定することは困難な面があること，軟弱地盤における地震対策には相応のコストを要すること等を考慮したものである。

重要度1の土工構造物については，レベル2地震動に対して性能2を要求することとした。一般に盛土等の土工構造物は橋梁・トンネル等の他の道路構造物と比較して修復性に優れているが，特に，高盛土等の早期の復旧が困難な盛土，

緊急輸送道路等に設置された盛土等の土工構造物のうち，構造物取付部の盛土等，応急復旧により迂回路等の確保が困難な土工構造物では，レベル2地震動に対して早期の復旧が可能となる範囲の損傷にとどめることが要求される。

なお，土工構造物の性能2や性能3の照査では，土工構造物に許容する損傷の程度の評価が必要となる。しかしながら，土工構造物が地震時にどの程度損傷するかについては，土工構造物を構成する地盤材料の特性の多様性や不均一性，材料特性の経年変化，地震発生時の環境条件及び土工構造物の被災パターンや被災程度を精度よく予測するための解析手法の不確実性等から，現状の技術水準では未だ定量的な照査が困難である場合も多い。このため，土工構造物に性能2や性能3を要求する場合には，震前対策と震後対応等の総合的な危機管理を通じて必要な性能の確保が可能となるように努める視点も重要である。

例えば，**解図4-1**は新潟県中越地震時に生じた基礎地盤の液状化が原因と考えられる橋梁取付盛土の被害であるが，迅速な震後対応により被災から数日後には応急復旧により車両の通行が可能となった例である。このように，周辺の状況にもよるが土工構造物は被災しても迅速な震後対応等の総合的な危機管

解図4-1 橋梁取付盛土の復旧例

理により比較的容易に早期の復旧が可能となることを考慮することも必要である。なお，道路震災対策の考え方については「道路震災対策便覧」に示されているので参考にするとよい。

4-1-4　性能の照査

(1)　軟弱地盤上の土工構造物及び軟弱地盤対策工の設計に当たっては，原則として土工構造物の要求性能に応じて土工構造物及び軟弱地盤対策工の限界状態を設定し，想定する作用に対する土工構造物及び軟弱地盤対策工の状態が限界状態を超えないことを照査する。
(2)　設計に当たっては，設計で前提とする施工・施工管理，維持管理の条件を定めなければならない。
(3)　「第5章」及び「第6章」に示した一般的な土工構造物・対策工法については，「第5章」以降に基づいて設計，施工，維持管理を行えば，上記(1)，(2)を行ったとみなしてよい。

(1)　性能の照査の原則

1）照査の原則

　軟弱地盤上の土工構造物の照査の原則を示したものである。軟弱地盤上の土工構造物の設計に当たっては，要求性能に応じて軟弱地盤上の土工構造物及び軟弱地盤対策工の限界状態を設定し，各作用に対する軟弱地盤上の土工構造物及び対策工の状態が限界状態を超えないことを照査する。

　限界状態は，構造物条件，施工条件及び維持管理の容易さ等の諸条件によって様々な考え方があるが，軟弱地盤上の土工構造物及び対策工の限界状態の一般的な考え方を以下に示す。

2）限界状態

　軟弱地盤上の土工構造物の要求性能に応じた限界状態の考え方及び照査項目は，「道路土工－盛土工指針」，「道路土工－擁壁工指針」，「道路土工－カルバート工指針」等の各構造物の指針に準拠する事を基本とするが，基本的な考え方を例示すると以下の項目及び**解表4-2**のとおりである。

解表4-2 土工構造物の要求性能に対する限界状態と照査項目（盛土の例）

要求性能	盛土の限界状態	構成要素	構成要素の限界状態	照査項目	照査手法
性能1	想定する作用によって生じる盛土の変形・損傷が盛土の機能を確保でき得る限界の状態	基礎地盤	基礎地盤の力学特性に大きな変化が生じず，盛土，路面から要求される変位にとどまる限界の状態	変形	変形照査
				安定	安定照査
		盛土	盛土の力学特性に大きな変化が生じず，かつ路面から要求される変位にとどまる限界の状態	変形	変形照査
				安定	安定照査
性能2	想定する作用によって生じる盛土の変形・損傷が修復を容易に行い得る限界の状態	基礎地盤	復旧に支障となるような過大な変形や損傷が生じない限界の状態	変形	変形照査
		盛土	損傷の修復を容易に行い得る限界の状態	変形	変形照査
性能3	想定する作用によって生じる盛土の変形・損傷が隣接する施設等への甚大な影響を防止し得る限界の状態	基礎地盤	隣接する施設へ甚大な影響を与えるような過大な変形や損傷が生じない限界の状態	変形	変形照査
		盛土	隣接する施設へ甚大な影響を与えるような過大な変形や損傷が生じない限界の状態	変形	変形照査

① 性能1に対する土工構造物の限界状態は，想定する作用によって生じる変形・損傷が土工構造物の機能を確保し得る範囲内で適切に定めるものとする。

② 性能2に対する土工構造物の限界状態は，想定する作用よって生じる土工構造物の変形・損傷が修復を容易に行い得る範囲内で適切に定めるものとする。

③ 性能3に対する土工構造物の限界状態は，想定する作用によって生じる土工構造物の変形・損傷が隣接する施設等への甚大な影響を防止し得る範

囲内で適切に定めるものとする。

なお，**解表4-2**には，盛土を例として主たる構造要素ごとに，一般的な照査項目を併せて示している。また，軟弱地盤対策工の限界状態については，土工構造物の要求性能，対策の目的，対策原理及び対策工法等により異なるものであり，これらを勘案して適切に設定する必要がある。

(i) 性能1に対する土工構造物の限界状態

性能1に対する土工構造物の限界状態は，想定する作用によって土工構造物としての健全性を損なわないように定めたものである。軟弱地盤上の土工構造物の長期的な沈下や変形，降雨や地震動の作用による軽微な損傷を完全に防止することは現実的ではない。このため，土工構造物の安全性，供用性，修復性を全て満足する観点から，土工構造物に軽微な亀裂や段差が生じた場合でも，平常時における点検と補修，また地震時の緊急点検と緊急措置により，土工構造物の機能を確保できる限界の状態を土工構造物の限界状態として設定すればよい。一般的には，基礎地盤の限界状態は，力学特性に大きな変化が生じず，かつ基礎地盤の変形が土工構造物から要求される変位にとどまる限界の状態として，土工構造物本体の限界状態は，土工構造物本体の力学特性に大きな変化が生じず，土工構造物の機能から要求される変位にとどまる限界の状態として設定すればよい。軟弱地盤対策工の限界状態は対策工法等により異なるものであるが，地盤改良等の対策では基礎地盤の限界状態と同様に力学特性に大きな変化が生じず，かつ基礎地盤の変形が土工構造物から要求される変位にとどまる限界の状態として設定することが考えられる。

(ii) 性能2に対する土工構造物の限界状態

性能2に対する土工構造物の限界状態は，想定する作用に対する損傷が限定的なものにとどまり，土工構造物としての機能の回復をすみやかに行えるように定めたものである。土工構造物の安全性及び修復性を満足する観点から，土工構造物に損傷が生じて通行止め等の措置を要する場合でも，応急復旧等により，土工構造物としての機能を回復できる限界の状態を限界状態として設定すればよい。この場合，損傷に対する修復方法を考慮したうえで，基礎地盤の限界状態は復旧に支障となるような過大な変形や損傷が生じない限界の状態として，土

工構造物本体については損傷の修復を容易に行い得る限界の状態として設定すればよい。軟弱地盤対策工の限界状態は対策工法等により異なるものであるが，地盤改良等の対策では基礎地盤の限界状態と同様に復旧の支障となるような過大な変形や損傷が生じない限界の状態として設定することが考えられる。

(iii) 性能3に対する土工構造物の限界状態

性能3に対する土工構造物の限界状態は，想定する作用による損傷が土工構造物として致命的とならないように定めたものである。土工構造物の供用性及び修復性は失われても，安全性を満足する観点から，土工構造物の崩壊による隣接する施設等への甚大な影響を防止できる限界の状態を限界状態として設定すればよい。この場合，基礎地盤，軟弱地盤対策工及び土工構造物本体の限界状態は隣接する施設等へ甚大な影響を与えるような過大な変形や損傷が生じない限界の状態として設定すればよい。軟弱地盤対策工の限界状態は対策工法等により異なるものであるが，地盤改良等の対策では基礎地盤の限界状態と同様に復旧に支障となるような過大な変形や損傷が生じない限界の状態として設定することが考えられる。

3) 照査方法

(i) 照査手法

照査に際しては，考慮する作用及び限界状態に応じて，適切な手法を選定する必要がある。土工構造物の照査方法には原理的に種々の方法があり，重要度・要求性能・調査精度及び解析精度等を勘案し，適切な方法を選択する必要がある。軟弱地盤上の土工構造物の照査では，土工構造物及び対策工の限界状態に対応した照査指標と設計において目標とする許容値を適切に定め，算出された値が目標とする許容値を満足することを確認する。この際，沈下や変形の照査に当たっては，土工構造物の変形量等を直接的に評価する方法を主として用いることを基本とする。ただし，「2-2 軟弱地盤対策の基本」に示したとおり，軟弱地盤上の土工構造物の性能評価手法には，多くの仮定や不確定要素を含んでいるので，必要に応じて試験施工を実施し，設計に用いる土質定数の検証，沈下の目標値の設定，さらには新技術・新工法の性能確認を行うことが望ましい。

(ⅱ) 照査項目

　土工構造物の限界状態に応じた照査項目の基本的な考え方は，以下のとおりである。常時の作用に対しては，適切な照査方法により，土工構造物の構築中や施工直後，供用中の沈下，安定及び周辺地盤への影響について照査する。地震動の作用に対しては，土工構造物の沈下，安定及び周辺地盤への影響について照査する。特に，基礎地盤が地震時に液状化が予想されるゆるい砂質土層，または特に軟弱で地震時に著しい変状を生ずる可能性がある粘性土層である場合には，これらの影響を考慮して照査する必要がある。

(ⅲ) 照査指標と許容値

　軟弱地盤上の土工構造物の照査では，照査手法と土工構造物を構成する各部材及び対策工の要求性能に応じた限界状態に応じて，沈下量や安全率等の照査指標並びに設計において目標とする許容値を適切に設定する必要がある。軟弱地盤上の土工構造物に係わる照査指標としては，沈下量・安全率及び側方変位量等の種類がある。照査指標の種類は照査項目（常時荷重に対する沈下・安定・変形の照査及び地震の影響に対する照査）や照査方法によって，その許容値は限界状態に応じて適切に定める必要がある。限界状態に応じた許容値は，土工構造物の種類や構造物取付部等の構造物条件，施工条件，維持管理の容易性，立地条件と周辺への影響及び道路の社会的役割等の諸条件によって変わるものである。このため，設計で目標とする許容値の設定に当たっては，構造物条件，対策工の種類，施工条件，日常点検及び異常時の緊急点検と緊急復旧体制を含めた維持管理の容易さ等を考慮し，適切に定める必要がある。

(2) **施工，施工管理，維持管理の前提条件**

　軟弱地盤上の土工構造物の安定性，耐久性は，設計のみならず施工の良し悪し，維持管理の程度に大きく依存する。また，軟弱地盤上の土工構造物の性能照査においては，「(1) 性能の照査の原則」に示したとおり，軟弱地盤上の土工構造物の照査で目標とする要求性能に対する限界状態に応じた許容値は，施工条件・維持管理の容易さや頻度等の諸条件によって変わるものである。このため，設計に当たっては，前提とする施工・施工管理，維持管理方法の条件を定めなければならない。

(3) **実績に基づく照査手法**

　既往の経験・実績から,「第5章　軟弱地盤上の土工構造物の設計」及び「第6章　軟弱地盤対策工の設計・施工」に示した一般的な土工構造物及びこれまでに比較的施工実績のある対策工法については,「5章」〜「8章」に基づいて設計,施工,維持管理を行えば,上記(1),(2)を行ったとみなしてよいこととした。

　「第5章」及び「第6章」には,一般的な土工構造物及びこれまでに比較的施工実績のある対策工法を対象として,既往の軟弱地盤上の土工構造物及び軟弱地盤対策工の設計において実務的に使用されてきた設計法を示している。我が国の複雑な地盤構成を有する軟弱地盤上の土工構造物及び軟弱地盤対策工の多くは,高度な解析手法等を持ってしても,事前の調査結果のみに基づく検討によりその挙動を正確に予測することは困難な場合も多い。このため,軟弱地盤の特性を考慮した施工,維持管理を行うことを前提として,既往の経験・実績の裏付けのある慣用設計法を用いて最大限の努力を払って技術的検討を行えば,**解表4−1**に例示した所定の性能を確保するための照査を行ったとみなすことができることとした。

　また,従来,軟弱粘性土地盤上の盛土の設計では,常時の作用に対する安定・沈下の検討はなされているが,地震動の作用に対する検討は必ずしもなされてこなかった。その理由として,軟弱粘性土地盤上の盛土等の土工構造物は地震により致命的な被害を被った事例は稀であるということが背景にある。今回の改訂に当たってもこの考えを踏襲し,軟弱粘性土地盤上の盛土については一般に地震動の作用に対する照査を行わなくても,**解表4−1**に例示した性能を満足するとみなせることとした。一方で,地震による被害が生じた場合に復旧が困難で道路の交通機能に大きい影響を与える区間,あるいは隣接する施設等に二次的な被害を与える重要度1の盛土で,旧河道・埋立地及び水辺に近接した箇所等で基礎地盤にゆるい砂質土層が厚く堆積し,液状化による大規模な被害が生じやすい箇所,あるいは特に軟弱な粘性土層が堆積する箇所の高盛土等,既往の事例から大きな被害が想定される箇所の盛土については,所定の性能を確保するために「5−6　地震動の作用に対する安定性の照査」に従い,地震動の作用に対する照査を行うものとした。

なお，「第5章」及び「第6章」に示した土工構造物や対策工法と力学特性や対策原理が異なると想定される構造や対策工法については，「第5章」及び「第6章」に示した対策工法との各作用に対する挙動の相違を検討した上で，必要に応じて「(1) 性能の照査の原則」に示した基本的な事項に従うとともに，詳細かつ総合的な検討を加えて設計をする。

4-2 荷重
4-2-1 一般

> (1) 軟弱地盤上の土工構造物及び軟弱地盤対策工の設計に当たっては，考慮する荷重とその組合せを当該土工構造物に関わる「道路土工－盛土工指針」，「道路土工－擁壁工指針」，「道路土工－カルバート工指針」に基づいて設定する。
> 　一般的には，以下の荷重から，土工構造物の設置地点，構造形式によって適切に選定する。
> 1) 自重
> 2) 載荷重
> 3) 土圧
> 4) 水圧及び浮力
> 5) 地震の影響
> (2) 荷重の組合せは，同時に作用する可能性が高い荷重の組合せのうち，最も不利となる条件を考慮して設定するものとする。
> (3) 荷重は，想定する範囲内で土工構造物に最も不利となるように作用させるものとする。

(1) 考慮すべき荷重

　軟弱地盤上の土工構造物の設計で考慮する荷重は，当該土工構造物に関わる「道路土工－盛土工指針」，「道路土工－擁壁工指針」，「道路土工－カルバート工指針」に基づいて設定するものとする。枠書き内に示した荷重は，軟弱地盤上の土工構造物及び軟弱地盤対策工の設計に際して，主に安定性の照査で考慮

する荷重の種類を列挙したものであり，土工構造物の設置地点の諸条件，形式等によって適宜選定し，必ずしも全部採用する必要はない。なお，軟弱地盤におけるトラフィカビリティ確保のための対策工法の検討で用いる施工機械の接地圧については，「6－2 (3) 2) (iii) iii) 施工機械のトラフィカビリティ」に示している。

(2) 荷重の組合せ

荷重の組合せは，「道路土工－盛土工指針」，「道路土工－擁壁工指針」，「道路土工－カルバート工指針」に基づいて，同時に作用する可能性が高い荷重の組合せのうち，土工構造物に最も不利となる条件を考慮して設定しなければならない。一般的な土工構造物の荷重の組合せの例を**解表4－3**に示す。

解表4－3 荷重の組合せの例（盛土）

想定する作用	荷重状態	考慮する荷重
常時の作用	施 工 時	自重（＋載荷重）
	供 用 時	自重（＋載荷重）
地震動の作用	レベル1地震動時	自重＋地震の影響
	レベル2地震動時	自重＋地震の影響

（ ）内のものは施工条件，土工構造物の安定性への影響度合等を踏まえて必要に応じて考慮する

(3) 荷重の作用方法

荷重は，想定する範囲内で土工構造物に最も不利となるように作用させることを示したものである。

4－2－2 自重

自重は，材料の単位体積重量を適切に評価して設定するものとする。

(1) 盛土の自重

舗装部を含めた盛土の自重は，盛土材の湿潤単位体積重量γ_tに盛土体積（舗装部を含む）を乗じて算出してよい。盛土材の単位体積重量は，実際の施工に

用いる盛土材を用いて施工条件を考慮して求めるべきであるが，設計段階で盛土材を特定できない場合も多いため，概略の検討においては**解表4-4**に示す単位体積重量を用いてもよい。

解表4-4 盛土の自重の算出に用いる盛土材の単位体積重量

盛土材	γ_t (kN/m³)
礫，礫質土	20
砂，砂質土	19
粘性土（$w_L \leq 50\%$）	18
火山灰質粘性土	15

(2) **擁壁やカルバート等の構造物の自重**

擁壁やカルバート等の構造物の自重の算出に用いる材料の単位体積重量 r は，概略検討においては**解表4-5**に示す値を用いてもよい。

解表4-5 擁壁やカルバート等の構造物の自重の算出に用いる材料の単位体積重量

材料	γ (kN/m³)
コンクリート	23.0
鉄筋コンクリート	24.5

4-2-3 載荷重

> 載荷重は，構造物の種類，自動車交通状況や施工状況を考慮して適切に設定するものとする。

盛土，擁壁の安定性の検討で交通荷重や施工荷重を考慮する場合には，載荷重として 10kN/m² を用いてよい。

4-2-4 土圧

> 土圧は，構造物の種類や土質条件及び施工条件を考慮して適切に算定するものとする。

常時に作用する土圧は，地盤条件や土工構造物の条件，対策工法等に応じて適切に考慮して算定するものとする。

4-2-5 水圧及び浮力

> 降雨の作用として，水圧及び浮力を考慮するものとする。
> (1) 水圧は，地盤条件や水位の変動等を考慮して適切に設定するものとする。
> (2) 浮力は，間隙水や水位の変動等を考慮して適切に設定するものとする。また，浮力は上向きに作用するものとし，土工構造物に最も不利になるように載荷するものとする。

(1) 水圧

水圧は，地盤条件や降雨時の影響等による水位の変動等を考慮して適切に設定するものとする。

土工構造物が地下水位以下に設置される場合には，水圧を考慮するものとする。

(2) 浮力

浮力は，間隙水や水位の変動等を考慮して適切に設定する。土工構造物が降雨時の影響等による地下水位以下に設置される場合には，浮力を考慮しなければならない。また，浮力は上向きに作用するものとし，土工構造物に最も不利になるように作用させるものとする。

4-2-6 地震の影響

> 地震の影響として，以下のものを構造物の種類等に応じて考慮する。
> (1) 構造物の重量に起因する慣性力（以下，慣性力という）
> (2) 地震時土圧
> (3) 地震時の周辺地盤の変位または変形
> (4) 地震時動水圧
> (5) 液状化の影響

軟弱地盤上の土工構造物の設計で考慮すべき地震の影響の種類を示したものである。これら地震の影響は，当該土工構造物に関わる「道路土工－盛土工指針」，「道路土工－擁壁工指針」，「道路土工－カルバート工指針」に基づいて，地盤条件や土工構造物の条件，対策工法等に応じて適切に選定し，組み合わせる。

(1) **慣性力**

地震時に慣性力の影響が大きいと考えられる場合は，慣性力を考慮する。軟弱地盤上の土工構造物及び軟弱地盤対策工の地震時の変形や破壊は，一般に水平方向の地震動の影響が支配的であるため，鉛直方向の慣性力の影響は考慮しなくてよい。静的照査法により照査を行う場合には，構造物の重量に水平方向の設計水平震度を乗じて算出した慣性力を水平方向に作用させる。

動的解析により照査を行う場合には，時刻歴で与えられる入力地震動が必要となる。この場合には，「道路橋示方書　Ｖ　耐震設計編（平成14年3月）」を参考に，目標とする加速度応答スペクトルに近似したスペクトル特性を有する加速度波形を用いるのがよい。なお，地震動の入力位置を耐震設計上の基盤面とする場合には，地盤の影響を適切に考慮して設計地震動波形を設定しなければならない。

(2)(3)(4) **地震時土圧，地震時の周辺地盤の変位または変形，地震時動水圧**

地震時に作用する土圧，周辺地盤の変位または変形，動水圧は地盤条件や土工構造物の条件，対策工法及び解析モデル等に応じて適切に考慮して設定する。

(5) **液状化の影響**

液状化の発生が懸念される土層に対しては，過剰間隙水圧の発生やせん断強さの低下及び剛性の低下等により，液状化の影響を土工構造物及び軟弱地盤対策工等に応じて適切に考慮する。液状化の判定は，「5-6 (2)1)　液状化の判定」に従ってよい。ただし，液状化すると判定された層が深い位置にのみ存在し，かつ，その層が比較的薄い場合には，土工構造物の機能や安全性

への影響は小さい。このように検討対象とする構造物への影響が小さいと判断できる場合には，液状化すると判定された層が存在しても，液状化の影響を考慮する必要はない。

第5章 軟弱地盤上の土工構造物の設計

5-1 軟弱地盤上の土工構造物の設計の基本的な考え方

(1) 軟弱地盤上の土工構造物の設計に当たっては，まず軟弱地盤対策工を施さない場合について，想定する作用に対する軟弱地盤上の土工構造物の安定性を照査する。照査の結果，土工構造物の安定性が満足できない場合，あるいは通常の施工に支障を生じるような場合には，軟弱地盤対策工の適用を検討する。

(2) 軟弱地盤上の土工構造物の設計に当たっては，地盤調査結果を十分に活用するとともに，軟弱地盤上の土工構造物及び地盤の挙動の予測の不確実性に配慮した設計を行うものとする。また，必要に応じて試験施工を実施するものとする。さらに，施工に当たっては情報化施工により，正確な地盤挙動の把握に努めるとともに，必要に応じて設計の見直しを行う等の適切な対応を図るものとする。

(1) 設計の基本事項

軟弱地盤上の土工構造物の設計の基本的な考え方は，既に「第4章　設計に関する一般事項」で示したように，「道路土工－盛土工指針」，「道路土工－擁壁工指針」，「道路土工－カルバート工指針」に準拠し，まず対策を施さない場合について，想定する作用に対する土工構造物の安定性を照査する。その際，本章では土工構造物として主に道路盛土を対象とし，照査法としては慣用的な設計手法による方法を示した。

安定性の照査の結果，地盤改良等の対策を施さなければ土工構造物の安定性を満足できない場合や通常の施工に支障が生じる場合には，軟弱地盤対策工の適用を検討する。その際の軟弱地盤対策工の選定の考え方，設計・施工について

は「第6章　軟弱地盤対策工の設計・施工」に示した。ただし，原地盤上に直接土工構造物を構築する場合や地盤改良を伴わない緩速施工・押え盛土等の比較的簡易な対策工に対する安定性照査の項目及び方法については，本章の「5－2　軟弱地盤上の土工構造物の安定性の照査」に示している。「5－2」に示した方法については，地盤改良を伴う軟弱地盤対策工を適用する場合に対しても，「第6章　軟弱地盤対策工の設計・施工」に従ったうえで，工法によっては準用することもできる。

安定性の照査の結果，土工構造物の安定性が確保できる場合，詳細調査で得られた情報を基に「道路土工－盛土工指針」，「道路土工－擁壁工指針」，「道路土工－カルバート工指針」に従い，慎重に設計・施工を行う。

なお，本章では土工構造物として主に道路盛土を対象とし，慣用的な設計手法による照査法を示した。

(2)　設計に当たっての留意事項

軟弱地盤上の土工構造物の設計に当たっては，地盤調査の結果をよく吟味したうえで，土工構造物及び地盤の挙動を適切に予測する必要がある。しかし，現実の軟弱地盤は層厚や土性が複雑に変化しており，これらを予め詳細に把握することは難しい。また，地盤挙動の解析手法は進歩してきているものの，解析のみにより軟弱地盤上の土工構造物の安定性を正確に予測することは困難であることが多い。このため設計に当たっては，解析結果のみによって判断するものではなく，近隣の施工実績，類似構造・類似地盤における施工実績を踏まえ総合的に判断する必要がある。

土工構造物及び付帯構造物の設計に当たっては，これらの予測の不確実性を考慮して将来の沈下に対応可能な構造を検討することも重要である。例えば，軟弱地盤における盛土の天端幅やカルバートの断面の設定に当たっては，残留沈下によって生じる盛土の幅員不足やカルバートの内空断面不足等に対応できるように，余裕を持たせた設計を行う。また，カルバート等の構造物や付帯構造物の設計に当たっては，沈下に対して追従可能な構造形式，基礎形式の選定，継手間隔の設定や継手構造の採用等を検討することも重要である。詳細は「6－

2 (5) 特殊部における対策工の適用上の留意点」を参照されたい。
　また，必要に応じて事前に試験施工を実施し，設計に用いる土質定数の検証・見直しや施工法及び新技術・新工法の適用性の確認を行うことが重要である。さらに，施工に当たっては情報化施工を活用し，より正確な地盤挙動の把握に努め，必要に応じて設計，施工法の見直し等にフィートバックさせることが望ましい。

5－2　軟弱地盤上の土工構造物の安定性の照査

(1)　軟弱地盤上の土工構造物の安定性の照査は，「5－3」～「5－5」に従い常時の作用に対する土工構造物の安定性の照査を行うとともに，必要に応じて「5－6」に従い，地震動の作用に対する土工構造物の安定性の照査を行うものとする。
(2)　上記(1)は「7章」及び「8章」に示した施工・施工管理，維持管理が行われることを前提とする。

⑴　**軟弱地盤上の土工構造物の安定性における照査の基本的な考え方**

　軟弱地盤上の土工構造物の安定性の照査は，「5－3」～「5－5」に従い，常時の作用に対する土工構造物の沈下，安定及び周辺地盤の変形の照査を行うとともに，必要に応じて「5－6」に従い地震動の作用に対する土工構造物の安定性の照査を行う。各作用に対する安定性の照査の基本方針を以下に示す。なお，対策工を含む場合の安定性の照査の詳細については，「第6章　軟弱地盤対策工の設計・施工」を参照されたい。
　具体的な土工構造物の安定性の照査の流れとしては，まず土工構造物を構築するうえでの制約条件を考慮し，照査項目とその許容値を設定したのち，詳細な地盤情報等に基づいて，各作用に対する軟弱地盤及び土工構造物の安定性を照査し構造を決定する。その際の制約条件としては，変更の余地が少ない設計上の諸条件（道路・構造物条件，地盤条件及び隣接する構造物等）と，工事計画の検討過程で変更や見直しが可能な条件（土量・工期・工費等の施工条件及び維持管理条件）とがある。

1) 常時の作用に対する安定性の照査

常時の作用に対する軟弱地盤上の土工構造物の安定性の照査では，施工時，供用時において土工構造物の自重，載荷重等の荷重に対して土工構造物が安定であること及び路面の走行性等土工構造物の機能に悪影響を及ぼす沈下や，周辺の施設や地盤に有害な変形（沈下・隆起等）が生じないことを照査することを基本とする。ただし，これらの照査は土工構造物の特性や周辺施設の状況等に応じて省略してよい場合もある。例えば，沈下量が小さく安定も十分に確保でき，周辺に重要施設等がない場合には周辺地盤の変形の照査を省略してもよい。

以下では，常時の作用に対する各照査項目について，軟弱地盤上の盛土を対象としてそのメカニズムを示す。

(i) 軟弱地盤上の盛土の沈下及び周辺地盤の変形

軟弱地盤上に盛土が施工されると，直下の軟弱地盤は沈下するとともに側方に変位し，それに伴い周辺地盤の変形が生じる。盛土荷重の載荷による軟弱地盤の変形は，非排水せん断変形による沈下及び隆起・側方変位と，圧密による沈下とからなる。

非排水せん断変形による沈下及び隆起・側方変位は，載荷とほぼ同時に生じるものであり，荷重の小さいときは弾性的であるが，荷重の増加とともに塑性変形になる。このせん断変形による沈下は短期間に生じるため，即時沈下とも呼ばれる。

一方，土の圧密による沈下は時間の遅れを伴う現象であり，過剰間隙水圧の消散に伴う一次圧密と粘土骨組の圧縮クリープに伴う二次圧密があり，後者は一次圧密の終了時ころから認められ，その速度は極めて遅い。

解図5-1(a)，(b)は地盤の変形を非排水せん断変形と圧密変形に分解して示したものである。せん断変形では，**解図5-1**(a)に示すように盛土荷重により直下地盤は鉛直方向に圧縮し，水平方向に伸張する。これにより周辺地盤は側方に押し出され，盛土のり尻付近の地盤中では図示したような変位分布を生じる。これに伴い周辺地盤表面は隆起するとともに，外向きに水平変位する。他方，**解図5-1**(b)に示すように圧密変形では，盛土荷重が盛土直下だけでなく周辺地盤にも及び，その応力増分に応じた圧密（体積圧縮）を生じ図示したような

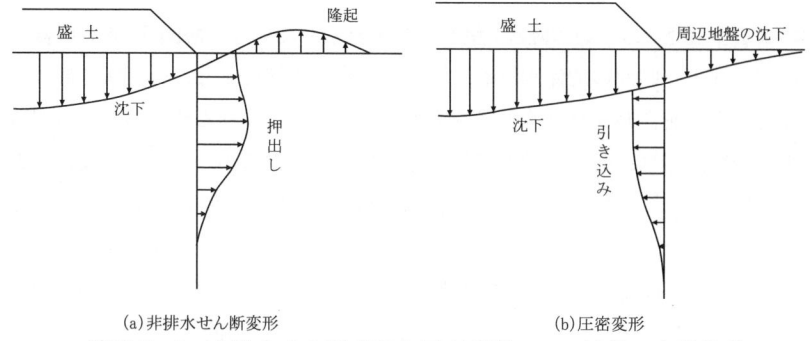

(a)非排水せん断変形 (b)圧密変形

解図5-1 非排水せん断変形と圧密変形による地盤の変形挙動

沈下分布となる。また，盛土のり尻付近の地盤中の水平変位分布は，図示したようにせん断変形によるものとは逆方向の内向きに引き込まれる。

解図5-2(a)は，盛土荷重の載荷による地盤の非排水せん断変形と圧密変形による軟弱地盤表面の沈下及び隆起の状況を盛土横断方向に模式的に示している。また，**解図5-2**(b)は盛土中央部の沈下量の時間変化を表している。この図の H_E は盛土高，時点 t_0 は盛土完了時，時点 t_1 は一次圧密終了時を示している。**解図5-2**(a)の点線は時点 t_0 及び t_1 における圧密による沈下量を，実線は圧密とせん断変

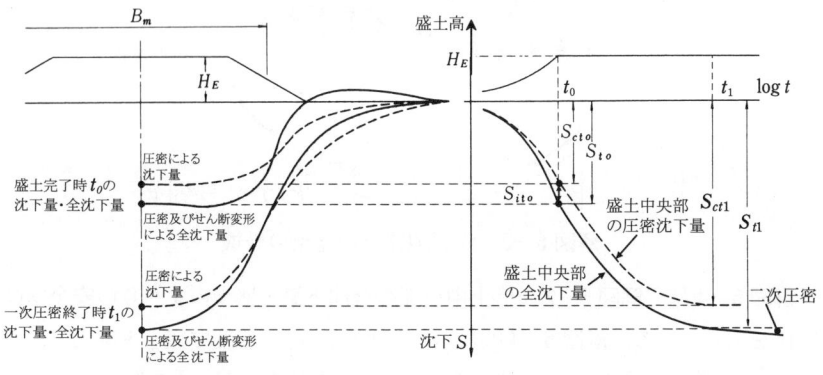

(a) 横断方向の盛土基礎地盤の変位　　(b) 縦断方向の盛土中央部の沈下の推移

S_{ito}：盛土完了時の即時沈下量
S_{cto}：盛土完了時の圧密沈下量
S_{to}：盛土完了時の全沈下量
S_{ct1}：時点 t_1 における圧密沈下量
S_{t1}：時点 t_1 における全沈下量

解図5-2 盛土基礎地盤の沈下・隆起と盛土中央部の沈下の推移

形による全沈下（あるいは隆起）量をそれぞれ示している。**解図 5-2**(b)の盛土中央部の沈下－時間の関係図でも，圧密沈下量を点線で示し，せん断変形による即時沈下量を合わせた全沈下量を実線で示している。せん断変形による即時沈下量や隆起量は，盛土荷重の増加とともに大きくなるが，盛土完了後はほとんど増加しない。したがって，盛土完了後は圧密沈下のみが生じることとなり，盛土完了後の全沈下は，**解図 5-2**(a)に示すようにせん断変形による沈下量をほぼ一定とした実線で示したような沈下形状となる。また一次圧密終了時 t_1 以降，二次圧密は時間の対数（$\log t$）に対してほぼ一定勾配で直線的に沈下が生じる。

なお，盛土の沈下は以上に示したもののほかに，低盛土における交通荷重，盛土自体の圧縮及び地下水位変化等によっても生じる。

(ⅱ) 軟弱地盤上の盛土の破壊

盛土の施工に伴い盛土高が増加すると，盛土の沈下量及び周辺地盤の隆起量は増大し，盛土荷重が地盤の極限支持力を超えたとき，**解図 5-3** に模式的に示したようにすべり面に沿って盛土は破壊する。

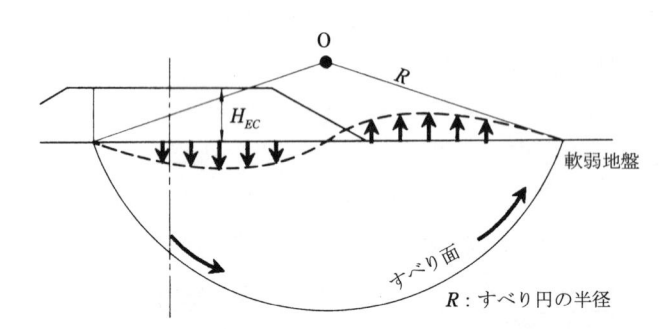

解図 5-3 軟弱地盤上の盛土の破壊

解図 5-4 は，**解図 5-2** の盛土中央部の全沈下量と盛土のすべりの安全率の関係を示している。**解図 5-4**(a)に示したように V_1 の速度で盛土を施工し，盛土高 H_E に達した時点 t_{01} における盛土中央直下の沈下量が S_{f01} であったとする。この時点で盛土の施工を完了させ，そのまま放置すれば地盤の圧密が徐々に進んで安定に向い，全沈下量 S_{f1} にまで達して一次圧密沈下が終了する。

時点 t_{01} の後も引き続いて盛土を行った場合，破線で示したように沈下が急

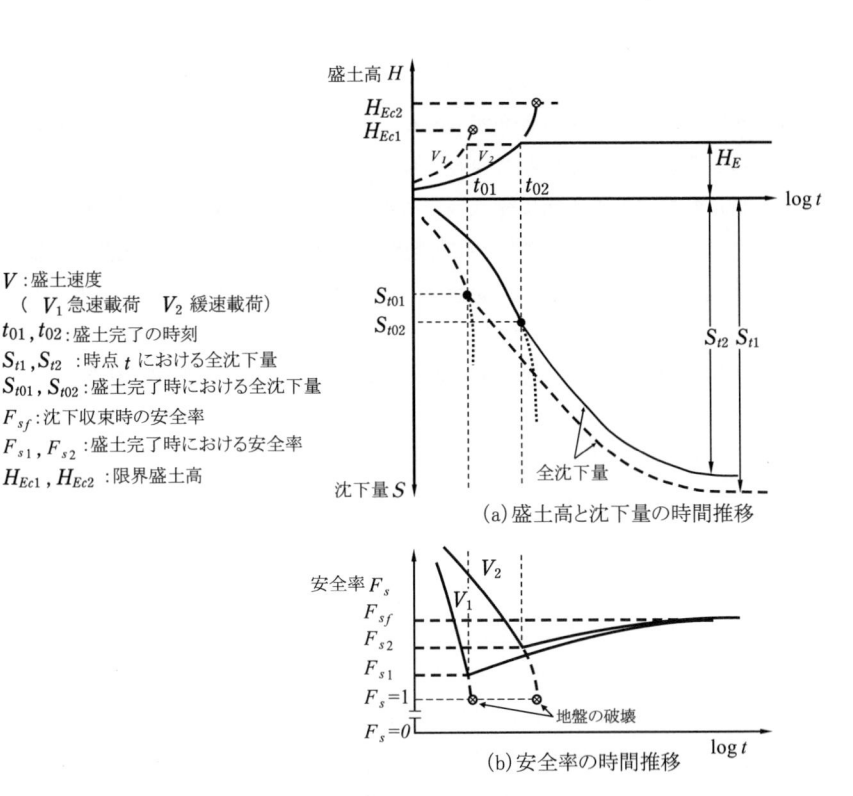

V：盛土速度
　（V_1 急速載荷　V_2 緩速載荷）
t_{01}, t_{02}：盛土完了の時刻
S_{t1}, S_{t2}：時点 t における全沈下量
S_{t01}, S_{t02}：盛土完了時における全沈下量
F_{sf}：沈下収束時の安全率
F_{s1}, F_{s2}：盛土完了時における安全率
H_{Ec1}, H_{Ec2}：限界盛土高

解図5-4　盛土速度と沈下及び安全率

増し，限界盛土高 H_{Ec1} まで盛り上げたとき地盤のすべり破壊を生じる。以上の関係を安全率の時間経過で示したものが**解図5-4**(b)である。

他方，盛土速度が V_1 よりも遅い V_2 とすれば，盛土完了まで多くの時間を要する。この盛土完了までの間に地盤の一次圧密は V_1 の場合より多く進み地盤強度が増加するので，盛土速度 V_1 における限界盛土高 H_{Ec1} と比べ，より高い限界盛土高 H_{Ec2} まで盛土することが可能になる。そのため，**解図5-4**に示すように，より安全に，より高くまで盛土するためには，地盤の圧密に見合ったゆっくりした速度（緩速）で盛土することが必要である。

2）地震動の作用に対する安定性の照査

地震動の作用に対する土工構造物自体の安定性の照査は，土工構造物の種類に応じて「道路土工－盛土工指針」，「道路土工－擁壁工指針」，「道路土工－カ

ルバート工指針」に基づき必要に応じて実施する。軟弱地盤上の土工構造物の地震による被害は、飽和したゆるい砂質土層が液状化することに起因するものと、特に軟弱な粘性土層に繰返しせん断応力が作用することによる軟化に起因するものとがある（「1-3(2) 軟弱地盤における被害の形態と留意点」参照）。基礎地盤の液状化による土工構造物の被害は、ゆるい砂質土層が浅部にあるほど、また層厚が厚いほど大きい（「1-3(2)4) 地震による地盤のすべり破壊及び液状化」参照）。一方、後者の粘性土層においては、土工構造物の荷重により、施工後の時間経過に応じて圧密（一次圧密及び二次圧密）が進行して強度も増加するため、地震動の作用により大被害に至る事例は少ない。このため、例えば盛土については、「4-1-4 性能の照査」で示したとおり、軟弱粘性土地盤上の盛土等の土工構造物は地震により致命的な被害を被った事例は稀であることから、今回の改訂に当たっても、軟弱粘性土地盤上の盛土については適切な基礎地盤の処理、入念な締固め及び排水工の設置を前提として一般に地震動の作用に対する照査を行わなくてもよいこととした。なお、平成23年（2011年）東北地方太平洋沖地震では、軟弱地盤で地下水位が高く、圧密による盛土の沈下が著しい箇所等で地下水位以下の盛土材の液状化により、盛土に変状が生じた事例が見られた。これらについては安定性照査により評価することは困難であることが多く、「第6章 軟弱地盤対策工の設計・施工」に示す適切な基礎地盤の処理、入念な締固め及び排水処理により対応することが基本である。

　一方で、地震による被害が生じた場合に復旧が困難で道路の交通機能に大きい影響を与える区間、あるいは隣接する施設等に二次的な被害を与える重要度1の盛土で、旧河道や埋立地、水辺に近接した箇所等で基礎地盤にゆるい砂質土層が厚く堆積し液状化による大規模な被害が生じやすい箇所、あるいは特に軟弱な粘性土層が堆積する箇所の高盛土等、既往の事例から大きな被害が想定される箇所の盛土については、所定の性能を確保するために「5-6 地震動の作用に対する安定性の照査」に従い、地震動の作用に対する照査を行うものとした。

　地震動の作用に対する軟弱地盤上の土工構造物の安定性の照査に当たっては、供用時に生じる地震動の作用により、すべり等の破壊が生じないこと、路面の走行性等の土工構造物の機能に悪影響を及ぼす沈下が生じないこと及び必

要に応じて隣接する施設や地盤に有害な変形（沈下・隆起・側方変位等）が生じないことについて照査することを基本とする。

地震動の作用に対する安定性（沈下，安定及び周辺地盤の変形）に関する照査法は，「5-6 地震動の作用に対する安定性の照査」に示す。

(2) 設計における施工・維持管理の前提条件

「5-2(1)」は「第7章 施工及び施工管理」及び「第8章 維持管理」に示されている施工，施工管理及び維持管理が行われることを前提としている。したがって，実際の施工，施工管理及び維持管理の条件がこれらによりがたい場合には，「第7章」及び「第8章」によった場合に得られるのと同等以上の性能が確保されるように別途検討を行う必要がある。

5-3 常時の作用に対する沈下の照査

> 常時の作用に対する軟弱地盤上の土工構造物の沈下の照査では，軟弱地盤上の土工構造物の施工時及び供用中における常時の作用に対し，予測される沈下量が許容変位以下であることを照査する。このとき，許容変位は土工構造物の機能への影響及び隣接する施設から決まる変位を考慮して定める。

(1) 沈下に対する照査

常時の作用に対する沈下の照査は，軟弱地盤上の土工構造物の施工時及び供用時に予測される沈下量が，設計で目標とする沈下量を超えないことを照査する。

常時の作用に対する沈下の照査に当たっては，舗装完了後あるいは供用開始後の土工構造物の残留沈下量が第一の照査指標となる。

設計で目標とする残留沈下量の許容値は，土工構造物の機能，踏掛版等の構造物取付部の構造，道路付帯施設に及ぼす沈下の影響及び維持管理での対応の難易度等を十分考慮して設定し，対策工を実施するか，あるいは維持管理により対応するかを検討する。設計で目標とする残留沈下量の許容値としては，構造物取付部において，盛土中央部で舗装完了後あるいは供用開始後3年間で10cm～30cmとしてきた事例が多い。

施工中に生じる沈下量は，通常，施工段階で対処が可能であるため指標に含めないが，残留沈下量並びに周辺地盤の変形は土工構造物の全沈下量と密接な関係がある。全沈下量が極端に大きい場合には，これらに大きく影響するとともに，土工量も多くなるために，残留沈下量の検討以前に全沈下量軽減のための対策工法の検討が必要となる場合がある。

全沈下量に対する目標値は，入手可能な盛土材の量や周辺地盤・隣接する施設への影響等を考慮して設定するが，周辺地盤・隣接する施設への影響を考慮して設定する場合には，「5-5　常時の作用による周辺地盤の変形の照査」を参照して定める。

なお，沈下としては基礎地盤の沈下と盛土自体の圧縮により生じる盛土天端の沈下を対象とするが，後者の盛土自体の圧縮沈下の照査は，「道路土工－盛土工指針」に示す圧縮性の小さい材料を用い，締固め管理基準値を満足すれば，省略してもよい。ただし，盛土材の圧縮性に問題がある材料を用いる場合には，既往の経験値や試験施工等により適切な補正を行い，地盤の変形による沈下量とあわせ土工構造物の残留沈下量を予測する。

(2)　沈下計算

ここでは，沈下の照査方法として，これまで実務において採用されてきた方法を主として例示する。

盛土を載荷した場合の軟弱地盤における沈下には，載荷後に比較的早期に終了する即時沈下と時間的な遅れを伴い長期間に渡り生じる圧密沈下がある。即時沈下は粘性土層のせん断に伴う変形によって発生する沈下とゆるい砂質土層の圧縮変形に伴う沈下がある。圧密沈下は一次圧密と二次圧密からなる。

照査には全沈下量と残留沈下量とが必要になり，残留沈下量の予測には地盤の最終的な全沈下量と圧密に伴う沈下量の時間的な変化，すなわち圧密による沈下速度を求めることが必要となる。残留沈下量は二次圧密を考慮するが，値が小さい場合は無視してもよいものとする。

圧密に関する基礎理論は均一な土層を対象にしたものである。現実に遭遇する不均一な土層構成に対する簡便な時間沈下計算法としては，後述するように

地盤を見かけ上均一な地盤に置き換える層厚換算法や層別層厚換算法が，従来より一般に用いられてきた。最近では，不定形な形状の盛土条件や，地盤の透水係数 k，圧密係数 c_v や体積圧縮係数 m_v 等の時間変化や空間的分布を表現しやすい有限要素法が用いられることもある。有限要素法は，1次元的な沈下だけでなく地盤の側方への変形等を含めた多次元の変形解析にも用いられるもので，詳しくは「5-5 (3) 有限要素法」を参照されたい。

以下に，沈下計算に用いる基本的な条件設定法並びに計算法を述べる。

1) 検討条件の設定

検討条件の設定は基本的には「3-6 (2) 地盤情報がある程度得られた段階」で示した項目に従う。

(i) 地盤条件

地盤条件は，詳細調査の結果に基づき，「3-9 調査結果のとりまとめ」，「3-10 設計のための地盤条件の設定」に従い，地盤条件を決定する。

(ii) 盛土条件

i) 盛土荷重及び舗装荷重

盛土荷重及び舗装荷重は，道路詳細設計による条件で設定する。また，盛土荷重としては，沈下分に相当する荷重（地下水位以下は水中重量）を考慮した必要盛土厚さを基に，盛土荷重を設定することが望ましい。

低盛土の場合には，後に「2) (v) 低盛土道路の沈下」に示す方法による交通荷重を加えて検討する。盛土材の自重は，盛土材料の湿潤単位体積重量 γ_t に盛土体積（舗装部含む）を乗じて算出してよい。

単位体積重量については，一般には**解表3-3**に示す値を用いてよい。なお，しらす等の材料で明らかに軽い材料や軽量盛土材料等を使用する場合や，急勾配盛土で安定性の照査を必要とする場合には，締固め試験を実施し，適切な締固め程度に応じた単位体積重量を用いる。

ii) 盛土等の荷重による地盤内の鉛直応力の増分

盛土荷重による地盤内の鉛直応力の増分 Δp は，土かぶり圧算定の場合と同じく各層中央深度における値を求める。

通常の台形帯状盛土では，**解図5-5**を用いて鉛直応力への影響値 I を求め，

式（解5-1）から鉛直応力の増分Δpを計算する。
$$\Delta p = I \cdot q_E = I \cdot \gamma_E \cdot H_E \quad \cdots\cdots\cdots\cdots\cdots\cdots\cdots\cdots\cdots\cdots\cdots\cdots\cdots\cdots （解5-1）$$
ここに，

  Δp：盛土荷重による地盤内の鉛直応力の増分（kN/m²）
  q_E：盛土荷重（kN/m²）
  H_E：盛土高さ（m）
  γ_E：盛土の単位体積重量（kN/m³）
  I：影響値（左右の盛土ごとに，それぞれ**解図5-5**を用い影響値I_1，I_2を求め，$I = I_1 + I_2$とする）

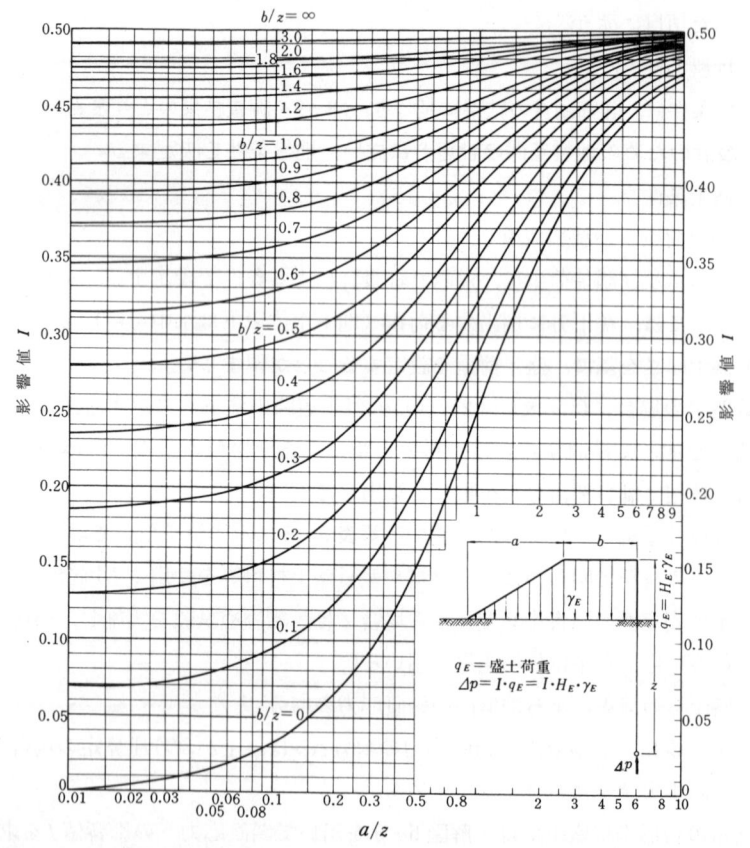

解図5-5 台形帯状荷重による地盤内鉛直応力影響値（Ostergergによる）[1]

ⅲ) 盛土速度

　圧密沈下の詳細な検討においては，盛土速度が大きな影響を与えるので，沈下計算に先立って盛土速度を与える必要がある。従来の経験より地盤破壊を生じない盛土速度として，**解表3-4**に示したような値が知られており，地盤条件，事業計画や施工計画等からの盛土工期を勘案して盛土速度を定めるうえで参考にできる。なお，施工中における盛土の安定性の評価がなされた場合には，必ずしもこれにとらわれる必要はない。

2) 沈下計算

　先に述べたように，盛土荷重を載荷した場合の軟弱地盤における沈下は軟弱粘性土層のせん断変形，一次圧密，二次圧密及びゆるい砂質土層の圧縮沈下からなる。供用性を対象とした盛土の性能照査には盛土完了後の残留沈下量が用いられ，それには軟弱粘性土層の一次圧密量及び二次圧密量を求めなければならない。ただし，二次圧密量は値が小さい場合は，一般的に考慮しない。また，「5-5　常時の作用による周辺地盤の変形の照査」で示す周辺地盤の変形の照査には軟弱粘性土層のせん断変形や砂質土層の圧縮沈下などの即時沈下を含めた全沈下量が必要となる。以下では，それぞれの沈下量成分の算定法について示す。

(i) 即時沈下量

　即時沈下は，粘性土層と砂質土層のそれぞれで生じる。盛土の載荷によって生じる粘性土層の即時変形はせん断変形によるものである。砂質土層では，透水性が高いため圧密沈下は短時間で終了するとみなせる。

i) 粘性土層の即時沈下

　粘性土層の即時沈下量を簡便かつ正確に計算する方法は確立されていない。ここでは盛土中央部に生じる即時沈下量 S_i の概略値を推定する方法の一つとして式（解5-2）を示す[2]。

　　　帯状荷重の場合： $S_i = \dfrac{q_E \cdot B_m}{E} \cdot n$ ……………………………（解5-2）

ここに,

S_i：即時沈下量（m）
q_E：盛土荷重 （kN/m²）
B_m：載荷幅（m）
n：**解図5-6**から求まる係数
E：軟弱層の平均変形係数（kN/m²）, $E = \dfrac{1}{\sum H_i} \cdot \left(\sum E_i \cdot H_i \right)$

（この式は対象地盤が複数の土層 i からなる場合の式であり，変形係数 E としては E_{50} を用いることが多い。）

H_i：粘性土層を構成する各層の層厚（m）
E_i：粘性土層を構成する各層の変形係数（kN/m²）

なお，式（解5-2）で示される即時沈下量 S_i は，即時沈下が非排水条件のせん断変形によって生じるとした値である。

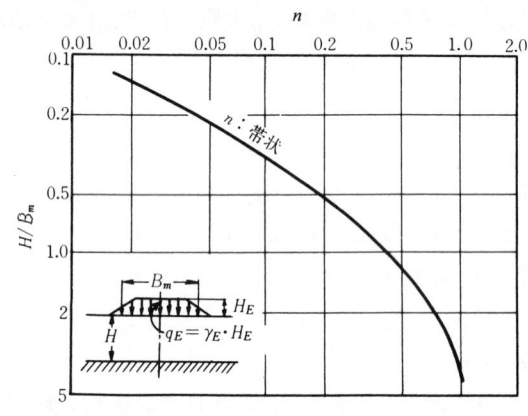

解図5-6 H/B_m と係数 n の値[2]

ii) 砂質土層の即時沈下

この場合も確定した推定式はなく［参考5-3-1］に示す方法は一つの例示である。

[参考5-3-1] 砂層または砂質土層に生じる即時沈下の求め方[3),4)]

　砂層または砂質土層に生じる沈下量は即時沈下量と考え，**参図5-1**を用いて求めることができる。

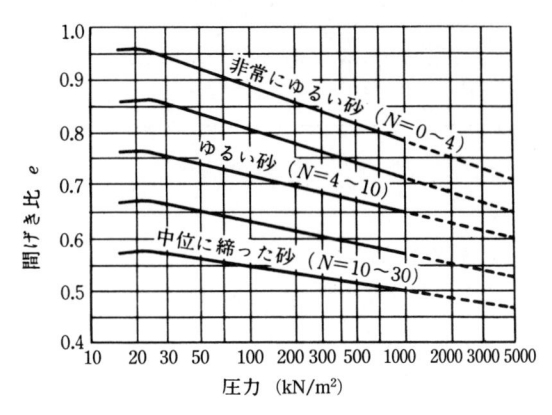

参図5-1　砂の圧力－間隙比曲線

(ii) 一次圧密沈下量

　一次圧密沈下量は，基本的には盛土中央直下の軟弱層の一次元圧密沈下量を求める。設計上必要な場合は盛土中央以外の位置でも求める。

　一次圧密沈下量計算には，一次元の一次圧密沈下量の計算法として一般的に用いられる e-$\log p$ 法，正規圧密状態で用いられる m_v 法と C_c 法がある。

　e-$\log p$ 法では，一次圧密沈下量 S_c は土層区分された圧密層ごとの間隙比の変化量を用い，式（解5-3）から求めることができる。

$$S_c = \frac{e_0 - e_1}{1 + e_0} \cdot H \quad \cdots\cdots\cdots\cdots\cdots\cdots\cdots\cdots\cdots\cdots\cdots\cdots\cdots (解5-3)$$

ここに，
　　S_c：一次圧密沈下量（m）
　　e_0：圧密層の盛土前の鉛直有効応力 p_0 での初期間隙比
　　e_1：圧密層の盛土荷重による圧密後の間隙比で，e-$\log p$ 曲線における
　　　　　圧密層中央深度の盛土後の鉛直有効応力 $p_0 + \Delta p$ に対応する間隙比
　　H：圧密層の層厚（m）

正規圧密土からなる軟弱層の場合で，区分された圧密層ごとに圧縮指数 C_c または体積圧縮係数 m_v が求められている場合には，式（解5-4），式（解5-5）よって圧密層ごとの一次圧密沈下量 S_c を求めることができる。

$$S_c = \frac{C_c}{1+e_0} \cdot \log \frac{p_0+\Delta p}{p_0} \cdot H \quad \cdots\cdots\cdots\cdots\cdots\cdots\cdots\cdots\cdots\cdots\cdots （解5-4）$$

$$S_c = m_v \cdot \Delta p \cdot H \quad \cdots\cdots\cdots\cdots\cdots\cdots\cdots\cdots\cdots\cdots\cdots\cdots\cdots\cdots\cdots\cdots （解5-5）$$

ここに，

　　　C_c：圧縮指数
　　　m_v：体積圧縮係数（m²/kN）
　　　p_0：圧密層の中央部深度の盛土前の鉛直有効応力（kN/m²）
　　　Δp：圧密層の中央部深度の盛土荷重による鉛直有効応力の増分（kN/m²）
　　　H：圧密層の層厚（m）

これら圧密層ごとの一次圧密沈下量 S_{cn} を軟弱層全体について合計して，軟弱層全体の沈下量とする。

$$S_c = \sum S_{cn} \quad \cdots\cdots\cdots\cdots\cdots\cdots\cdots\cdots\cdots\cdots\cdots\cdots\cdots\cdots\cdots\cdots\cdots （解5-6）$$

(iii) 圧密による沈下速度

　圧密に伴う沈下速度は，圧密層の排水条件によって異なり，道路盛土のように台形帯状荷重が載荷された地盤の圧密排水は，鉛直方向にのみ行われるとは限らず，盛土側方に向う水平方向の排水も同時に行われる。いわゆる二次元圧密排水による盛土の圧密沈下は，盛土幅に対する圧密層厚の比が大きくなればなるほど，急速に進むことになる。このような場合は，必要に応じて，有限要素法等で水平方向の排水を考慮する。

　しかし，通常の軟弱地盤では，中間に挟まれた砂層の排水層によって盛土幅に比べかなり薄い圧密層に区分されることが多い。したがって，粘性土層内での側方への排水を無視し，鉛直方向だけの一次元圧密排水とみなし沈下速度を求めてよい。

　不均一な土層構成の圧密計算では，まず，地盤の成層状態から圧密排水に有効な排水層（砂質土層等）を決定して，**解図5-7**(a)または(b)に例示するような圧密層に区分する。**解図5-7**(a)は全体を両面排水の圧密層厚 H，(b)は上

層が両面排水の圧密層厚 H_I と下層が片面排水の圧密層厚 H_{II} とした例である。このような不均一層の圧密計算法としては，それぞれの圧密層を構成する各土層の圧密係数 c_{vi} のうち，任意の土層の c_{vj} を圧密層全体の c_{v0} として代表させ，この c_{v0} を持つ単一層に換算して圧密過程を計算する方法がある。この方法は層厚換算法と呼ばれ，従来より実務において多用されている。**解図5－7**(a)において H_3 の圧密係数 c_{v3} を代表圧密係数とした場合を例にとると，換算層厚 H_o は式（解5－7）のように計算される。

$$H_0 = H_1 \sqrt{\frac{c_{v3}}{c_{v1}}} + H_2 \sqrt{\frac{c_{v3}}{c_{v2}}} + H_3 \quad\cdots\cdots\cdots\cdots\cdots\cdots\text{（解5－7）}$$

ここに，

　　　H_o：c_{v3} を代表圧密係数とした場合の換算層厚（cm）
　　　H_i：各土層の層厚（cm）
　　　c_{vi}：各土層の圧密係数（cm²/日）

この式は，**解図5－7**(a)のように c_v の異なる3層からなる圧密層を c_{v3} で代表させ，圧密係数が等値となる単一の層に置き換えたときの層厚 H_o を与えるものである。Terzaghiの圧密理論によれば，鉛直応力の増分 Δp の瞬間載荷により間隙水圧 Δu_0 が全層に渡って一様に生じ，**解図5－7**(a)のように両面排水によって圧密が進む場合は，式（解5－7）から求めた換算層厚 H_0 の1/2が圧密層の最大排水距離 D であるから，置き換えた単一層の $c_{v0} = c_{v3}$ を用い，圧密に要する時間 t を式（解5－8）で計算することができる。

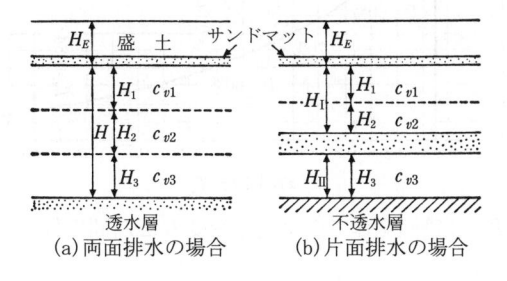

解図5－7　圧密層の区分の例

― 127 ―

$$t = \frac{(H_0/2)^2}{c_{v0}} \cdot T_v = \frac{D^2}{c_{v0}} \cdot T_v \quad \cdots\cdots\cdots\cdots\cdots\cdots\cdots\cdots\cdots\cdots\cdots\cdots\cdots\cdots (\text{解} 5-8)$$

ここに,

T_v：時間係数で，鉛直有効応力の増分 Δp の瞬間載荷により圧密層に発生する過剰間隙水圧 Δu_0 ($=\Delta p$) の経時的な消散を表し，圧密層全体での平均圧密度 U に応じて，**解図 5-8** に示した値を用いることができる。

c_{v0}：圧密層の代表 c_v で，式（解 5-7）の例では c_{v3}

圧密層全体での平均圧密度が U_t に達したときの圧密沈下量 S_t は，各圧密層の一次圧密沈下量 S_{cn} を圧密層全体で合算した ΣS_{cn} との間に式（解 5-9）の関係があり，時間 t と沈下量 S_t の関係が求められる。

$$S_t = U_t \cdot \Sigma S_{cn} \quad \cdots\cdots\cdots\cdots\cdots\cdots\cdots\cdots\cdots\cdots\cdots\cdots\cdots\cdots\cdots\cdots\cdots (\text{解} 5-9)$$

以上のように，圧密による沈下速度は，排水が鉛直方向だけに行われるとする一次元圧密を仮定し，層厚換算法によって算定することができる。

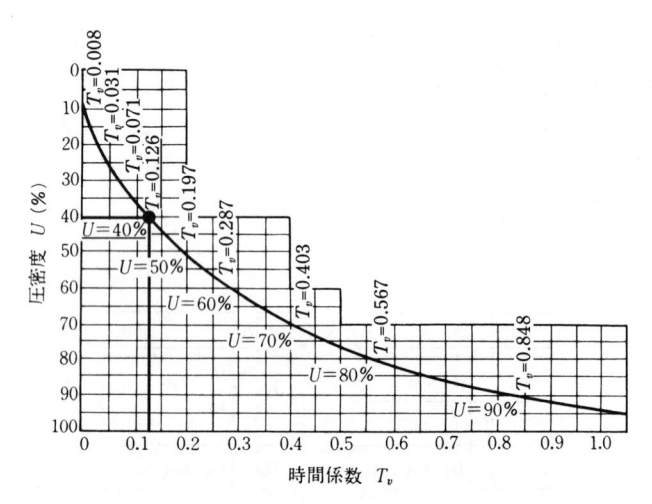

解図 5-8 圧密層全体での平均圧密度 U と時間係数 T_v の関係

しかし，圧密係数 c_v や体積圧縮係数 m_v が大幅に異なる土層によって構成されている軟弱地盤においては，より正確な沈下速度が求められるよう，**解図5-9**を用いて時間係数 T_v における深度 z での圧密度 U_z と一次圧密沈下量 S_z から，深度ごとの沈下量を求め，圧密層全体として加算する層別層厚換算法[5]を用いるのがよい。

圧密層全体での時点 t における平均圧密度 U_t に対する圧密層の深さ z の位置での圧密度 U_z を求める場合には，**解図5-9**から圧密層の深さ z/D に対応する $U_z \sim T_v$ 曲線を選び，その曲線上で，式（解5-8）から計算される時点 t の時間係数 T_v に対応する U_z を求める。

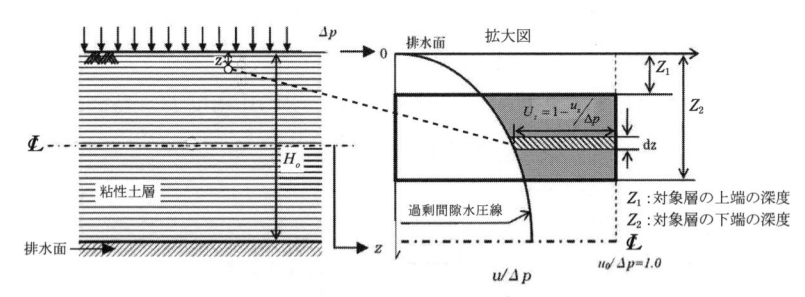

(a) 深度ごとの圧密度 U_z の定義[5]

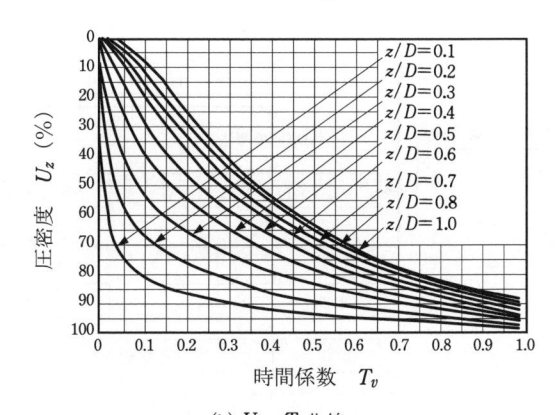

(b) $U_z - T_v$ 曲線

解図5-9 深度 z での圧密度 U_z と時間係数 T_v の関係

そして，各圧密層の一次圧密沈下量を S_z とすると，平均圧密度 U_t の時点での圧密層全体の沈下量 S_t は式（解5−10）で計算される。

$$S_t = \sum (U_z \cdot S_z) \quad \cdots\cdots\cdots\cdots\cdots\cdots\cdots\cdots\cdots\cdots\cdots\cdots\cdots\cdots\cdots\cdots\cdots（解5-10）$$

したがって，圧密層全体での平均圧密度 U において圧密層の各土層の平均圧密度 U_n を求めれば，圧密沈下量 S_t は式（解5−11）で得られる。

$$S_t = \sum (U_n \cdot S_n) \quad \cdots\cdots\cdots\cdots\cdots\cdots\cdots\cdots\cdots\cdots\cdots\cdots\cdots\cdots\cdots\cdots\cdots（解5-11）$$

ここに，

S_n：各土層の一次圧密沈下量

以上の層厚換算法と層別層厚換算法の計算の流れを**解図5−10**に示す。フロー(A)では，盛土（載荷重）による各圧密層及び圧密層全体の一次圧密沈下量を計算する。フロー(B)は，沈下速度を求める二つの方法を示すもので，まず，1) 圧密層の区分（片面か両面かの排水条件も含む）を決定し，2) 換算層厚 H_0 と排水距離 D を決定し，3) **解図5−8**の平均圧密度 U〜時間係数 T_v の関係から，U に対応する圧密時間 t を算定する。次に，(A) の一次圧密沈下量

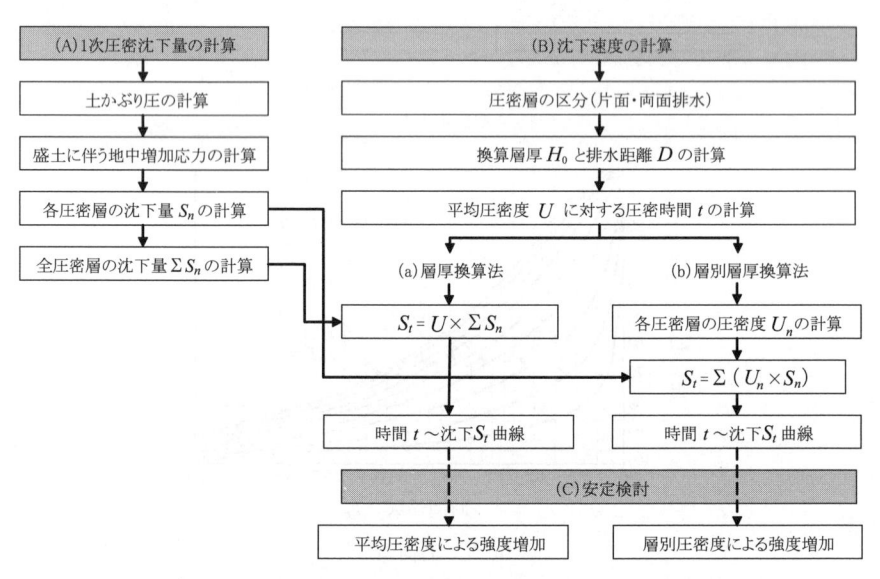

解図5−10 層厚換算法と層別層厚換算法の計算の流れ

を用いて圧密時間 t に対する沈下量を求める。(a)層厚換算法では，圧密層全体の平均圧密度 U を圧密層全体の一次圧密量 ΣS_{cn} に乗じ，圧密層全体の沈下量 S_t を計算する。(b)層別層厚換算法では，圧密層ごとの一次圧密沈下量 S_{cn} にそれぞれの圧密度 U_n を乗じ，それらを合計し，圧密層全体の沈下量 S_t を計算する。さらに続いてフロー (C) では，すべりに対する安定照査を行う。この場合でも，(a)層厚換算法と(b)層別層厚換算法とに対応して，深度方向の圧密度の評価を行い，それによって圧密層の強度増加を算定し，安定計算を行うことを示している。したがって，両方法により各土層の圧密度評価及び強度増加が異なるので，安定照査も異なる結果が得られる。この点からも沈下速度の計算にいずれの手法を用いるべきか検討が必要である。層厚換算法では，平均圧密度により圧密層全体の平均的な強度増加を考慮するのに対して，層別層厚換算法では，土層ごとにそれぞれの圧密度に対する強度増加を考慮することになる。

[参考5-3-2] 層厚換算法と層別層厚換算法の計算例[5),6)]

　圧密係数 c_v の異なる多層地盤の圧密速度を予測する場合，全圧密層の平均圧密度を用い，簡便に算定する層厚換算法が多用されてきた。しかしながら，この方法では時間～沈下曲線に各層の圧密係数の違いが考慮されず，沈下の速い層も遅い層も同一の圧密度となり，実際の沈下過程を正確には表現できない。また，安定計算における強度増加は，圧密度に依存するため強度増加を平均圧密度で計算する場合と，各層の圧密度で計算する場合では異なる強度で安定計算を実施することになる。このことは，泥炭層のように圧密係数が大きく強度増加が速い層を安定計算で合理的に考慮できない。したがって，泥炭質地盤のように圧密係数と体積圧縮係数が大幅に異なる複数の土層によって圧密層が構成されている場合には，各層ごとの圧密度を考慮する層別層厚換算法を用いることが望ましい。以下に両方法の比較計算例を示す。

(1) 計算条件

　参表5-1，参図5-2 の(a)に示すような，圧密係数が大きく異なる3層の土層構成からなる圧密層厚15m の両面排水の泥炭質地盤上に 55kN/m² の盛土荷重を加えたとき生じる圧密沈下時間曲線を層厚換算法と層別層厚換算法で計算した例を以下に示す。

地盤を構成する各土層の性質及び一次圧密沈下量 S_c，換算層厚 H_0 は**参表5－1**のとおりで，代表圧密係数 c_v として有機質土層のものを用いると，以下のように層厚11.43m の均一層に換算される。

$$H_0\left(=\sum H_{0n}\right)=H_1\cdot\sqrt{\frac{c_{v3}}{c_{v1}}}+H_2\cdot\sqrt{\frac{c_{v3}}{c_{v2}}}+H_3=100\cdot\sqrt{\frac{194}{2380}}+400\cdot\sqrt{\frac{194}{2380}}+1000=1143\text{cm}$$

したがって，圧密に要する時間 t と時間係数 T_v の間には以下の関係が成り立つ。

$$t=\frac{(H_0/2)^2}{c_v}\cdot T_v=\frac{571^2}{194}\cdot T_v=1681T_v\quad[\text{日}]$$

参表5－1　土質物性及び一次圧密沈下量 S_c，換算層厚 H_0

土層	H (cm)	w_n (%)	e_0	p_0 (kN/m²)	c_c	S_c (cm)	c_v (cm²/day)	H_0 (cm)
表層	100	100	2.5	3.1	0.8	29	2,380	29
ピート層	400	400	8.0	11.6	5.3	179	2,380	114
有機質土層	1,000	130	3.6	43.5	1.2	92	194 (代表値)	1,000
Σ	1,500	—	—	—	—	300	—	1,143

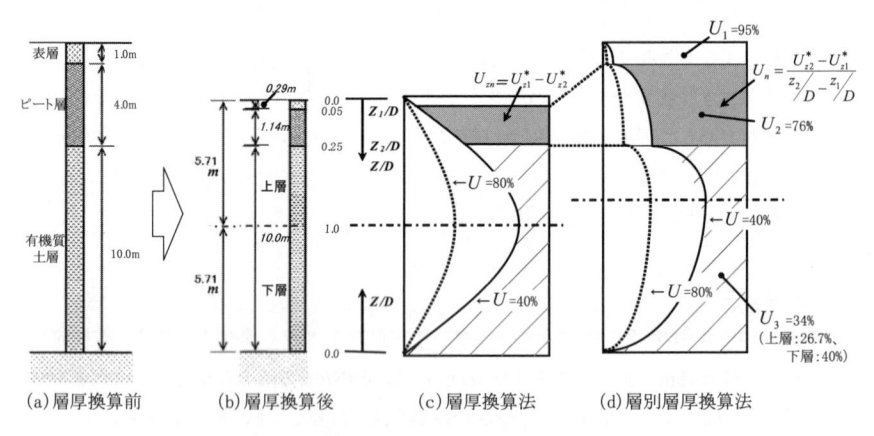

参図5－2　間隙水圧の等時曲線（圧密等時曲線）

(2) **計算方法と計算結果**

層別層厚換算法では，**参図5-2**(b)に示した基準 c_v 値で換算した圧密層に，**解図5-9** の $U_z \sim T_v$ 関係を用いて，(c)図のように圧密層全体での平均圧密度 U に対して，過剰間隙水圧の分布（等時圧密曲線）を描き，(d)図のように，各圧密層に着目し，圧密層ごとの圧密度 U_n を計算する。そして，各土層の U_n に一次圧密沈下量 S_{cn} を乗じ，圧密層全体の平均圧密度 U に対する各土層の圧密沈下量の結果を得る。さらに，式（解5-11）に従い，これらを圧密層全体で合算して，圧密層全体の圧密時間，沈下量が得られる。**参表5-2**にこれらの結果を示している。**参表5-2**には，層厚換算法による平均圧密度 U に対応する沈下量も併記している。

以上のようにして層厚換算法と層別層厚換算法から求めた時間-沈下量曲線を比較して示すと**参図5-3**のとおりで，この場合には層別層厚換算法によって求めた場合の圧密による沈下速度の方がかなり速くなっている。

(3) **層別層厚換算法における各圧密土層の圧密度 U_z の簡便な計算方法**

層別層厚換算法において，任意の平均圧密度 U に対する圧密層内の深さ $z_1 \sim z_2$ の位置にある土層の平均圧密度 U_n を求めるときは，**解図5-9**から深さ比 $z_1/D \sim z_2/D$ に対する圧密度 $U_{z1} \sim U_{z2}$ を詳細に計算し合算する必要があるので，かなりの手間がかかる。

参表5-2 圧密度，時間，沈下量の関係

			圧密度 U	20	40	60	80	90
			時間係数 T_v	0.031	0.126	0.286	0.567	0.848
			$t=1683T_v$（日）	53	211	481	953	1,425
層別層厚換算法による沈下量	表層	S_{c1} =29cm	U_1	92	95	98	100	100
			$U_1 \cdot S_{c1}$ (cm)	27	28	29	29	29
	ピート層	S_{c2} =179cm	U_2	56	76	85	93	96
			$U_2 \cdot S_{c2}$ (cm)	100	137	152	166	172
	有機質土層	S_{c3} =92cm	U_3	14	34	56	78	89
			$U_3 \cdot S_{c3}$ (cm)	13	32	52	72	82
	Σ	ΣS_{cn} =300cm	$\Sigma U_n \cdot S_{cn}$	140	197	233	267	283
層厚換算法による沈下量		平均圧密度 U に対する沈下量 $S_t = U_t \cdot \Sigma S_{cn}$ (cm)		60	120	180	240	270

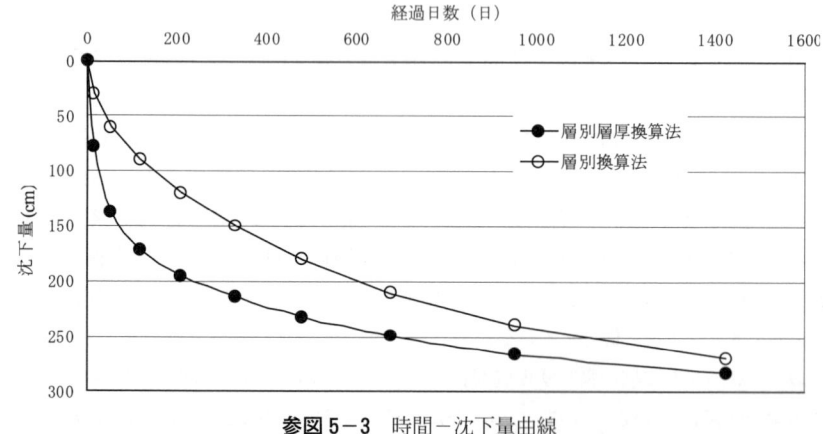

参図5-3　時間-沈下量曲線

　この場合，**参図5-4**を使用すると簡便に圧密度を計算することができる。この図は，**解図5-9**から求まる任意の平均圧密度Uに対する深さ比z/Dにおける圧密度を，圧密層の上端から深さ方向に累積したU_z^*を示している。

　このため，$z_1 \sim z_2$間の土層の累積圧密度は，深さ比z_1/D，z_2/Dに対応する圧密度の累積U_{z1}^*，U_{z2}^*の差として求めることができ，平均圧密度Uに対応する$z_1 \sim z_2$間の土層の平均圧密度U_nは，式（解5-12）から簡便に得られる。

$$U_n = \frac{U_{z2}^* - U_{z1}^*}{z_2/D - z_1/D} \quad \cdots\cdots\cdots\cdots\cdots\cdots\cdots\cdots\cdots\cdots\cdots\cdots\cdots （解5-12）$$

　以下に，**参表5-2**，**参図5-3**の平均圧密度$U = 40\%$の時点における，表層，ピート層及び有機質土の圧密度U_nを求めた例を**参表5-3**に示す。

　参図5-2の有機質土層のU_zの計算方法について以下に示す。有機質土層の排水は上下両方向に行われるので，$z/D = 1.0$を境にして上下部層に分け，**参図5-4**に併記した使用例のようにz/Dに対するU_z^*の値を求める。すなわち，**参図5-2**(b)に示すように，上層部はz/Dが0.25から1.0の間にあるので，平均圧密度$U = 40\%$の線より各々のz/Dに対応する累積圧密度U_z^*として，20.1%と40%を得る。これらから，有機質土の上層部の累積圧密度の差は$\Delta U_z^* = 20 （\fallingdotseq 40 - 20.1）\%$となる。同様に下部層の累積圧密度の差も40（=40－0）％となる。このようにして得られた上下部層の累積圧密度は，表層及びピート層も含めた圧密層全層で累積したもので，有機質土層についての平均圧密度U_nは，その厚さの比率で割り，$U_n = (20+40)/(0.75+1) = 34\%$となる。

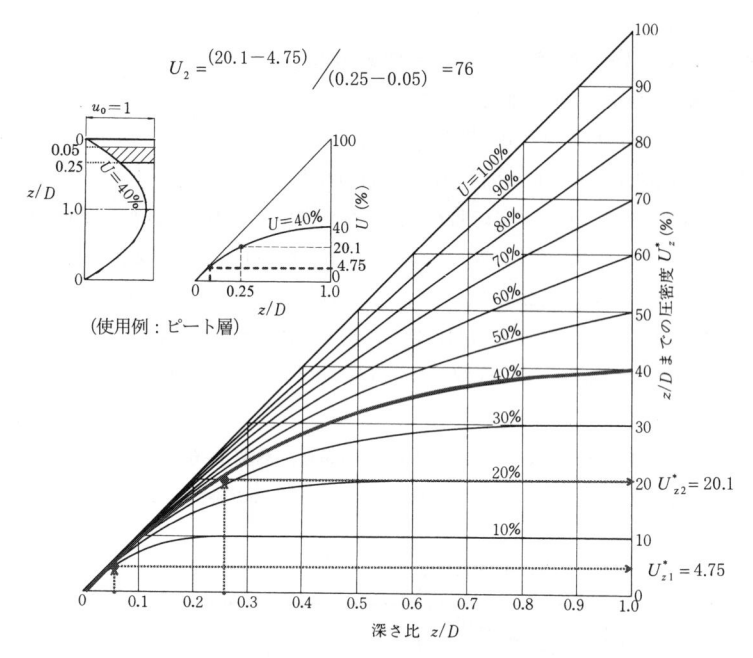

$$U_2 = {(20.1-4.75)} \Big/ {(0.25-0.05)} = 76$$

(使用例：ピート層)

参図5-4 土層別圧密度計算図

参表5-3 $U=40\%$ 時点の各土層の圧密度 U_n の算定

		z/D	U_z^*	U_n
表層		0.0	0	−
		0.05	4.75	−
		0.05 (=0.05-0.0)	4.75 (=4.75-0)	4.75/0.05=95%
ピート層		0.05	4.75	−
		0.25	20	−
		0.20 (=0.25-0.05)	15.25 (=20-4.75)	15.25/0.20=76%
有機質土	上層部	1.0	40	−
		0.25	20	−
		0.75 (=1-0.25)	20 (=40-20)	20/0.75=26.7%
	下層部	1.0	40	−
		0	0	−
		1.0 (=1.0-0)	40 (=40-0)	40/1.0=40%
	全層	1.75 (=1+0.75)	60 (=20+40)	60/1.75=34%

[参考5-3-3] 盛土過程を考慮した沈下曲線の補正法

　圧密理論では荷重が瞬時に載荷されたものとして間隙水圧の変化及び沈下過程を計算するものであるが，現実の盛土の施工では漸増または段階的に行われる。このことによる沈下曲線の補正は近似的には以下のように行われる。

　参図5-5に示すように，まず時間$t=0$において瞬間的に載荷されたと仮定したときの沈下曲線OAFを描く。盛土期間をt_0としたとき，時間$t_0/2$に対する沈下量A点を水平に移動してt_0時との交点Bを求めると，この点が時間t_0における沈下量を与える。

　任意の時間tについては，$t/2$時間に対する沈下点Cを水平に移動してt_0線との交点Dを求め，ODを結ぶ直線と時間t線との交点からE点を求め，これが時間tにおける補正された沈下量とする。

　また，漸増荷重の載荷によって生じる即時沈下量は，**参図5-6**に実線で示したように盛土が限界高に近づくにつれ急増すると考えられるが，図の破線のように盛土高に比例

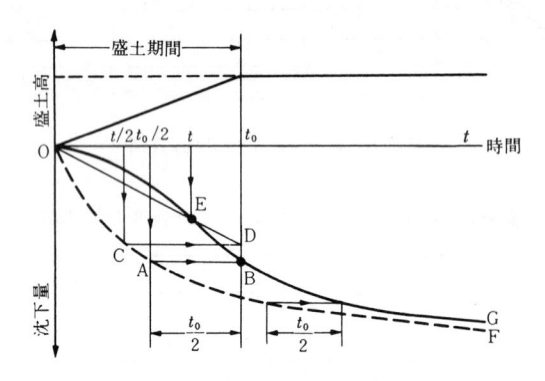

参図5-5 圧密沈下曲線の補正

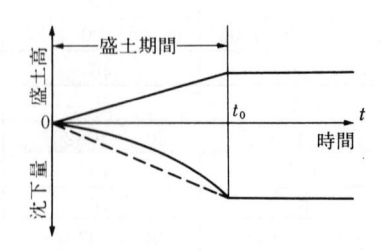

参図5-6 漸増荷重による即時沈下

して増加するとしても実用上問題はない。

さらに，段階施工により盛土期間中に放置期間がある場合は，各施工段階ごとに沈下計算を実施して時間軸を合わせ，重ね合わせ法により合成沈下曲線を作成する。

[参考5-3-4] 有限要素法による沈下予測

沈下計算は，以上に述べた一次元圧密理論による方法の他，土層間の水圧や透水の連続性を合理的に取り込んだ差分法や，盛土荷重の非定形や築造過程の影響，地盤特性の不均一や圧密過程における変化等の影響を比較的容易に取り込むことのできる有限要素法によることもできる。なお，有限要素法は1次元的な沈下のみならず周辺地盤の変形など多次元の変形解析にも適用できるので，詳細は「5-5(3)有限要素法」を参照されたい。

(iv) 残留沈下量

供用時の道路機能に対する性能照査には，舗装完成後または道路の供用開始後の残留沈下量が必要となる。

残留沈下量は基準時点以降の一次圧密及び二次圧密からなり，二次圧密沈下を含めて検討することが望ましいが，二次圧密による沈下が小さい場合は，これを無視してよい。

以下では，残留沈下量の算定法について示す。

設計に当たっては，厳密には**解図5-11**に示したように，即時沈下，一次圧密及び二次圧密を検討し全沈下量の過程を求める。そして，基準時点 t（例えば供用時点）の沈下量 S_t と残留沈下量を求める時点 t' における沈下量 $S_{t'}$ の差をとり，残留沈下量 ΔS_t を式（解5-12）により求める。

$$\Delta S_t = S_{t'} - S_t \quad \cdots\cdots\cdots\cdots\cdots\cdots\cdots\cdots\cdots\cdots\cdots\cdots\cdots\cdots\cdots（解5-12）$$

残留沈下量の推定は，その検討項目により推定開始時と推定期間に違いがある。例えば，一般盛土部の残留沈下対策である盛土の上げ越し量や幅員余裕幅とカルバートの断面余裕量を検討する場合では違いがある。この詳細は「6-2(6)1)残留沈下対策」を参照されたい。残留沈下量 ΔS_t が，許容値を満足しない場合には，将来の維持管理への影響を考慮し，工事工程の変更や対策工の必要性等について検討する。

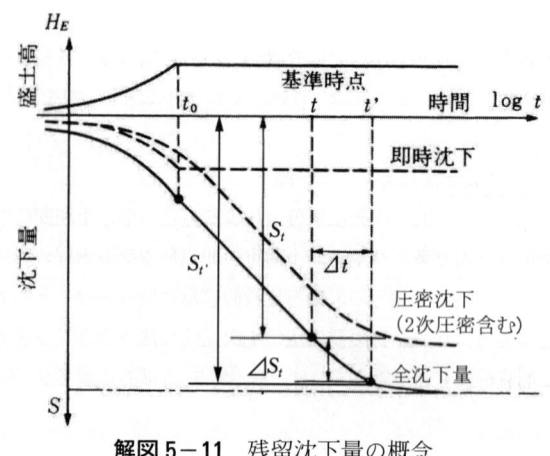

解図5-11 残留沈下量の概念

　即時沈下量については「5-3(2)2)(i)　即時沈下量」により，一次圧密沈下量については「5-3(2)2)(ii)　一次圧密沈下量」，「5-3(2)2)(iii)　沈下速度」により計算を行う。

　二次圧密沈下量は，含水比が大きい有機質土や含水比の比較的大きい粘性土で大きく，これらの層厚が厚い場合に大きな問題となる。したがって，道路に求められる設計条件等や軟弱地盤の土質特性を考慮して，二次圧密量を設計上の沈下量として考慮するかどうかを決定することとなる。二次圧密現象は，時間の対数（$\log t$）に対して直線的に沈下することが多いことが室内試験等から知られ，実際の地盤でも二次圧密的沈下が長期間継続することが認められているが，二次圧密による沈下終了時点を検討する方法は確立していない。したがって，残留沈下量の推定は設計で定められた期間内に生じる沈下量を求めることとなる。

　盛土完了以降の一定荷重下で生じる二次圧密による沈下量 ΔS は，式（解5-13）を用いて求めてもよい。

$$\Delta S = \beta \times \log(t_1/t_0) \quad \cdots\cdots\cdots\cdots\cdots\cdots\cdots\cdots\cdots\cdots\cdots\cdots\cdots\cdots \text{(解5-13)}$$

ここに，

ΔS：時間 t_0 から t_1 までの二次圧密沈下量（cm）

β：二次圧密沈下速度（cm / log t）

t_0：盛土開始から二次圧密計算開始日までの日数（日）

t_1：盛土開始から二次圧密計算終了日までの日数（日）

また，二次圧密速度を室内実験から求めることは長い時間を要し実際上は困難であることから，式（解5-13）で用いる二次圧密沈下速度 β に関連しては，平均含水比との関係等が研究され，［参考5-3-5］に示す関係式が提案されている。

[参考5-3-5] 二次圧密係数の推定方法

(1) Mesri の提案式(1)[7]

$$c_\alpha = 0.0001 \times w_n \quad \cdots\cdots\cdots\cdots\cdots\cdots\cdots\cdots\cdots\cdots\cdots \text{(参5-1)}$$

ここに，

c_α：二次圧密係数（1 / log t）

w_n：軟弱層の平均自然含水比（％）

なお，二次圧密係数 c_α と式（解5-13）の二次圧密沈下速度 β の間には対象層厚 H を介して式（参5-2）の関係がある。

$$\beta = c_\alpha \times H \quad \cdots\cdots\cdots\cdots\cdots\cdots\cdots\cdots\cdots\cdots\cdots\cdots\cdots \text{(参5-2)}$$

ここに，

H：対象層厚（cm）

(2) Mesri の提案式(2)[8]

$$c_\alpha = (0.03 \sim 0.05) \times C_c \quad \cdots\cdots\cdots\cdots\cdots\cdots\cdots\cdots \text{(参5-3)}$$

ここに，

C_c：圧縮指数（無次元）

(3) （独）土木研究所寒地土木研究所の推定方法[9]

$$c_\alpha = 0.033 + 0.000043 \times w_n \quad \cdots\cdots\cdots\cdots\cdots\cdots \text{(参5-4)}$$

これは北海道での高有機質土を対象として導かれたものである。

［参考5-3-6］ NEXCO設計要領による沈下の考え方[3]

NEXCOでは一次圧密と二次圧密の区別が現実には困難であることから，名神，東名及びその他の高速道路における沈下の実測結果に基づいて，沈下量を式（参5-5）のように考えている。

$$S = S_i + S_c + S_s \quad \cdots\cdots\cdots\cdots\cdots\cdots\cdots\cdots\cdots\cdots\cdots\cdots\cdots\cdots\cdots\cdots\cdots\cdots\cdots\cdots\cdots\cdots（参5-5）$$

ここに，

S：全沈下量（cm）

S_i：即時沈下量（cm）

S_c：圧密沈下量（盛土立上り後600日までの沈下量）（cm）

S_s：長期沈下量（盛土立上りから600日以後の沈下量）（cm）

ここでは，盛土立上り後約600日までに圧密沈下が終了するものと仮定し，長期沈下量を算定する際には，原則として圧密沈下の時間的変化は考慮せず，それ以降に発生する沈下を長期沈下と呼んでいる。また，盛土立上り後600日程度以後の長期沈下において沈下速度（β'）と軟弱層の最大排水距離との間には**参図5-7**及び**参図5-8**に示すような関係があり，式(参5-6)に示すような長期沈下量 S_s の推定式が得られる。これより，既往資料及び**参図5-8**等を参考に長期沈下量 S_s の推定が行えるものとしている。

$$S_s = β' × \log(t_1 / t_0) \quad \cdots\cdots\cdots\cdots\cdots\cdots\cdots\cdots\cdots\cdots\cdots\cdots\cdots\cdots\cdots（参5-6）$$

ここに，

$β'$：長期沈下速度（cm/log t）

t_0：盛土開始からの日数600日（長期沈下開始時間）（日）

t_1：長期沈下推定日の盛土開始からの日数（日）

なお，**参図5-7**の $α$ は t_0（盛土開始から日数600日）における沈下量（cm）

なお，ここで用いられている推定式は既往の高速道路盛土について得られたものであるので，盛土の規模や施工法等が大幅に異なる盛土に適用する場合は，注意が必要がある。

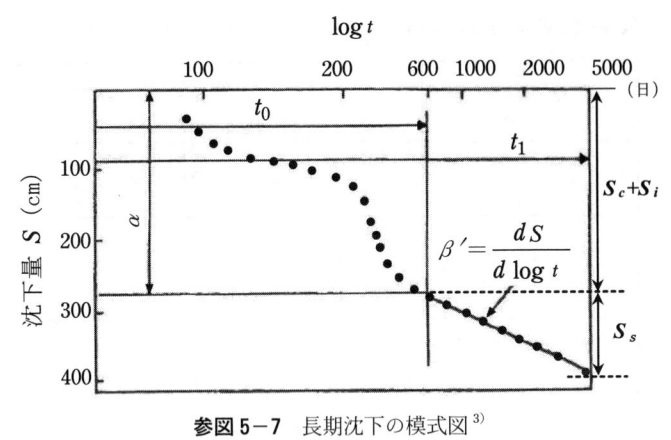

参図5-7 長期沈下の模式図[3]

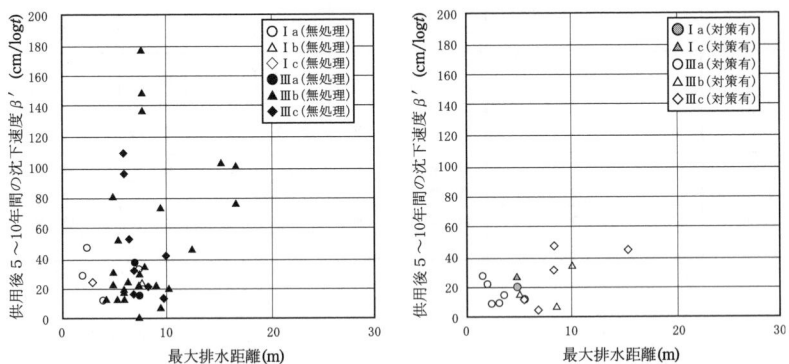

参図5-8 供用後の沈下速度と最大排水距離[3]

注）図中の記号は**参表5-4**の地盤タイプの分類を示す（例えば Ib：I 型上部砂層）

(v) 低盛土道路の沈下

　軟弱地盤上の低盛土は，高盛土の場合のように盛土の安定や側方変形，施工中や供用開始後の大きい沈下といった問題は少ない。しかし，以下に示すようなメカニズムにより，供用開始後に路面に不陸が発生し，舗装も破壊するという現象を示すことが多い。

参表5-4 軟弱地盤の土層構成別にみた地盤タイプの分類と諸問題[3]

地盤タイプ		I型			II型（泥炭型）			III型（泥炭質土も含む）		
軟弱層の最大排水距離		5m未満			5m未満			5m以上		
沈下特性		盛土6ヶ月でほぼ収束			盛土6ヶ月でほぼ収束の傾向			長期的に沈下が継続（試験盛り土により地盤処理工の導入を検討）		
安定性		比較的良好			慎重な緩速段階施工，押え盛土，敷き網工法			良好		泥炭型に同じ
管理段階での補修の大小		慎重な対応により問題はなし			載荷期間（放置期間）を十分取れば，機能面での問題となることは少ない			10年を超える長期間にわたって，補修が必要となる		
		Ia	Ib	Ic	IIa	IIb	IIc	IIIa	IIIb	IIIc
		薄層型	上部砂層	砂層挟在	泥炭単独	泥炭＋粘土	泥炭挟在	上部砂層	砂層挟在 連続	泥炭＋粘土
模式柱状図										
地形と沈下・安定	デルタ性後背湿地							◎ △	● △	
	内陸性後背湿地	○	△		● ▼	◎ ▼	◎ ▼		● △	
	潟湖性湿地				● ▼	◎ ▼		◎ △	● ▼	● ▼
	おぼれ谷				● ▼	◎ ▼				● ▼
	埋積谷	○	▼		● ▼	◎ ▼				● ▼
	崩積谷	○	△							

注）●：沈下量が大きい　◎：沈下量がやや大きい　○：沈下量が少ない　▼：安定に問題がある　△：安定に問題が少ない

① 軟弱層に接する盛土が低いため，路床部が十分に転圧できず，路床の支持力が得られにくい。

② 地下水位が高い場合，地下水が路床付近まで上昇するため，路床の支持力が低下しやすい。

③ 舗装面に繰り返し作用する交通荷重が盛土内で十分に分散せず，軟弱地盤に到達し地盤の沈下変形を促進する。

沈下量の予測方法としては，既存の観測値を用いて推定する方法や現地で採取した試料に繰返し荷重を加えた圧密試験から推定する方法等があるが，まだ確立されたものではない。

解図5-12は，低盛土道路の動態観測から得られた沈下曲線をもとに盛土厚に応じた交通荷重の影響を評価し，その大きさを盛土荷重に置き換えた値を示したものである[10),11)]。必要に応じて，この図から得られる交通荷重の影響に相当する盛土荷重によって，供用後発生する沈下量やこれに対処するための余盛りの大きさを検討できる。例えば盛土高2mの低盛土が計画されているときに，交通荷重の影響に相当する盛土荷重として20～30kN/m²が推定できる。

3) 動態観測による沈下予測法

既に示したとおり，盛土に伴う沈下量の予測は，必要盛土量の予測，軟弱地盤対策工の必要性の判断等に必要不可欠であり，設計において，地盤調査や室内土質試験結果を活用し，適切な解析手法や経験的手法により，精度の高い予測を行うことが望ましい。しかし，地盤の不均一性や解析法・経験法の適用性の限界等に起因して，設計と実際の沈下現象との間に乖離が生ずることは少なくない。盛土の施工中または盛土完成後に両者の乖離がどのようなものとなるかを予測する手段として，盛土沈下量等の動態観測を行うことが有効であり，これを活用することにより，必要な対応策を早期に検討することが可能となる。すなわち，盛土の沈下量予測には，設計計算による予測と施工開始後の地盤の

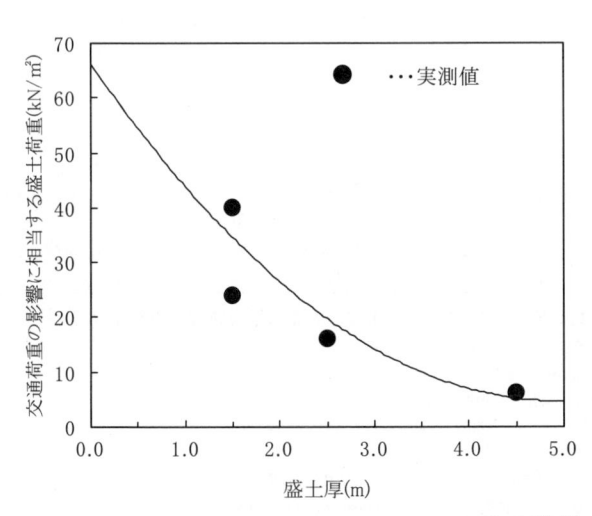

解図5-12 交通荷重の影響に相当する盛土荷重 [10),11)]

参表 5-5 沈下の推定目的と手段（NEXCO 設計要領）[3)に加筆]

推定の目的		推定時期		情報	推定手段	摘要
		設計	施工			
一般盛土部	沈下量	○	○	土質調査 土質試験 動態観測	設計：$S = S_i + S_c$ 施工：沈下板による観測	———
	土工上げ越し量	○	○	動態観測	設計：$S = S_i + S_c + S_s$ 施工：$S = S_0 + \dfrac{t}{a+bt}$	・供用開始後2年間の沈下量で検討
	土工幅員余裕	○		既往資料	$S = \alpha + \beta \log \dfrac{t}{t_0} (= S_s)$	・供用開始後5年間の沈下量で検討
横断構造物	上げ越し量	(○)[注]	○	動態観測	$S_r = S_{r1} + S_{r2} + S_{r3}(S_s)$ $(S_{r1}：S_0 + \dfrac{t}{a+bt}$ から推定$)$	「設計要領第二集カルバート編」参照 S_{r1}, S_{r2} は実測値
	断面余裕	○	○	土質調査 土質試験	$S_r = S_{r1} + S_{r2} + S_{r3}(S_s)$	「設計要領第二集カルバート編」参照 S_{r1} は理論値
	プレロード取除き時期		○	既往資料 動態観測	$S = S_0 + \dfrac{t}{a+bt}$	・プレロードの放置期間は原則として6ヶ月以上、但し軟弱層厚が10m以下の場合はこの限りではない
舗装路面	計画高 (P.H.)		○	水準測量	———	———
	暫定舗装	○	○	既往資料 動態観測	設計：$S = \alpha + \beta \log \dfrac{t}{t_0}$ 施工：$S = S_0 + \dfrac{t}{a+bt}$	・供用開始後5年間の沈下量で検討
付属施設	防護柵、通信管路等の構造	○	○	土質調査 土質試験 既往調査 動態観測	施工時期によって判断するものとする	———

S_i：即時沈下量　S_c：圧密沈下量　S_s：長期沈下量　S_0：初期沈下量($t=0$) (cm)
t_0：$S\text{-}\log t$ 曲線で沈下量が直線となる時間
a：実測沈下量から定まる定数 (1/cm)
b：実測沈下量から定まる定数 (1/cm・day)
α：過去の経験値または実測沈下曲線から求める沈下量 (cm)
β：過去の経験値または実測沈下曲線から求める沈下量 (cm/logt)
S_{r1}：載荷盛土除去時から盛土完成後600日までの沈下量
S_{r2}：載荷盛土撤去時の地盤のリバウンド等の影響による沈下量
S_{r3}：盛土完成後の600日以降の長期沈下量

動態観測による沈下予測がある。NEXCO設計要領第一集では［参考5－3－7］に示すように，両者の方法を状況に応じて活用し構造への対応を図ることを行っており，一般道路盛土においても参考とすることができる。

［参考5－3－7］　設計及び施工時における沈下推定手段[3]
　軟弱地盤の沈下量の予測は，推定を行う時期によって得られる情報や要求される精度が異なるので，推定部位やその目的に応じた推定手段を用いることが必要であり，NEXCO設計要領では，推定の目的，推定時期等を勘案した推定手段の選定等の目安を，**参表5－5**のように与えている。

　すなわち，設計段階では，一般盛土部については［参考5－3－6］に述べた方法により長期沈下量を推定する。また，土工幅員の余裕や横断構造物の上げ越し量，断面余裕等を検討する場合は，表中に示したいくつかの方法で検討を行う。また，施工段階では，動態観測データを基に双曲線法やlog t 法を利用して将来沈下の予測を行い，設計時の沈下量の修正が行われる。施工段階での利用の詳細については，「第7章　施工及び施工管理」を参照されたい。

5－4　常時の作用に対する安定の照査

> 　常時の作用に対する軟弱地盤上の土工構造物の安定の照査では，軟弱地盤上の土工構造物が施工時及び供用中における常時の作用に対し，すべり・滑動・転倒及び支持力等に対して安定であることを照査する。

(1)　土工構造物の安定の照査

　常時の作用に対する軟弱地盤上の土工構造物の安定の照査では，施工及び供用時における常時の作用に対し，盛土ではすべりに対して，擁壁・カルバートでは滑動・転倒・支持力及び全体安定に対して安定であることを照査する。

　常時の作用に対する盛土の安定の照査においては，通常，「5－4(2)　盛土のすべりに対する安定計算」に示す円弧すべり面を仮定した安定計算法によって検討する。安定計算は，一般に地盤条件や盛土速度等に対応した「5－3　常時の作用に対する沈下の照査」の結果を用いて軟弱層の強度増加を考慮して解析を行い，照査指標として安全率を用いる。この場合，盛土立上り時及び供用時の盛土の

すべりに対する安定を検討することとし，情報化施工により施工中の動態観測を行うことを前提として盛土立上り時の安全率は 1.10 以上，供用時の安全率は 1.25 以上とすることが望ましい。

擁壁，カルバート等の構造物の安定の照査については，「道路土工－擁壁工指針」及び「道路土工－カルバート工指針」によるものとする。

(2) 盛土のすべりに対する安定計算

ここでは，盛土のすべり安定の照査法として，従来より採用されてきた方法等について示す。

軟弱地盤上に盛土を構築した場合，盛土施工中の軟弱地盤の一次圧密を沈下計算により算定し，一次圧密に伴う強度増加を考慮した円弧すべり計算を行う。安定の照査は，盛土立上り時と供用時のすべり安全率を算定して行う。しかし，施工中の様々な不確定要因に対処できるように，動態観測による情報化施工を行うものとする。盛土終了後にも，安定を確保するために「5-4(1) 土工構造物の安定の照査」で示したような安全率を満足させる。

以下に，安定計算に用いる基本的な条件設定法並びに計算法を示す。

1) 検討条件の設定
(i) 地盤条件

地盤条件は，詳細調査の結果に基づき，「3-9 調査結果のとりまとめ」及び「3-10 設計のための地盤条件の設定」で示したように地盤条件を決定する。

(ii) 盛土条件
i) 盛土荷重及び舗装荷重

盛土高さは，情報化施工を前提として，盛土の過程で原地盤面より沈下した部分については，盛土高さに含めないことが望ましい。沈下量を考慮した必要盛土厚さを盛土高として安定計算を実施すると，盛土荷重を過大に評価し，不必要な対策工を実施する可能性があり不経済な設計となるためである。

ii) 盛土材の単位体積重量
iii) 盛土等の荷重による地盤内応力
iv) 盛土速度

これらはいずれも,「5-3(2)1)(ii) 盛土条件」による。
2) 粘性土層の強度増加
(i) 盛土による軟弱層の増加応力

「5-3(2)1)(ii)ii) 盛土等の荷重による地盤内の鉛直応力の増分」により盛土安定に影響のある土層に対して盛土荷重による鉛直応力の増分 Δp を算定する。

(ii) 軟弱層の圧密度

軟弱層の圧密度として層厚換算法により平均圧密度を用いることが多いが,「5-3(2)2)沈下計算」に示したように圧密特性が大きく異なる層が介在する場合においては,層別層厚換算法により安定を検討する時点での各土層の圧密度 U_n を用いることも検討する。

(iii) 粘性土の強度増加

安定計算では,軟弱層の圧密に伴う強度増加を考慮した非排水せん断強さ c_u を用いた全応力法によって盛土のすべり破壊に対する安全率を求める。軟弱層の圧密に伴う強度増加については「3-10(2)④ 強度増加率 m」に述べたとおりであるが,以下では過圧密領域での強度変化を無視した非排水せん断強さ c_u の求め方を述べる。

非排水せん断強さ c_u は,圧密度 U を考慮し,式(解5-14)から求めた値を用いる(**解図5-13**参照)。

原地盤の初期状態が正規圧密状態である場合 $(p_0 = p'_c)$

$$c_u = c_{u0} + m \cdot \Delta p \cdot U \quad \cdots\cdots\cdots\cdots\cdots\cdots\cdots\cdots\cdots\cdots\cdots\cdots\cdots\cdots (解5-14a)$$

盛土荷重により正規圧密状態になる場合 $(p_0 + \Delta p > p'_c)$

$$c_u = c_{u0} + m \cdot (p_0 - p'_c + \Delta p) \cdot U \quad \cdots\cdots\cdots\cdots\cdots\cdots\cdots\cdots (解5-14b)$$

盛土荷重の載荷後も過圧密状態の場合 $(p_0 + \Delta p \leq p'_c)$

$$c_u = c_{u0} \quad \cdots\cdots\cdots\cdots\cdots\cdots\cdots\cdots\cdots\cdots\cdots\cdots\cdots\cdots\cdots\cdots\cdots\cdots\cdots\cdots\cdots (解5-14c)$$

ここに,

　　　c_u : 非排水せん断強さ (kN/m²)

　　　c_{u0} : 盛土前の原地盤における土の非排水せん断強さ (kN/m²)

　　　m : 強度増加率(無次元)(「3-10(2)④ 強度増加率 m」参照)

　　　p_0 : すべり面に関わる土層の盛土前の鉛直有効応力 (kN/m²)

p'_c：先行圧密応力　$p'_c = {c_{u0}}/{m}$　(kN/m²)

Δp：すべり面に関わる土層に生じる盛土荷重による鉛直増加応力 (kN/m²)

U：すべり面に関わる土層の圧密度

p_t：圧密度 U における鉛直有効応力 (kN/m²)

c_{uf}：圧密終了時（圧密度100％）における非排水せん断強さ (kN/m²)

c_{ut}：圧密度 U における非排水せん断強さ (kN/m²)

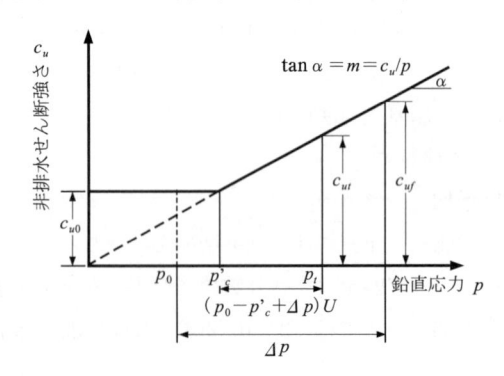

解図 5－13　圧密による強度増加を考慮したせん断強さ
　　　　　　　（盛土荷重により正規圧密状態になる場合）

3) すべり安定計算

(i) すべりに対する安定計算方法

　盛土の安定計算方法については従来より全応力法と有効応力法がある。有効応力法は，土のせん断特性が本質的に有効応力に支配されることから原理的には正しい方法である。これを適用するためには飽和土のせん断に伴って発生する間隙水圧を知る必要があるが，これは一般に困難である。実務上は，間隙水圧として静水圧時における間隙水圧のみを考慮する全応力法が適していると考えられる。安定計算は，一般に，円弧すべり上にある土塊を，**解図 5－14** に示したように鉛直側面をもついくつかの細片に分割し，土塊全体のすべり破壊に対する安全率 F_s を計算する。さらに円弧中心の位置及び半径の大きさを順次変化させたときの安全率の最小値がすべり破壊に対する安全率となる。計算式は式（解 5－15）に示すとおりである。

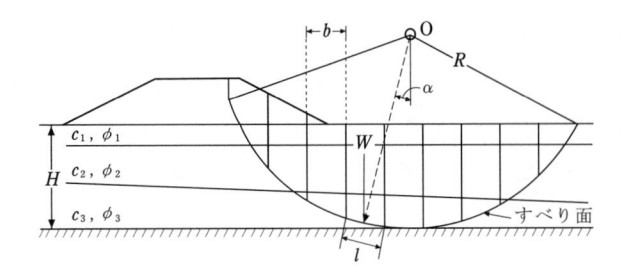

解図5－14　分割法による安定計算

$$F_s = \frac{\Sigma \{c \cdot l + (W - u_0 \cdot b) \cos \alpha \cdot \tan \phi\}}{\Sigma (W \cdot \sin \alpha)} \quad \cdots\cdots\cdots\cdots\cdots\cdots\cdots (解5-15)$$

ここに，
- F_s：安全率
- c：土の粘着力（kN/m²）
- ϕ：土のせん断抵抗角（°）
- l：細片で切られたすべり面の長さ（m）
- W：細片の全重量，載荷重を含む（kN/m）
- u_0：静水位時における間隙水圧（kN/m²）
- b：細片の幅（m）
- α：細片のすべり面平均傾斜角（°）

軟弱粘性土層でのせん断強さは，$\phi = 0$ とし，c として圧密による強度増加を考慮した式（解5-14）で与えられる非排水せん断強さ c_u（kN/m²）を用いる。それ以外の土層については「盛土工指針　4-2-6　土質定数」を参照されたい。

(ii) 安定計算上の留意点

以上の安定計算を行う場合，以下のような点に留意するものとする。

i) すべり面の形状

円弧すべり計算においては軟弱層のせん断強さが小さい層だけでなく，層厚及び圧密係数 c_v の条件から圧密の進行の遅い層の中を最も長く通るようなすべり面が一般的に最小安全率となることが多い。また，実際に生じるすべり面の形状は複雑な曲面をなすことが多いが，円形と仮定しても実用上問題はない。

ii) 盛土内のすべり面

　盛土内に対しても，仮定したすべり面に沿うせん断抵抗を考慮した計算が行われる。その際，厚い軟弱地盤上の盛土では，地盤の側方変位に伴って，盛土が側方に引張りを受けることが考えられるので，安定計算では盛土のせん断抵抗を無視し，盛土部分に鉛直なテンションクラック（引張り亀裂）が生じると仮定した計算を行うことが望ましい。この場合，クラックの深さは式（解5-16）から求めることが多い。

$$z_t = \frac{2 \cdot c}{\gamma_E} \cdot \tan\left(45° + \frac{\phi}{2}\right) \quad \cdots\cdots\cdots\cdots\cdots\cdots\cdots\cdots\cdots\cdots（解5-16）$$

ここに，
　　　z_t：テンションクラックの深さ（m）
　　　γ_E：盛土の単位体積重量（kN/m³）
　　　c：盛土の粘着力（kN/m²）
　　　ϕ：盛土のせん断抵抗角（°）

　例えば，NEXCO設計要領[3]では，テンションクラックの深さを2.5m以下としている。

iii) 細片数

　分割する細片の数は，盛土の断面形状や軟弱層の土層区分などによって一概にいえないが，解析モデルの大きさや複雑さ等を考慮して決定する。

iv) 施工機械等の荷重

　安定計算時に，施工機械等の施工荷重を考慮する場合もあるが，その場合は「4-2-3 載荷重」に示した通り，載荷重として10kN/m²を盛土上部に作用させる。

v) 高い盛土の安定計算

　高い盛土の安定性は，盛土が計画高に達するまでに問題になることがあるので，施工工程等を考慮して，**解図5-15**に示すように最終盛土高 H_{E2} に対して安定を計算するだけでなく，盛土途中の安定（例えば盛土高 H_{E1} 等）についても検討を加える必要がある。

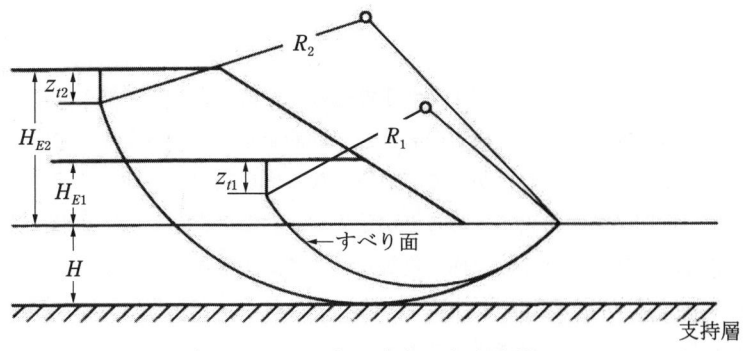

解図 5-15　高い盛土の安定計算

vi）せん断強さの減少

　シルトや有機質土のように塑性指数や鋭敏比の高い土の場合は，施工に伴い土が著しく変位したり乱されたりすることによってせん断強さがかなり低下する。

　このような土が堆積している地盤に盛土する場合は，地盤改良等に伴う土の乱れやそれに伴う局所的な強度の減少，進行性破壊等を考慮してできるだけ盛土速度を遅くすること，試験施工や施工実績を考慮して強度増加率 m を設定することが望ましい。

5-5　常時の作用による周辺地盤の変形の照査

> 　常時の作用による変形の照査では，軟弱地盤上の土工構造物の施工時及び供用中における常時の作用に対し，周辺地盤において想定される変形が許容変位を超えないことを照査する。このとき，許容変位は隣接する施設への影響を考慮して定める。

(1) 変形の照査

　隣接する施設の状況により，土工構造物の施工時及び供用時に周辺地盤の変形が問題となる場合には，予測される変形量が設計で目標とする許容変位を超えないことを照査する。常時の変形に対する照査の目的は，基本的には軟弱地盤等に変形が生じることによって影響を受ける可能性がある隣接する施設の機能を確保することである。ただし，経済性を考慮したうえで，借地等が可能で構造物の機能が一時的に喪失しても，復旧が可能である場合は検討を省略してよい。

このように常時の変形に関する要求性能は，変形によって影響を受ける側の機能と要求性能によって，検討の必要性や性能を確保できる変形量の限界が決定されることとなる。したがって，対象となる構造物等の特性，機能等をよく調査し，管理基準値を設定することが望ましい。この意味では，変形に関する許容値は，影響を受ける側の構造物等によって決まることになるが，実務上は構造物等の管理者との協議で決定されることになる。

その際，以下のような資料が参考となる。
① 「近接工事設計施工標準」（平成 11 年；東日本旅客鉄道）
② 「既設トンネル近接施工対策マニュアル」（平成 7 年；鉄道総合技術研究所）
③ 「小規模建築物基礎設計の手引き」（昭和 64 年；日本建築学会）
④ 「建築基礎構造設計指針」（平成 13 年；日本建築学会）
⑤ 「JEC127（1979）送電用支持物設計標準」（昭和 55 年；電気学会電気規格調査会）
⑥ 「地中構造物に伴う近接施工指針」（平成 11 年；日本トンネル技術協会）
⑦ 「土地改良事業計画設計基準」（平成 19 年；農業農村工学会）

変形の照査が必要となる場合には，適切な方法で検討しなければならない。変形の照査に当たっては，(2)に示すような種々の方法があるが，変形予測手法や地盤データの設定等によって，その精度は大きく左右される。このため，事前に参考となる近隣の施工事例等を収集しておくことが望ましい。

(2) 盛土周辺地盤の変形の予測法

ここでは，盛土周辺地盤の変形予測法として，これまで採用されてきた方法を例示する。

盛土周辺地盤の変形予測法としては，これまでに観測された実績に基づいて推定するいくつかの方法が以下のように提案されている。

1) 盛土の沈下形状と周辺地盤への影響

解図 5-16 は名神，東名その他の高速道路及び一般国道等で，実際に観測された盛土の沈下形状や側方への影響を式（解 5-17）のように表した場合のそ

れぞれの係数 C_1, C_2 の値を示したものである．

$$\begin{aligned}
沈下量 &\quad S_t = C_1 \cdot S \\
側方地盤隆起量 &\quad \delta_v = C_1 \cdot S \\
側方地盤水平移動量 &\quad \delta_x = C_2 \cdot S
\end{aligned} \quad \cdots\cdots（解5-17）$$

ここに，

　　C_1, C_2：係数（**解図 5-16** の値）
　　S：盛土中央における最終全沈下量（m）
　　H：軟弱層厚（m）
　　x：盛土からの水平距離（m）

ただし，**解図 5-16** は敷幅 30m 〜 60m，立上りの期間 50 日〜 200 日で施工された道路盛土の例である．これによれば，盛土のり尻から軟弱層厚の 2 倍以上離れた箇所では，変形はかなり小さいことがわかる．

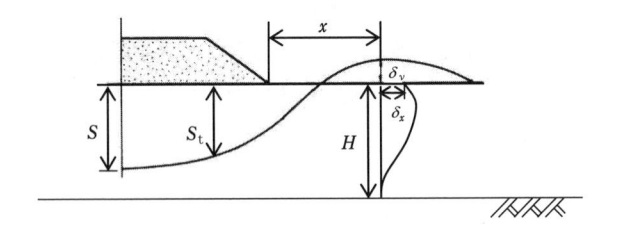

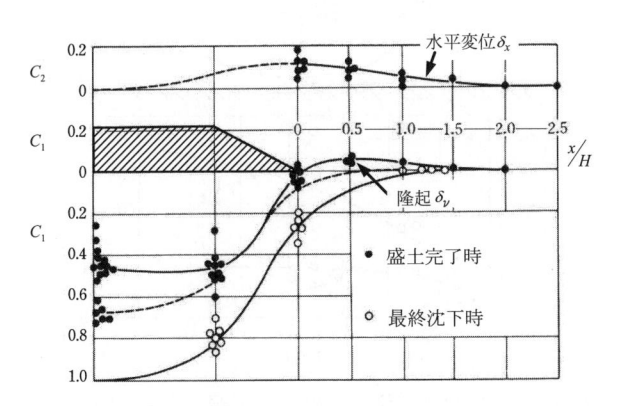

解図 5-16　盛土の沈下形状と側方への影響（高速道路，一般国道等）[3]

なお，盛土の立上りが完了した時点における沈下形状としては**解図 5-16** に実線で示したような形状が一般に多いが，軟弱層が薄くて圧密速度が早いか，盛土速度が著しく遅い場合には，破線で示した形状で沈下している例がみられる。

このように周辺地盤の変形は，盛土の全沈下量や盛土速度等と密接な関係があるため，周辺地盤への影響を許容限度内に抑えるためには盛土の全沈下量や盛土速度等をある限界以下に抑えることになる。

2) 盛土の破壊時における側方地盤への影響

これまでに高速道路，一般国道等その他で施工した軟弱地盤上の盛土（試験盛土を含む）で，破壊または破壊に近い変状がみられ，かつ詳細な観測によって動態がほぼ明らかにされている盛土について，周辺地盤への影響の程度と範囲を示したのが**解図 5-17** である。

これによれば，影響の及ぶ範囲は盛土敷幅と軟弱層厚の比及び軟弱層厚が増すにつれて極めて大きくなることがわかる。

また，特に軟弱層の基盤が傾斜している場合には，傾斜方向に向う地すべりのような破壊がおき，極めて広い範囲にまで影響が及ぶことがあるので，十分な注意が必要である。

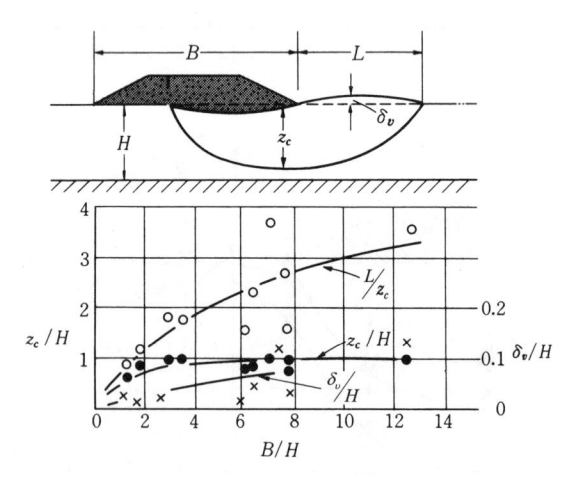

解図 5-17 破壊時における側方地盤への影響（高速道路，一般国道等）

[参考5−5−1] 土層構成が複雑な場合における盛土による側方変形量の検討方法の例[3]

NEXCOでは土層構成がやや複雑な無処理地盤を対象として，地盤タイプを**参表5−6**に示す4タイプに分け，側方変形の実態を整理している。

地盤条件としては，**参図5−9**に示す軟弱層厚 H と式（参5−7）による平均非排水せん断強さ $\bar{c}$ を使用した。ただし，地盤タイプ1については，腐植土層の層厚と非排水せん断強さを用いる。

$$\bar{c} = \sum (c_i \cdot H_i) / \sum H_i \quad \cdots\cdots\cdots\cdots\cdots\cdots\cdots\cdots\cdots\cdots\cdots\cdots\cdots（参5−7）$$

盛土条件としては，**参図5−10**に示す盛土高 h_E と盛土中央からの敷幅 B_t（押え盛土を含む）で整理している。

側方変形量は，以下の3項目について整理されている。

　　影響範囲 L_t：盛土のり尻から鉛直変位量が ±5cm となるまでの範囲
　　鉛直変位 δ_V：地表面変位杭の鉛直変位の最大値（cm）
　　水平変位 δ_H：地表面変位杭の水平変位の最大値（cm）

これらの条件を踏まえ整理した結果が，**参図5−11**である。

（タイプ1の地盤に対して）

$$N(P) = \frac{\gamma_E \cdot h_E}{\bar{c}(P)} \quad \cdots\cdots\cdots\cdots\cdots\cdots\cdots\cdots\cdots\cdots\cdots\cdots\cdots（参5−8）$$

（タイプ2〜4の地盤に対して）

$$N = \frac{\gamma_E \cdot h_E}{\bar{c}} \quad \cdots\cdots\cdots\cdots\cdots\cdots\cdots\cdots\cdots\cdots\cdots\cdots\cdots（参5−9）$$

ここに，

　　(P) は腐植土層内の値であることを示す。
　　$N(P), N$：安定係数
　　$\bar{c}(P)$：腐植土層の平均非排水せん断強さ（kN/m²）
　　γ_E：盛土の単位体積重量（kN/m³）
　　h_E：盛土高（m）
　　$\bar{c}$：軟弱層の平均非排水せん断強さ（kN/m²）
　　$H(P)$：腐植土層の厚さ（m）
　　H：軟弱層厚（m）
　　B_t：盛土中央からの敷幅（m）

参表 5-6　地盤タイプの分類[3]

区分 項目	地盤タイプ1	地盤タイプ2	地盤タイプ3	地盤タイプ4
土層構成	腐植土＋粘性土	粘性土＋腐植土	粘性土が主体	砂＋粘性土が互層
模式図	地中変位	地中変位	地中変位	地中変位
特徴	地表面から腐植土層が卓越する地盤で，この層において大きな地中変形を生じる。	地表面から粘性土，腐植土の層序となる地盤で，地盤中変形は腐植土層の影響を強く受ける。	地表面から粘性土層が卓越する地盤で，地中変形は粘性土層によって生じる。	砂と粘性土が互層に構成している地盤で，地中変形は粘性土層の影響を受ける。

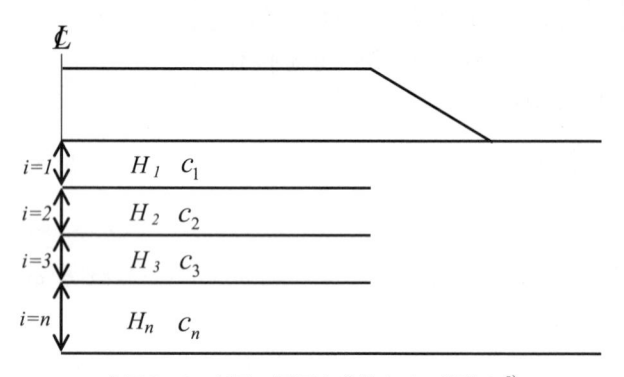

参図 5-9　各層の層厚と非排水せん断強さ[3]

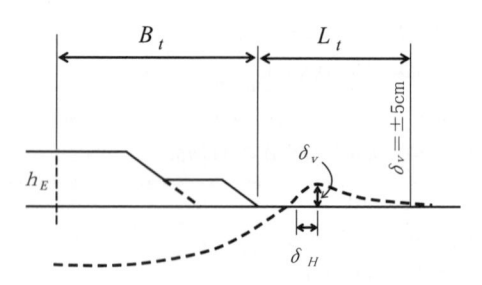

参図 5-10　変形量及び盛土寸法の定義[3]

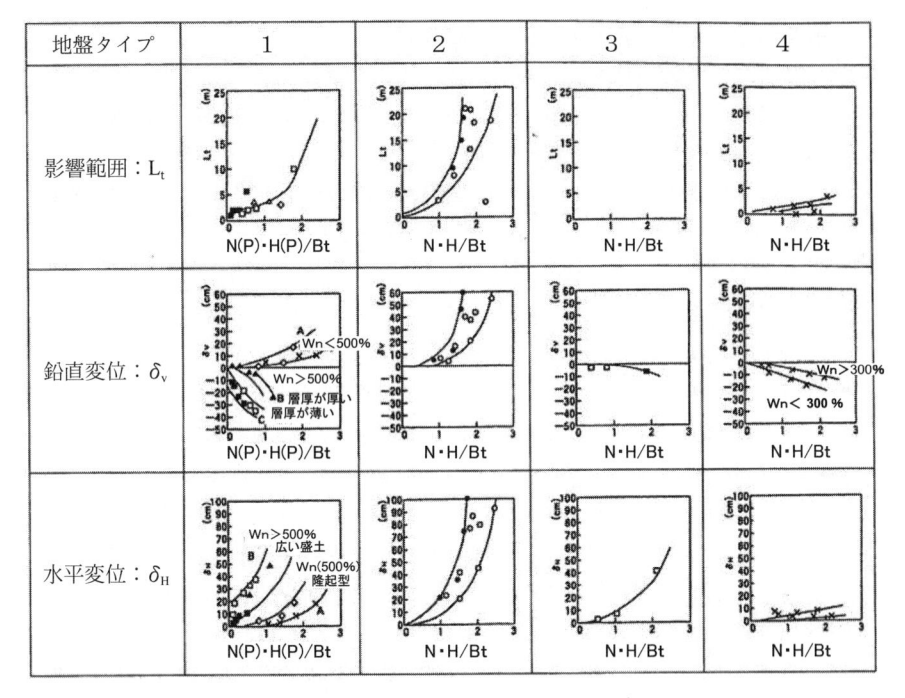

地盤タイプ	1	2	3	4
影響範囲：L_t	$N(P)\cdot H(P)/B_t$	$N\cdot H/B_t$	$N\cdot H/B_t$	$N\cdot H/B_t$
鉛直変位：δ_v	$N(P)\cdot H(P)/B_t$	$N\cdot H/B_t$	$N\cdot H/B_t$	$N\cdot H/B_t$
水平変位：δ_H	$N(P)\cdot H(P)/B_t$	$N\cdot H/B_t$	$N\cdot H/B_t$	$N\cdot H/B_t$

参図 5-11　側方変形量とパラメータ[3]

(3) 有限要素法

　前述の実測値に基づく方法とあわせて，最近では有限要素法を用いて周辺地盤の変形を予測することも行われている．特に，腹付け盛土等の盛土が非対称な場合，傾斜地盤等で前述の実測値の条件に合致しない場合や，対策工法を施した場合に対象構造物に必要とされる許容値を満足するかどうかなどを検討する場合には，これ以外の方法では困難である．また，この方法は［参考5-3-4］で述べたように1次元的な沈下の予測にも用いられる．しかし，解析の方法や入力パラメータの設定によって解析できる内容やその結果が大きく異なる．このため，類似施工事例や試験盛土等の結果を参考にして検討結果の妥当性を評価することが極めて重要であり，［参考5-5-2］に述べる選定上の留意点を参考にするとよい．

[参考5-5-2] 有限要素法の選定上の留意点[12]

　静的荷重に対する有限要素法による解において最も重要な要因となるのは，解析に用いられる地盤の構成モデルである。種々の構成モデルの内で，軟弱地盤を対象によく使用されるものを紹介する。

　よく用いられる構成モデルの例と特徴を**参表5-7**に示す。複雑な挙動を示す土質材料をより良く表現するために種々の構成モデルが提案されているが，複雑な挙動を表現できるモデルは，入力するパラメータの数が多くなったり，一般的な地盤調査・土質試験によって合理的に決定しにくい場合もある。

　変形解析の精度は構成モデルと入力パラメータの決定方法との兼ね合いで決まるため，必ずしも複雑な構成式を用いたからといって予測精度が向上するわけではない。構成モデル及び入力パラメータの設定に当たっては，検討すべき対象をよく勘案し，適切な構成モデルを選定するとともに，入手できる地盤データ，想定される応力レベル，ひずみレベル等を勘案し，入力パラメータを設定する必要がある。

　また，特に弾塑性等の非線形モデルでは，初期応力状態も解析結果に大きな影響を与える。初期応力状態の解析法にはプログラムによって自重解析を行う，入力データで設定するなどのものがあり，十分な検討が必要である。また，非線形のプログラムでは，計算が収束しなかったり，不自然な変形や応力状態となったりする場合もあるため，解

参表5-7 よく用いられる構成モデルの例と特徴

	線形弾性	Duncan-Chang	弾完全塑性 (Mohr-Coulomb)	修正 Cam-Clay	関口・太田
入力パラメータの数	少	中	中	多	多
計算コスト	低	中	中	高	高
応力〜ひずみ関係	直線	双曲線 (非線形弾性)	弾性域は直線	非線形 (弾塑性)	非線形 (弾塑性)
除荷・再載荷の表現	×	○	△	○	○
変形係数の拘束圧依存性	×	○	×	○	○
破壊挙動	×	△	○	○	○
ダイレイタンシー	×	×	○	△	△
圧密解析	×	×	×	○	○
異方性	×	×	×	×	○
クリープ挙動	×	×	×	×	○
初期応力や解析ステップの違いが最終結果へ与える影響	無	有	有	有	有

○：適，△：場合によっては適，×：不適

析結果を十分に吟味する必要がある．最終的な解析結果についても，想定される現象の特徴，類似の解析例や既往の施工事例等と比較し十分精査する必要がある[12]．

(4) 擁壁等の側方移動

軟弱地盤における杭基礎の擁壁等の側方移動の検討手法として，同様の構造である橋台を対象とした道路橋示方書や，NEXCO の簡易判定式が用いられている．

1) 側方移動の判定

以下に「道路橋示方書　Ⅳ　下部構造編」の簡易判定式を示す．解図5−18 に対して以下に示す側方移動判定値 I が 1.2 以上の場合は側方移動のおそれがあると判定される．

$$I = \mu_1 \cdot \mu_2 \cdot \mu_3 \cdot \frac{\gamma \cdot h}{c} \quad \cdots\cdots\cdots\cdots\cdots\cdots (\text{解}5-18)$$

ここに，

μ_1：軟弱層厚に関する補正係数（$=H/L$）

μ_2：基礎体抵抗幅に関する補正係数（$=b/B$）

μ_3：橋台等の長さに関する補正係数（$=H/A \leq 3.0$）

γ：盛土の単位体積重量（kN/m³）

h：盛土高（m）

c：軟弱層の平均粘着力（kN/m²）

H：軟弱層の厚さ（m）

A：橋台長（m）

B：橋台幅（m）

b：基礎体の幅の総和（m）

L：基礎根入れ長（m）

NEXCO 設計要領第二集[13]では，側方移動に対して以下の側方流動指数 F 値による判定を用いており，F が $4.0 \times 10^{-2} \text{m}^{-1}$ 以上であれば，側方移動のおそれがないとしている（**解図5−19** 参照）．

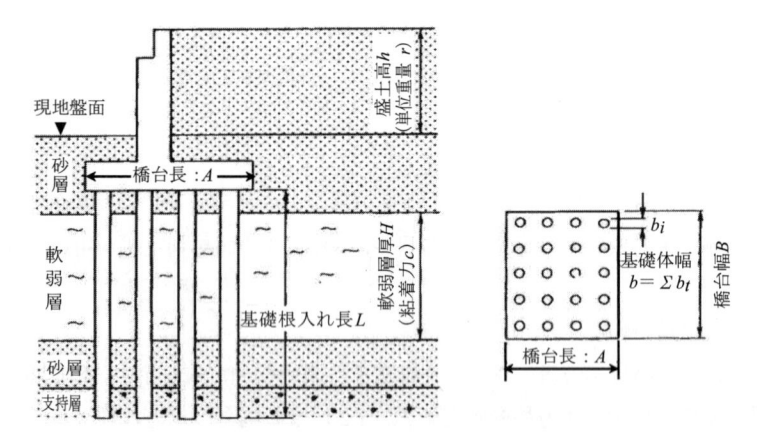

解図 5-18　偏荷重を受ける基礎[14]

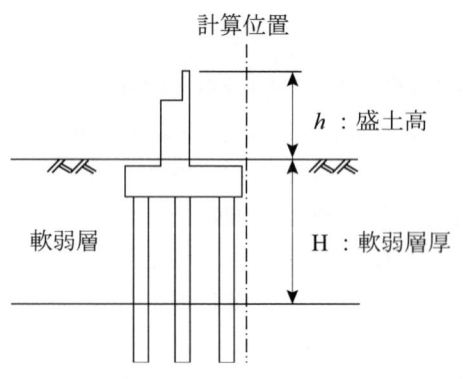

解図 5-19　側方流動指数 F の計算方法の説明図[13]

$$F = \frac{c}{\gamma \cdot h} \cdot \frac{1}{H} \quad \cdots\cdots\cdots\cdots\cdots\cdots\cdots\cdots\cdots\cdots\cdots\cdots\cdots\cdots\cdots （解5-19）$$

ここに，

　　　　c：軟弱層の平均粘着力（kN/m²）

　　　　γ：盛土の単位体積重量（kN/m³）

　　　　h：盛土高（m）

　　　　H：軟弱層の厚さ（m）

以上から，I値もF値も一種の安定を判定する式とみることができる。ただし，軟弱地盤では，地表面が傾斜している場合や軟弱層の下の比較的堅固な層が傾斜している場合等には，適用に注意が必要である。このような場合には，円弧すべり法や有限要素法等他の方法も併用して検討することが望ましい。

2) 側方移動量の推定

経験的に側方移動量を推定する方法としては，橋台についてNEXCOで採用している方法[13]がある。橋台の側方移動量δの推定に当たって，以下に示す$F_R \geqq 3$及び$\delta \leqq 10$cmであれば側方移動の影響は小さいとしている。

$$\delta = \beta \cdot \varepsilon \cdot H \quad \cdots\cdots\cdots\cdots\cdots\cdots\cdots\cdots\cdots\cdots\cdots\cdots (解5-20)$$

ここに，

　　β：補正係数（経験的に 0.5 をとる）
　　ε：土のひずみで次式から求める。
　　$\varepsilon = -0.72 \cdot (q_u/E_{50}) \cdot \ln(1-1/F_R)$
　　H：軟弱層中の軟弱粘性土層の厚さ（m）

なお，F_R値と変位の関係を**解図5-20**に示した。

　　q_u：一軸圧縮強さ（kN/m^2）
　　E_{50}：一軸圧縮試験から得られる地盤の変形係数（kN/m^2）
　　F_R：盛土載荷による地盤の破壊に対する安全率であり，式（解5-21）で示される。

$$F_R = \frac{\alpha_1 \cdot c + \alpha_2 \cdot cA/H + \alpha_3 \cdot (1/2) \cdot (\gamma_1 \cdot H \cdot N_\gamma)}{\gamma_t h} \quad \cdots\cdots\cdots\cdots (解5-21)$$

ここに，

　　α_1：すべり面の形状の仮定に関する補正係数（杭4，ケーソン2）
　　α_2：軟弱層下面付近の粘着力の増大や基礎構造物が存在することによる補正係数（杭5，ケーソン2.5）
　　α_3：盛土荷重による砂地盤の締固め効果に関する補正係数
　　　　（杭3，ケーソン0）
　　c：軟弱層の平均粘着力（kN/m^2）

A : 橋軸方向の橋台長（m）
γ_1 : 砂層の単位体積重量（kN/m³）
H' : 軟弱地盤の砂層の厚さ（m）
h : 盛土高さ（m）
H : 軟弱層中の軟弱粘性土層の厚さ（m）
N_γ : 地盤の支持力係数
γ_t : 盛土の単位体積重量（kN/m³）

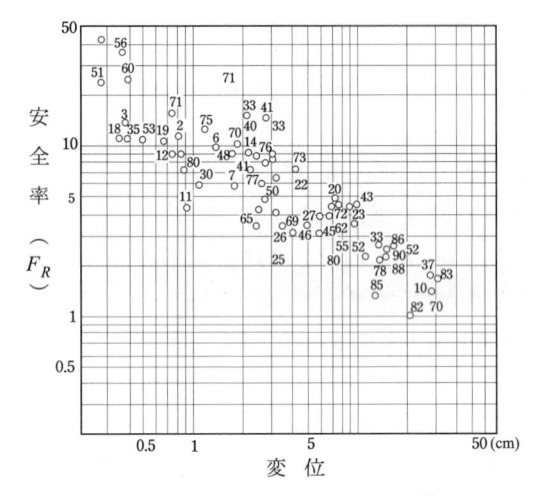

解図5-20　F_Rと変位の関係 [13]

5-6　地震動の作用に対する安定性の照査

> 地震動の作用に対する軟弱地盤上の土工構造物の安定性の照査では，地震動レベルに応じて，すべり，滑動，転倒及び支持力等に対して安定であること，変位が許容変位以下であることを照査する。このとき，許容変位は，路面への影響，損傷した場合の土工構造物の修復性及び道路内の付属施設や隣接する施設への影響を考慮して定めるものとする。

(1)　地震動の作用に対する安定性の照査の基本的考え方

「1-3　軟弱地盤の特性及び対策の考え方」で記述したように，軟弱地盤上の

土工構造物が大きな地震に遭遇した場合，破壊や局所的な沈下等の被害を受けることがある。例えば，盛土の場合，路面の亀裂・沈下や段差，さらにはすべり崩壊のように被害の形態や程度は様々であるが，大きなすべりに至らなくとも構造物取付部等での路面の段差が道路交通機能に影響することもある。

　地震動の作用に対する軟弱地盤上の土工構造物自体の安定性の照査は，土工構造物の種類に応じ「5-2　軟弱地盤上の土工構造物の安定性の照査」の解説で示したとおり，「道路土工－盛土工指針」等の道路土工各指針に基づき必要に応じて実施する。また，本項においては，土工構造物を含む基礎地盤のすべり等に対する安定及び変形を対象として検討するものであり，土工構造物本体の地震動の作用に対する照査については，道路土工各指針を参照されたい。なお，各指針における設計においては入念な締固め施工や排水工の設置等の設計の前提となっている条件があり，検討に当たっては注意が必要である。また，平成23年（2011年）東北地方太平洋沖地震では，軟弱地盤で地下水位が高く，圧密による盛土の沈下が著しい箇所等で地下水位以下の盛土材の液状化により，盛土に変状が生じた事例が見られるが，これらについては安定照査により評価することは困難であることが多く，「第6章」に示す適切な基礎地盤処理，入念な締固め及び排水処理により対応することが基本である。

　従来より地震動の作用に対する土工構造物の安定性の照査は，すべり等に対する安定に関する照査が行われてきたのが実態であり，軟弱地盤に限らず，例えば盛土に対しては，円弧すべり面を仮定した震度法を代表とする安定計算法が主として用いられてきた。具体的には，地震動の作用に対する軟弱地盤上の土工構造物の安定の照査では，必要に応じて盛土についてはすべりに対して，擁壁・カルバートについては滑動・転倒・支持力及び全体安定に対して安定であることを照査する。これらは，一般的には安全率で評価するが，入念な締固め施工や排水工の設置等を前提として，適切な目標値を設定することにより，安定のみに限らず広く変形を含めた安定性も確保できるものと考えられている。

　しかし，特に重要な場合等で，構造物取付部の段差等が特に問題となる場合には，「第4章」で基本的な考え方を示したように，その許容値を適切に定め，土工構造物の変形量予測と合わせて，変形量が許容値を下回ることを直接的に

確認することが望ましい場合もある。この場合，切り盛り境界や横断構造物取付部に生じる段差は，盛土部の残留沈下量とほぼ等しいため，盛土の場合は，地震時残留沈下量を照査指標として，耐震性の検討を行うことが妥当であると考えられる。

なお，設計地震動レベルや土工構造物に要求される性能に対応して採るべき照査指標に関しては，道路土工各指針によるものとする。安定性照査に用いる方法，許容値及び地震時残留沈下量の予測に用いる方法については(2)に後述するが，地震時残留沈下量の許容値の設定については，以下のような事項について留意する必要がある。

① 過去の地震により盛土の被害程度と復旧日数の関係をみると，復旧日数は沈下量の大小との関係と必ずしも明瞭な相関が見られず，迅速な震後の点検，早期復旧の要請度，復旧体制の構築の程度に依存している。また，軟弱地盤では，盛土自体の圧縮沈下に加えて地盤変形に起因する変形が加わり段差がさらに大きくなることがある。以上のことから，地震時残留沈下量の許容値の設定に当たっては，要求性能や地盤条件だけでなく，切り盛り境，カルバート，橋台等の構造物との取付け部の条件，防災計画や震後対応についても吟味のうえ，総合的に判断する必要がある。

② 土工構造物の地震時残留沈下量以外にも，土工構造物，隣接する施設の種類によっては，周辺地盤の変形量等も考慮する必要がある。その際の許容値は，構造物の修復性や「5-5 常時の作用による周辺地盤の変形の照査」と同様に，道路内の付属施設や隣接する施設への影響を考慮して適切に設定する必要がある。

③ 「4-1-3 軟弱地盤上の土工構造物の要求性能」に示したように，地震動の作用に対する軟弱地盤における土工構造物の性能照査技術は未成熟な段階にあり，地震時挙動の予測精度は未だ十分とはいえない。このため，構造的な対処のみで要求性能を確保することが合理的でないと考えられる場合には，震前対策と震後対応等の総合的な危機管理を通じて，一連の区間として要求性能を確保するよう努めることも重要である。

(2) **地震時安定性照査の方法**

　本節においては，土工構造物を含む基礎地盤のすべり，滑動・転倒・支持力等に対する安定性を対象として検討する一般的な手法を示す。

　地震動の作用に対する土工構造物の安定性の照査に当たっては，「4-2-6 地震の影響」に示したように，地震の影響として地震動の作用に伴う慣性力・地震時土圧・地震時動水圧及び液状化の影響を，地盤条件や土工構造物の条件，対策工法等に応じて考慮する必要がある。

　前述したように，軟弱地盤上の土工構造物の地震による被害は，飽和したゆるい砂層が液状化することに起因するものと，特に軟弱な粘性土地盤に繰返しせん断力が作用することによる軟化に起因するものがあるが，特に前者の場合に被害は大きくなる傾向がある。このため，軟弱地盤上の土工構造物の安定性照査に当たっては，基礎地盤の液状化の可能性がある場合には液状化の判定を行う必要がある。また，砂質土層が液状化した場合，間隙水圧が発生し，強度及び支持力等が低下する。したがって，軟弱地盤上の土工構造物の安定性照査に当たり，液状化が生じると判定された砂質土層の土質定数は，適切に低減させる必要がある。液状化の判定は，従来から「道路橋示方書　Ｖ　耐震設計編」に示されている方法による。液状化の判定法は，昭和39年（1964年）新潟地震以後進められてきた研究の成果に加え，平成7年（1995年）兵庫県南部地震の事例分析に基づき定められている。なお，平成23年（2011年）東北地方太平洋沖地震では，東北地方のみならず，東京湾沿岸，利根川流域，霞ヶ浦周辺等を含む範囲で液状化の発生が確認されたが，事例解析の結果，液状化発生地点では従来規定されていた判定法によって液状化が発生すると判定されることが確認されている。

1) 液状化の判定

　沖積層の土層については，以下に従い液状化の判定を行うことができる。なお，調査の初期段階で適用されるいくつかの検討方法は，「3-6(2)4)　液状化の検討」に示している。

(i) 液状化の判定を行う必要がある土層

　沖積層の土層で以下の3条件全てに該当する場合には，地震時に土工構造物

に影響を与える液状化が生じる可能性があるため，(ⅱ)によって液状化の判定を行わなければならない．
① 地下水位が地表面から10m以内にあり，かつ地表面から20m以内の深さに存在する飽和土層
② 細粒分含有率F_Cが35%以下の土層，またはF_Cが35%を超えても塑性指数I_Pが15以下の土層
③ 平均粒径D_{50}が10mm以下で，かつ10%粒径D_{10}が1mm以下である土層

(ⅱ) 液状化の判定

(ⅰ)により液状化の判定を行う必要のある土層に対しては，液状化に対する抵抗率F_Lを式(解5-21)により算出し，この値が1.0以下の土層については液状化するとみなすものとする．なお，以下に用いる地震動の詳細については「道路土工要綱　資料-1　地震動の作用」を参照されたい．

$$F_L = R/L \quad \cdots\cdots\cdots\cdots\cdots\cdots\cdots\cdots\cdots\cdots\cdots\cdots\cdots\cdots\cdots (解5-22)$$

$$R = C_w \cdot R_L \quad \cdots\cdots\cdots\cdots\cdots\cdots\cdots\cdots\cdots\cdots\cdots\cdots\cdots (解5-23)$$

$$L = r_d \cdot k_h \cdot (\sigma_v/\sigma_v') \quad \cdots\cdots\cdots\cdots\cdots\cdots\cdots\cdots\cdots (解5-24)$$

$$r_d = 1.0 - 0.015x \quad \cdots\cdots\cdots\cdots\cdots\cdots\cdots\cdots\cdots\cdots\cdots (解5-25)$$

(レベル1地震動及びレベル2地震動タイプⅠの地震動の場合)

$$C_w = 1.0 \quad \cdots\cdots\cdots\cdots\cdots\cdots\cdots\cdots\cdots\cdots\cdots\cdots\cdots\cdots\cdots (解5-26)$$

(レベル2地震動タイプⅡの地震動の場合)

$$C_w = \begin{cases} 1.0 & (R_L \leq 0.1) \\ 3.3 \cdot R_L + 0.67 & (0.1 < R_L \leq 0.4) \\ 2.0 & (0.4 < R_L) \end{cases} \quad \cdots\cdots (解5-27)$$

ここに，

F_L：液状化に対する抵抗率

R：動的せん断強度比

L：地震時せん断応力比

C_w：地震動特性による補正係数

R_L：繰返し三軸強度比で，(ⅲ)の規定により求める．

r_d：地震時せん断応力比の深さ方向の低減係数

k_h：**解表 5-1** において規定する液状化判定用設計水平震度

σ_v：地表面からの深さ x (m) における全上載圧（kN/m²）

σ'_v：地表面からの深さ x (m) における有効上載圧（kN/m²）

x：地表面からの深さ（m）

(iii) 繰返し三軸強度比

繰返し三軸強度比 R_L は式（解 5-27）により算出する。

$$R_L = \begin{cases} 0.0882 \cdot \sqrt{N_a/1.7} & (N_a < 14) \\ 0.0882 \cdot \sqrt{N_a/1.7} + 1.6 \times 10^{-6} \cdot (N_a - 14)^{4.5} & (14 \leq N_a) \end{cases} \quad \cdots\cdots \text{（解 5-28）}$$

ここで，

　＜砂質土の場合＞

$$N_a = c_1 \cdot N_1 + c_2 \quad \cdots\cdots\cdots\cdots\cdots\cdots\cdots\cdots\cdots\cdots\cdots\cdots \text{（解 5-29）}$$

$$N_1 = 170 \cdot N/(\sigma'_{vb} + 70) \quad \cdots\cdots\cdots\cdots\cdots\cdots\cdots\cdots \text{（解 5-30）}$$

$$c_1 = \begin{cases} 1 & (0\% \leq F_c < 10\%) \\ (F_c + 40)/50 & (10\% \leq F_c < 60\%) \\ F_c/20 - 1 & (60\% \leq F_c) \end{cases} \quad \cdots\cdots\cdots \text{（解 5-31）}$$

$$c_2 = \begin{cases} 0 & (0\% \leq F_c < 10\%) \\ (F_c - 10)/18 & (10\% \leq F_c) \end{cases} \quad \cdots\cdots\cdots \text{（解 5-32）}$$

　＜礫質土の場合＞

$$N_a = \{1 - 0.36 \cdot \log_{10}(D_{50}/2)\} N_1 \quad \cdots\cdots\cdots\cdots\cdots\cdots \text{（解 5-33）}$$

ここに，

　　R_L：繰返し三軸強度比

　　N：標準貫入試験から得られる N 値

　　N_1：有効上載圧 100kN/m² 相当に換算した N 値

　　N_a：粒度の影響を考慮した補正 N 値

　　σ'_{vb}：標準貫入試験を行ったときの地表面からの深さにおける有効上載圧（kN/m²）

　　c_1, c_2：細粒分含有率による N 値の補正係数

　　F_c：細粒分含有率（%）（粒径 75μm 以下の土粒子の通過質量百分率）

D_{50}:50% 粒径(mm)

(iv) 設計水平震度

液状化地盤の判定を行う際に用いる設計水平震度 k_h は,**解表5-1**に示す設計水平震度の標準値に基づいて,式(解5-33)により算出される設計水平震度を用いてよい。ここに,地域別補正係数の値及び耐震設計上の地盤種別の算出方法については,「道路土工要綱　資料-1　地震動の作用」によるものとする。

$$k_h = c_z \cdot k_{h0} \quad \cdots\cdots\cdots\cdots\cdots\cdots\cdots\cdots\cdots\cdots\cdots\cdots\cdots\cdots\cdots\cdots\cdots (\text{解}5-34)$$

ここに,

k_h:設計水平震度(小数点以下2桁に丸める)

k_{h0}:設計水平震度の標準値で,**解表5-1**による。

c_z:地域別補正係数

解表5-1　液状化判定を行う際に用いる設計水平震度の標準値

地震動		地盤種別		
		I種	II種	III種
レベル1地震動		0.12	0.15	0.18
レベル2地震動	タイプI	0.30	0.35	0.40
	タイプII	0.80	0.70	0.60

(v) 液状化が生じる土層の取扱い

以上により,液状化が生じると判定された砂質土層については,土工構造物及び軟弱地盤対策工等に応じて,液状化の影響を過剰間隙水圧の発生やせん断強度の低下,剛性の低下等により適切に考慮するものとする。砂質土層の土質定数を低減させる場合には,種々の方法が提案されているが,照査手法に応じて適切な方法を選択する必要がある。擁壁等の土工構造物の基礎の照査に当たっては,「道路橋示方書　V耐震設計編」に従い,液状化に対する抵抗率 F_L,現地盤面からの深度及び動的せん断強度比 R の値に応じて土質定数を低減させるのがよい。

2) 地震動の作用に対する照査の方法

　前述したように，設計地震動レベルや土工構造物に要求される性能水準に対応して，採るべき照査指標に関しては「道路土工－盛土工指針」，「道路土工－擁壁工指針」，「道路土工－カルバート工指針」によるものとする。性能照査法の選定に際しては，構造物の地震時挙動，必要となる地盤調査，必要とされる精度等を考慮して，適切な照査方法を選定する必要がある。照査指標に応じて照査方法は様々なものがあるが，大別すると土工構造物の地震時変形を直接的に求める残留変形解析と，土工構造物の地震時安定性を安全率等により照査する安定解析とがある。照査指標として変形を用いる方法では，地震時残留変形解析が一般的である。なお，軟弱地盤においては地震時における地盤の剛性や強度の低下が重要な役割をするので，その特性を適切に取り込めるモデル及び手法でなければならない。また，これらの解析手法は，構造物の地震時挙動を動力学的に解析する動的照査法と，地震の影響を静力学的に考慮する静的照査法に大別される。一般に，動的照査法は地震時の現象を精緻にモデル化し，詳細な地盤調査に基づく入力データと高度な技術的判断を必要とする。一方，静的照査法は現象を簡略化して，比較的簡易に実施することが可能である。いずれにおいても，地盤材料の不均一性や地震時挙動特性の複雑さ，さらには解析技術の検証が十分にできていないこと等の要因により，土工構造物の地震時挙動を精緻に推定することは未だ困難であり，被災パターンや被災程度を精度よく推定するための照査法に関する研究開発が進められている途上である。ここでは，実務への適用性を考慮して比較的よく用いられる解析手法を示す。

(i) 安定解析手法

　従来，耐震性の照査において円弧すべり面を仮定した震度法等による安定計算により，安全率を照査する方法が一般的に用いられてきた。安定解析手法は構造物の安定性の有無を照査するものであり，直接的に構造物の残留変形を評価するものではないが，これまでの被災事例等の分析により安全率に基づき経験的に構造物の変形性能や被災程度等を評価することもある。ここでは，これまでに蓄積された知見や技術的な現状を踏まえたうえで，安定解析手法を紹介

する。ただし，地盤条件が複雑な場合や，特に重要な構造物の耐震性能の照査に当たっては，残留変形解析により地震時の残留沈下量が許容値を満足することを確認することが望ましい。

ⅰ) 慣性力を考慮した円弧すべり面を仮定した安定解析手法

軟弱地盤上の盛土が慣性力で崩壊することはまれであるが，主として慣性力で崩壊すると考えられる場合には，式（解5-34）を用いて安全率を算出することができる。地震動が作用すると軟弱地盤の強度は低下することが多いが，本式では常時の強度を用いる。このため，土の強度低下が著しくない，山岳盛土や粘性土の卓越した平地部盛土が一般的な適用範囲である。

$$F_s = \frac{\sum [c \cdot l + \{(W - u_0 b) \cdot \cos\alpha - k_h \cdot W \cdot \sin\alpha\} \cdot \tan\phi]}{\sum (W \cdot \sin\alpha + (h/r) \cdot k_h \cdot W)} \quad \cdots\cdots （解5-35）$$

ここに，

F_s ：安全率

c, ϕ ：土の粘着力（kN/m²）及びせん断抵抗角（°）

W ：分割細片の全重量（kN/m）

l ：細片底面の長さ（m）

b ：細片の幅（m）

u_0 ：常時の地下水位による間隙水圧（kN/m²）

k_h ：設計水平震度

r ：すべり円の半径（m）

h ：分割片の重心位置からすべり円の中心までの鉛直距離（m）

α ：分割細片底面の接線方向と水平面のなす角（°）

設計水平震度 k_h は，式（解5-35）により算出してよい。ここに，地域別補正係数の値及び耐震設計上の地盤種別の算出方法については，「道路土工要綱 資料-1 地震動の作用」によるものとする。

$$k_h = c_z \cdot k_{h0} \quad \cdots\cdots\cdots\cdots\cdots\cdots\cdots\cdots\cdots\cdots\cdots\cdots\cdots\cdots\cdots\cdots\cdots\cdots \text{(解5-36)}$$

ここに，

　　k_h：設計水平震度（小数点以下2桁に丸める）

　　k_{h0}：設計水平震度の標準値で，**解表 5-2** による。

　　c_z：地域別補正係数

解表 5-2　設計水平震度の標準値

地震動		地盤種別		
		Ⅰ種	Ⅱ種	Ⅲ種
レベル1地震動	慣性力用	0.08	0.10	0.12
レベル2地震動	慣性力用	0.16	0.20	0.24

　解表 5-2 に示す設計水平震度の標準値は，円弧すべり面を仮定した安定計算に用いることを想定して，既往地震における盛土の被害・無被害事例の逆解析結果に基づいて設定したものである。このため，上記以外の照査法により照査を行う場合には，**解表 5-2** の値を用いてはならない。詳細は「道路土工ー盛土工指針」を参照されたい。

　本手法では，盛土の基礎地盤に厚い粘性土地盤が分布する場合，単純に設計水平震度に相当する慣性力を作用させると，最小安全率を示す円弧が粘性土地盤上の基底を通る深い円弧となることが多い。しかしながら，このような深い円弧ですべり破壊が生じた事例はないため，粘性土地盤上の地震の安定検討においては，常時の作用に対して最小安全率を与える円弧について，地震時の安定解析を行うこととしてよい。

　慣性力を考慮した円弧すべり面を仮定した安定解析手法には，式（解5-34）以外にも土のせん断強さとして，繰返しせん断ひずみの大きさを考慮した全応力強度（動的強度）を用いる方法もある。

　慣性力を考慮したすべり安定解析手法によって求めた安全率が1.0以上であれば，沈下量が十分小さいか，構造物の変形は限定されたものに留まると考えてよい。

ⅱ) 過剰間隙水圧の発生を考慮した円弧すべり面を仮定した安定解析手法

　ここでの解析手法は，液状化の発生に伴う土のせん断強さの低下を過剰間隙水圧の上昇量により評価するものであるが，間隙水圧を評価する際に盛土が2次元形状であることによる初期せん断応力の影響や，せん断変形に伴う過剰間隙水圧の変化の影響を無視しているなど，多くの簡略化を含んだ一種の簡易式である。

[参考5-6-1] 過剰間隙水圧の発生を考慮した円弧すべり面を仮定した安定解析手法

　液状化地盤上の盛土の安定解析を行う場合は，式(参5-10)を用いて安全率 F_{sd} を算出する方法もある。この手法は，地震動の作用による土のせん断強さの低下を過剰間隙水圧の上昇量により評価するもので，地震動の作用による慣性力の影響は考慮せず，地震時に飽和砂質土地盤内に発生する過剰間隙水圧 Δu を考慮して安定解析を行うものである。

$$F_{sd} = \frac{\sum (c \cdot l + (W - u_0 \cdot b - \Delta u \cdot b) \cos \alpha \cdot \tan \phi)}{\sum W \cdot \sin \alpha} \quad \cdots\cdots\cdots (参5-10)$$

ここに，
　　F_{sd}：安全率
　　c, ϕ：土の粘着力（kN/m²）及びせん断抵抗角（°）
　　W：分割細片の全重量（kN/m）
　　l：細片底面の長さ（m）
　　b：細片の幅（m）
　　u_0：常時の地下水位による間隙水圧（kN/m²）
　　Δu：地震動によって発生する過剰間隙水圧（kN/m²）
　　α：分割細片底面の接線方向と水平面のなす角（°）

　地震動によって発生する過剰間隙水圧は，液状化判定の結果より得られる液状化に対する抵抗率 F_L を用いて，**参図5-12**より求めてもよい。

　過剰間隙水圧の発生を考慮した円弧すべり面を仮定した安定解析手法によって求めた安全率が1.0以上であれば，沈下量が十分小さいか，構造物の変形は限定されたものに

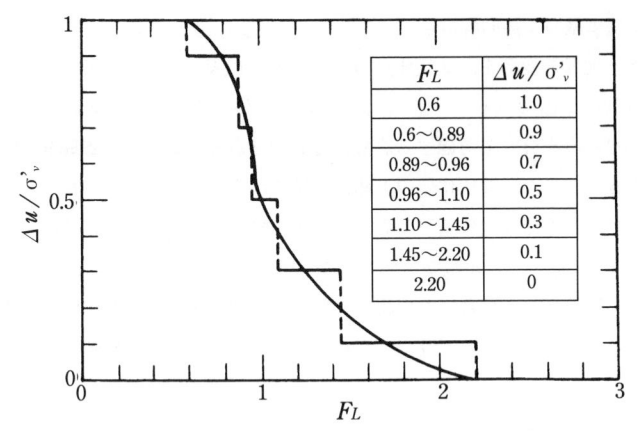

F_L	$\Delta u/\sigma'_v$
0.6	1.0
0.6〜0.89	0.9
0.89〜0.96	0.7
0.96〜1.10	0.5
1.10〜1.45	0.3
1.45〜2.20	0.1
2.20	0

参図 5-12 液状化に対する抵抗率 F_L と過剰間隙水圧比 $\Delta u/\sigma'_v$ の関係

留まると考えてよい。ただし，本安定解析手法は，安全側の計算結果を与える傾向にあることが明らかとなってきている。このため，本計算法は一次照査とみなし，許容安全率を下回った場合には地震時残留沈下解析を併せて実施することが望ましい。

(ii) 地震時残留変形解析手法

地震時残留変形解析手法には，簡便なものから複雑なものまで様々な方法が提案されている。現場条件や設定した設計目標値，解析方法の特徴等を考慮して，適切な方法を採用することが重要である。いずれの手法を採用した場合でも，入力パラメータと解析結果の吟味は非常に重要であり，各解析手法の精度を最大限引き出すために必要不可欠な作業である。有限要素法に関する基本事項は，「5-5(3) 有限要素法」を参照されたい。

[参考 5-6-2] 地震時残留変形解析手法

ここでは，代表的な方法について紹介する。ここに紹介した方法以外の方法でも，合理的な方法であれば，採用することができる。

(1) 有限要素法に基づく静的解析法

液状化に伴う地盤の変形を，液状化層の剛性低下に起因するものと仮定する有限要素法に基づく静的解析法である[15),16)]。本手法では，慣性力を作用させずに，地震動の影響を液状化判定のみを介して考慮する。液状化層の地震後の剛性は，**参図 5-13** より求めることができる。また，液状化層の上部に液状化が生じると判定されなかった層が存在する場合には，表層非液状化層についても土層の物性の変化を適切に考慮する必要がある。表層非液状化層の土質定数の低減方法については種々の方法が提案されているが，実測もしくは実験結果との整合性が確認されている方法を用いる必要がある。表層非液状化層に引張り応力が生じないようにせん断剛性を低減させる方法や弾塑性モデルを用いるのがよい。

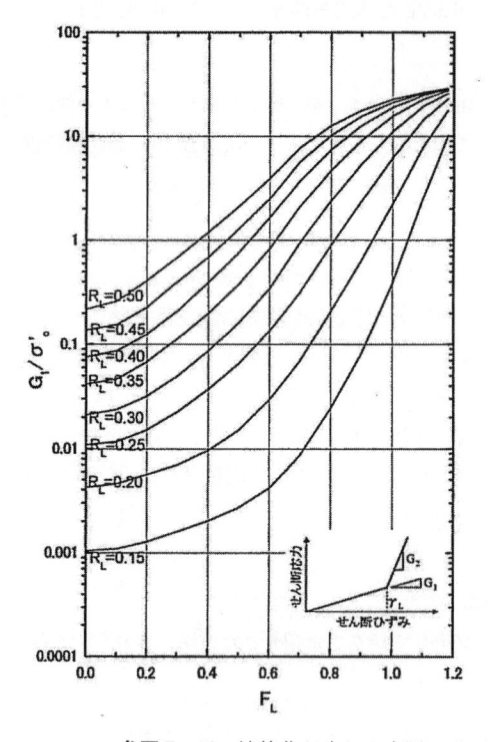

F_L：液状化に対する抵抗率
R_L：繰り返し三軸強度比
G_1/σ'_c：せん断剛性低下率

参図 5-13 液状化が生じる土層のせん断剛性の低減の例 [14)]

この手法は，二次元有限要素法であるため，「(i)安定解析手法」よりも，複雑な形状の問題を解くことが可能となる。また，天端の沈下量だけでなく，側方変形量等も得ることができる。

　一方で，地震動の影響を液状化判定のみにより評価し，周波数や継続時間の影響を直接的に評価することができないため，特殊な地震動を対象とする場合等には，注意が必要である。

(2) 有限要素法に基づく動的有効応力解析法

　実際に地震により発生する液状化等の現象を最も忠実にモデル化した手法である。例として[16),17)]。入力地震動を加速度の時刻歴波形として，解析断面の底面から入力し，地震動時刻歴の細かい時間ステップごとに応力及び変位を求める。本手法では，地震時の過剰間隙水圧の発生や液状化した土の応力ひずみ関係を考慮することができる。

　ただし，これらの方法は，一般的に詳細な地盤調査が必要であり，設定すべきパラメータも多く，また試験結果から直接定まらないパラメータも存在し，入力パラメータの設定法により，結果が大きく変わる可能性がある。解析結果の信頼性を向上させるためには，解析手法に応じた詳細な地盤調査を行うとともに，パラメータ設定法を含めて実測もしくは実験結果との整合性を確認するなど，入力パラメータと解析結果の吟味が非常に重要である。

参考文献

1) 稲田倍穂：軟弱地盤における土質工学－調査から設計・施工まで－，鹿島出版会, p.129, 1982.
2) 稲田倍穂：軟弱地盤における土質工学－予測と実際－，鹿島出版会, p.97, 1994.
3) 東日本高速道路（株），中日本高速道路（株），西日本高速道路（株）：NEXCO設計要領第一集　土工編，第2章2-17，第5章 p.5-10, p.5-49, pp.5-55～65, p.5-78, 2009.
4) Hough B. K.: Basic Soils Engineering, p.109, The Ronald Press, 1957.
5) 稲田倍穂，山田道男，赤石勝：各層の圧密度を考慮した層厚換算法による圧密沈下速度の予測法，土と基礎，25-9, pp.45-48, 1977.
6) 阪上最一，小橋秀俊，堤祥一：圧密計算における層別層厚換算法の検討　第66回土木学会年次学術講演会, pp.729-730, 2011.

7) Mesri, G. : Coefficient of Secondary Compression, Journal of the Soil Mechanics and Foundations Division, Vol.99, No.1, ASCE, pp.123-137, 1973.
8) Mesri, G and Choi, Y. K : Settlement Analysis of Embankments on Soft Clays, Journal of Geotechnical Engineering, Vol.111, No.4, ASCE, 1985.
9) 土木研究所寒地土木研究所：泥炭性軟弱地盤対策工マニュアル，pp.57-58，2011.
10) 建設省土木研究所：軟弱地盤上の低盛土に関する調査報告書(4)，土木研究所資料第1661号，1981.
11) 久楽勝行，三木博史，真下陽一，関一雄：軟弱地盤上の低盛土の沈下とその対策，土木技術資料 Vol.22, No.8, pp.339-403, 1980.
12) 土木学会地盤工学委員会土構造物の性能評価に関する研究小委員会：土構造物の性能評価に関する活動成果報告書，pp.C-42 〜 pp.C-46，2007.
13) 東日本高速道路（株），中日本高速道路（株），西日本高速道路（株）：設計要領第二集 橋梁建設編，第4章，pp.4-39 〜 40，2010.
14) 国土交通省：河川構造物の耐震性能照査指針・解説（Ⅰ共通編），2012.
15) 安田進，吉田望，安達健司，規矩大義，五瀬伸吾，増田民夫：液状化に伴う流動の簡易評価法，土木学会論文集，No.638/Ⅲ-49, pp.71-89, 1999.
16) Oka, F., Yashima, A., Tateishi, A., Taguchi, Y. and Yamashita, S. : A cyclic elasto-plastic constitutive model for sand considering a plastic strain dependency of the shear modulus, Geotechnique, Vol. 49, No. 5, pp.661-680, 1999.
17) Iai, S., Matsunaga, Y. and Kameoka, T. : Strain space plasticity model for cyclic moblilty, Soils and Foundations, Vol.32, No.2, pp.1-15, 1992.

第6章　軟弱地盤対策工の設計・施工

6-1　軟弱地盤対策工の設計・施工の基本的な考え方

(1) 軟弱地盤対策工の適用に当たっては，軟弱地盤対策を必要とする理由や目的を十分踏まえたうえで，対策工法の原理，対策効果，施工方法，周辺環境に及ぼす影響及び経済性等を総合的に検討し，適切な対策工法を選定する。

(2) 軟弱地盤対策工の設計に当たっては，地盤調査結果を十分に活用して，軟弱地盤対策を施した軟弱地盤上の土工構造物について想定する作用に対する安定性等を照査し，対策目的を達成するのに必要な軟弱地盤対策工法の仕様を決定する。その際，軟弱地盤の不均質性や予測の不確実性に配慮した設計・構造にするとともに，必要に応じて試験施工を実施する。

(3) 軟弱地盤対策工の施工に当たっては，対策の目的や軟弱地盤の性状を考慮し，周辺環境等の現地条件に即した施工計画を立案し，適切な工程や品質・出来形等に関する施工管理及び沈下・安定に関する管理の下に施工を実施する。

⑴　軟弱地盤対策工の適用の基本的な考え方

軟弱地盤対策工の検討では，軟弱地盤上の土工構造物で遭遇する沈下や安定，周辺の地盤の変形等の問題を十分に理解し，適切な工法を選定する必要がある。対策工法には種々の工法があるが，これらの工法はそれぞれ特徴を持っており，目的とする効果も異なっている。したがって，対策工の適用においては，「第4章　設計に関する一般事項」または「第5章　軟弱地盤上の土工構造物の設計」において軟弱地盤対策を必要とする理由や目的を十分に踏まえたうえで，軟弱地盤の性質を的確に把握し，道路条件・施工条件等の諸条件を考慮するとともに，次節以降で示した対策工法の原理，対策効果，施工方法，周辺に及ぼす影

響及び経済性等を総合的に検討し，効果が実証された適切な対策工法を選定する必要がある。

なお，本章では，土工構造物として主に道路盛土とした対策工法について述べる。

(2) 軟弱地盤対策工の設計の基本的な考え方

対策工の設計に当たっては，地盤調査結果を十分活用し，対策を施した軟弱地盤上の土工構造物について想定する作用に対する安定性等を照査し，対策目的を達成するのに必要な対策工法の仕様を決定する。軟弱地盤対策工には種々の工法があり，その対策原理・対策効果も様々であり，論理的な妥当性を有する方法や実験等による検証がなされた手法，これまでの経験・実績から妥当とみなせる手法等，適切な知見に基づいて行う必要がある。「6－2　軟弱地盤対策工及び工法の選定」以降に示す工法については，各節または項に示された照査手法に従うとともに，軟弱地盤上の土工構造物の安定性の照査については，「第4章　設計に関する一般事項」または「第5章　軟弱地盤上の土工構造物の設計」に基づき実施してよい。

その際，軟弱地盤は層厚や土性が複雑に変化していることから正確な地盤情報を得ることが困難なだけでなく，対策工を施した地盤及び土工構造物の挙動を厳密に再現できる解析手法が確立されていない等の問題がある。このため対策工の検討に当たっては，地盤調査結果を基にした各種の解析的照査を行うだけでなく，類似地盤の施工実績等を踏まえ，地盤の不均質性や予測の不確実性に対応した設計や構造とし，必要に応じて試験施工を実施するとともに情報化施工を活用する。

(3) 軟弱地盤対策工の施工・施工管理の基本的な考え方

対策の目的を満たすためには，対策工の適切な設計とともに施工・施工管理が重要となる。軟弱地盤対策工の施工は，定められた品質及び形状・寸法の構造物等を定められた工期内に経済的に造り上げることが求められる。そのため対策工法の特性を理解し，現地条件に即した施工計画を立案するとともに，施

工前及び施工途中で必要に応じて試験施工を行い，工程や品質・出来形等の施工管理を確実に実施する必要がある。さらに，沈下や安定，周辺の地盤の変形等の問題に対し，「6-2　軟弱地盤対策工及び工法の選定」で記載する対策工の目的とする対策効果が得られたかの確認を行うとともに，地盤の不均質性や予測の不確実性により生じる予期できない事態に対処するために動態観測に基づく情報化施工を実施し，沈下や安定の管理を行う必要がある。

なお，対策工法の効果については，直接確認できるとは限らない。例えば盛土載荷重工法では施工段階の動態観測によって沈下の促進・抑制及び安定の確保等の効果が確認できる。また固結工法では沈下の抑制・安定の確保については改良体の品質の確認に加え，土工構造物の構築後の動態観測によってその効果が確認できる。しかし，地震動の作用に対する安定の確保あるいは液状化による被害の抑制効果については，直接効果の確認を行うことが困難で，改良体の強度や形状等の品質・出来形管理により間接的に効果を判断している。このように対策効果の確認方法については対策工法の原理や目的に応じてその実施内容や項目を検討する必要がある。

これらの軟弱地盤対策工の品質や出来形管理の基本的な考え方と，沈下・安定管理に関する情報化施工の動態観測や予測手法の詳細については，「7章　施工及び施工管理」で示す。

対策工の目的とその効果，選定に対して考慮すべき条件を「6-2　軟弱地盤対策工及び工法の選定」に示す。「6-3　圧密・排水工法」から「6-11　敷設工法」までは，対策工の原理ごとに，個別の対策工法について，その原理や設計・施工の概要や留意点，施工管理及び品質管理及び沈下・安定・変形の効果の確認と変状時の対応法について示す。

6-2　軟弱地盤対策工及び工法の選定

(1) 軟弱地盤対策工の目的には，沈下の促進・抑制，安定の確保，周辺地盤の変形の抑制，液状化による被害の抑制及びトラフィカビリティーの確保がある。対策工法の選定に当たっては，これらの目的を十分踏まえたうえで条件に適合した対策工法を選ぶ必要がある。

(2) 対策工法の選定に当たって考慮すべき条件の主たるものは，対策工法の原理と効果，道路条件，地盤条件，施工条件及び経済性等である。
(3) 軟弱地盤対策工法の選定手順としては，圧密による強度増加等の地盤が有する特性を利用する盛土載荷重工法や緩速載荷工法の適用を優先的に検討し，それらの工法では土工構造物の安定性が確保できない場合に，圧密・排水工法，締固め工法及び固結工法等の適用を検討する。また，対策工法は単独で適用されることもあるが，組み合わせると合理的な場合もあるため様々な角度から最適な対策工法を選定する必要がある。

(1) **軟弱地盤対策工の目的とその効果**

対策工の目的は，沈下の促進・抑制，安定の確保，周辺地盤の変形の抑制，液状化による被害の抑制及びトラフィカビリティーの確保に区分される。各対策工法の原理には様々なものがあるので，「第5章 軟弱地盤上の土工構造物の設計」に示す検討の結果，対策が必要となった理由や目的に応じ対策工法を選定することが重要である。

1) 沈下の促進・抑制

「5-3 常時の作用に対する沈下の照査」に基づく検討の結果，対策が必要と判断された場合には，対策工を検討する。

道路盛土の供用性からいえば，供用後の残留沈下量が課題となる。必要盛土量や周辺地盤の変位に対しては，全沈下量が課題となる。

供用後の残留沈下量を少なくする対策工としては，施工期間中に圧密をできるだけ進行させ供用後の残留沈下量を少なくする対策工法と，全沈下量を低減することで相対的に供用後の残留沈下量を低減する対策工法とがある。

(i) 施工期間中に圧密をできるだけ進行させる対策工法

施工期間中の圧密をできるだけ進行させる対策工法としては，軟弱土層中に適切な間隔で鉛直方向にドレーン材を設け，水平方向の圧密排水距離を短縮して圧密を促進し，残留沈下を少なくするバーチカルドレーン工法等がある。この他にも，事前に盛土することで圧密し，残留沈下を少なくする盛土載荷重工法等がある。また，工期が十分長ければ，盛り立て期間を長期間取る緩速載荷

工法によって残留沈下を少なくすることができる。
(ⅱ) 全沈下量を低減する対策工法

　全沈下量を低減する対策工法としては，軟弱層に負荷する盛土荷重を低減させることにより，地盤の沈下量そのものを少なくするものがある。具体的な対策工法としては，軟弱層中に締固め工法や深層混合処理工法等により打設された改良杭等に盛土荷重を分担させる工法や軽い材料を盛土材に使用することにより，荷重軽減して圧密応力の低減を図る工法がよく用いられる。また，軟弱地盤が薄い場合は，圧密層を良質土に置き換える掘削置換工法が用いられることもある。

2) 安定の確保

　「5－4　常時の作用に対する安定の照査」に基づく検討の結果，対策が必要と判断された場合には，対策工を検討する。

　盛土の崩壊には，基礎地盤の強度不足によって生じる場合と，盛土材の強度不足によって生じる場合がある。ここでは，基礎地盤の強度不足によって生じる場合を対象としており，盛土材の強度不足によって生じる場合については，「道路土工－盛土工指針」を参照されたい。

　地盤の安定対策は，圧密による軟弱地盤の強度増加，地盤改良等による抵抗力の増加及びすべり滑動力の軽減に分けることができる。

(ⅰ) 圧密による軟弱地盤の強度増加

　軟弱層の圧密・排水を効率的に行うことで，地盤の強度増加を図り，すべりに対する安定を図るものである。したがって，対策工法としては，圧密沈下の促進を目的とした工法とほぼ同じものが用いられる。この他にも，時間をかけてゆっくり盛土を行なう緩速載荷工法も代表的な対策工法である。

(ⅱ) 地盤改良等による抵抗力の増加

　地盤改良等で基礎地盤の抵抗力を増加させることにより安定を図るものである。対策工法としては，軟弱層を良質土に置き換えたり，軟弱層中に締固め杭や固結体を造成したりすることにより，また，軟弱地盤上あるいは盛土中にジオテキスタイルや金網を敷設したりすることにより，抵抗力を増加させるものがある。また，盛土のすべり破壊に対しては，盛土本体の側方部を本体より小

規模な盛土で押えることで，盛土の安定を図る押え盛土工法もある。
(iii) すべり滑動力の軽減
　盛土荷重の載荷に伴うすべり滑動力を軽減させることによりすべりに対する安定を図るものである。したがって，対策工法としては，軽い材料を盛土材に使用する工法等がある。
3) 周辺地盤の変形の抑制
　「5-5　常時の作用による周辺地盤の変形の照査」に基づく検討の結果，対策が必要と判断された場合には，対策工を検討する。
　軟弱地盤上に盛土を施工すると，地盤には圧密沈下に加えてせん断変形による側方変形が生じる場合がある。そのメカニズムの詳細は「5-2　軟弱地盤上の土工構造物の安定性の照査」に示しているので参照されたい。周辺地盤の変形対策は，このようなせん断変形や圧密変形を抑制するためのものである。
　周辺地盤の変形対策は，盛土に近接した建物，水路及び地下埋設物等の構造物に有害な変形が生じる場合や周辺地盤ではないが，腹付け盛土により既設盛土に引込み沈下や大きな変形が生じる場合にも変形対策が必要である。周辺地盤の変形の対策工は，応力の遮断や応力の軽減に分けることができる。
(i) 応力の遮断
　盛土荷重の載荷に伴い発生する応力が周辺地盤に及ばないようにすることで，周辺地盤の変形を抑制するものである。
　具体的な対策工法としては，盛土のり先の軟弱地盤中に矢板等の構造物を打設する工法，固結体の造成を行って地盤を改良する工法，あるいは軟弱層が薄い場合には軟弱層を掘削して置き換える工法等がある。
(ii) 応力の軽減
　盛土荷重の載荷に伴い発生する応力を軽減することで，盛土の沈下を抑制し，周辺地盤の変形量を少なくするものである。
　具体的な対策工法としては，軽い材料を盛土材に使用し，盛土荷重を軽減する工法，あるいは締固め工法及び深層混合処理工法等により打設された改良杭等で盛土荷重を分担することにより軟弱層に負荷される応力を軽減するものがある。

4) 液状化による被害の抑制

「5-6 地震動の作用に対する安定性の照査」に基づく検討の結果，対策が必要と判断された場合には，対策工を検討する。

軟弱地盤においては，地震時慣性力が付加されることで滑動力が急増するとともに，地盤のせん断抵抗力が減少することがある。特に，ゆるい飽和した砂質土地盤では液状化が発生し，盛土形状が原形をとどめないほどの大きな被害となることもある。一方，粘性土地盤においては，砂質土地盤のような液状化はほとんど起こらないものの，慣性力の作用により，盛土や基礎地盤に変状が生じたり，周辺の家屋や諸施設に被害を及ぼすことがある。ここでは，特に被害が大きい砂質土地盤の液状化対策工法について示す。

液状化対策工法は，その原理から大きく分けて，液状化の発生を抑制する工法と液状化後の変形を抑制する工法に分類される[1]。液状化の発生を抑制する工法は，さらにその対策原理から地盤の性質改良，有効応力の増大，過剰間隙水圧の消散及びせん断変形の抑制に分類することができる。

(i) 液状化の発生を抑制する工法

i) 地盤の性質改良

土の密度を増加させてせん断強度を増加させる，土の構造を化学的に安定させる，あるいは液状化層そのものを液状化しにくい材料に置き換えることにより，液状化の発生を抑制するものである。

ii) 有効応力の増大

地下水位の低下等により，土中の有効応力を増加させることで，過剰間隙水圧比の上昇を抑えて液状化の発生を抑制するものである。

iii) 過剰間隙水圧の消散

透水性の高い材料を土中に造成することで，地震時に発生する過剰間隙水圧をすみやかに消散させることにより，液状化の発生を抑制するものである。具体的な工法としては，ドレーン工法を用いることが多いが，この工法は，地震時における過剰間隙水圧の消散を対象としているため，前述の沈下対策及び安定対策におけるバーチカルドレーン工法と比べて透水性が圧倒的に高く，これとは別に取り扱われる。

ⅳ) せん断変形の抑制

地盤内にせん断剛性の高い改良体や構造物を構築することで，地震動により生じる地盤のせん断変形を抑え液状化の発生を抑制するものである。

(ⅱ) 液状化の発生は許すが，液状化後の変形を抑制する対策工法

周辺地盤の液状化の発生は許容するが，盛土等の土工構造物の沈下・変形を抑制し，被害を軽減する対策工法である。具体的な工法としては，杭基礎による盛土支持，盛土のり先の矢板締切り，押え盛土等による沈下・変形の抑制及び盛土補強工法等がある。また，盛土自体の液状化による盛土の変形を抑制する工法として，盛土補強工法及び押え盛土等がある。

(ⅲ) 液状化対策工法の改良仕様の決定法

盛土の液状化対策における各種対策工法の改良仕様は，従来より過剰間隙水圧の発生を考慮した円弧すべりを仮定した安定解析手法を用いて決定される場合が多い。ただし，この手法は極端に安全側の検討結果を算出する場合があることが指摘されている。このような現状を踏まえたうえで，適切な手法を用いて改良仕様を決定する必要がある。

5) トラフィカビリティーの確保

施工機械が軟弱な地盤上を走行するとき，土の種類や含水比によっては作業能率が著しく変化し，高含水比の粘性土等ではこね返しにより走行不能になることがある。このような軟弱地盤上で施工を行うためには，使用する施工機械に応じて必要なトラフィカビリティーを確保する必要がある。具体的な工法としては，表層排水工法，サンドマット工法，表層混合処理工法及び敷設工法等の比較的表層部のせん断強度を増す工法を用いることが多い。

(2) **対策工法の種類**

1) 圧密・排水工法

地盤の排水や圧密促進によって地盤の強度を増加させ，トラフィカビリティーの確保や供用後の残留沈下量を軽減する工法である。以下の7つの工法に分類される。

(i) 表層排水工法

表層部にトレンチを設置することにより，施工機械のトラフィカビリティーを確保する工法である。

(ii) サンドマット工法

地盤表層に砂を敷き均すことにより，軟弱層の圧密のための上部排水を確保する工法である。また，施工機械のトラフィカビリティーの確保にも用いられる。

(iii) 緩速載荷工法

盛土速度を通常に比べ時間をかけてゆっくり施工することで，地盤の破壊を防止しつつ，粘性土層の圧密による強度増加を図る工法である。

(iv) 盛土載荷重工法

構造物の建設前に軟弱地盤に荷重をあらかじめ載荷させておくことにより，粘土層の圧密を進行させ，残留沈下量の低減や地盤の強度増加を図る工法である。盛土載荷重工法は，カルバート等の構造物の計画箇所に対して適用されるプレロード工法と一般盛土区間に適用される余盛り工法に分類される。

(v) バーチカルドレーン工法

地盤中にドレーン柱を鉛直に打設することにより，間隙水の水平排水距離を短くし，粘性土層中の圧密沈下の促進や地盤の強度増加を図る工法である。バーチカルドレーン工法は，以下の2つの工法に分類される。

① サンドドレーン工法

透水性の高い砂を用いた砂柱（サンドドレーン）を地盤中に鉛直に造成する工法である。

② プレファブリケイティッドバーチカルドレーン工法

ペーパー（カードボード），プラスチックまたは天然繊維材を用いた人工のドレーン材を地盤中に鉛直に設置する工法である。

(vi) 真空圧密工法

真空ポンプや鉛直ドレーン材等を用いて軟弱地盤内を負圧にし，大気圧を載荷重として加えるとともに，地盤中に含まれる間隙水を強制的に排出し，圧密沈下の促進や地盤の強度増加を図る工法である。

(vii) 地下水位低下工法

　地下水位を低下させることにより，地盤がそれまで受けていた浮力に相当する荷重を下層の軟弱層に載荷して圧密沈下を促進し強度増加を図る工法である。

2) 締固め工法

　地盤に砂等を圧入または動的な荷重を与えることにより，地盤を締め固め，液状化の防止や強度増加及び沈下量等の低減を図る工法である。締固め工法は，以下2つの工法に分類される。

(i) 振動締固め工法

　地盤を動的な荷重によって締め固める工法である。振動締固め工法は，以下の5つの工法に細分類される。

① サンドコンパクションパイル工法

　衝撃荷重あるいは振動荷重によって砂を地盤中に圧入し砂杭を造成することにより，砂質土地盤では締め固めることで液状化の防止を図り，また粘性土地盤では地盤の強度増加及び沈下量の低減を図る工法である。

② 振動棒工法

　振動棒を地盤中に貫入して砂質土地盤を締め固めることで液状化の抑制を図る工法である。

③ バイブロフローテーション工法

　棒状の振動機を地盤中で振動させながら水を噴射し，砂質土地盤を締め固めることで液状化の防止を図る工法である。

④ バイブロタンパー工法

　バイブロタンパーを用いて地表面から砂質土地盤を締め固めることで液状化の防止を図る工法である。

⑤ 重錘落下締固め工法

　重錘を地盤上に落下させ，ゆるい砂質土地盤や礫質土地盤を締め固めることにより，圧縮沈下量の低減や液状化の防止を図る工法である。本工法は大きな空隙を有する廃棄物混じり土地盤を締め固めるのにも適している。

(ii) 静的締固め工法

　振動や打撃等の動的なエネルギーを用いず，静的な圧入により砂杭を造成あ

るいは注入材を注入し，地盤を締め固める工法である。静的締固め工法は，以下の2つの工法に細分類される。
① 静的締固め砂杭工法
　静的に砂を地盤中に圧入し砂杭を形成することにより，砂質土地盤を締め固めて液状化による被害の防止を図り，または粘性土地盤の強度増加及び沈下量の低減を図る工法である。
② 静的圧入締固め工法
　流動性の低い注入材を地盤中に強制的に圧入し，砂質土地盤を締め固めることで液状化の防止を図る工法である。
3）固結工法
　セメント等の添加材を土と混合し，化学反応を利用して地盤を固結する工法である。固結工法は以下の5つに分類される。
(i) 表層混合処理工法
　軟弱地盤の表層部分の土とセメント系や石灰系等の添加材を撹拌混合することにより，地盤のせん断強度を増加し，安定性増大，変形抑制及びトラフィカビリティーの確保を図る工法である。
(ii) 深層混合処理工法
　主としてセメント系の添加材を地中に供給して，原位置の軟弱土と撹拌混合することによって原位置で深層に至る強固な柱体状，ブロック状または壁状の安定処理土を形成し，地盤の安定性増大，変形抑止，沈下量の低減または液状化による被害の防止を図る工法である。本工法は，深層混合処理工法（機械撹拌工法）と高圧噴射撹拌工法及びそれらを組み合わせた工法に分類される。
① 深層混合処理工法（機械撹拌工法）
　セメント系添加材等と地盤中の土とを撹拌翼で強制的に混合することにより，軟弱地盤を柱体状等に固結させる工法である。
② 高圧噴射撹拌工法
　高圧で噴射されるセメント系添加材等で地盤を切削し，同時に切削された原位置の軟弱土と添加材を混合することにより，改良体を造成する工法である。

(iii) 石灰パイル工法

軟弱地盤中に生石灰を主成分とする改良材を杭状に圧入造成して，生石灰の吸水・膨張作用及び化学反応作用により地盤の強度を増加させ，地盤の安定性増大，沈下量の低減または液状化の防止を図る工法である。

(iv) 薬液注入工法

砂地盤の間隙に注入材を注入することにより，地盤の安定性の増大，遮水または液状化の防止を図る工法である。

(v) 凍結工法

地盤を一時的に凍結することにより，掘削面の安定や湧水阻止を図る工法である。

4) 掘削置換工法

比較的表層にある軟弱土を良質土に置き換えることにより，地盤の安定性の確保または沈下量の低減を図る工法である。

5) 間隙水圧消散工法

砂質土地盤中に砕石等により透水性の高いドレーンを設けて，地震時に砂質土層内で生じる過剰間隙水圧をすみやかに消散させることにより，液状化の防止を図る工法である。

6) 荷重軽減工法

土に比べて軽量な材料で盛土等を構築することにより，地盤中の応力増加を軽減し，粘性土層の沈下量やすべり滑動力の低減を図る工法である。荷重軽減工法は，以下の2つの工法に分類される。

(i) 軽量盛土工法

土に比べて軽量な材料で盛土を構築する工法である。本工法の代表的なものとしては，発泡スチロールブロック工法，気泡混合軽量土工法及び発泡ビーズ混合軽量土工法等がある。

① 発泡スチロールブロック工法

発泡スチロールのブロックを積み重ね，各ブロックを緊結金具で連結することにより，盛土を構築する工法である。

② 気泡混合軽量土工法
　土もしくは細骨材に，水，セメント及び気泡を混合した気泡混合軽量土により盛土を構築する工法である。
③ 発泡ビーズ混合軽量土工法
　土に発泡ビーズを混合（固化材さらに水を加えるタイプもある）した軽量盛土材料により盛土を構築する工法である。
(ii) カルバート工法
　カルバートを連続して並べることにより盛土の一部を構成する工法である。
7) 盛土補強工法
　基礎地盤の表面あるいは盛土下層部に補強材を設置し，補強材が盛土と一体化することによって，盛土の安定性の確保を図る工法である。圧密沈下に伴う盛土材のゆるみの抑制による盛土材の液状化の防止に加え，地震時に盛土材あるいは基礎地盤が液状化した場合にも，盛土の変形抑制に効果が期待できる。なお，盛土のり面に一定高さごとに補強材を敷設する補強盛土工法とは別のものである。
8) 構造物による対策工法
　土に比べてせん断強度や剛性の高い構造物や材料を地盤中もしくは地盤上に構築することにより粘性土層の全沈下量の低減や盛土等の安定性の確保及び地盤内応力の軽減を図る工法である。構造物による対策工法は以下の4つの工法に分類される。
(i) 押え盛土工法
　盛土本体の側方部を本体より小規模な盛土で押えて盛土の安定性の確保を図る工法である。
(ii) 地中連続壁工法
　盛土等の周囲を場所打ちの鉄筋コンクリート（連続地中壁）で囲み，さらに必要に応じて内部に連続地中壁を適切な間隔で格子状に配置することにより，地震時のせん断変形を抑制し，液状化による被害の防止を図る工法である。
(iii) 矢板工法
　盛土等の側方の地盤に矢板を打設して連続壁を造成することにより，盛土等

の安定性の確保，地盤の側方変形の抑制または液状化による被害の防止を図る工法である。

(iv) 杭工法

盛土等の上載荷重を，杭を介して基礎地盤に伝えることにより，全沈下量の低減，盛土等の安定性の確保，応力軽減による変形抑制及び液状化被害の防止を図る工法である。

9) 敷設工法

仮設工として，サンドマットの下に補強材を敷くことにより，トラフィカビリィティーを確保する工法である。サンドマットの締固めを可能にし，圧密沈下によるゆるみを抑制することにより，地震時における盛土材の液状化による被害を軽減する効果が期待できる。

(3) **軟弱地盤対策工法の選定に当たって考慮すべき条件**

対策工法の選定に当たって考慮すべき条件の主たるものは，対策工法の原理と効果，道路条件，地盤条件，施工条件及び経済性等である。以下，これらの条件について示す。

1) 各対策工法の原理と効果

対策工法は，各々の対策原理と効果によって**解表6-1**に示すように分けられる。対策工法は，同一の工法であっても，それを適用する目的，用途等が異なれば，その設計法は異なる。また，対策工法の種類によって，得られる効果が異なり，主目的とする効果と，それに付随した二次的効果を併せもつことが多い。例えば，サンドコンパクションパイル工法を粘性土地盤に適用した場合，主な効果として，砂杭の応力分担による全沈下量の減少並びに安定対策としてのすべり抵抗の増加等が期待できるとともに，二次的効果として圧密促進，側方変形対策を目的とした応力の軽減等も期待できる。そのため**解表6-1**中には，一つの対策工法にも幾つか○印を付している。

2) 適用条件

道路盛土の形状や位置による道路条件あるいは地盤の構成や土質等の地盤条件により，適用される工法は以下のように異なる。

解表6-1 各対策工法の対策原理と効果

原理	代表的な対策工法		沈下		安定		変形		液状化							トラフィカビリティ確保
			圧密沈下量の低減	全沈下量の低減	圧密による強度増加	すべり抵抗力の増加	すべり滑動力の軽減	応力の遮断	応力の軽減	液状化の発生を防止する対策					液状化の発生は許すが被害を軽減する対策としての施設	
			圧密沈下の促進による供用後の沈下量の低減							砂地盤の性質改良				有効応力の増大	過剰間隙水圧の消散	せん断変形の抑制	
										密度増大	固結	粒度の改良	飽和度の低下				
圧密・排水	表層排水工法																○
	サンドマット工法		○														○
	緩速載荷工法				○												
	盛土載荷重工法		○		○												
	バーチカルドレーン工法	サンドドレーン工法		○	○												
		プレファブリケイティッドバーチカルドレーン工法		○	○												
	真空圧密工法		○		○												
	地下水位低下工法		○		○									○	○		
締固め	振動締固め工法	サンドコンパクションパイル工法	○	○	○	○			○	○							
		振動棒工法		○*						○							
		バイブロフローテーション工法		○*						○							
		バイブロタンパー工法		○*						○							
		重錘落下締固め工法		○*						○							
	静的締固め工法	静的締固め砂杭工法	○	○	○	○			○	○							
		静的圧入締固め工法								○							
固結	表層混合処理工法			○		○		○			○						
	深層混合処理工法	深層混合処理工法（機械撹拌工法）		○		○		○			○				○	○	
		高圧噴射撹拌工法		○		○		○			○				○	○	
	石灰パイル工法			○		○				○	○						
	薬液注入工法			○		○					○						
	凍結工法					○											
掘削置換	掘削置換工法			○		○		○				○					
間隙水圧消散	間隙水圧消散工法													○			
荷重軽減	軽量盛土法	発泡スチロールブロック工法		○		○		○									
		気泡混合軽量土工法		○		○		○									
		発泡ビーズ混合軽量土工法		○		○		○									
	カルバート工法			○		○		○									
盛土の補強	盛土補強工法					○									○		
	押え盛土工法					○											
構造物による対策	地中連続壁工法														○		
	矢板工法					○	○								○**	○	
	杭工法			○												○	
補強材の敷設	補強材の敷設工法					○											○

*) 砂地盤について有効
**) 排水機能付きの場合

(i) 道路条件

　対策工法の選定に当たり，道路条件として考慮すべき事項は，道路盛土の縦横断面の形状（構造）及び道路の盛土の位置（構造物の取付部や一般盛土部等）等である。

i) 道路盛土の縦横断面の形状（構造）

盛土の計画高や幅等の形状は，対策工法の選定に当たって重要な要素となる。例えば，盛土の計画高が高く，地盤の安定性が懸念される場合は，盛土載荷重工法の採用が制限される。つまり，盛土幅が広いほど，盛土高さが高いほど深部にまで大きな応力が伝播し，深部の粘性土層でのすべりや沈下を引き起こす可能性が高くなり，他の工法との併用が求められることが多い。また，低盛土の場合には，軟弱地盤が交通荷重の影響を受けて，供用開始後に路面の不陸が発生することがある。

盛土部では，このような低盛土のほか，片盛り部，傾斜した基盤上の盛土及び既設構造物の近接施工等については特別に注意を要するので，「(5)特殊部における対策工法の適用の留意点」において，その問題点と対応例を示す。

ii) 道路盛土の位置

道路の一般盛土部においては，残留沈下がある程度大きくても不同沈下が大きくなければ，舗装の平坦性には支障とならない。しかし，構造物との取付部においては，残留沈下自体が段差になるので，走行上に支障が生じる状態となる。また，盛土の安定性が不足すると橋台に大きな土圧が作用して，橋台が側方移動を起こすなどの問題が発生する場合もある。

そのため，構造物との取付部の沈下，安定対策は非常に重要であり，「(5)特殊部における対策工法の適用の留意点」において，その問題点と対応例を示す。

(ⅱ) 地盤条件

i) 土質

(a) 砂質土地盤

砂や砂質土は粘性土と比べ粒径が大きいが間隙比は小さい。また，透水性が良いために，盛土の基礎が砂質土地盤の場合は，常時の作用に対して，砂質土地盤の特性として問題となることはほとんどない。ただし，ゆるい砂質土層は地震動の作用により液状化を生じるおそれがあるので「5－6　地震動の作用に対する安定性の照査」で示す照査を行い，その結果に応じて対策を検討する必要がある。

(b) 粘性土地盤

　粘性土地盤は，土質特性上，軟弱地盤対策工が必要とされる場合が多い。また，粘性土の中には，鋭敏比が高く，乱すと極端に強度が低下するものがあるので，このような地盤を処理する場合には，できるだけ地盤を乱すことの少ない対策工を選定する。また，同じ原理による対策工でも，施工法の違いによって地盤の乱れ方に違いがあるので注意が必要である。

(c) 泥炭質地盤

　ピート層は圧縮性が大きく，含水比が300%を超え，初期強度が極めて小さいことが多い。しかし，透水性はかなり高い場合が多く，バーチカルドレーン工法等の圧密促進工法を用いなくても一次圧密による沈下は急速に進み強度増加も期待できることから，緩速載荷工法が有効な工法のひとつとなる。

　一方，黒泥は透水性が低く，含水比が300%程度より小さい場合が多いが，土の構造が乱されたときの強度低下が激しく，圧密による強度増加はほとんど期待できない。そのため，沈下対策として，地盤の乱れの程度が小さい盛土載荷重工法を用い，安定対策として押え盛土工法等が使用されることがある。しかし，これらの対策工は規模が大きくなることが多い。

ii) 地盤構成

(a) 軟弱層の厚さが浅くて薄い場合

　軟弱層が浅くて薄い場合には，圧密沈下の量も小さく，かつ短時間で終了する。また，すべり破壊の危険性も一般的に少ない。したがって対策工法としては，簡単な表層排水工法のみを適用することが多い。なお，重要な構造物等の場合には，軟弱層を掘削除去することも比較的容易にできるので，掘削置換工法が用いられることも多い。

(b) 軟弱層の厚さが厚い場合

　軟弱層が厚い場合には表層排水工法と併せ，適用目的や土質に応じて他の工法が使用される。ただし，軟弱層の厚さが極端に厚くなると，全層にわたってバーチカルドレーン工法やサンドコンパクションパイル工法等を適用することは，施工が困難であるだけでなく不経済にもなるので，適度な深度まで上記のような工法を採用し，残りの層の改良は行わないか，あるいは盛土載荷重工法

と併用されることが多い。

また，長いバーチカルドレーンの場合，ドレーン材の断面積が小さいものは排水材の透水抵抗が大きく，圧密遅れにより理論通りの効果を示さないことがあるので注意が必要である。詳しくは「6-3-5　サンドドレーン工法」を参照とする。

(c) 排水層（砂層）に挾まれた軟弱層厚が薄い（3～4m以下）場合

圧密排水の距離が短いため圧密による沈下が急速に進み，強度増加を十分期待できる場合が多い。したがって，一般には，表層排水工法，緩速載荷工法及び盛土載荷重工法等の対策工法が多く適用されている。厚さ5cm程度の砂層でも連続していれば排水層として有効である場合もあるが，砂層が連続的でない場合は，有効な排水層とならないことにも留意する必要がある。

(d) 軟弱層が厚く排水層（砂層）がない場合

圧密排水距離が長くなるので，圧密沈下には長期間を要し，早急な強度増加も期待できない。したがって，沈下対策としては圧密を促進させるためのバーチカルドレーン工法を適用することが多い。安定対策としては押え盛土工法，緩速載荷工法，サンドコンパクションパイル工法，固結工法及び軽量盛土工法等を単独もしくは組み合わせて適用することが多い。

(e) 砂層が浅い部分に厚く堆積し（4m以上），下位に軟弱な粘性土層がある場合

盛土高さが低い場合は，一般に安定は問題とならず，沈下だけが問題となる。沈下対策としてはバーチカルドレーン工法及び盛土載荷重工法等が適用される。真空圧密工法及び地下水位低下工法は，圧密荷重を増大させる役目を果たすが，真空圧の維持や施工時の地下水位低下等の周辺への影響について留意する必要がある。なお，砂層がゆるい状態で堆積している場合には，地震時における液状化の発生について注意する必要がある。

(f) 軟弱層の基盤が傾斜している場合

「(5)　特殊部における対策工法の適用の留意点」の適用例で示す。

(ⅲ)　施工条件

対策工法の選定に当たり，施工条件として考慮すべき事項は，工期，材料，施工機械のトラフィカビリティー，施工深度及び周辺に及ぼす影響等である。

i) 工期

　対策工法の選定に当たって非常に重要な項目であり，工期が長ければ比較的経済的な対策工法で済む場合が多い。すなわち，工期が長ければ緩速載荷工法で安定を確保しながら盛土することが可能な場合が多く，長期間の放置によって残留沈下も少なくすることができる。バーチカルドレーン工法やサンドコンパクションパイル工法等を用いる場合においても打設間隔を広く，また打設長も短くすることができるなど有利な点が多い。

　したがって，道路工事における軟弱地盤対策の工期は，可能な限り対策期間を十分に確保することをまず原則とし，その工期に応じて適切な対策工法を選定するのがよい。

ii) 材料

　近年では透水性の高い海砂または川砂の入手が困難となっているため，対策工法に使用する材料の入手の難易度や経済性も対策工法の選定に当たって考慮しなければならない。

iii) 施工機械のトラフィカビリティー

　軟弱地盤を改良する場合，施工機械のトラフィカビリティーの確保が必要であるため，サンドマット工法及び表層混合処理工法等が併用されることが多い。

　サンドマットの厚さは，トラフィカビリティーを確保するために施工機械の重量，接地圧及び軟弱地盤の表層部の強度等を考慮して決定されている。詳しくは「6-3-2　サンドマット工法」を参照されたい。

　プレファブリケイティッドバーチカルドレーン工法，サンドコンパクションパイル工法及び深層混合処理工法に用いる改良施工機械の接地圧は，**解表6-2**の値が目安となる。ここで，プレファブリケイティッドバーチカルドレーンの中心打設式とは，ケーシングを施工機械の中心に設置する方式であり，端部打設式とは，ケーシングを施工機械の片側に設置する方式のことである。なお，その他の一般的な施工機械の接地圧については，「道路土工要綱」の**解表5-4**を参照されたい。

iv) 施工深度

　対策工法の施工可能深さは，工法，機種及び地盤条件等により多様であり，

解表 6-2 施工機械の接地圧の目安

工　　法	打設深度（m）	接地圧 （kN/m²） 中心打設式	接地圧 （kN/m²） 端部打設式
プレファブリケイティッドバーチカルドレーン工法	10～20	35～40	40～45
プレファブリケイティッドバーチカルドレーン工法	20～30	40～45	45～65
プレファブリケイティッドバーチカルドレーン工法	30～40	45～50	施工不可能
サンドコンパクションパイル工法	10以下	80～90	80～90
サンドコンパクションパイル工法	10～20	90～110	90～110
サンドコンパクションパイル工法	20～30	110～130	110～130
深層混合処理工法（機械撹拌工法）	10以下	70～80	70～80
深層混合処理工法（機械撹拌工法）	10～20	80～110	80～110
深層混合処理工法（機械撹拌工法）	20～30	110～130	110～130

工法選定に当たっては，専門図書やカタログ資料等により個別に調べる必要がある。

例えば，掘削置換工法の施工可能深さは，2～3m程度といわれており，それ以上の深度を改良する場合には，経済性を含め他の工法について検討する必要がある。

バーチカルドレーン工法及びサンドコンパクションパイル工法等の限界施工深度は45m程度である。また，中間にN値の高い砂礫層がある場合，施工法によっては，その下層の軟弱層を改良できない場合もあるので注意する必要がある。

v）周辺に及ぼす影響

地盤が著しく軟弱である場合や盛土高が大きい場合では，周辺地盤が大きく沈下や隆起することも多い。したがって，盛土のり尻の付近に人家や重要な構造物がある場合には，全沈下量を減少させ，かつせん断変形を抑止する工法を主体として考えることが必要である。そのような工法の採用や影響を受ける構造物の保護が不可能な場合には，盛土の代わりに高架構造にするなどの検討も必要である。

工法の選定に当たっては，施工中の騒音，振動，周辺構造物への影響，地下水位の変化，排泥水あるいは使用する添加材や薬液による地下水の水質への影響及び周辺環境に及ぼす影響等も十分に検討する必要がある。

　周辺への影響として，以下に示す事項が特に問題になると考えられる。

(a)　地盤改良施工時の振動及び騒音

　種々の施工機械の振動・騒音と距離減衰の関係を**解図6-1**及び**解図6-2**に示す。サンドコンパクションパイル工法（SCP工法），サンドドレーン工法（SD工法）及び重錘落下締固め工法は，施工時の振動・騒音が他工法に比べて大きい。このため，近接して構造物や人家等がある場合は，施工管理に振動・騒音の測定を加えるほか，必要に応じて対策する。一方，深層混合処理工法及び静的締固め砂杭工法等は，比較的低振動・低騒音である。

(b)　地盤改良施工時の地盤変位

　地盤改良施工時に発生する地盤変位は，地形や原地盤の条件，対策工法，改良仕様及び使用する施工機械の種類等によって異なる。特に，締固め工法は，施工時の周辺地盤の変形が大きいため留意する必要がある。比較的変形の少ない工法としてあげられる深層混合処理工法等でも変位がゼロではなく，地形や地盤条件によっては，周辺地盤の変形が起きることも報告されている。

　このため，構造物に近接した施工を実施する場合には，最適な対策工法，施工機械を選定したうえで，試験施工を実施し，さらに施工時には既設構造物の変位に十分に注意する必要がある。

(c)　地下水への影響

　地下水位低下工法や真空圧密工法では，周辺部の地下水位も低下するので，地盤の沈下や地下水位の低下が問題となる箇所では，遮水矢板等での対策が必要である。

　固結工法や地中連続壁工法等では，地下水流や水質に影響することがあるために十分に注意する。

　以上に述べた施工時の騒音・振動，地盤の変位を生じさせる工法や地下水位を汲み上げたり，遮断したりする工法を用いる場合や，都市部，人口密集地あるいは人家，既設の構造物に隣接して道路を建設する場合には，それらに及ぼ

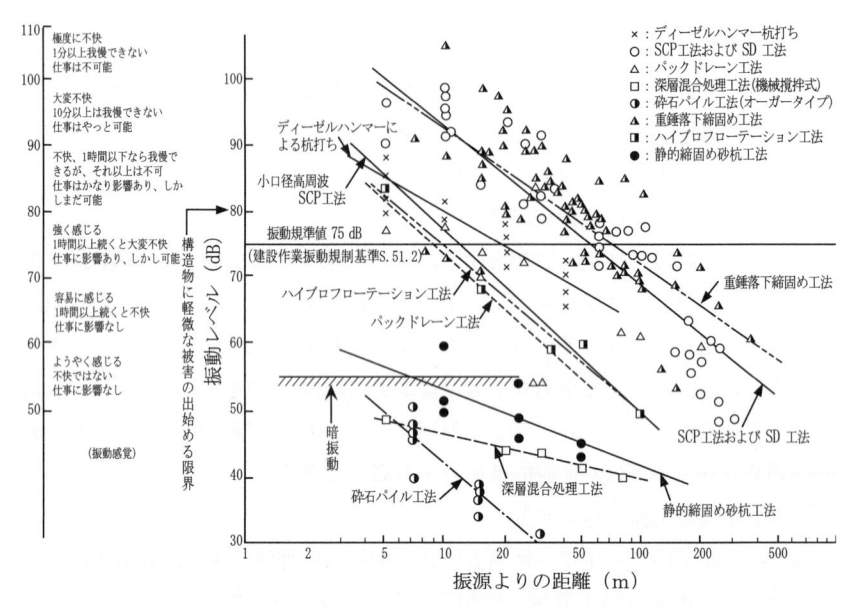

解図6-1 振動感覚，振動レベルの距離減衰[2]に加筆

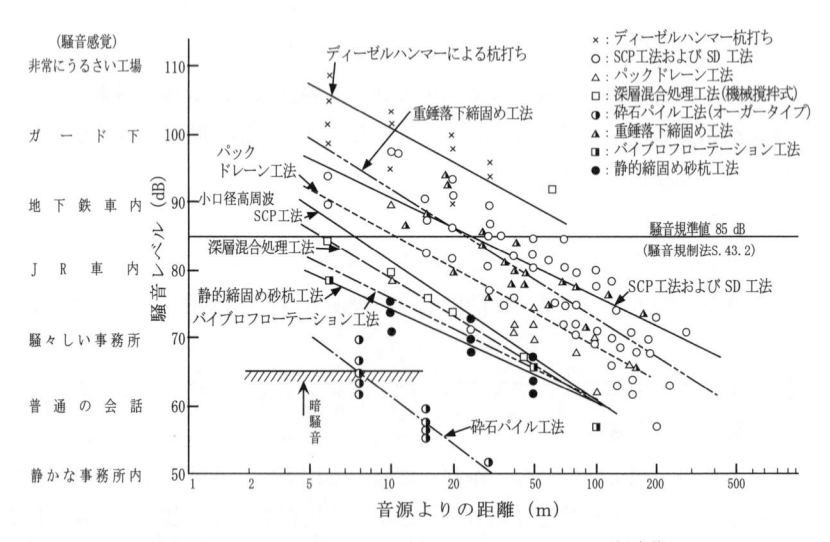

解図6-2 騒音感覚，騒音レベルの距離減衰[2]に加筆

す影響を十分に検討したうえで，工法を選定しなければならない．

(4) **対策工法の選定手順**

　対策工法の選定に当たっては，これまでに述べたように，構造物に必要とされる性能，対策工の目的，対象土の特性，用地の制約，工期及び周辺への影響等を考慮していくつかの工法を選定し，対策効果，経済性の観点から最適な対策工法を決定しなければならない．

　対策工法の選定の流れとしては，まず，トラフィカビリティーの確保のためのサンドマット工法等を，次に，沈下や安定が問題となった場合は，盛土載荷重工法や緩速載荷工法等の時間をかけて行なう比較的安価な対策工法を優先して検討する．時間的な制約が厳しく盛土載荷重工法だけでは沈下が問題になる場合，緩速載荷工法だけでは安定性が確保できない場合あるいは盛土の建設により隣接する施設に変形や損傷を与える可能性がある場合等には，**解表6-1**に示した各対策工法の対策原理と効果を参考に対策工法の適用を検討する．対策工法の決定に当たっては，前項「(3) 軟弱地盤対策工法の選定に当たって考慮すべき条件」に述べた道路条件，地盤条件，施工条件及び過去の類似地盤における施工実績等から，いくつかの工法に絞り込む．続いて，それら複数の工法について概略設計を行い概略工費を算出し，総合的な観点から最適な工法を選定する．また，軟弱地盤対策工法の工費が高価となることが予想される場合には，経済性，道路規格等を考慮した道路構造やルートの変更等を含め広く検討する必要がある．

　対策工法は単独で適用されるだけでなく，組み合わせて適用されることもある．例えば，軟弱層の表層に砂を被覆するサンドマット工法は，施工機械の作業を容易にするとともに，排水層の役目も果たすため，バーチカルドレーン工法等と併用されるのが一般的である．組み合せて使用されることが多い工法の例を**解表6-3**に示す．対策工の選定に当たっては，同表の組合せ例以外にも多くの組合せが考えられるので，それぞれの現場条件に対し，最も効果的で経済的な組合せを検討することが必要である．

　ただし，工法の組合わせによっては，想定した効果が現れないことがあるの

解表 6-3 対策工法の組合せ例

目的	沈下対策 工法	目的	せん断変形対策 工法	目的	安定対策 工法	図例
沈下の促進	バーチカルドレーン工法 (例)サンドドレーン工法	応力の遮断	コンパクションパイル工法 (例)サンドコンパクションパイル工法	―	コンパクションパイル工法 (例)サンドコンパクションパイル工法	バーチカルドレーン／サンドコンパクションパイル
	盛土載荷重工法	―	押え盛土工法またはコンパクションパイル工法 (例)サンドコンパクションパイル工法		押え盛土工法またはコンパクションパイル工法 (例)サンドコンパクションパイル工法	押え盛土／盛土載荷重／サンドコンパクションパイル
	盛土載荷重工法とバーチカルドレーン工法 (例)サンドドレーン工法	―	―	―	表層排水工法 (例)サンドマット工法	盛土載荷重／サンドマット／バーチカルドレーン
	バーチカルドレーン工法 (例)サンドドレーン工法	―	―	強度増加の促進	緩速載荷工法	第3層載荷／第2層載荷／第1層載荷／バーチカルドレーン
	バーチカルドレーン工法 (例)サンドドレーン工法	応力の遮断	深層混合処理工法	すべり抵抗の増加	深層混合処理工法	変位吸収溝／深層混合処理／バーチカルドレーン
		変形の吸収	変形吸収工法 (例)変位吸収溝工法			
沈下の低減	盛土補強工法あるいは表層混合処理と深層混合処理	―	盛土補強工法あるいは表層混合処理と深層混合処理		盛土補強工法あるいは表層混合処理と深層混合処理	盛土補強工法あるいは表層混合処理／深層混合処理 (低改良率での地盤改良 改良率=10〜20%程度)

で注意する。例えば，すべり破壊を防止するために，剛性の高い深層混合処理工法と剛性の低い補強材を**解図 6-3** のように組み合わせた場合，両者ではピーク強度の発生する変形量が異なり，小さい変形量においては補強材の張力はあまり望めない。このため，深層混合処理工法の負担軽減に盛土補強工法が有効に機能しないおそれがある。

また，軟弱地盤対策工法には，従来より適用されてきたもの，近年普及してきたもの，最近新たに開発されたもの等各種のものがあり，適用条件によっては，安定性・経済性に優れた工法となることがある。対策工法の選定に当たって，これら新工法・新技術の適用に関しても検討することが望ましい。ただし，十分な検証データのない工法等の適用に当たっては，試験施工や動態観測による検証等が必要である。

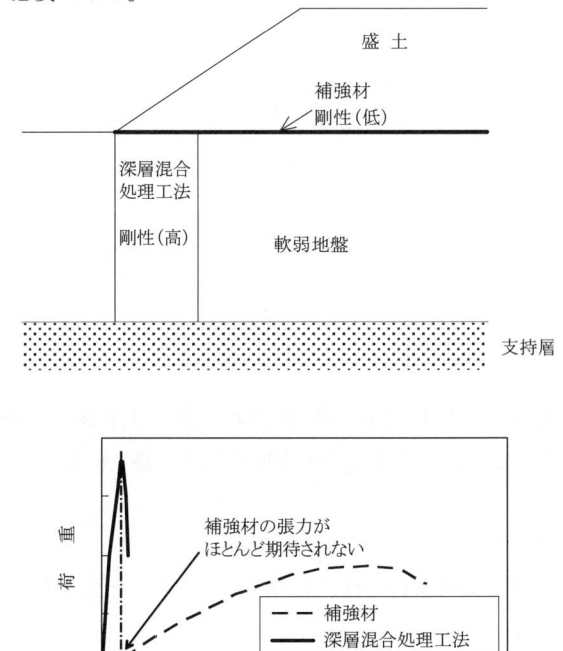

解図 6-3 対策工法の組合わせ効果が現れない例

⑸ **特殊部における対策工法の適用上の留意点**

　軟弱地盤上の低盛土，傾斜基盤上の盛土及び構造物との取付け部といった条件の場合，様々な問題に遭遇する。例えば，低盛土では，交通荷重が盛土内で十分に分散できずに軟弱地盤に達するため，供用開始後に過大な沈下を生じる場合がある。また，軟弱地盤が傾斜基盤上にある場合，盛土の不同沈下や傾斜方向へのすべりを生じる場合がある。さらに，構造物取付け部では段差が生じることに留意する必要がある。

　対策工法は，これらの現象を十分に理解し，必要とする道路の性能に対して，道路条件（道路盛土の形状や位置），地盤条件（土質，土層構成）及び施工条件（工期，材料）等に対応した適切な対策工法を適用する必要がある。

1）　低盛土

　軟弱地盤上の低盛土は，高盛土の場合のような安定上の支障や周辺地盤の変形，施工中の大きな沈下等の問題は少ない。しかし，供用開始後に交通荷重により路面に不陸や沈下が発生し，舗装も破壊することがある。また，供用開始後，車両の通過に伴う振動が伝播し周辺環境に影響することがある。

(i) 交通荷重による不陸や沈下への対処

　交通荷重による沈下の対策として考えられるのは，表層に近い部分の沈下を減少させ，かつ強度を均一化し高める対策工法である。具体的な工法としては，以下のとおりである。

i)　盛土載荷重工法

　あらかじめ交通荷重に相当する荷重以上の盛土（余盛り）を施工する（**解図 6-4** 参照）。なお，交通荷重の影響に相当する盛土荷重については，**解図 5-12** に示している。

ii)　表層混合処理工法

　セメント・石灰系等の添加材を軟弱層の表層部分の土と混合処理し，地盤の強度を増加させる。

iii)　掘削置換工法

　交通荷重の影響が大きい表層部分を良質土で置き換える。（**解図 6-5** 参照）。

解図6-4　盛土載荷重工法の例

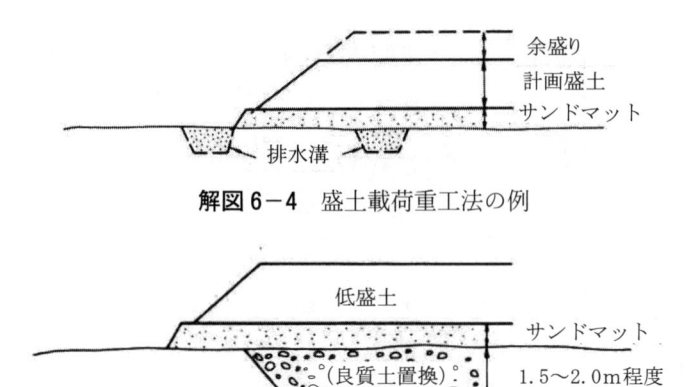

解図6-5　掘削置換工法の例

(ii) 交通振動の低減対策

　交通振動の低減対策は，振動源の対策（道路構造の対策），伝播経路の対策（防振壁）及び受振部の対策（振動を受ける構造物に関する対策）に大別される。交通振動は通常，道路の供用開始後に顕在化することが多いので，道路構造の大幅な変更は困難である。一般的には，舗装の改修による不陸の低減や地中に防振壁を造成する伝播経路の対策を検討されることが多い。

　伝播経路対策とは，地盤を伝播する振動を遮断または軽減する工法であり，具体的な工法として**解図6-6**のように振動の伝播経路の途中に空溝や地中壁を設ける工法がある。空溝は振動源から地盤の表層を伝播する振動を軽減するために受振部との間に溝を設置する方法であるが，通常は永久施設として維持するのが困難である。地中壁を設ける工法では，地中壁を構成する材料として鋼矢板，ソイルセメント壁等のような剛性の高い材料を用いる場合と，発泡スチロールのような軽量で剛性の小さい材料を用いる場合がある。

　ただし，交通振動対策は現在，確実に効果の見込める工法が少ないのが現状であり，今後の工法開発が望まれる分野である。

2) 片盛り部

　ここでいう片盛り部とは，**解図6-7**に示すように道路横断方向の断面の一部が地山を基礎とし，残りの部分が軟弱地盤を基礎とする盛土部をいう。こう

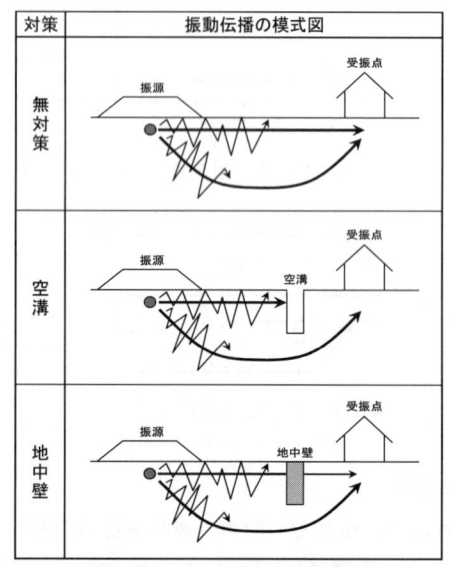

解図 6−6 振動伝播の対策

した盛土では，軟弱地盤の沈下に伴って地山の接合面に沿ったすべり破壊や不同沈下を生じ，路面にクラックが入り舗装が破損することが多い。さらに，常時だけに限らず，地震時の被害を大きくなることがある。

軟弱地盤上の片盛り部の対策としては，軟弱地盤の層厚に応じ以下のような対策工法が主に用いられている。

(i) 軟弱層が厚い場合

沈下量の低減及び地盤の強度増加を目的とし，締固め工法や固結工法等が適用されることが多い。バーチカルドレーン工法等の圧密促進工法は，圧密期間が十分確保でき，残留沈下量を低減できる場合に適用される（**解図 6−7**(a)参照）。

(ii) 軟弱層が薄い場合

軟弱層の表層掘削が可能な程度に薄い層厚（2〜3m 程度）の場合には掘削置換工法が最も確実である。また，表層混合処理工法等が適用されることもある（**解図 6−7**(b)参照）。

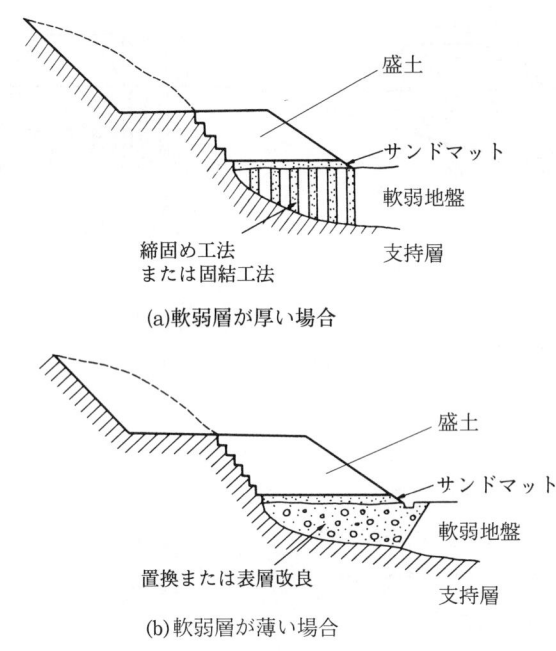

解図 6-7　片盛り部の対策工の例

3) 傾斜基盤上の盛土

傾斜基盤とは，軟弱層の下の基盤が傾斜している場合をいう。道路が山裾部やおぼれ谷等を通る場合に傾斜基盤に遭遇しやすい。

傾斜基盤上の盛土では，**解図 6-8**(a)に示すように軟弱層の厚い側のすべりが深くなり，その方向に生じるすべりの危険性が大きい。また，盛土内の不同沈下が大きくなり，盛土内にクラックが発生してすべり破壊を促進することになる。

したがって，対策工法は軟弱層の厚い側を重点に地盤の安定化が図られるように強化することと，盛土の不同沈下をできるだけ小さくすることが必要である。こうした観点からサンドコンパクションパイル工法，深層混合処理工法等が有効である。これらの工法を採用する場合，軟弱層の厚い側の間隔を密に，浅い側を疎にするなどの処理を行って，不同沈下を低減する。一方，軟弱層の

—205—

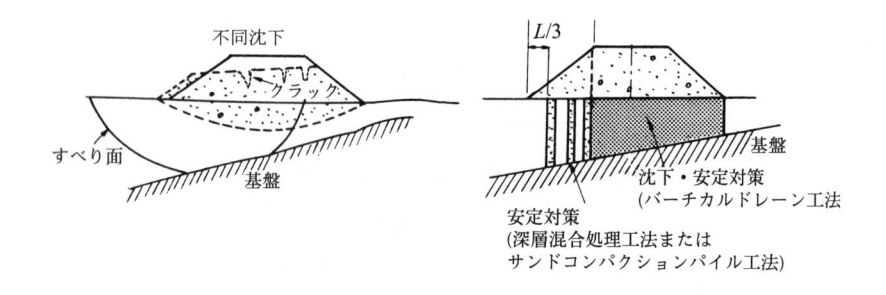

(a) 基礎に沿うすべり破壊　　　(b) 対策工法の組合せ例

解図6−8 傾斜基盤上の盛土のすべり破壊と対策工の例

薄い側は，対策工法を簡素化できる場合があるため，沈下と強度増加を目的としたバーチカルドレーン工法で十分となることもある。

なお，異なった対策工法を組み合わせた場合，路面にクラックや不同沈下を生ずることがあるので，接合位置については注意する必要がある。

4）　既設構造物がある場合

軟弱地盤において人家等の既設構造物に近接して盛土を新設する場合や，道路拡幅工事において腹付け盛土を施工する場合には，盛土による周辺地盤の変形や引込み沈下の影響を既設構造物に及ぼさないようにする必要がある。**解図6−9**(a)は既設構造物に近接する新設盛土の例，**解図6−9**(b)は既設盛土に対する腹付け盛土の例をそれぞれ示すものである。

盛土周辺地盤への影響防止には，以下に示すような対策工法を採用することが多く，周辺に家屋等がある場合には，施工時の振動・騒音を伴う工法を極力避けることが望ましい。

(ⅰ) 深層混合処理工法による対策

深層混合処理工法による対策では，**解図6−10**に示すように沈下低減を目的とするものと，応力遮断を目的とするものがあり，目的別に地盤改良の位置や仕様等が異なる。このうち，沈下低減を目的とする場合には，新設盛土直下の軟弱地盤を改良して沈下を低減させるとともに，地盤の安定性を向上させて周辺地盤の変形を防止する。また，応力遮断を目的とする場合には，

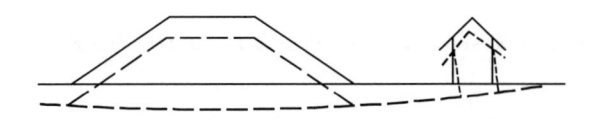

(a) 既設構造物に近接する新設盛土による被害

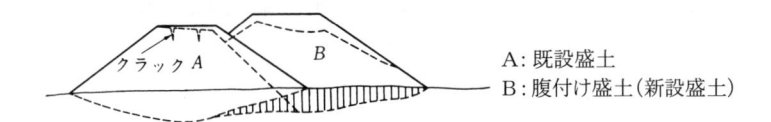

A：既設盛土
B：腹付け盛土（新設盛土）

(b) 腹付け盛土による既設盛土の変形

解図 6－9　既設構造物の変形の例

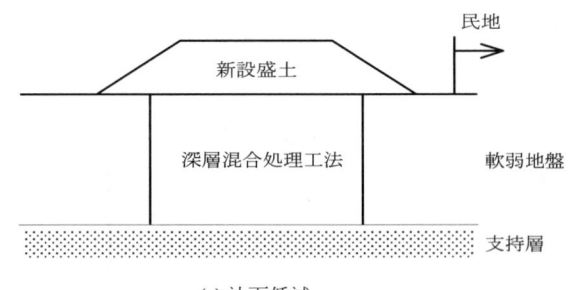

(a) 沈下低減

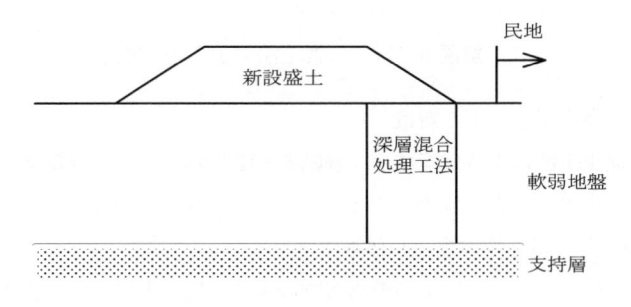

(b) 応力遮断

解図 6－10　深層混合処理工法による対策例

既設構造物との境界部を改良して新設盛土による応力を遮断して周辺地盤の変形を防止する。

応力の遮断を目的とする場合で，変形が比較的大きいと予想され，柱状の改良体ではせん断破壊や曲げ変形が懸念される場合には，改良体をブロック式ないしは格子式改良として検討する。また，施工時の変形抑止対策として施工方法による対応や補助工法による対応等を検討する。

(ii) 矢板工法による対策

矢板工法による対策では，**解図6-11**に示すように既設構造物との境界部に鋼矢板等を打設することにより，鉛直方向の応力を遮断する。

周辺地盤の水平方向の変位を防止する目的とする場合，鋼矢板では水平方向の剛性が小さいために想定した効果を満足できないことがある。この場合には，水平方向の剛性が比較的大きい鋼管矢板工法または連続地中壁工法等が代替工法として考えられるが，一般に高価である。

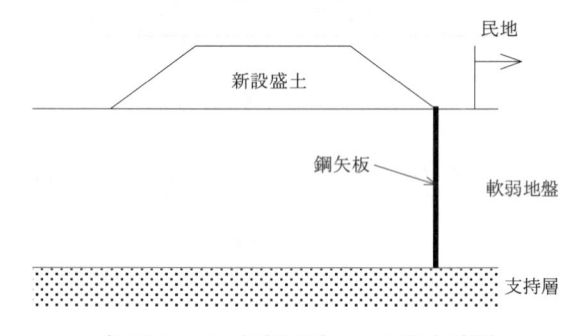

解図6-11 矢板工法による応力遮断

(iii) 軽量盛土工法による対策

軽量盛土工法による対策では，**解図6-12**に示すように軽量盛土材を使用して新規盛土の荷重を軽減することにより，沈下低減を図る。

5) 擁壁等の構造物の裏込め部等の盛土

軟弱地盤において，擁壁等の構造物の裏込め部や取付け部の盛土の場合，以下のような問題が生じることがある。

構造物背面の盛土荷重により，構造物と裏込め部や取付け部の盛土との間に

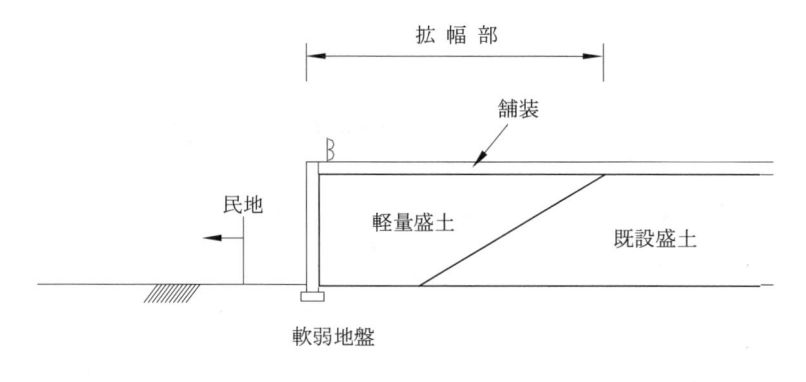

解図6-12 軽量盛土工法による沈下低減

おいて不同沈下が発生し，舗装面の段差や縦断方向のクラックが生じることがある。この現象は，軟弱地盤以外でも生じ得るが，軟弱地盤ではより顕著となる。特に，粘性土層が厚く，中間に排水層が挟在せず長期的に沈下を生じるような地盤では，その傾向が強い。また，**解図6-13**のように周辺地盤の変形・側方移動により，構造物の前方移動あるいは埋設管の移動等が生じ，杭基礎においては大きな曲げ変形やネガティブフリクション等が発生し，擁壁等の躯体が損傷することもある。また，常時の交通荷重あるいは地震動の作用により，取付け盛土と異種構造物間に段差が生じたり，擁壁等の構造物の躯体が損傷することもある。

したがって，対策工法としては，構造物と裏込め部や取付け部の盛土との不同沈下を抑制し，かつ周辺地盤の側方移動等の地盤変形を抑えることのできる工法を選ぶ必要がある。

以下，代表的ないくつかの対策工法の適用法について述べる。対策工法の選定に当たっては，地盤の沈下・安定の面だけでなく擁壁及び基礎に及ぼす影響（側方移動，ネガティブフリクション等）からも検討する必要がある[1]。

(i) 盛土載荷重工法

この工法は，まずカルバートや擁壁等の構造物及び隣接する盛土の部分に計画盛土高さ以上の盛土荷重で載荷を行い，圧密による沈下を十分に進行させ地盤の強度を高める。その後，構造物の構築や盛土高さの修正を行う。軟弱層が

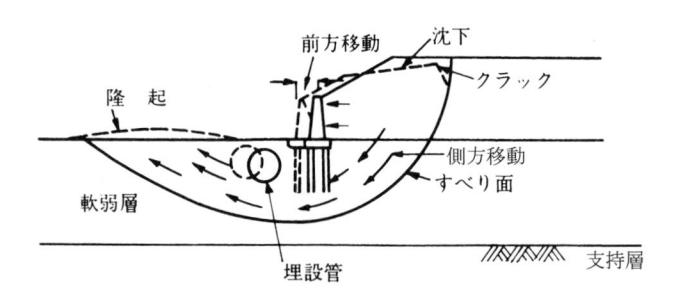

解図 6-13 擁壁裏込め部において生じる各種の変状

厚く，沈下・安定上問題となる場合等には，盛土の基礎部分にバーチカルドレーン工法やサンドコンパクションパイル工法等を併用して，圧密の促進や盛土載荷重工法の安定性を高めることが多い。この場合，余盛り工法を併用し，構造物等の荷重よりも大きい荷重をあらかじめ載荷し，圧密沈下を先行させておかなければ，構造物周辺で段差が発生するおそれがある。このため載荷盛土には，**解図 6-14** に示すように余裕幅を設けることが望ましい。なお，載荷盛土による荷重が近くの構造物に影響することがあるので，盛土除去後に構造物を施工すること等，施工計画面で検討を要することがある。

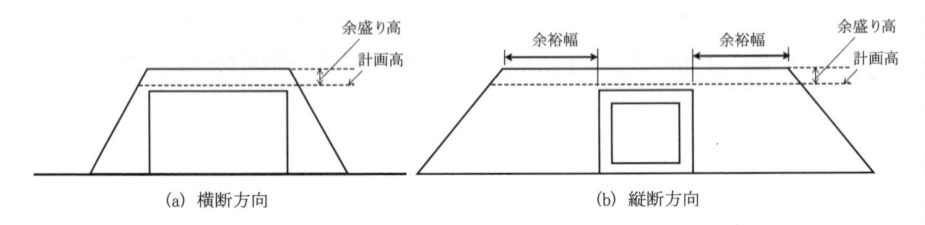

解図 6-14 盛土載荷重工法の例

(ii) 掘削置換工法

解図 6-15 のように，この工法は構造物の基礎部分の軟弱地盤の一部または全部を良質土（砂質土，礫質土）で置き換えるもので，軟弱層が薄い場合に有利である。ただし，砂質土・礫質土は地震時に液状化する事例もあることから，十分な締固めを行うことが大切である。良質材の代わりに掘削土を土質安定処理して再利用する方法もある。

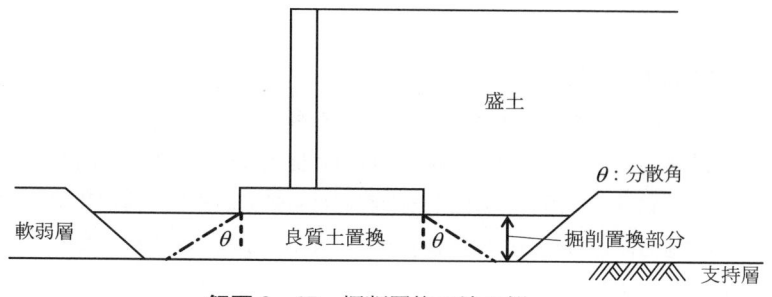

解図 6−15　掘削置換工法の例

(iii) 深層混合処理工法

　工期や用地等の制約上，盛土載荷重工法が適用できない場合に，深層混合処理工法が用いられることが多い。**解図 6−16** のように擁壁等の構造物の沈下及び安定対策として深層混合処理工法を用いる場合は，構造物直下の改良はブロック式改良とするのが一般的である。ブロック式改良では，改良された地盤全体を擬似的な地中構造物として構造物的な設計を行う。具体的には，外部安定（滑動・転倒・底面地盤の支持力）や内部安定（圧縮・引張り・端し圧等）の検討により，改良深さ，改良幅及び必要な改良体の強度を定める。また，構造物の取付け部分の段差軽減のためには，構造物の基礎の形式に応じて構造物に近接するすりつけ区間を設け，暫時改良深度を浅くしながら杭式もしくは壁式の改良を行う。これらの改良については，「6−2(5) 6)　カルバートに接する盛土」を参照されたい。

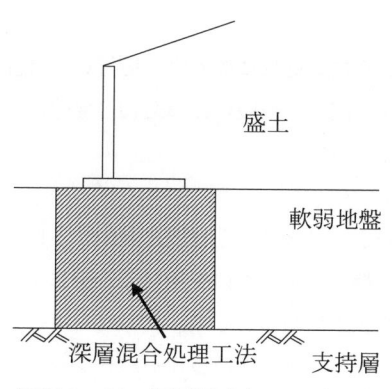

解図 6−16　深層混合処理工法の例

(iv) 軽量盛土工法

解図6-17のように，擁壁背面の盛土材を軽量盛土材とすることにより，盛土荷重を軽減して，地盤の側方変形や取付け盛土の沈下の低減を図るものである。また，擁壁に作用する背面土圧の軽減にも効果があり，擁壁基礎の杭本数を削減できる。このため，軽量盛土のみでは工費が高くても杭の費用を考慮すると総費用で工費減になることもある。なお，一般盛土部との接続部で不同沈下が問題となることがあるので，地盤状況等を十分調査のうえ適用する必要がある。

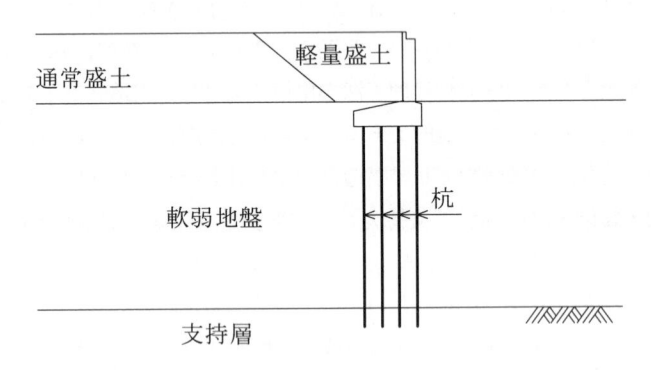

解図6-17 軽量盛土工法の例

(v) 押え盛土工法

解図6-18に示すように構造物に押え盛土を行い，背面盛土に対する抵抗力を付与することで安定を図る。一般には構造物に変位が生じた場合の応急対策として用いられることが多い。

(vi) 段差対策工

取付け盛土と橋台のような異種構造物間に発生する段差対策工としては，背面の裏込め土の材料に特に良質のものを用いて十分に締め固めることが基本である。これに加え，軟弱地盤対策として，プレロード等の地盤改良等の他，踏掛版，裏込め工，舗装のパッチング及びオーバーレイ等がある。

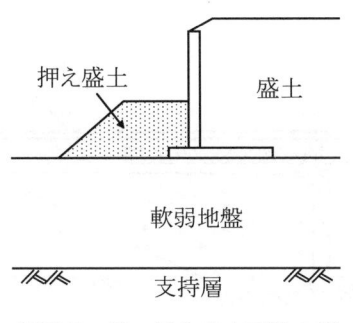

解図6-18　押え盛土工法の例

i) 踏掛版

　常時の交通荷重あるいは地震動作用により橋台と取付け盛土間に発生する段差を低減，防止するために，鉄筋コンクリート版による踏掛版を設置することが望ましい（**解図6-19**参照）。踏掛板の設計に関しては，「道路橋示方書・同解説　Ⅳ　下部構造編」を参照するとよいが，**解図6-20**のように踏掛板が道路面に突出しないようにラウンディングを設けたり，受け台との点接触が生じないように切欠きを設けたりすることが望ましい。なお，不同沈下等により踏掛版の下に空洞が生じる場合があるので，適宜，乾燥砂やエアモルタルを充填して対策を行う。

ii) 裏込め工

　橋台背面の裏込め土の沈下は車両の交通に著しく支障を与えるので，その材料には特に良質なものを用いて十分に締め固め，さらに必要に応じて基礎地盤の改良を行うことにより，沈下を最小限に抑える。

iii) 舗装のパッチング，オーバーレイ

　橋台の取付け部の舗装面に段差やひびわれが生じた後の対策工法として，アスファルト混合物等で小面積に上積みし修正する方法（舗装のパッチング）や舗装のオーバーレイがある。軟弱地盤対策工法の設計では，維持管理としてのオーバーレイではなく，舗装のパッチングやオーバーレイによる段差修正を前提とした設計を行う方が，沈下を生じさせない設計よりも経済性において有利になる場合が多い。

　この場合，将来の沈下について十分検討のうえ，対応を選択する。

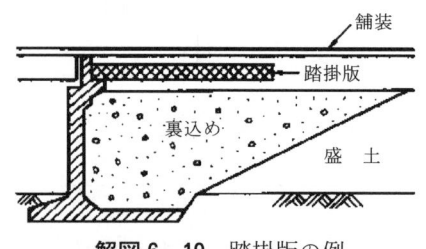

解図6-19 踏掛版の例

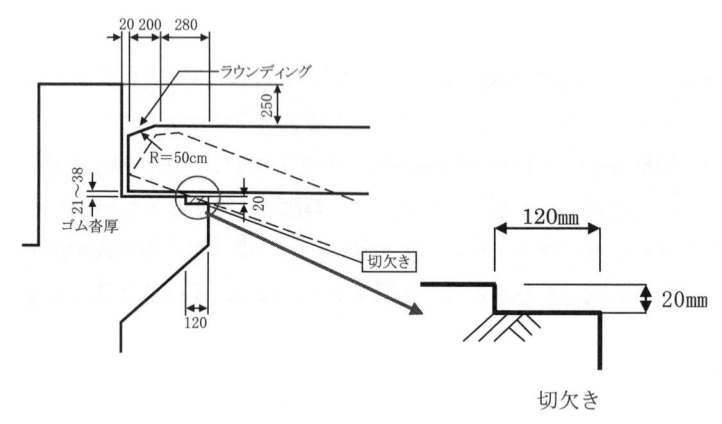

解図6-20 踏掛版のラウンディング,切欠きの例

6) カルバートに接する盛土

軟弱地盤上においてカルバートを設けた場合,以下のような問題が生じることがある。

① 不均一な基礎地盤による不同沈下の発生
② カルバートと盛土の重量差による基礎地盤の不同沈下
③ 地震時のカルバートと盛土の挙動の差による相対的な段差の発生

カルバートの沈下がほとんど許容されない場合には,深層混合処理工法等の地盤改良あるいは支持杭を用いて沈下しないような対策工法を選定する。また,ある程度沈下が許容される場合には,圧密促進工法あるいはプレロード工法等の対策工法を選定し,直接基礎とすることが一般的である(**解図6-21及び**「道

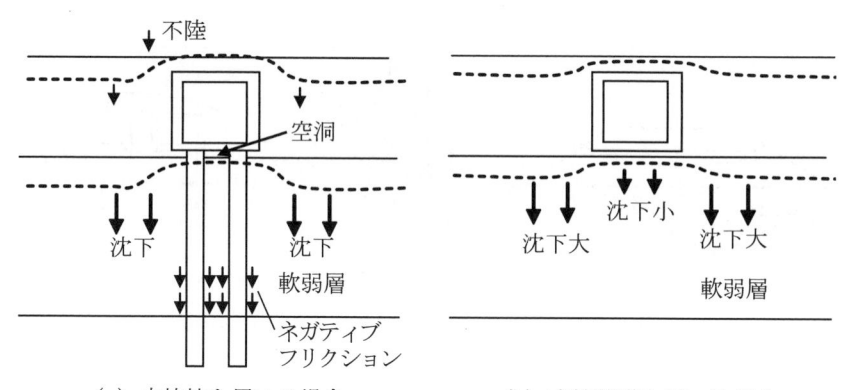

(a) 支持杭を用いる場合　　　(b) 直接基礎を用いる場合

解図6-21　カルバートとその周辺の変位状況

路土工－カルバート工指針」参照)。これらの場合，以下のような問題が生じることがある。

(i) 支持杭とする場合の問題（解図6-21(a)）
① カルバート部分と盛土部分の間の沈下差が大きくなり，路面に不陸やカルバート直下に空洞が生ずる。
② カルバート本体への鉛直土圧や杭に対するネガティブフリクションが大きくなることがある。

(ii) 直接基礎とする場合の問題（解図6-21(b)）
　沈下を許容するので，支持杭とした場合に比べ盛土部分との不同沈下による段差の問題は少ないが，沈下量が大きくなると沈下に追従する構造でも，本体が破損したり継手が大きく開口することがある。また，カルバートの道路や水路としての機能が果たせなくなるおそれもある。

(iii) その他の問題
　地盤が不均一な場合及び軟弱地盤上で断面が大きく斜角の大きいカルバートを構築する場合には，**解図6-22**のように偏土圧による不同沈下や移動が生じ，カルバートが破損することがある。また，カルバートの盛土の施工において，両側で盛土高さが異なると，直接基礎ではカルバートの移動が，また，杭基礎では杭に偏荷重が作用することがある。

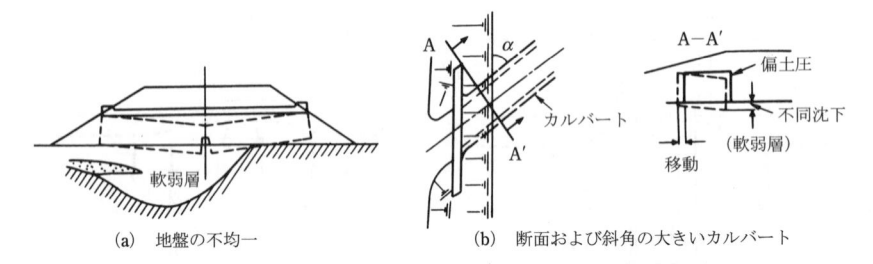

(a) 地盤の不均一　　　　　　(b) 断面および斜角の大きいカルバート

解図 6−22 不同沈下を生じるカルバートの例

　このため，施工に際しては，側方移動及び残留沈下量をできるだけ小さくする必要がある。また，左右同じ高さで裏込め土を立ち上げるなど偏荷重をかけないように盛土を構築するなど施工手順にも留意する必要がある。
　以上の問題に対しては，盛土載荷重工法，掘削置換工法，深層混合処理工法及び軽量盛土工法等の対策工法がある。

i)　盛土載荷重工法

　解図 6−23(a)に示すようにプレロード盛土による載荷を行うことで沈下を促進させ，目標となる残留沈下量以下になるまで放置し，プレロード盛土を除去した後にカルバートを構築する。この工法は最も適用例が大きい。

　残留沈下量が大きいと予測される場合，**解図 6−23**(b)のように，カルバート縦断方向に残留沈下量に対応する量だけ上げ越し，残留沈下が終了したとき所定の計画高になるように施工することがある。

　原地盤における軟弱層の層厚がカルバート縦断方向で大きく変わる場合等を除いて，縦断方向に一様の上げ越しを行うのが一般的である。なお，上げ越し量はプレロード盛土除去後の載荷重による残留沈下量（ΔS）から推定し，カルバートの施工基面については，リバウンド量を考慮する。上げ越し量の考え方については，「6−2(6)　長期の残留沈下対策としての構造的配慮事項」による。

ii)　掘削置換工法

　この工法は，軟弱地盤の一部または全部を良質土で置き換えるものであり，効果が確実であるため，軟弱層が薄い場合は適用性が高い。

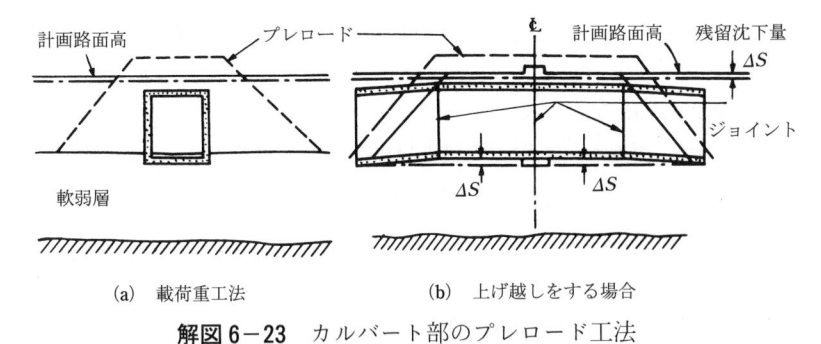

（図）

(a) 載荷重工法　　(b) 上げ越しをする場合

解図6-23 カルバート部のプレロード工法

iii) 深層混合処理工法

　工期や用地等の面から，盛土載荷重工法等が適用できない場合に，深層混合処理工法が用いられることが多い。深層混合処理工法の沈下低減効果は，改良率や改良深度に影響されるので，カルバートの沈下対策として深層混合処理工法を適用する場合は，盛土部との不同沈下量に留意して改良率や改良深度を設定する必要がある。**解図6-24**に示すように改良地盤の支持方式には，軟弱層の下端まで改良する「着底型」と改良を軟弱層の途中で止める「非着底型」とがある。カルバートの下部に「着底型」を適用する場合，改良地盤の沈下量が小さくなるので，**解図6-24**(a)に示すように段差を生じる可能性がある。また，**解図6-24**(b)に示すように「非着底型」は段差の生じる可能性は小さくなるが，支持層が深い場合には残留沈下が大きくなる可能性がある。段差を小さくする方法として，**解図6-24**(c)に示すようにカルバート直下の改良部の両側に，段

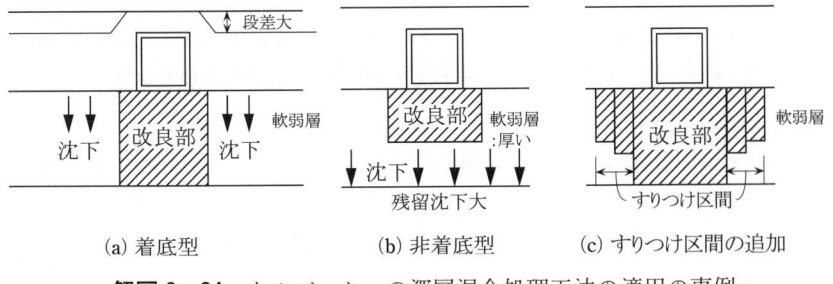

（図）

(a) 着底型　　(b) 非着底型　　(c) すりつけ区間の追加

解図6-24 カルバートへの深層混合処理工法の適用の事例

階的に改良深度を浅くする「すりつけ区間」を設置する方法があり，近年よく採用されている。

iv) 軽量盛土工法

この工法は，カルバート周辺の盛土材に軽量盛土材を用いることにより，盛土による荷重を軽減して，盛土部の沈下低減を図る工法である。「6-2(5)5)(iv) 軽量盛土工法」を参照されたい。

(6) 長期の残留沈下対策としての構造的配慮事項

軟弱な粘性土地盤上に盛土を建設すると，盛土載荷重工法やサンドドレーン工法などの残留沈下を軽減する対策工法を施しても，供用後も長期にわたって沈下が継続する場合が少なくない。特に，粘性土層が厚く，中間に排水層が挟在しないような地盤では，その傾向が強い。この沈下が土工構造物の機能を損なうような大きさとなる場合には，設計・施工時に維持管理での補修を見越した対策工を講じなければならない。長期の残留沈下対策としては，必要な軟弱地盤対策工を行うことに加えて，設計段階で土工構造物を沈下に追従できる構造とすること，維持管理段階での補修作業が容易となるような構造を取り入れておくことが必要である。なお，橋台アプローチ部については道路橋示方書の考え方を参照されたい。

1) 土工構造物の残留沈下対策

(i) カルバートの上げ越し施工及び断面余裕

カルバート設置後の残留沈下に対しては，「6-2(5)6) カルバートに接する盛土」でも示したとおり，上げ越しや断面余裕を基本対策とする。軟弱地盤上に計画したカルバートについては，プレロード工法等による沈下対策が実施されることが多いが，十分なプレロードを実施しても残留沈下量が大きいと予想される場合には，設計時に上げ越しや断面余裕による対策を講ずるのがよい。

また，残留沈下量が大きく上げ越しや断面余裕のみでは対処し得ないと判断された場合には，深層混合処理工法等の対策工法も視野に入れた総合的な検討が必要である。なお，プレロード施工時には沈下観測結果から残留沈下量を推計し，設計時の予想値との差異を確認する。残留沈下量が設計時の予測値と大

きく異なる場合は，カルバートの設計を見直すことも必要である。
i) 道路専用カルバート

基本的には上げ越しによる対策をとるものとするが，カルバート継手部の構造上，上げ越し量はボックスカルバートで30cmが最大とされている。したがって，これ以上の上げ越しを行う場合は継手構造を別途考慮する必要がある。また，**解図6-25**に示すように上げ越し量が大きくなる場合は，交差する道路の縦断勾配等についても考慮しなければならない。上げ越しのみでの対策が困難と判断された場合は，断面余裕による対策を付加するのがよい。

カルバートではプレロード工法による沈下対策を行うことが基本であるが，長期の残留沈下が大きい場合の上げ越しの形状は，**解図6-26**のようにカルバート縦断方向で一律としていることが多い。止むを得ずプレロード工法を採用できない場合は，沈下比rをカルバート中央部の土かぶり厚Dから**解図6-27**を利用して求め，カルバート中央部の残留沈下量S_rを基にカルバート中央部及び端部の上げ越し量を，**解図6-28**のようにして求める。

ii) 水路用または水路併設カルバート

基本的には**解図6-29**のように断面余裕で対処するが，水路勾配等を考慮し可能な範囲で上げ越しするのがよい。また，沈下によって水路壁の嵩上げが必要となる場合には，**解図6-30**に示すように水路壁の壁厚を厚くする，水路壁を道路幅員に含めないなどの配慮も必要である。

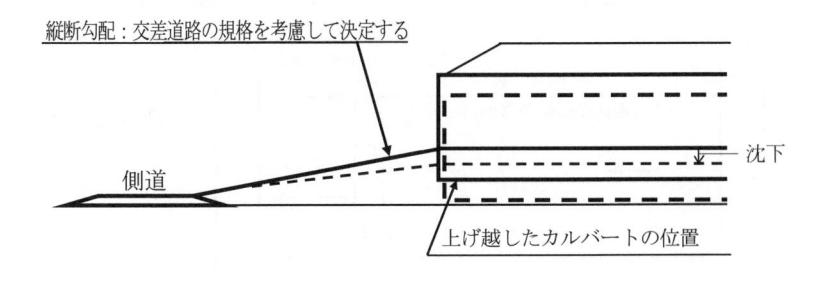

解図6-25 カルバートの上げ越しの例

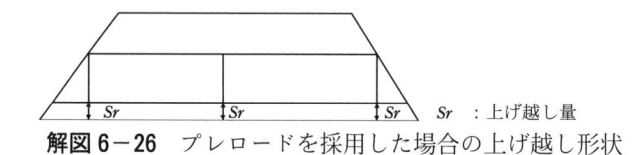

解図6−26　プレロードを採用した場合の上げ越し形状

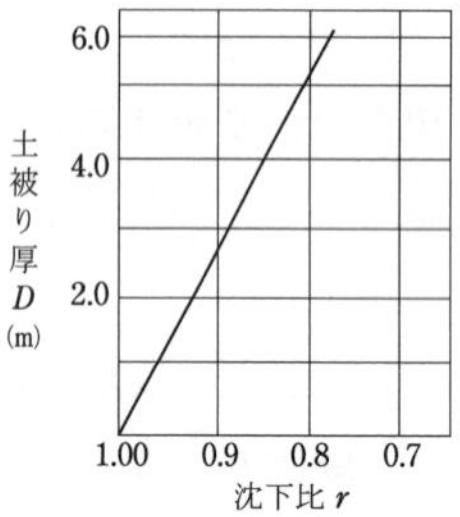

S_r：上げ越し量

解図6−27　土かぶり厚と沈下比[3)]

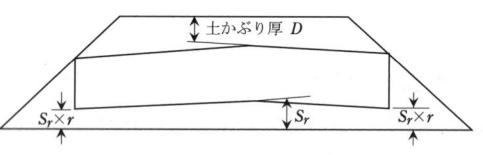

解図6−28　プレロードを採用できない場合の上げ越し形状

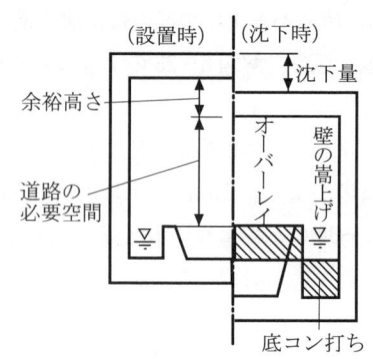

S_r：カルバート中央部の上げ越し量
$S_r \times r$：カルバート端部の上げ越し量
r：沈下比 $= \dfrac{(カルバート端部の沈下量)}{(カルバート中央部の沈下量)}$

解図6−29　ボックスカルバートの断面余裕

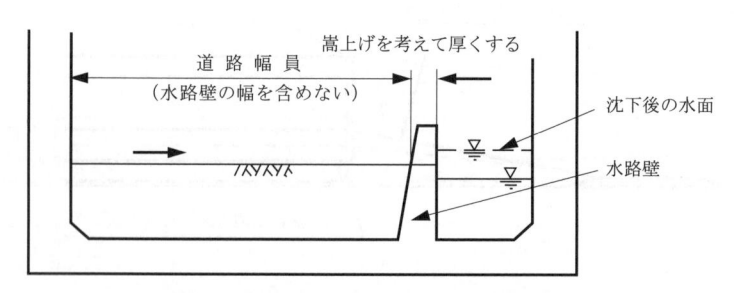

解図6−30　水路壁の嵩上げを考慮した構造

(ii) ウィング部の沈下対策

　カルバートの土かぶりが薄い場合，**解図6-31**のようにカルバート外端部（ウィング部）が交通荷重の影響を受けやすく，その部分の沈下量が中央部に比べて大きくなる結果，中央頂版部の継手が開口し土砂や水漏れ等の支障が生じることがある。この対策としては，①ウィングを極力小さなものとする方法，②突き出し型のカルバートとする方法，③鍵型継手とする方法（**解図6-32**）等がある。

(iii) ウィング巻き込み部の構造

　カルバートの巻き込み部に擁壁やブロック積みを施工すると，不同沈下の影響で変状を来たすことが少なくない。この対策としては，盛りこぼし部の勾配を緩くしたり，不同沈下に追従しやすいふとん籠による押えやジオテキスタイル補強土壁等を用いる構造とする（**解図6-33**参照）。

　また，橋台の巻き込み部については橋台が沈下しない構造であることから，カルバートよりも不同沈下の影響は顕著である。

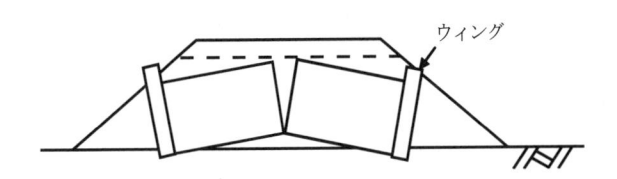

解図6-31　土かぶりの小さなカルバートの沈下形状

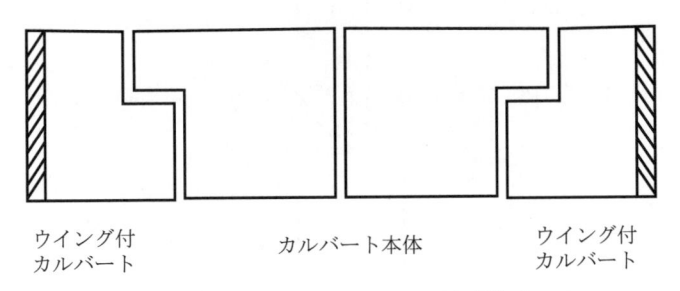

解図6-32　カルバートの鍵型継手

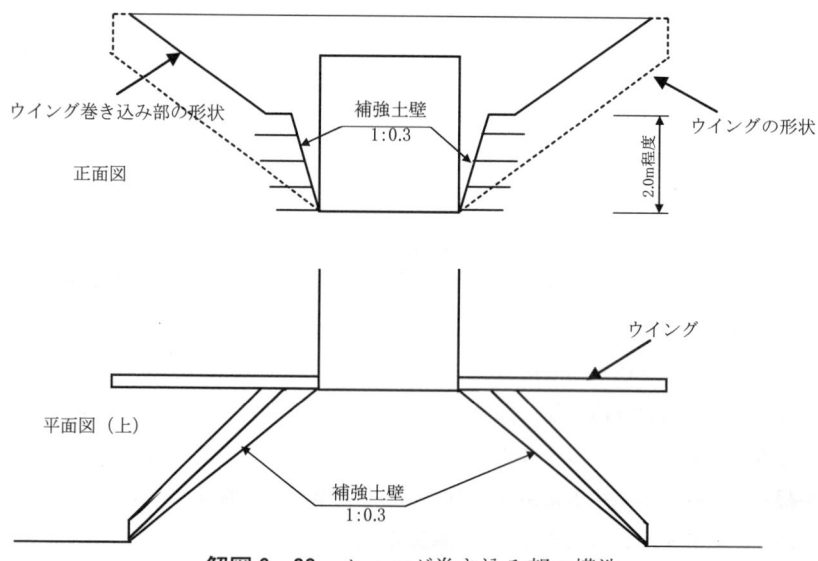

解図 6-33　ウィング巻き込み部の構造

(iv) 踏掛版

　カルバートと隣接する盛土との不陸，段差の発生が予想される場合には，踏掛版の設置も考えられる。踏掛版については，「6-2(5)5)(vi)i)　踏掛版」を参照されたい。

(v) 杭基礎の構造物下面の空洞化対策

　杭基礎の構造物下面は，不同沈下によって空洞化することがある。空洞化に

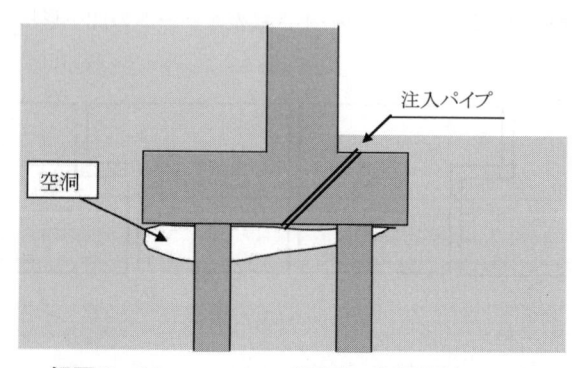

解図 6-34　フーチング下面の空洞充填パイプ

― 222 ―

伴い，構造物取付け部には段差，路面やのり面の陥没等が生じる。これらの対策として，乾燥砂やエアモルタルを充填する工法が採られることが多い。空洞化の発生が予測される場合は，**解図6－34**のように建設時に充填材を流し込むためのパイプ等をあらかじめ設置しておくことがある。

2）付属構造物の残留沈下対策

(ⅰ) 排水施設

排水施設は可能な限り沈下が進行した後に施工することが望ましい。また，以下のことに留意する必要がある。

① 排水施設はある程度の沈下に追従でき，かつ再設置等の補修が容易な構造とする。

② 中央分離帯部に排水施設を設置する場合は，嵩上げや再設置を考慮してフック等を取りつけることで嵩上げ工事が容易にできる構造とする。

③ 縦排水工については，道路縦断勾配，路面嵩上げ時の凹点や沈下が進行した時点の凹点等を考慮し，路面が湛水しないような設置位置を計画する（**解図6－35**参照）。

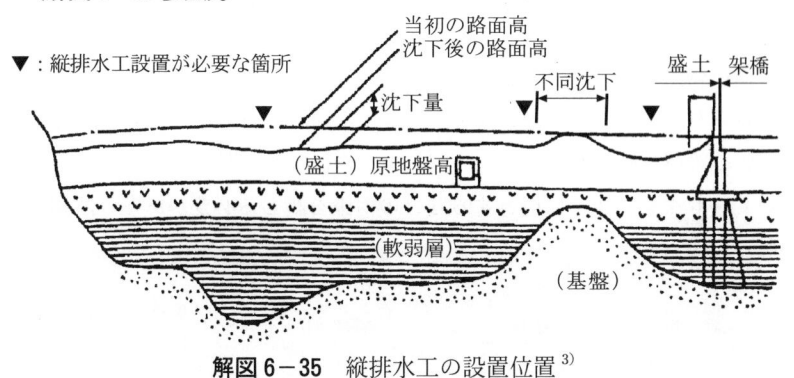

解図6－35 縦排水工の設置位置[3]

(ⅱ) 防護柵

不同沈下に伴う段差修正，縦断修正及びオーバーレイによって路面が嵩上げされた場合，防護柵の高さが不足する。したがって，防護柵はあらかじめ嵩上げや継ぎ足し等の補修を前提とした構造，部材とする必要がある（**解図6－36，解図6－37**参照）。

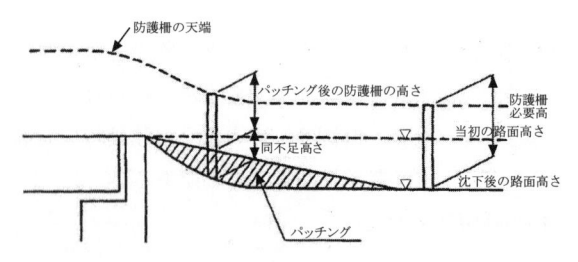

解図6-36 アスファルト混合物による上積み（パッチング）後の防護柵の高さ不足

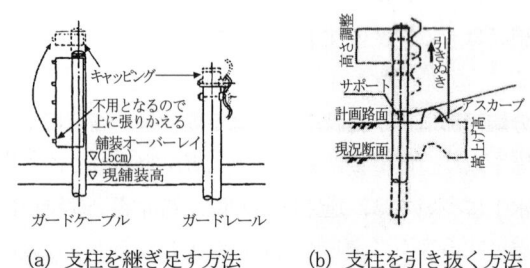

(a) 支柱を継ぎ足す方法　　(b) 支柱を引き抜く方法

解図6-37 オーバーレイに伴う防護柵の嵩上げ

(iii) 通信管路

　切り盛り境や構造物の接続部等，大きな不同沈下の発生する箇所には，地下埋設管の設置は極力避けるべきであるが，やむを得ず埋設する場合は接続部においてフレキシブルな構造とするなどの対策を講じる必要がある（**解図6-38**参照）。

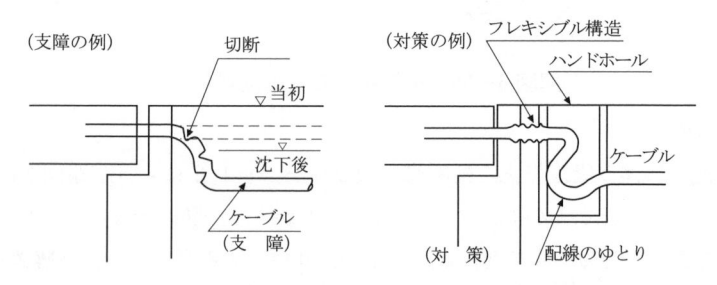

解図6-38 通信管路における支障と対策

(iv) 道路付属施設

料金所施設等の建築構造物には以下のような被害が発生する。
① ブース，アイランド及びコンクリート舗装の傾き，段差及びクラックの発生
② 料金所基礎部の空洞化
③ 地下通路における目地開き，段差及び漏水
④ 通信ケーブル及びロードヒーティング等の配線や水道管等の切断
⑤ 遮音壁や門型標識等の沈下

対策としては，杭式構造物と直接基礎構造物間の縁切り，沈下に追従しやすい構造形式等を検討する。

3) 盛土部の残留沈下対策

(i) 余裕幅の確保

盛土を計画断面のまま施工すると，供用後の沈下に対するオーバーレイにより幅員不足となる。不足した幅員を維持管理段階で拡幅するためには，腹付け盛土を施工しなければならないが，これには困難を伴うことが少なくない。したがって，盛土の幅員は，残留沈下量を考慮し，あらかじめ余裕を持った幅員（**解図6-39**）とする。幅員の余裕量は残留沈下量の検討から適切な量とする。

解図6-40は，構造物部近傍の幅員余裕量とすり付けの平面的考え方を示したものである。図中，構造物近傍での幅員余裕が広いのは，残留沈下量が大きい場合，沈下がほとんど発生しない構造物の近傍部と一般盛土部とでは，両者間で許容される沈下量が異なるためである。なお，設計時の幅員余裕量の過不足については，盛土施工時の沈下量から確認する。

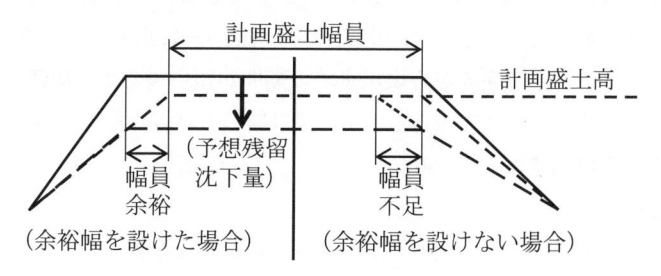

解図6-39 盛土の幅員余裕のとり方

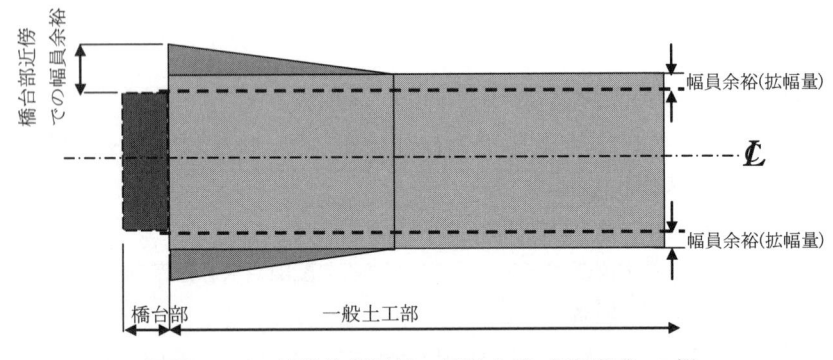

解図6-40 構造物部近傍の幅員余裕（平面図）の例

(ii) 上げ越し

　沈下に起因する補修頻度は，供用初期が多く，時間の経過とともに順次減少する。上げ越しは，供用当初の補修を軽減するために計画高さ以上に盛土を施工することである。上げ越しを行うことによって，供用時から計画高さまでは沈下しても補修を行う必要がないため，補修回数を減ずることが可能となる。

　上げ越し量については，残留沈下量の検討結果に基づいて適切に設定する。ただし，上げ越しが必要となる区間が長い場合，盛土厚さや軟弱層の厚さ，性質が異なること，カルバート等横断構造物部ではプレロードが実施されていることも多いこと等から，残留沈下量は一律ではないことに留意する必要がある。上げ越し量はこれらを考慮し，ある区間において適正な量を定めるが，供用開始時の縦断線形に支障を来たさないよう配慮する必要がある。

　解図6-41は土工完成時の上げ越し形状の例，**解図6-42**は供用時の上げ越し形状の例である。土工完成時から舗装工事までの期間が長い場合は，**解図6-41**の形状で放置した後，舗装工事で**解図6-42**のようなすりつけ勾配とすればよいが，土工完成から供用までの期間が短い場合は，**解図6-42**の形状を土工工事で施工する場合もある。設計時の上げ越し量については，その過不足を盛土施工時に確認する。

(iii) 暫定舗装

　供用時点の舗装は，残留沈下量が小さいと判断される場合を除いて，暫定舗装とすることが望ましい。

— 226 —

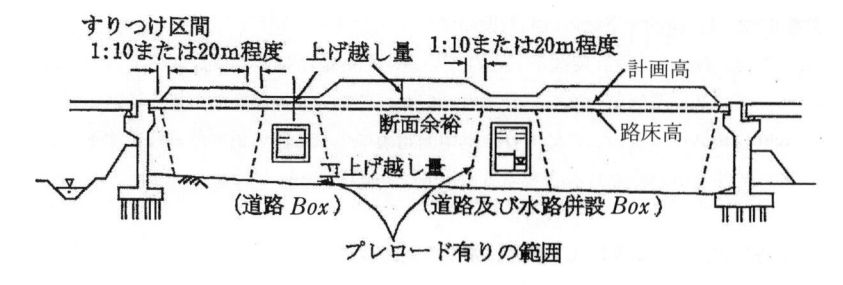

解図6-41　土工完成時の上げ越し形状の例

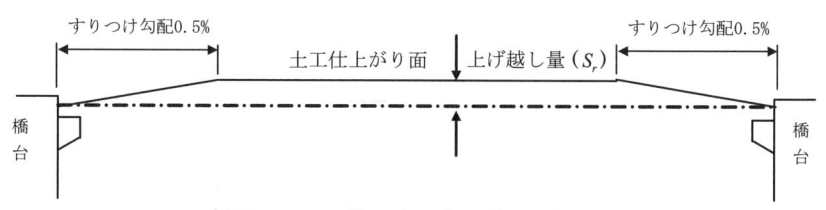

解図6-42　供用時の上げ越し形状の例

　暫定舗装の例としては，**解図6-43**に示すような構造がある。舗装の仕上がり高さは，上げ越し量（S_r）を加えた高さとし，路床の仕上がり高さは上げ越し量（S_r）に加えて暫定舗装と完成舗装の層厚の差分（x：図中では6cm）を高くした例である。

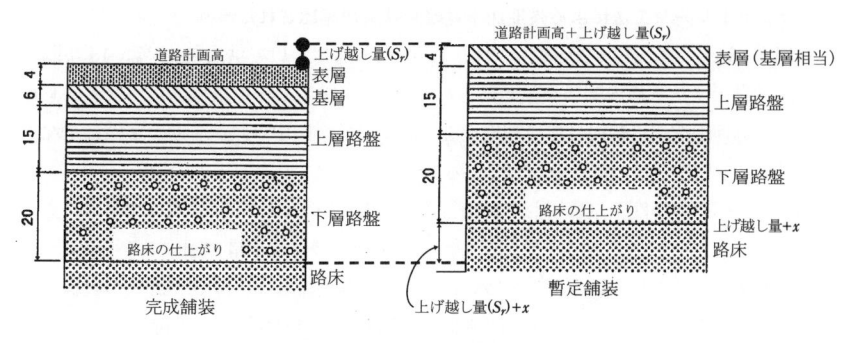

解図6-43　暫定舗装構造の例

[参考6-2-1] 長期沈下量の低減対策の例

ここでは、NEXCO設計要領に示されている、高速道路における長期沈下量の低減対策についての観測事例データを紹介する。なお、ここでいう長期沈下量とは盛土立上りから600日後の沈下量のことであり、供用開始後に生じる沈下量である残留沈下量とは異なるため注意が必要である（[参考5-3-6] 参照）。

(1) 余盛り工法による長期沈下量軽減効果の観測事例
1) 余盛り量と長期沈下速度軽減効果の例

参図6-1は、長期沈下ひずみ速度（$=\beta/H$）と余盛荷重率（$=\Delta P/P$）の関係を示したものである[3]。図では、軟弱層厚10m以下の場合と、10mを越える場合とを区分して示している。一般に余盛荷重率の割合が大きくなるほど、長期沈下ひずみ速度は減少するが、図に示す高速道路の観測事例でもこの傾向がうかがえる。図中の軟弱層厚10m以下の場合では、余盛荷重率$\Delta P/P=0$の長期沈下ひずみ速度$\beta/H\fallingdotseq 3\%/\log t$であるのに対して、$\Delta P/P=0.3$の長期沈下ひずみ速度は$\beta/H\fallingdotseq 0.8\%/\log t$であり顕著な減少傾向がある。これに対して、10mを越える軟弱地盤の場合は、$\Delta P/P=0.4$以上でないとその効果が現れていない。

2) 余盛り載荷期間と長期沈下軽減効果の事例

参図6-2は、名神大垣地区と東名厚木地区の盛土高、沈下量と時間の関係を示したものである[4]。余盛り量はいずれも3m程度であるが、大垣地区は余盛り放置期間が300日であるのに対して、厚木地区は約100日である。余盛りを行わない場合の沈下量と時間関係は予測値であるが、供用後10年間の沈下量で余盛りの効果を見ると、放置期間の長い大垣地区では効果が認められるが、厚木地区では認められない。

(2) サンドドレーン工法による長期沈下量軽減効果が確認された事例

参図6-3は、厚さ15～20m以上の軟弱粘性土地盤について供用後10年、15年間の残留沈下量と全沈下量の関係を示したものである[5]。図中の一点鎖線内はサンドドレーンによる処理地盤、点線内は無処理地盤を示している。図中の原点を通る実線は全沈下量に対する残留沈下量の割合を示している。

図より、同一の全沈下量に対して供用後10年間あるいは15年間の残留沈下量を見ると、サンドドレーンによって地盤処理を行った場合の残留沈下量は図中の5%の実線に前後してプロットされている。これに対して、無処理地盤の場合は10～20%の実線付近にあり、相対的にサンドドレーン処理地盤の残留沈下量が小さくなる傾向が認められる。また、この傾向は全沈下量が大きくなるほど顕著である。

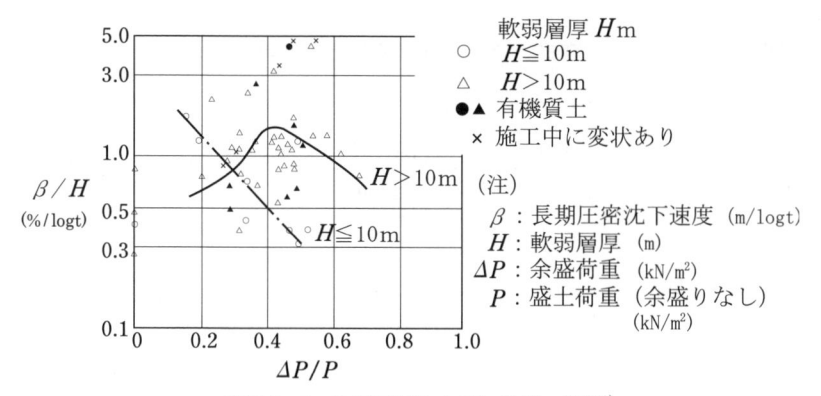

参図6-1 軟弱層厚と余盛り効果の関係[3]

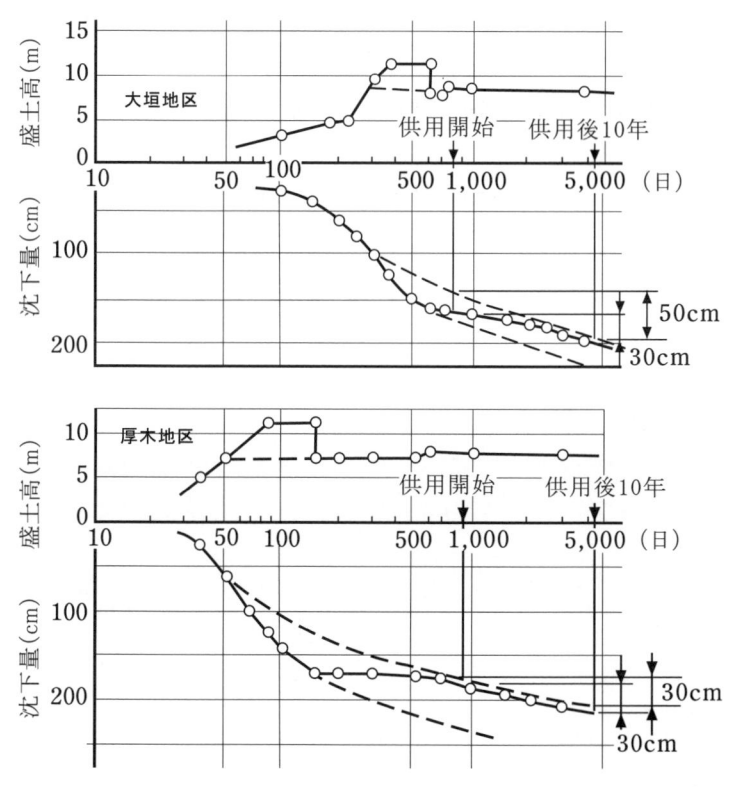

参図6-2 高速道路盛土の余盛り放置期間による沈下量軽減効果の事例[4]

* タイプ分類は参表 5-4 による

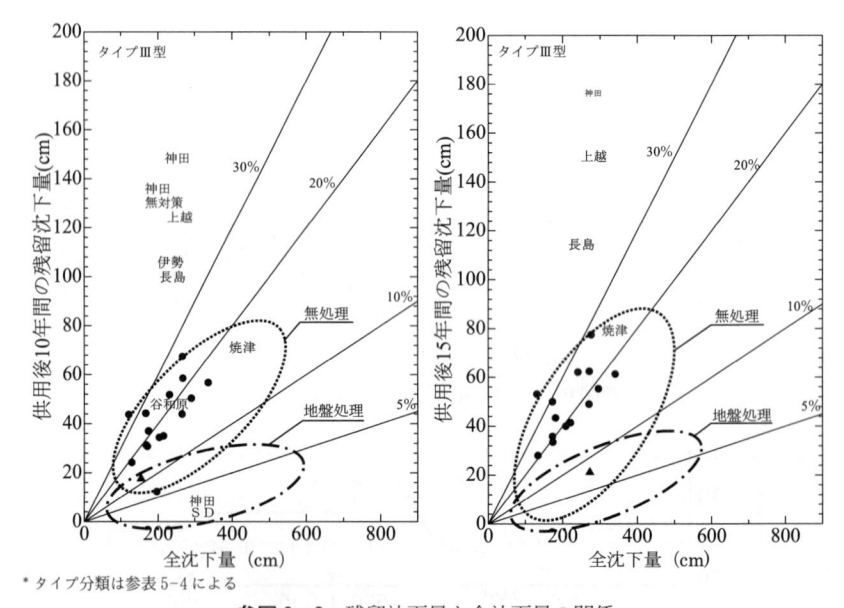

参図 6-3 残留沈下量と全沈下量の関係
（供用後 10 年，15 年の残留沈下量に基づく）[5]

6-3 圧密・排水工法

> 圧密・排水工法には，施工機械のトラフィカビリティーを確保するために地表の水を排水する工法と，地盤の強度を増加させるとともに，供用後に発生する残留沈下量を軽減するため圧密を促進させる工法とがある。各工法の設計・施工は，それぞれ「6-3-1」～「6-3-8」に従うものとする。

　トラフィカビリティーを確保する工法には，表層排水工法やサンドマット工法等がある。表層排水工法では，地表面にトレンチを掘削して地表面付近の間隙水を排除し，表層部の含水比を低下させる。サンドマット工法では，地表面に厚さ 0.5～1.2m 程度の砂を敷設することで，施工機械のトラフィカビリティーを確保し，地表部の排水促進を図る。

　地盤の強度増加や残留沈下の低減を図るため，圧密を促進させる工法には，以下に示す4つの工法がある。
　① 土の強度増加を期待しながら盛土を施工する工法
　② あらかじめ載荷重を地盤に加え土の強度が増加した後に盛土を構築する工法
　③ 土中の排水距離を短くする工法
　④ 土中の間隙水圧を減らして有効応力を増す工法

①は，盛土の緩速載荷工法が，②は，盛土荷重を用いる盛土載荷重工法が一般的である。③には，サンドマット工法やバーチカルドレーン工法があるが，圧密を促進するために，②の盛土載荷重工法と併用する場合が多い。④には，真空圧密工法と，地下水位低下工法とがある。

　また，圧密・排水工法では，圧密による沈下量が大きく，盛土材が地下水以下に没する可能性がある場合には，沈下に伴う盛土のゆるみの抑制及び盛土の液状化の抑制を図るために，盛土補強工法や敷設工法等の併用を検討する必要がある。

6-3-1 表層排水工法

> 表層排水工法の適用に当たっては，施工機械のトラフィカビリティーを確保できるようトレンチの配置や構造を設定しなければならない。

(1) 工法と原理

　表層排水工法は，地表面が軟弱な場合に適用されることが多い。また，盛土施工前の地表面にトレンチを掘削して地表面付近の間隙水を排除し，表層部の含水比を低下させて施工機械のトラフィカビリティーを確保するものである。盛土を施工するときには，トレンチ内に透水性の高い砂や砂利等で埋め戻し，地下排水工として利用することが多い。

(2) 設計・施工上の留意点

　表層排水工法を計画する場合には，トラフィカビリティーを確保できるようにトレンチの配置構造等を設定しなければならない。また，引き続き地下排水工として利用する場合は，現場の地形や盛土の施工方法等を考慮し全体の排水に支障のないような設置間隔や配置及び構造等を検討することが重要である。

1) トレンチの配置

　トレンチの配置の設定に当たっては，排水が順調に行われるように地形や土質を十分考慮しなければならない。考慮すべき事項は，以下のとおりである。

① 地形の勾配を利用して，自然排水ができるようにする。そのためには，地盤の沈下に伴う勾配の変化も考慮する。

② 周辺の切土部等から地表水や浸透水が盛土の下に入らないようにする。

③ トレンチは間隔をできるだけ密にして排水能力を大きくするとともに，トレンチの一部が切断しても全体の排水が阻害されないように配慮する。

　トレンチの配置例を**解図 6-44** に示す。トレンチの間隔は一般に 5〜20m とし，水の流出方向と平行に盛土を行う場合は同図(a)，水の流出方向と直交して盛土を行う場合は同図(b)のような配置とすることが多い。

2) トレンチの構造

　トレンチは一般に素掘りで幅 0.5〜1.0m，深さ 0.5〜1.0m 程度とする。盛土に先立って，トレンチは良質の砂または砂礫等で埋め戻し，地下排水溝とするのが望ましい。また，トレンチに有孔管等を埋設する場合は，フィルター材で保護する必要がある。詳細については，「道路土工－盛土工指針」等を参照されたい。

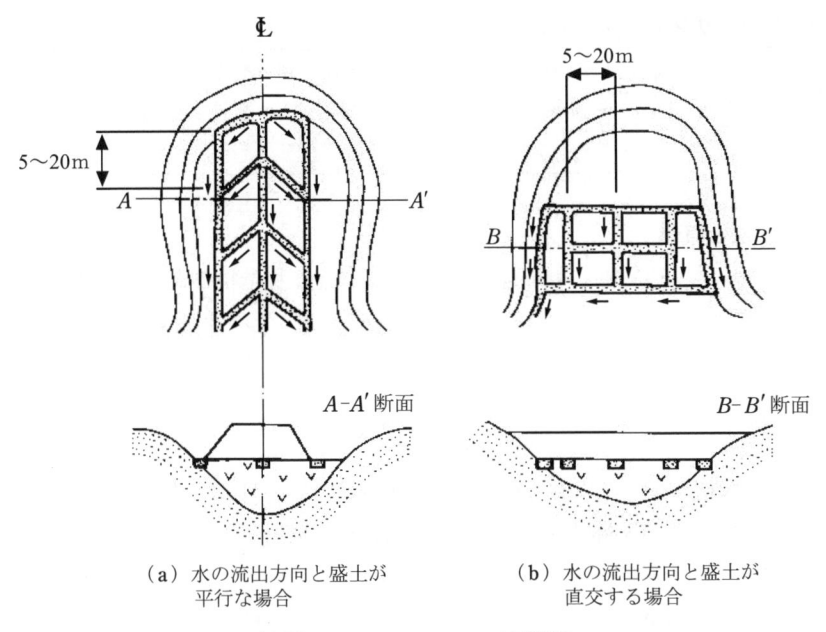

(a) 水の流出方向と盛土が
　　平行な場合

(b) 水の流出方向と盛土が
　　直交する場合

解図6-44　トレンチの配置例

(3) **品質及び施工管理**

　トレンチは，軟弱層表層部のトラフィカビリティー改善効果が得られるよう計画された配置や構造となるよう確実に施工するとともに，表面水の流下能力が低下しないよう適切な管理を行う。トレンチの施工に当たっては，所定の断面積や勾配を満足できるように，適切な手順と方法を設定する必要がある。

　表層排水工法では，出来形管理として適切な頻度で掘削範囲や基準高等の確認を行う。

(4) **効果の確認**

　トラフィカビリティーの改善効果の確認は，施工機械の走行性を直接確認するほか，コーン貫入試験等を用いて行ってもよい。所要のトラフィカビリティーが確保されていないと判断された場合は，トレンチの増設を検討する。

6-3-2 サンドマット工法

> サンドマット工法の適用に当たっては，所要の排水性能と施工機械のトラフィカビリティーを確保できるよう敷設材料と厚さを設定しなければならない。

(1) 工法と原理

サンドマット工法は，軟弱地盤上に盛土等の土工構造物を施工する場合に適用される工法であり，表面に厚さ 0.5 ～ 1.2m 程度の砂を敷設することで，軟弱層の圧密のための上部排水の促進と，施工機械のトラフィカビリティーの確保を図る。

1) 軟弱層の圧密のための上部排水層

軟弱地盤上に盛土等を施工すると，地盤内には盛土荷重によって過剰間隙水圧が発生する。過剰間隙水圧は圧密の進行に伴って消散するが，その際にバーチカルドレーン工法との併用では間隙水が地表面に排水される。地表面に排出された間隙水は盛土外に排水する必要があるが，盛土材が粘性土系で透水性が悪い場合は，地表面からの排水が阻害され，圧密沈下に要する期間が著しく増加することになる。サンドマットは，この間隙水を盛土外に排出するための地表面排水層として敷設するものである。

2) 施工機械のトラフィカビリティー確保

軟弱地盤の表面は，一般の施工機械の進入が困難なほど軟らかい場合が多いため，サンドマットを敷設することによって施工機械の重量を分散させ，接地圧を表層部の支持力以内に抑えることで，トラフィカビリティーを確保するものである。また，盛土の締固め時の盛土材のめり込み等を防止して，盛土の品質低下を防ぐ意味もある。

(2) 設計

1) サンドマットの厚さ

サンドマットの厚さは，施工機械に必要なトラフィカビリティーを確保するため，施工機械の接地圧や地盤表層部の支持力を考慮して決定する。表層部で

のポータブルコーン貫入試験のコーン指数 q_c から，**解表 6-4** を目安にサンドマットの厚さを定めることができる。

解表6-4 表層のコーン指数とサンドマットの厚さの目安

表層のコーン指数 q_c (kN/m²)	サンドマットの厚さ (cm)
200 以上	50
200 ～ 100	50 ～ 80
100 ～ 75	80 ～ 100
75 ～ 50	100 ～ 120
50 以下	120

表層のコーン指数 q_c が**解表 6-4** に示す 50kN/m² を大きく下回るような超軟弱地盤や大型の施工機械を使用する場合には，サンドマットのみでトラフィカビリティーを確保しようとすると厚くなり過ぎ不経済となる場合もある。そのような箇所では，表層排水工法や敷設工法との併用，表層混合処理工法や補助的な敷鉄板の敷設等の検討が必要である。また，q_c が 200kN/m² 以上の場合でもサンドマットは 50cm 程度の厚さが必要である。

2) サンドマットの材質

サンドマットは，透水性の良い現地発生土の有効利用が望ましいが，山砂等の場合は細粒分を含むことが多く排水能力が劣る場合もある。このような場合には，砂利や有孔管を用いた地下排水溝を併用することで排水機能を確保することが可能であり，必要に応じて地下排水溝の配置・構造について検討する。

サンドマットの透水性は，一般に細粒分含有率（74μm ふるい通過率 F_c）で表される。**解表 6-5** はサンドマットの材料種別と細粒分含有率及び地下排水溝の間隔の目安を示したものである。なお，締固めによって細粒化するような材料については，施工時の施工機械やダンプトラック等の走行により土が締め固まり透水性が低下するので，これを考慮した地下排水溝の設置間隔とする必要がある。

解表6-5 サンドマットの透水性と地下排水溝の設置間隔の例

サンドマットの材料種別	細粒分含有率 F_c (%)	地下排水溝の間隔 (m) バーチカルドレーン無し	地下排水溝の間隔 (m) バーチカルドレーン有り
比較的透水性の高い材料	$F_c \leq 3$	必要に応じて設置する	
比較的透水性の高くない材料	$3 < F_c \leq 10$	35〜25	30〜20
	$10 < F_c \leq 15$	25〜15	20〜10
透水性の低い材料	$15 < F_c \leq 25$	15〜10	10〜5

バーチカルドレーン等の施工箇所で透水係数の低い材料を使用する場合は、ドレーンからの排水が阻害され、圧密促進効果が得られないことがあるため、地下排水溝の間隔をさらに密にするなどの対処が必要である。また、ドレーン打設に支障のないように地下排水溝の形状や配置、使用する材料等についての配慮が必要である。

3) 地下排水溝の設置と形状

地下排水溝は原地盤面の水を盛土外へ排水するものであり、**解図6-44**と同様に排水距離の短い横断方向に配置することを基本とするが、必要に応じて縦断方向への設置も検討する。地下排水溝の流末は、側溝等に接続して確実に排水しなければならない。

地下排水溝の設置位置例を**解図6-45**に示す。(a)は表層排水工として施工したトレンチを地下排水溝として利用した例、(b)はサンドマットの透水性向上のための設置例である。いずれの設置例もサンドマットの透水性が低いと判断さ

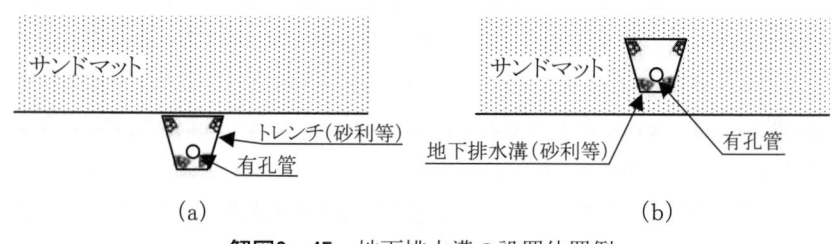

解図6-45 地下排水溝の設置位置例

れる場合に補助的に設置される例である。なお，地下排水溝やトレンチ内は，目詰まり防止のため砂利等で充填することもある。また，(a)の適用に当たっては，盛土のり尻部に側道が設置される場合等，排水経路が遮断されることもあるため留意が必要である。

(b)の場合の形状・寸法についての例を**解図6-46**に示す。地下排水溝をサンドマット内に設置することで，粘性土等の細粒分が盛土外から侵入した場合でも長期的な排水機能の確保が可能となる。

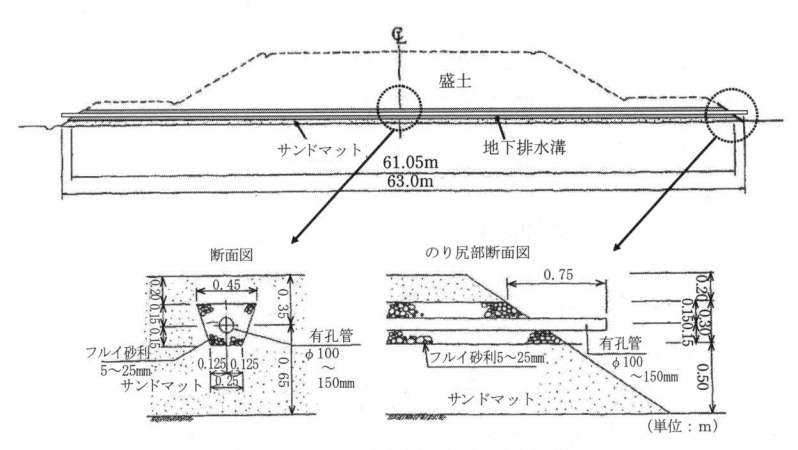

解図6-46 地下排水溝の設置例

4) 併用工法
(i) 強制排水工法

強制排水工法とは，**解図6-47**に示すようにポンプによりサンドマットや地下排水溝から強制的に地下水を排出し，盛土内の水位を低下させる工法である。工事期間中，盛土内の地下水位を下げることによって，粘性土層内の有効応力が増大し，圧密の促進が図られることになる。強制排水終了後，地下水位は回復するが，地下水位低下量分の余盛り効果によって残留沈下量を軽減することが可能である。強制排水工法は，サンドマットの厚さを上回るような，大きな圧密沈下量が予測される場合には，特に有効な工法である。

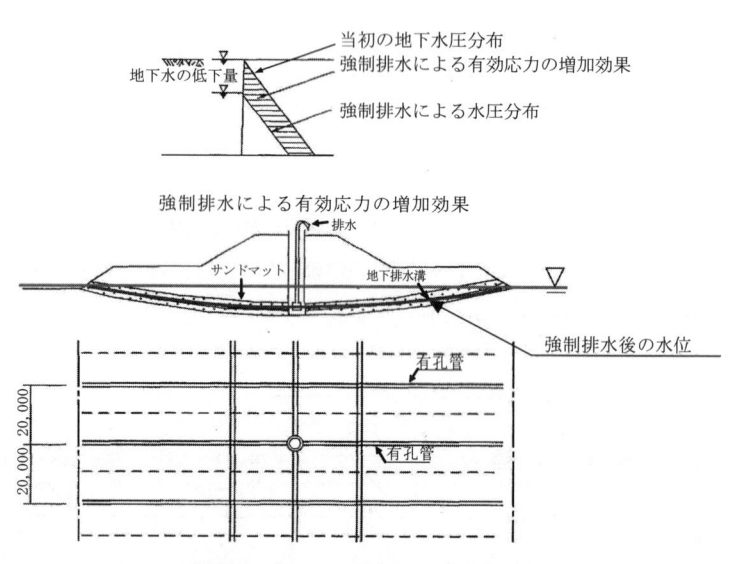

解図6-47 強制排水工法の概要

(ii) フィルター層の設置

　サンドマットの透水性が比較的低い場合，降雨等によって盛土内の地下水位が上昇し，盛土やのり面が崩壊するおそれがある。その場合には，崩壊防止対策として**解図6-48**に示すように，のり尻部にフィルター層を設けて水位の低下を図ることが有効である。フィルター層には透水性の良い砕石等を用いる。

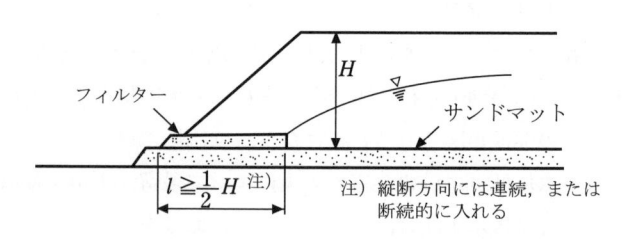

解図6-48 フィルター層の設置例

(iii) ジオテキスタイルの併用

　サンドマットの施工時に沈下が大きく進行する場合には，サンドマットが地下水に浸かり，トラフィカビリティーが低下することがある。また，地下水位が高く，地盤の圧密沈下が大きい場所では，サンドマットはゆるみが生じるとともに，水浸し飽和した状態になる。そのような状態で強い地震力が作用すると，サンドマットが液状化し，大きな被害を受けるおそれがある。このような条件下でサンドマットを適用する際には，サンドマットのゆるみや変形を抑制するためサンドマット内にジオテキスタイルを設置することを検討する。

(iv) 砂利等の強度のある材料での置き換えの併用

　サンドマットを施工する前の原地盤に窪みがある場合には，サンドマットの層厚が厚くなる。この場合，窪地に水が滞留し，地震時にこの部分が液状化することで盛土に被害が生じることがある。そのため，窪みになる部分については砂利や砕石等，水浸しても液状化しない材料での埋戻しを検討する必要がある。

(3) 施工上の留意点

　サンドマットの施工に当たっては，**解図6-49**に示すような丁張りを設ける。材料のまき出しは，ダンプトラック及びブルドーザの組み合わせが一般的である。まき出し厚は均一に行うように努め，局部的に過大な荷重をかけないように注意しなければならない。また，材料のまき出しは，盛土側方部の縦断方向のまき出しを先行した後，盛土横断方向に側方部から中心に向けて行う。

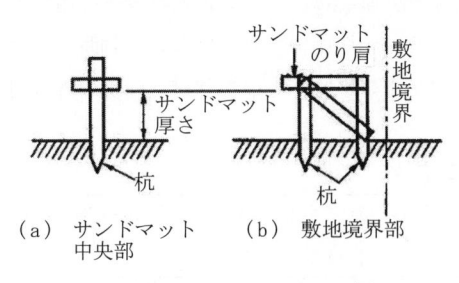

解図6-49　丁張りの例

盛土材料が透水性の低い土の場合，盛土のり尻付近のサンドマットが盛土材料で被覆されると，側方排水が阻害されることにもなるので，サンドマットの端部処理に注意する必要がある。

(4) 品質及び施工管理

サンドマットの材料については，適切な頻度で粒度等の管理試験を行わなければならない。

サンドマットの施工に当たっては，局部的に過大な荷重をかけないように，まき出し方向及びまき出し厚を適切に設定する必要がある。また，施工幅や厚さ等の出来形確認を行わなければならない。出来形確認の頻度は，道路の延長40m毎に1箇所の割合で測定するなどの事例がある。

また，品質管理としては，コーン貫入試験が行われることがある。

(5) 効果の確認

サンドマット工法では，排水性能及びトラフィカビリィー改善効果について確認する。

1) 圧密のための排水層としての効果

圧密のための排水効果については，動態観測や排水状況によって確認することが多い。所要の排水効果が得られないと判断された場合は，強制排水工法を追加するなどの対策を検討する。

2) 施工機械のトラフィカビリティー確保

トラフィカビリティーの確認は，コーン貫入試験等を用いて行ってもよい。所要のトラフィカビリティーが確保されていないと判断された場合は，サンドマットの増し厚やジオテキスタイル等の補強材との併用等の対策を検討する。

6-3-3 緩速載荷工法

> 緩速載荷工法の適用に当たっては，土工構造物の安定性を確保するよう盛土の盛土速度を設定しなければならない。

(1) **工法と原理**

　軟弱地盤上に盛土を急速に施工すると，盛土及び基礎地盤にすべり破壊や過大な変形が発生する。緩速載荷工法は，できるだけ軟弱地盤の処理を行わない代わりに，圧密の進行に合わせ時間をかけてゆっくり盛土することで地盤の強度増加を進行させて，安定を図る工法である。

　緩速載荷工法は，多くの軟弱地盤上の盛土施工に対して適用されているが，適用に当たっては，圧密層の厚さや圧密及び強度特性を十分検討し，地盤のすべり破壊や過大な変形を発生しない範囲で盛土速度並びに施工期間を設定することが重要である。

　ただし，適切な強度増加を考慮しても立ち上がり時の安全率が許容値を著しく下回る場合は，盛土速度を極端に遅くしなければならず，工期に支障を及ぼすようなこともある。このような場合は，すべり安定対策や他の圧密沈下促進対策との併用を検討する必要がある。

(2) **設計**

　本工法の設計法は「5-3　常時の作用に対する沈下の照査」及び「5-4　常時の作用に対する安定の照査」に述べられている方法を用いて，盛土立ち上がり直後あるいは盛土施工中の安定と舗装後の残留沈下量及び全沈下量の検討を行う。本工法には**解図6-50**に示すように，盛土の施工を徐々に行う漸増盛土載荷と，盛土途中まで立ち上げて一時休止し，地盤の強度増加を待って段階的に盛土施工を行う段階盛土載荷とがある。

1) 漸増盛土載荷（**解図6-50**の盛土速度 V_A）

　サンドマットを含めた盛土施工の全期間を通じて，所定の安全率を確保できるような盛土速度で施工する。

2) 段階盛土載荷（**解図6-50**の盛土速度 V_B）

　所定の安全率を満たす範囲で，サンドマットを含めた第一次盛土高さ H_{E1} まで施工する。その後,盛土を放置して軟弱地盤の圧密による強度の増加を図る。第一次盛土により地盤の強度が所定の値に達した後，第二次盛土を第一次盛土と同じ要領で設定する。以上の段階施工を繰り返して所期の盛土を完成する。

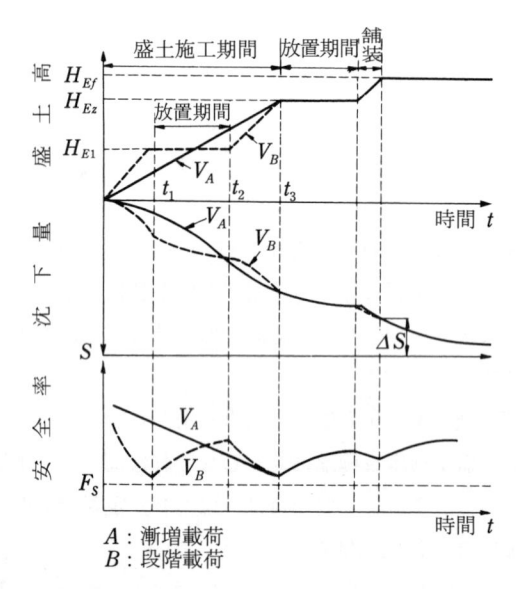

解図6-50 漸増盛土載荷工法と段階盛土載荷工法の概念

(3) 設計・施工上の留意点

本工法の適用に当たっては，特に以下の項目に留意する必要がある。

① 通常の機械ボーリングでは見過ごされがちな薄い砂層が圧密速度に影響するので，その可能性がある場合は，電気式コーン貫入試験等により薄い砂層の存在とその排水層としての有効性を調査する必要がある。

② 工期が一定の場合，盛土速度をできるだけ大きくする方が盛土完成後の残留沈下量が少なくなる利点があるが，地盤の側方変形量が増大することや地盤の破壊を引き起こすおそれがあるので，設計時に十分な検討を行う。

③ 段階盛土載荷工法の場合でも，第一次の盛土は地盤が破壊しない範囲でなるべく高くすることが地盤の圧密促進に効果的である。ただし，第一次の盛土に当たっては，施工によって地盤の初期強度が低下することや，強度増加が見込めない初期段階ではのり尻部ですべり破壊が生じやすいので，入念な動態観測が必要である。

④ 施工時は,情報化施工により盛土の安定が確保できていることを確認し,盛土速度を制御することを基本とする。施工中の調査及び観測によって,予測よりも地盤が安定していることが確認されたならば,盛土速度を速めることや放置期間を短くすることもできる。逆に予測よりも地盤が不安定と分かった場合は,盛土の施工を停止し,放置する。さらに,危険な状態になった場合は盛土の撤去等が必要なので,その措置をあらかじめ検討しておく必要がある。

⑤ 動態観測では,沈下計,変位杭及びその他の必要な計器を設置して,盛土の沈下量や側方地盤の変形量等を測定することが重要である。また,場合によっては土質調査を行って,土の圧密による強度増加を直接測定することも必要である。

(4) 品質及び施工管理

盛土の重量や盛土速度は,地盤の強度増加に影響を及ぼすため,所要の品質を有する盛土材料の選定,地盤の締固め方法等の施工管理を行うとともに,動態観測により沈下・安定管理を行い,適切に盛土速度を管理しなければならない。

(5) 効果の確認

本工法の対策効果は,盛立て中の沈下管理・安定管理ないしは地盤の強度増加により確認する。沈下・安定管理の方法は「第7章 施工及び施工管理」による。圧密による強度増加は,コーン貫入試験等のサウンディングやサンプリングした試料を用いた一軸圧縮試験等によって確認する。所要の効果が得られていないと判断された場合は,盛土載荷重や盛土の盛土速度を調整するなどの対策を検討する。

6-3-4 盛土載荷重工法

> 盛土載荷重工法の適用に当たっては，工期に影響を与えない範囲で土工構造物の安定性を確保できるよう盛土載荷重や盛土載荷期間を設定しなければならない。

(1) 工法と原理

　盛土載荷重工法は，構造物計画箇所に対して適用されるプレロード工法と一般盛土区間に適用される余盛り工法に分類される。

　プレロード工法は，構造物あるいは構造物に隣接する盛土等の荷重と同等またはそれ以上の盛土荷重（以下，「プレロード」と称す。）を載荷して，粘性土地盤の圧密を十分進行させるとともに，地盤の強度増加を図った後，プレロードの盛土を取り除いて構造物を施工する工法である。

　余盛り工法は，計画高さ以上に盛土を高く施工して圧密を十分進行させた後，余盛り分を取り除いて舗装を施工する工法である。

　どちらの工法も主目的は，粘性土地盤の圧密を促進し残留沈下量を軽減することであるが，プレロード工法については，粘性土地盤の強度増加を図ることで土工構造物の安定を向上させることも目的の一つとなる。橋台等の偏土圧を受ける土工構造物の側方移動防止や構造物設置地盤の支持力向上にも有効な工法である。したがって，盛土載荷重工法の設計では目標とする残留沈下量や地盤の強度増加量を満足するための盛土載荷重と盛土載荷期間について，十分な検討が必要である。ただし，圧密の進行が遅い地盤に適用する場合や工期の制約上十分な放置期間が確保できない場合は，盛土載荷重工法単独ではその効果が発揮できないこともあるため，他の圧密沈下促進を目的とした工法と組み合わせるなどの検討が必要である。また，地盤の支持力に余裕がなく，盛土施工にともなって安定上の問題が発生する場合や十分な強度増加が発揮できない場合は，すべり抵抗の増加，すべり滑動力の軽減を目的とした工法との併用を検討しなければならない。

　プレロード工法と余盛り工法における載荷重と沈下の時間経過の概要を**解図6-51**に示す。

(a) プレロード工法　　（構造物区間）

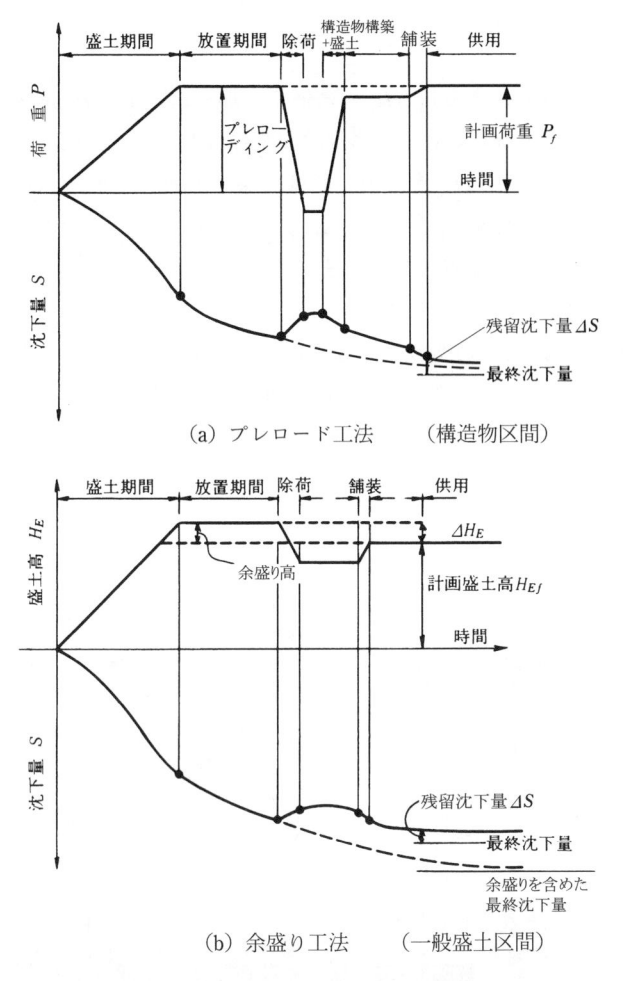

(b) 余盛り工法　　（一般盛土区間）

解図6-51　プレロード工法と余盛り工法の概念

　正規圧密地盤上に余盛り工法を適用する事例を対象として，盛土載荷重工法の原理を説明する。**解図6-52**(a)において計画盛土高H_{E1}と余盛り高ΔH_Eを考慮した盛土高H_{E2}（$=H_{E1}+\Delta H_E$）を考える。H_{E1}とH_{E2}に対応する全沈下量を，それぞれS_1とS_2とする。次に，**解図6-52**(b)において，盛土高H_{E1}まで載荷後Δt時間経過したときの時間tにおける圧密度をU_1とすると，沈下量は$S_1 \cdot U_1$になり，圧密沈下の途中における時間t以後の残留沈下量はΔS_1と

なる。これに対し，さらにΔH_Eの余盛りを加えた盛土高H_{E2}に対応する全沈下量はS_2で，時間tにおける圧密度はおおむねU_1であるから沈下量は$S_2 \cdot U_1$となる。この時点でΔH_Eを除荷すれば，盛土高H_{E1}に対しては，**解図6-52**(a)に示すように圧密度$U_2 (= U_1 + \Delta U)$まで達することができたことになる。すなわち，計画盛土高H_{E1}でU_1にまでしか達することのできなかった圧密度を，余盛り高ΔH_EをΔt時間載荷することによってΔU分だけ促進したことになる。実際には余盛りが瞬時になされることはなく，また除荷の際に若干の膨張が行われるから圧密促進効果はそれだけ失われることになる。しかし，余盛り高ΔH_E及び載荷時間Δtを十分にとることによって時間t後の残留沈下量を**解図6-52**(b)に示すように，ΔS_1からΔS_2に減少させることが可能となる。

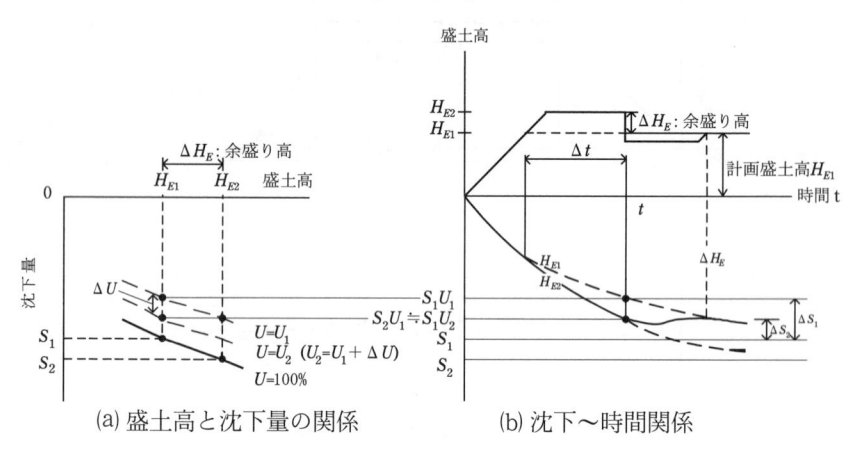

解図6-52　盛土載荷重工法の原理

(2) **設計**

　本工法の設計法は「5-3　常時の作用に対する沈下の照査」及び「5-4　常時の作用に対する安定の照査」に述べられている方法を用いて，盛土の沈下と安定の検討を行う。具体的には，プレロードもしくは余盛りを含めた盛土の立ち上がり直後あるいは盛土施工中の安定について検討を行うとともに，プレロード除去後の構造物の残留沈下量等について検討を行う。盛土載荷重工法の適用では，これらを満足する所要の地盤強度もしくは残留沈下量が許容値以内

となるように盛土載荷重及び盛土載荷期間を設定する。

(3) **設計・施工上の留意点**

盛土載荷重や盛土載荷期間の設定は，圧密層厚や土性，沈下量～時間曲線の関係，土工構造物等の荷重，施工工期等が関係するため，本工法の適用に当たっては，以下の点に留意する必要がある。

① 盛土の載荷重量は，圧密沈下量や地盤の強度増加に影響を及ぼすため，単位体積重量を正確に把握することが重要である。

② 本工法は，**解図6-52**に示すように載荷重をできる限り大きくとり，かつ長期間放置することが効果的であるが，圧密層が厚い場合や圧密係数 c_v の小さく圧密の進行の遅い地盤の場合は，バーチカルドレーン工法等との併用を検討するのが望ましい。

③ 地盤の強度増加は，プレロードの撤去前にボーリング調査等によって直接把握することが望ましい。

④ プレロードの天端幅は，**解図6-14**に示しているように可能な限り余裕幅を設けることが望ましい。構造物の位置によっては十分なプレロードの効果が得られない場合（例えば，プレロードの一部が河川敷内に入って施工できない等）もあるので，設計段階においても施工方法を検討しておく必要がある。

⑤ 載荷盛土として利用した材料を他の工事で再利用することにより経済的となる場合があるので，隣接工事に流用できるように工程を組むことが望ましい。

⑥ 施工時には，動態観測を十分に行って地盤のすべり破壊に注意するとともに，得られた観測結果に基づいて，除荷後の残留沈下量や除荷時期等を決定する。

⑦ 直接基礎で構造物を設置する場合，プレロードを撤去すると弾性的な隆起（リバウンド）が発生し，構造物を構築すると，再度沈下が生じるので，構造物の設定高はそれらの分を考慮する必要がある。

(4) 品質及び施工管理

　盛土の重量は，圧密沈下量や圧密による強度増加の促進に影響を及ぼすため所要の品質の盛土材料，載荷盛土の出来形及び締固め度等の施工管理とともに，盛土載荷期間を判断するために動態観測により沈下・安定管理を行わなければならない。

(5) 効果の確認

　盛土載荷中の圧密沈下量及び圧密による強度増加についての効果を確認する。確認方法は「6-3-3　緩速載荷工法」と同様である。

　所要の効果が得られていないと判断された場合は，盛土載荷重や盛土載荷期間を調整するなどの対策を検討する。

6-3-5　サンドドレーン工法

> サンドドレーン工法の適用に当たっては，土工構造物の安定性を確保できるよう改良範囲や砂杭の配置，打設深度，使用する材料及び施工方法を適切に設定しなければならない。

(1) 工法と原理

　サンドドレーン工法は，バーチカルドレーン工法に位置づけられ，透水性の高い砂を用いた砂柱（以下，サンドドレーンという）を地盤中に鉛直に造成することにより，水平方向の排水距離を短くして圧密を促進し，地盤の強度増加を図る工法である。サンドドレーンの施工方法により，バイブロハンマ式，オーガ式及び袋詰め式に分類される。また，透水性の高い砂の入手が困難な地域等では，砂利や砕石を使用した事例もある。バイブロハンマ式及びオーガ式のドレーン径は 40～50cm 程度，打設間隔は 1.5m～3.5m 程度の範囲が用いられている。袋詰め式は，直径 12cm 程度の強靭な網状の袋に砂を詰めて設置する工法であり，通常は正方形の 1.2m ピッチで 4 本同時に打設する。

　サンドドレーン工法は単独で用いられることは少なく，緩速載荷工法や盛土載荷重工法と併用されることが多い。層厚の大きい均質な粘性土地盤に対して

有効であるが，地盤中に砂層を多く挟んでいる地盤や透水性の大きい泥炭質地盤等では相対的に圧密促進効果が少ないこともある。

粘性土層の圧密に要する時間 t は，排水距離 H の2乗に比例するので，粘土層が厚い場合には圧密に長時間を要するが，サンドドレーンを軟弱層内に打設すると，水平方向への排水距離が短くなり，圧密時間が短縮される。

サンドドレーン工法の適用に当たっては，圧密層の厚さや圧密特性を十分検討したうえで採否を決定するとともに，採用する場合は，改良範囲や砂杭の配置，打設深度及び砂杭の材料や打設方法を適切に設定することが重要である。

(2) 設計

サンドドレーンの設計は，「5-3 常時の作用に対する沈下の照査」及び「5-4 常時の作用に対する安定の照査」に述べられている方法を用いて，粘性土の強度増加を考慮した盛土の安定や残留沈下量の検討から目標とする圧密度の検討を行う。そして，圧密度と圧密時間の関係を計算して，目標圧密度を満足するドレーンの打設間隔等を設定する。そのうえで，具体的な改良仕様に基づいて沈下及び安定の検討を行い，設定値が妥当であるかを確認する。目標となる圧密度は通常 80〜90％程度と設定することが多い。圧密放置期間は計画工程によるが，最短で3ヵ月，通常は6ヵ月から1年程度が多く，その期間内で目標圧密度を満足するドレーン仕様を検討する。

圧密度と圧密時間の関係は水平方向の圧密係数を用いて算定する。**解図6-53** に示すように通常，三角形または正方形にサンドドレーンが配置され，間隙水は水平方向にのみ流れるものとして，各ドレーンが担当する範囲を面積が等しい円に置き換えて圧密の計算がなされ，この円の直径を有効径 d_e で表す。間隔 d の三角形または正方形でサンドドレーンを配置した地盤においては，圧密時間 t は式（解6-1）によって求められる。圧密の速さは有効径 d_e が小さいほど，言い換えればサンドドレーンの設置間隔 d を小さいほど促進される。

$$t = \frac{T_h}{c_h} \cdot d_e^2 \quad \cdots\cdots\cdots\cdots\cdots\cdots\cdots\cdots\cdots\cdots\cdots\cdots\cdots\cdots\cdots\cdots\cdots\cdots （解6-1）$$

ここに，
　t：圧密時間（日）
　T_h：水平圧密の時間係数（無次元）
　c_h：水平方向の圧密係数（m²/日）
　　（一般に標準圧密試験結果の鉛直方向の圧密係数 c_v を用いる）
　d_e：有効径（m）

d_e は次式で与えられる。（**解図6-53** 参照）

　　$d_e = 1.05d$　　正三角形配置
　　$d_e = 1.13d$　　正方角形配置
　d：サンドドレーンの設置間隔（m）

一般には，鉛直方向の圧密排水距離 H に比べて d_e が非常に小さいため，鉛直方向の排水を無視すると，圧密度 U_h と時間係数 T_h は，有効径 d_e とサンドドレーンの直径 d_w の比 n をパラメータとして，**解図6-54** に示す関係にある。また，近似的には式（解6-2）で与えられる[6]。

$$U(T_h) = 1 - \exp\left\{-\frac{8T_h}{F(n)}\right\} \quad \text{（解6-2）}$$

ここに，

$$\left.\begin{array}{l} F(n) = \dfrac{n^2}{n^2-1}\log_e n - \dfrac{3n^2-1}{4n^2} \\[2mm] n = \dfrac{d_e}{d_w} \end{array}\right\} \quad \text{（解6-3）}$$

　d_w：サンドドレーンの直径（m）

サンドドレーンの設計では，施工法やドレーン径，ドレーン間隔及び改良範囲（深さ及び幅）を仮定し，圧密度を求め，沈下及び安定の検討を行う。所定の圧密時間において目標とする圧密度や盛土の安全率及び残留沈下量が許容値を満足しない場合は，ドレーン間隔や改良範囲を修正し，再度検討を加える。

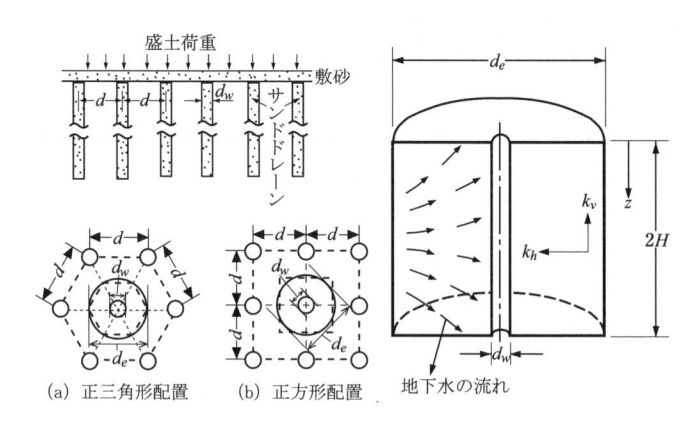

解図6−53　サンドドレーンの配置と圧密排水の状況

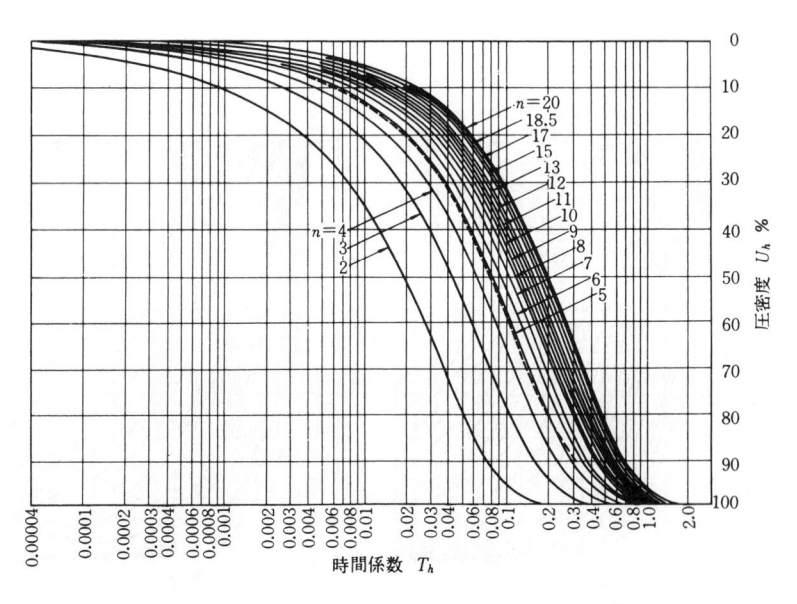

解図6−54　圧密度 U_h と時間係数 T_h の関係[7]

〔参考6-3-1〕 サンドドレーン配置の求め方

サンドドレーンの配置を求めるための $U_h \sim d_e$ の関係（**参図6-4**）と，その使用例を示す。ただし，これは鉛直方向の排水を無視した場合である。

$c_h = 1 \times 10^{-3} \text{cm}^2/\text{sec} = 86.4 \text{ cm}^2/\text{日}$ の粘性土層よりなる軟弱地盤に，圧密期間100日で圧密度80％になるのに必要なドレーン配置を求める。

$$c_h \cdot t = 86.4 \times 100 = 8.64 \times 10^3 \text{ (cm}^2\text{)}$$

サンドドレーンの直径 $d_w = 40\text{cm}$ とした場合，**参図6-4**(a)より，目標圧密度 $U_h = 80\%$ に対応する必要な有効径は $d_e = 2.06\text{m}$ となる。したがってサンドドレーンの間隔は，正方形配置とすると $d = 2.06/1.13 = 1.82 ≒ 1.8\text{m}$ となる。

袋詰めサンドドレーン（$d_w = 12\text{cm}$）とした場合，同様に**参図6-4**(b)より，以下の配置となる。

- 必要な有効径　　$d_e = 1.51\text{m}$
- 配置（正方形）　$d = 1.51/1.13 = 1.34 ≒ 1.3\text{m}$

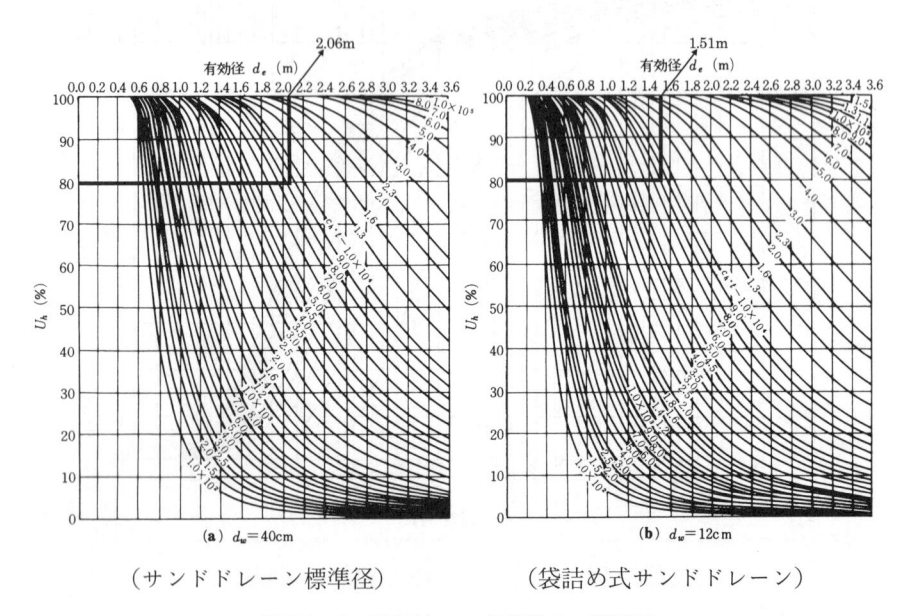

（a） $d_w = 40\text{cm}$
（サンドドレーン標準径）

（b） $d_w = 12\text{cm}$
（袋詰め式サンドドレーン）

参図6-4　圧密度 $U_h \sim$ 有効径 d_e の関係図

(3) 設計上の留意点

サンドドレーン工法の設計の際には，以下の点に留意しなければならない。

1) 軟弱層中の砂層の存在

サンドドレーン工法による施工例は非常に多く，その効果についても多様な意見があるが，プレファブリケイティッドバーチカルドレーン工法を含め，無処理の場合と比較して効果の認められなかった例を調べると，粘性土地盤中に砂の薄層を多く挟んでおり，当初から圧密速度が速いため，ドレーンによる圧密促進の必要がない場合が多い。したがって，本工法の採用に当たっては，粘性土層に挟まれた砂層の存在に十分注意する必要がある。

2) 周辺の土の乱れ防止

サンドドレーンの設置により周辺の土が著しく乱され，透水性や地盤強度の低下をもたらすことがある。これを防ぐために，地盤条件に適した施工法を選ぶとともに，適切なサンドドレーンの設置間隔とする必要がある。

3) サンドドレーンの材料

サンドドレーンは，軟弱層から圧密脱水した間隙水を長期にわたり集水して排出する通路の役目を果たす。したがって，通路として十分な透水能力を長期間発揮できるよう，目詰まり等の起こらない材料を使用しなければならない。ドレーン材料の粒度の目安を以下に示す。

$$D_{15}（ドレーン材料）／D_{15}（周辺粘性土）＞4 \quad \cdots\cdots\cdots（解6-4）$$

$$D_{15}（ドレーン材料）／D_{85}（周辺粘性土）＜4 \quad \cdots\cdots\cdots（解6-5）$$

ここに，D_{15}，D_{85} はそれぞれ，粒径加積曲線において通過重量百分率の15%，85% に相当する粒径である。

しかし，このような粒度の材料を入手することが困難な場合は，透水性が高く清浄な砂もしくは砂利や砕石を使用してもさしつかえない。

4) サンドドレーン及びサンドマットの透水性

圧密計算においてドレーンやサンドマットの透水係数は無限大と仮定している。実際には，ドレーンもサンドマットも有限の透水係数を有するため，透水係数の値によってはドレーンやサンドマット内に水頭損失を生じることで排水性能が低下し，圧密の遅れが発生することがある。この問題を圧密度 U_h と時間

係数 T_h の関係において定量的に評価しようとする場合，サンドドレーンでは式（解6-7）に示すウェルレジスタンス係数と呼ばれる係数が用いられる[8]。

$$U(T_h) = 1 - \exp\left(-\frac{8}{F(n) + 0.8L}\right) T(h) \quad \cdots\cdots\cdots\cdots\cdots\cdots (解6-6)$$

$$L = \frac{32}{\pi^2} \frac{k_c}{k_w} \left(\frac{H}{d_w}\right)^2 \quad \cdots\cdots\cdots\cdots\cdots\cdots\cdots\cdots\cdots\cdots\cdots\cdots (解6-7)$$

ここに，

L：ウェルレジスタンス係数

k_c, k_w：粘性土及びドレーンの透水係数 （cm/s）

H：ドレーンの長さ （m）

d_w：ドレーンの直径 （m）

ウェルレジスタンス係数は，ドレーンの長さとドレーンの径の比（細長比）及び粘性土層とドレーンの透水係数の比等に影響される。式（解6-6）に示すようにウェルレジスタンス係数 L を近似式中に組み込むことで，圧密遅れを定量的に考慮することが可能であり，L が大きくなるにつれて圧密が遅れる関係がある[8]。

サンドマットの透水係数が有限の場合には，同様にマットレジスタンスと呼ばれる係数が用いられ，サンドマットの幅とドレーンの直径の比やサンドマットの厚さとドレーンの長さの比に影響される[8]。

ドレーンが長い場合や盛土幅が広い場合には，ウェルレジスタンスやマットレジスタンスによって圧密の遅れが予測されるので，ドレーンやサンドマット内部の水圧を低下させるために，設計段階にて地下排水溝の設置頻度を増やすことや強制排水工の併用等の対応を検討しておくことが必要である。

5) 被圧帯水層

粘性土層の下部に水頭の大きい被圧帯水層が存在する場合，サンドドレーンを被圧帯水層に貫入すると，ドレーンに過剰間隙水圧が伝播するとともに，ボイリングを生ずることがある。その場合にはサンドドレーンを被圧帯水層に貫入させずに，ドレーンの下端と被圧帯水層の間に粘性土層を2～3m残しておく必要がある。

(4) 施工
1) サンドマット

サンドドレーンの施工に先立って，地盤の表面にサンドマットを施工する。盛土幅が広くて排水距離が長い場合は，特に透水性の高い材料を用いるか，地下排水溝を併設するなどして盛土内に地下水位を形成しないようにする。

2) サンドドレーンの施工

サンドドレーンの施工方法は，次のとおり区分される。

① バイブロハンマ式
② オーガ式
③ 袋詰め式

いずれの方法においても施工深度は，30〜40m（最大45m）程度まで可能である。ただし，深い深度までの改良を計画する場合，施工機械の汎用性等について調査する必要がある。

(i) バイブロハンマ式

この方法は，最も一般に用いられるものである。標準施工機械では25mまで，履帯幅の広い低接地圧タイプの施工機械では45mまでの施工が可能である。バイブロハンマ式のサンドドレーンの施工順序は，以下のとおりである（**解図6−55**参照）。

① ケーシングの先端のふたを閉じて所定の位置に設置する。
② バイブロハンマの振動で，ケーシングを地盤中に打ち込む。
③ 砂投入口を通して，バケットで砂をケーシングの中に投入する。
④，⑤ 砂投入口を閉じ，圧縮空気を送りながらケーシングを引き抜く。
⑥ ケーシングを完全に引き抜き，打設を終了する。

解図6−55中にはケーシングの先端軌跡を示している。これは，砂の投入量とともにサンドドレーンの施工記録として必要な項目である。

(ii) オーガ式，袋詰め式

オーガ式サンドドレーンはドレーン径が40〜50cm程度で，深さ35m程度まで打設可能であり，地盤を乱すことは比較的少ないが，バイブロハンマ式に比べて施工速度が遅いので割高となる。施工順序を**解図6−56**に示す。

袋詰め式サンドドレーンは，砂柱の切断により排水不能になることを避けるため，直径 12cm 程度の強靭な網状の袋に砂を詰めて設置する工法である。その施工順序を**解図 6-57** に示す。なお，通常は，正方形の 1.2m のピッチで 4 本同時に打設する。

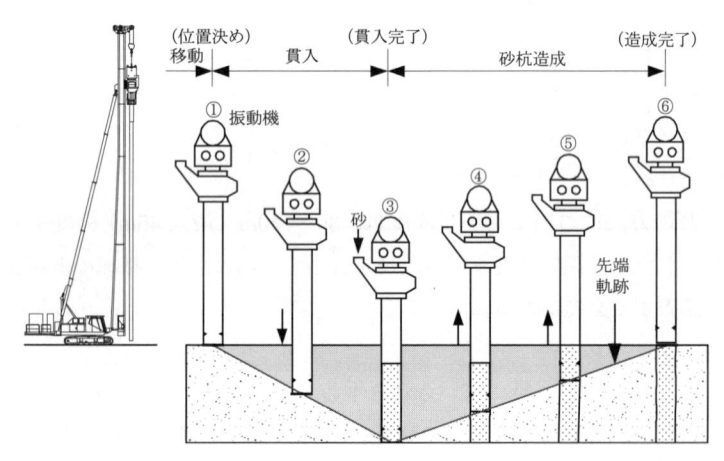

解図 6-55　バイブロハンマ式サンドドレーンの施工順序

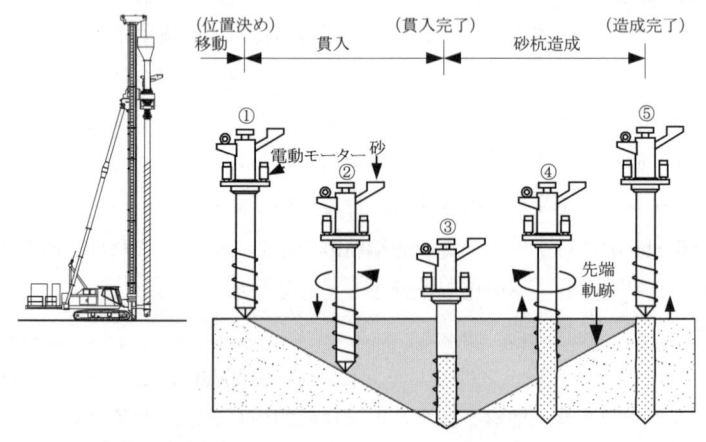

解図 6-56　オーガ式サンドドレーンの施工順序

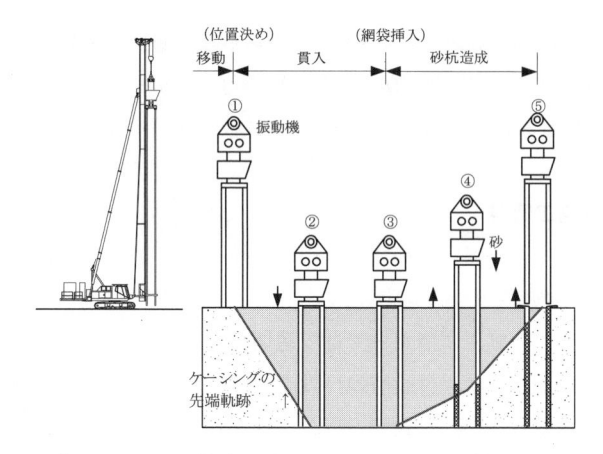

解図6-57 袋詰め式サンドドレーンの施工順序

(5) 施工上の留意点
1) 打込み・引抜き速度

　サンドドレーンの打込み速度には特に制限はないが，ケーシングの引扱き速度は，砂の充填の速度及び圧縮空気圧と関連して十分余裕をとった速度とし，サンドドレーンが切れ目なく施工できるようにしなければならない。

2) 砂の充填と砂量の管理

　砂の充填は，1回の投入量を一旦バケットに入れて計量した後，バケットを吊り上げてホッパーに投入するなどの方法がある。現在ではケーシング内に設置した砂面計で砂の投入量を測定することが一般的である[9]。

3) 周辺構造物の対策

　バイブロハンマ式サンドドレーンでは，ケーシングを地盤中に圧入することによる周辺地盤の変形や施工時の振動により周辺構造物に影響を及ぼすことがあるので，必要に応じて遮断用のトレンチ等の対策を施す。

4) トラフィカビリティー

　打設長が長くなると施工機械の重量が大きくなり，その結果，施工機械が不安定となり転倒するおそれもあるため，事前に調査を行って施工機械のトラフィカビリティーが確保できることを確認しておく必要がある。トラフィカビリティー

が確保できない場合，サンドマットや敷鉄板の敷設等適切な対策をとる必要がある。また，打設直後は地盤強度が低下している可能性があるため，トラフィカビリティーが確保されている場合においても敷鉄板を使用することが望ましい。

(6) 品質及び施工管理

サンドドレーンの材料については，適切な頻度で粒度分布等についての管理試験を行わなければならない。

サンドドレーンの施工に当たっては，適切な頻度で打設位置と間隔及び打設順序を確認するとともに，打設時の打設深度，打ち止め深さ及び砂投入量等を記録しなければならない。打設時の打設深さや砂投入量については，全本数記録するのが一般的である。

(7) 効果の確認

圧密沈下量及び圧密による強度増加についての効果を確認する。確認方法は「6-3-3 緩速載荷工法」と同様である。

所要の効果が得られていないと判断された場合は，当初の地盤調査結果や施工管理記録等を確認して原因を調査し，サンドマットの排水能力不足であれば強制排水工法の追加や，盛土載荷重の追加及び載荷期間の延長等の必要な対策を検討する。

6-3-6 プレファブリケイティッドバーチカルドレーン工法

> プレファブリケイティッドバーチカルドレーン工法の適用に当たっては，土工構造物の安定性を確保できるよう改良範囲，改良深度，打設間隔及びドレーン材質を適切に設定しなければならない。

(1) 工法と原理

プレファブリケイティッドバーチカルドレーン（以下，PVDという）工法は，サンドドレーン工法と同様にバーチカルドレーン工法に位置づけられ，砂の代わりにペーパー（カードボード），プラスチックや天然繊維材を用いた人工の

製品等を粘性土地盤中に設置して，これを排水柱とするものである。

PVD 工法の適用に当たっては，粘性土の厚さや圧密特性を十分検討したうえで採否を決定するとともに，採用する場合は，改良範囲や PVD の配置，打設深度及び PVD の透水係数や形状寸法を適切に設定することが重要である。

PVD を用いたときの排水効果は，直径 5.0cm（換算径）のサンドドレーンに相当すると仮定して設計することが多い。

本工法は，サンドドレーン工法と比べると以下のような得失を持つといわれている。
① サンドドレーン工法に比べ材料の単価は安く，施工速度も早い。
② PVD は工場製品で品質が一定であるため，施工管理が簡単である。
③ 打設による地盤の乱れが少なく，低騒音・低振動である。
④ PVD 打設後，ケーシングを引き抜く際に PVD が共上がりすることがある。

(2) 設計

PVD 工法の設計は，サンドドレーン工法と同じ方法による。一般に使用されている PVD の例を**解図 6-58** に示す。

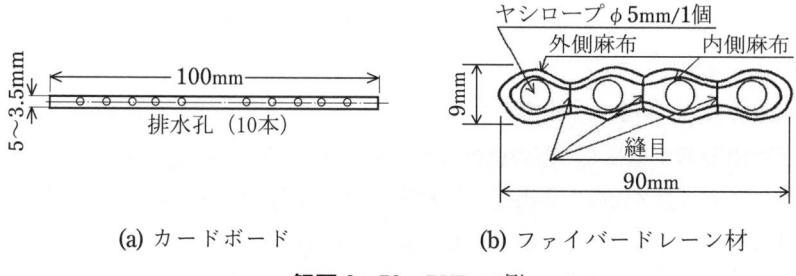

(a) カードボード　　(b) ファイバードレーン材

解図 6-58　PVD の例

解図 6-58 に示すような PVD が直径 5cm のサンドドレーン（$d_w = 5cm$）に相当した効果を発揮するものとし，**解図 6-59** を用いて圧密速度の計算を行うことができる。なお，PVD の間隔は 0.6〜2.0m 程度であり，1.0〜1.5m 程度の実績が多い。

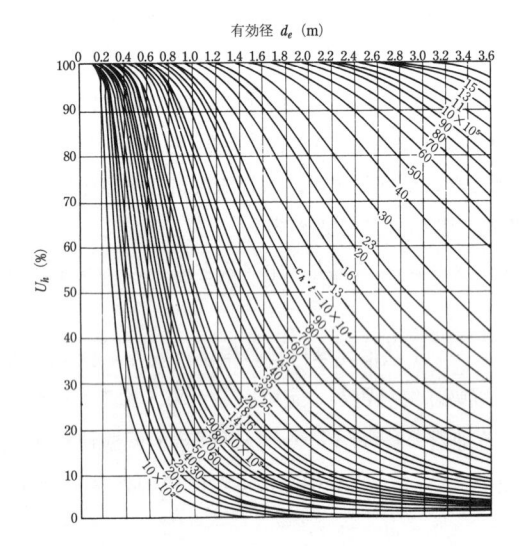

解図 6-59 圧密度 U_h - 有効径 d_e の関係図（d_w を 5cm とした場合）

(3) 施工

サンドドレーンと同様に，サンドマットを施工した後，PVD を打設する。PVD の打設方法は，ケーシングを使用する方式が一般的であり，機種によっては 40m 程度まで施工可能である。ケーシング式による施工順序は，以下のとおりである（**解図 6-60** 参照）。

① PVD 施工機械を所定の位置にセットする。
② ケーシング先端から出ている PVD にアンカーを装着する。
③ フリクションローラによってケーシングを挟み，フリクションローラを回転させて所定深さにケーシングと PVD を地盤中に圧入する。
④ 所定深度に到達した後，PVD を地中に残しながら，フリクションローラを逆転させてケーシングだけを引き上げる。
⑤ 所定の長さを残して PVD を切断する。

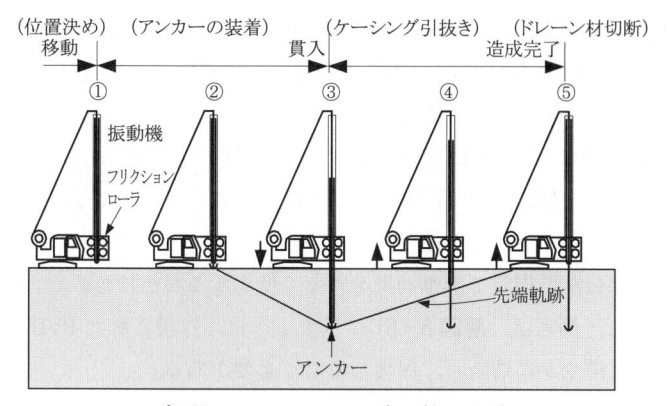

解図6-60　PVD工法の施工順序

(4) 設計・施工上の留意点

本工法の設計・施工に当たっては，以下の点に留意する必要がある。

1) 設計時

一般的な圧密計算では，ドレーン材の透水係数を無限大と仮定しているが，長尺ドレーンを使用すると圧密速度が設計時の予測より遅くなることがある。この場合，「6-3-5　サンドドレーン工法」に示したウェルレジスタンスに準じて，圧密遅れを考慮した予測を行う必要がある。

2) 施工時

① サンドドレーンに比べて，PVDの設置間隔は一般に小さいことが多いので，打設位置（間隔）を慎重に管理する必要がある。

② PVDの打設時に当たっては，PVDを送り込まないでケーシングのみを挿入してしまうことや，ケーシング引き抜きの際にPVDがケーシングとともに引き上がる「共上がり」が生じることがある。また，場合によってはPVDが途中で切断されることがある。このためにPVDドラム内のPVD使用量を常に注意し，確実にPVDが設置されたかどうかを確認することが大切である。また，打設の状態を自記装置等で記録しておくと確実な施工ができる。施工途中でPVDの切断や共上がり等が確認された場合は，打直しを行う。

③ PVD下端に取り付けるアンカーには打ち止め層等の地盤条件によって種々の種類がある。通常は，本施工に先立ち実施される試験施工によって，採用するアンカーの形状等を決定する。

④ 打設が終わったPVDはサンドマット上面より約30cm上方で切断し，これによって打設位置（間隔）及び本数を確認する。ただし，そのままの状態で放置すると，打ち込み機械の移動，車両の出入りあるいは降雨により露出部分が破損して排水効果を著しく低下するおそれがある。これを防ぐ目的で，例えば，**解図6−61**に示すように，打設されたPVDの頭部の露出部を速やかに切断し，保護しておく必要がある。

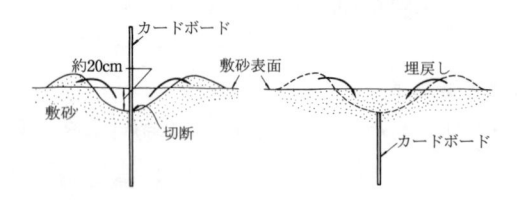

解図6−61　PVD打設後の頭部処理の例

(5) 品質及び施工管理

PVDには，計画された条件を満足する品質の製品を選定し，定期的に品質を確認しなければならない。

PVDの施工に当たっては，適切な頻度で打設位置と間隔及び打設順序を確認し，打設時の打設深さ，打ち止め深さ及び施工途中の切断や共上がりの有無等を記録しなければならない。打設時の打設深さ等の記録は全本数について行うのが一般的である。

(6) 効果の確認

PVD工法では，サンドドレーン工法と同様に圧密沈下量や圧密による強度増加の促進効果について確認する。

6-3-7 真空圧密工法

> 真空圧密工法の適用に当たっては，土工構造物の安定性を確保できるよう真空圧，真空圧載荷期間，改良範囲，改良深度，鉛直ドレーン打設間隔及び打設深度等を適切に設定しなければならない。

(1) 工法と原理

真空圧密工法は，改良対象範囲に鉛直ドレーンを打設し，サンドマットあるいは地表面に敷設した水平ドレーン材と連結させた後，気密シートで覆い50〜80kN/m^2 程度まで真空ポンプで減圧することで，大気圧を載荷するとともに，地盤に含まれる水や空気を強制的に排出し，圧密促進及び強度増加を図る工法である。この他に，気密シートを使用せずにドレーン材の1本ごとに気密キャップを接続する工法がある。気密シートを用いる工法と気密キャップをドレーン材に接続する工法の概要を**解図6-62**に示す。

真空圧密工法は，盛土載荷重工法と比べて地盤破壊等の危険性を軽減することが可能で，真空圧密工法単独では強度増加量や残留沈下量が目標値を達成できない場合に盛土載荷重工法を併用することもできる。また，施工機械のトラフィカビリティーが確保できないような非常に軟弱な地盤に対しての適用性は高い。

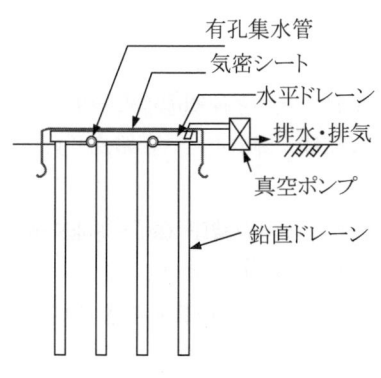

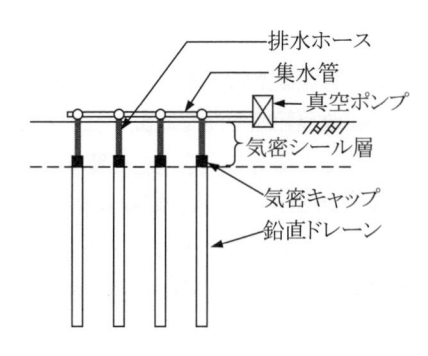

(a) 気密シートを用いる工法　　(b) 気密キャップを用いる工法

解図6-62 真空圧密工法の概要

真空圧密工法の適用に当たっては，粘性土の厚さや圧密特性，透水性の良い砂層の挟在及び盛土載荷重工法併用の要否等を十分検討したうえで採否を決定する。

(2) 設計

　真空圧密工法の設計は，サンドドレーン工法の設計と同様に，「5-3　常時の作用に対する沈下の照査」及び「5-4　常時の作用に対する安定の照査」に述べられている方法を用いて，粘性土の強度増加を考慮した盛土の安定や残留沈下量の検討から目標とする圧密度の検討を行う過程と，目標圧密度を満足するために鉛直ドレーンの打設間隔等の仕様や真空圧の載荷期間，盛土載荷重工法の併用の要否及び周辺地盤への影響等の検討を行う過程からなる。圧密速度はサンドドレーンと同様の方法で計算されるが，試験施工によって改良仕様を決めることが望ましい。鉛直ドレーンは，真空圧をロスなく地盤に伝達する必要があるため，高い透水性を有することが必要である。打設間隔については，1mを基本とし，**解図6-59**を用いて間隔の設定を行うこともできる。

(3) 施工

　真空圧密工法の施工手順は，以下のとおりである。
① ドレーン打設機により，地盤改良が必要な深さまで鉛直ドレーンを打設する。
② 有孔集水管・水平ドレーンを敷設し，鉛直ドレーンの頭部と連結する。
③ 改良範囲全面を気密シートで覆う。もしくは，排水ホースと鉛直ドレーンとを結合し，粘土層で覆う。
④ 真空ポンプで気密シートもしくは排水ホース内を減圧（50〜80kN/m^{2}の負圧）することで大気圧を作用させ，軟弱地盤を圧密させる。
⑤ 所定の圧密沈下量や強度増加が確認された時点で真空圧載荷を終了する。

(4) **設計・施工上の留意点**
1) 表層付近の状況

　表層付近に，気密シートを破損するおそれのある突起物，廃棄物，ガラ及び異物等が混入している場合や，地下排水溝等が存在する地盤の場合には，気密性の確保が難しくなることもある。これらの存在が懸念される場合は，事前に試掘を行い，廃棄物等を撤去するなどの適切な処置を行う必要がある。

2) 透水性地盤の存在

　真空圧密の対象となる地盤内に透水性の高い砂礫層等が堆積していると，多量の地下水を吸い続けるため所定の真空圧の維持が困難となることもある。また地下水の低下によって周辺地盤の沈下も懸念される。そのような場合には，矢板等で施工区間を囲むなどの止水対策の検討が必要である。

3) 地盤強度の増加

　これまでの施工実績では，地表面付近の粘着力は$\Delta c=20$kN/m^{2}程度増加した事例もある。さらに大きな強度増加が必要な場合は，盛土載荷重工法との併用を検討するとよい。なお，気密キャップを用いる場合には，シール層の強度増加量は表層を0とした三角形分布となるので，留意する必要がある。

(5) **品質及び施工管理**

　真空圧密工法に用いるドレーンやシート及び排水ホース等の材料には，計画された条件を満足するような品質の製品を選定し，定期的に確認しなければならない。

　施工管理に当たっては，鉛直ドレーンと水平ドレーンあるいは排水ホースとが確実に接合されていることを確認するとともに，地盤内が目標どおりの真空圧に減圧されているか，また，集水・排水管から目標の水量が排水されているかを確認する。真空圧の載荷期間等を判断するために動態観測により沈下管理を行う。

(6) 効果の確認

真空圧密工法では，圧密沈下の促進や圧密による強度増加の促進効果について確認する。確認方法は「6－3－3　緩速載荷工法」と同様である。

所要の効果が得られていないと判断された場合は，当初の地盤調査結果や施工管理記録等を確認して原因を調査し，真空圧及び真空圧載荷期間を延長するなどの対策を検討する。

6－3－8　地下水位低下工法

> 地下水位低下工法の適用に当たっては，土工構造物の安定性を確保できるよう地下水位低下高さを適切に設定しなければならない。

(1) 工法と原理

地下水位低下工法は，地盤中の地下水位を低下させることにより，それまで受けていた浮力に相当する荷重を下層の軟弱層に載荷して，圧密を促進するとともに地盤の強度増加を図る工法である。

地下水位低下工法は，軟弱な地盤上に直接盛土荷重を載荷せずに，圧密の促進や強度増加が図れるため，すべり破壊が生じるおそれのある軟弱地盤に対して，より安定な状態で施工することが可能である。地下水位低下の方法としてはウェルポイント（**解図6－63**参照）やディープウェル等が一般的であるが，より深くまで排水する必要がある場合には高揚程のウェルポイント等が利用される。

地下水位低下工法は，粘土層の上部や中間部に砂層が分布している地盤に適用されるものであるが，粘性土地盤でも薄い砂層が水平方向に数多く発達している場合には有効である。また，泥炭質地盤等で盛土を施工して大きな沈下量が生じる場合には，サンドマットから排水して水位を低下させることにより，盛土の沈下部分の浮力を有効荷重として利用することも可能である。

地下水位低下工法の適用に当たっては，地下水位を低下させる砂層の厚さや透水性及び地下水低下による有効応力の増加量等を十分検討したうえで，採否を決定する必要がある。

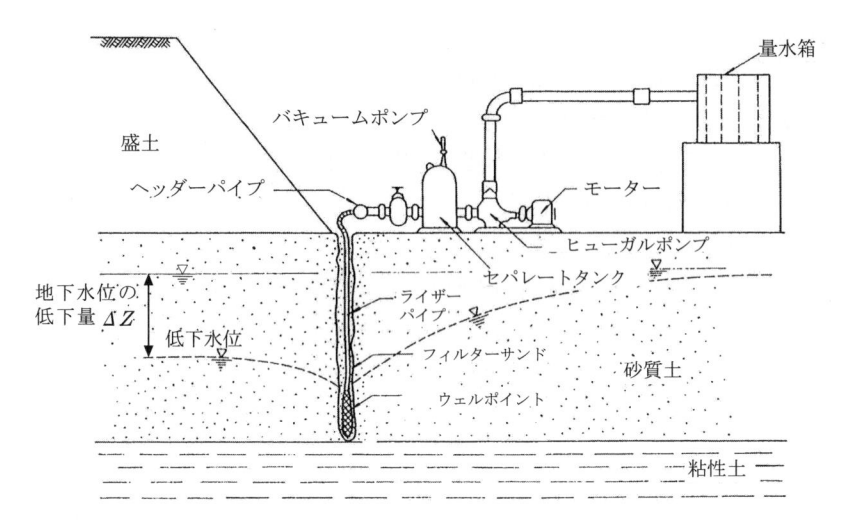

解図6-63 ウェルポイントによる地下水位低下工法の概要

(2) 設計

地下水位低下工法の設計は,「6-3-7 真空圧密工法」と同様の手順で行い,目標とする有効応力増加分を満足できるような地下水位低下量及び水位低下期間を設定し,ウェルポイントやディープウェルの設置位置や設置間隔及びポンプ能力等を検討する。

地下水面下 z の深さでの鉛直応力を p とすると,有効応力 p_0 は,
$$p_0 = p - \gamma_w \cdot z \quad \cdots\cdots\cdots\cdots\cdots\cdots\cdots\cdots\cdots\cdots\cdots\cdots\cdots\text{(解 6-8)}$$
となる。地下水位を Δz 低下させると水圧分布が変化し,地下水面下の有効応力 p_1 は,
$$\begin{aligned}p_1 &= p - \gamma_w \cdot (z - \Delta z) \\ &= p_0 + \Delta z \cdot \gamma_w = p_0 + \Delta p \quad \cdots\cdots\cdots\cdots\cdots\text{(解 6-9)}\end{aligned}$$

ここに、
　p_0：初期の鉛直有効応力　（kN/m²）
　p_1：水位低下後の鉛直有効応力　（kN/m²）
　Δp：水位低下による鉛直有効応力の増分　（kN/m²）
　z：地下水位の深度　（m）
　Δz：水位低下量　（m）

となり、$\Delta z \cdot \gamma_w$ だけ有効応力が増加することになる。したがって、通常は水位低下1m当たり10kN/m²の増加応力があると考えてよい（**解図6-64**参照）。ただし、水位が低下した地盤が粗粒土で構成されている場合では、排水によって単位体積重量が減少するためにΔpが小さくなり、それによって効果が幾分少なくなる。

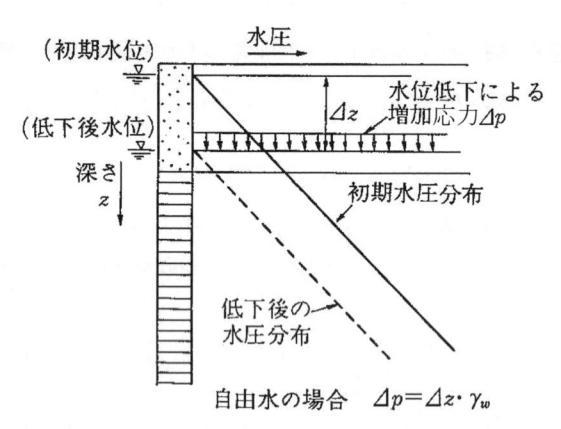

解図6-64　地下水位低下によって生じる有効応力の増加

(3) **設計・施工上の留意点**
　① この工法は、対象とする砂層の透水係数が $k = 10^{-3} \sim 10^{-6}$ (m/sec) のオーダーを有する場合に効果的である。
　② 地表面に真空装置を置いて揚水する一般のウェルポイントを用いる場合、揚水できる理論的な深さは約10mであるが、損失水頭や動力の関係から低下できる水位は、一般に 5 〜 6m 程度までである。

③　地下水補給源（川，池，海等）が近い場合，必要揚水量は極めて多くなる。
④　地下水位の低下が対象区域外に及び，周辺に被害を与える場合がある。したがって，周辺への影響を遮断してより効果的に地下水位を低下させるためには，矢板等で施工区間を囲むなどの止水対策が必要である。
⑤　圧密期間中地下水位を低下させておかなければならないので，圧密期間が長期に渡る場合は運転経費が高くなる。

(4) 品質及び施工管理

　地下水位低下工法の施工に当たっては，計画された地下水位を一定期間保つことができるように，排水ポンプや真空ポンプの能力を事前に確認するとともに，ウェルポイントやディープウェル等の設置位置及び設置間隔を確認する必要がある。日常管理として，地下水位及び排水量を管理する必要があり，水位低下の期間等を判断するために動態観測により沈下管理を行う。

(5) 効果の確認

　地下水位低下工法では，圧密沈下の促進や圧密による強度増加の促進効果について確認する。確認方法は「6-3-3　緩速載荷工法」と同様である。
　所要の効果が得られていないと判断された場合は，当初の地盤調査結果や施工管理記録等を確認して原因を調査し，地下水位低下期間を変更するなどの対策を検討する。

6-4　締固め工法

> 　締固め工法は，ゆるい砂質土地盤を締め固めて地盤の密度を増大することにより，支持力の増大，変形の抑制及び液状化防止を目的とするものである。また，締固め砂杭を造成する工法では，粘性土地盤の沈下・安定対策にも適用が可能である。各工法の設計・施工は，それぞれ「6-4-1」～「6-4-7」に従うものとする。

締固め工法は，振動締固め工法と静的締固め工法に大きく分けられる。振動締固め工法としては，サンドコンパクションパイル工法（砂の代わりに砕石を用いる場合はグラベルコンパクションパイル工法）が最も実績が多く，この他に，振動棒工法，バイブロタンパー工法，バイブロフローテーション工法及び重錘落下締固め工法がある。一方，静的締固め工法は，振動や打撃等の動的なエネルギーを与えず，静的な圧入により砂杭を造成あるいは注入材を注入する地盤改良工法である。静的締固め工法は，都市部や家屋隣接地，狭隘地での振動締固め工法の実施が困難となってきた結果，開発されたものである。静的締固め工法には，静的締固め砂杭工法及び静的圧入締固め工法がある。近年では，施工中の振動が周辺環境に及ぼす影響が問題となる事例が増えており，計画段階でそのような事態が想定される場合には，静的締固め工法の選択を検討する必要がある[1]。
　締固め工法のうち，地盤中に砂杭を造成する工法（振動締固め工法に分類されるサンドコンパクションパイル工法及び静的締固め工法に分類される静的締固め砂杭工法）は，ゆるい砂質土地盤の締固めから粘性土地盤の沈下・安定対策まで幅広く適用が可能である。
　砂質土地盤における締固め工法の設計では，構造物の要求性能の面から必要となる改良範囲と改良の程度を設定する。砂質土地盤の支持力や液状化の検討はN値を用いて実施されることが多いので，原地盤のN値と目標とすべき改良後のN値から，各工法の設計法に従って，改良仕様（砂杭径や打設間隔等）を設定することになる。
　盛土の下部地盤の液状化防止を目的とする設計では，改良後の地盤のN値を任意に仮定し，「5-6　地震動の作用に対する安定性の照査」に示されている手法を用いて解析を行い，地震時の円弧すべりの安全率や変形量等を求めることができる。改良後の地盤のN値から液状化に対する抵抗率F_Lを算出し，そのF_Lから地震時に発生する過剰間隙水圧比を算定して円弧すべりの安全率を求める。このようにして所定の安全率を満足するために必要な改良範囲と改良後のN値を求める。そして，目標とすべき改良後のN値から工法の仕様を設定する。

粘性土地盤への締固め砂杭を造成する工法の適用は，砂杭による荷重の応力分担と排水促進効果による粘性土地盤の沈下・安定対策を図るものである。
　なお，締固め工法では施工中の振動，騒音及び変位の影響について事前に十分に検討する必要がある。詳細は，「6-2(3)　軟弱地盤対策工法の選定に当って考慮すべき条件」を参照されたい。

6-4-1　サンドコンパクションパイル工法

> サンドコンパクションパイル工法の適用に当たっては，土工構造物の安定性を確保できるように改良範囲及び改良仕様を適切に設定しなければならない。

(1) 工法と原理

　サンドコンパクションパイル工法（以下，SCP工法という）は，地盤内に鋼管を貫入して管内に砂等を投入し，振動により締め固めた砂杭を地盤中に造成する工法である。SCP工法は，改良原理は異なるが砂質土地盤と粘性土地盤の両方に適用できるという特徴があり，砂質土地盤では振動による周辺地盤の締固め効果を，粘性土地盤では砂杭としての応力分担効果と排水機能を併せ持つ工法である。SCP工法の主な改良目的は，ゆるい砂質土地盤では支持力増加，圧縮沈下の低減，液状化防止及び水平抵抗の増大等があり，液状化防止対策として実績も多く信頼性は高い。粘性土地盤では支持力増加，圧密の促進と圧密沈下量の低減及び水平抵抗の増大等である。
　良質な砂の入手が困難な場合や改良した砂杭に大きな強度を必要とする場合は，砂の代りに砕石や礫等が用いられることもある。この場合は，グラベルコンパクションパイル工法または砕石コンパクションパイル工法等と呼ばれているが，改良原理はSCP工法と同じである。最近では，スラグや再生砕石等の再生材も用途に応じて積極的に使用されている。
　本工法の改良原理及び設計法は，砂質土地盤と粘性土地盤の場合により異なるので，以下に砂質土地盤と粘性土地盤に分けて記述する。

1) 砂質土地盤

打設時の振動による締固め効果と砂の圧入による締固め効果を併用したものであり，砂質土地盤の間隙比を小さくし，密度を高めせん断強度の増大を図るものである。

2) 粘性土地盤

軟弱な粘性土地盤中に多数の砂杭が打ち込まれると，砂杭と粘性土により構成された複合地盤となる。この複合地盤上に載荷すると，砂と粘性土とはその剛性が異なるため，載荷重は剛性の高い砂杭に多く分担される。その結果，粘性土が負担する応力は低減し，圧密沈下量も小さくなる。また，原地盤の粘性土よりせん断強度の大きな砂杭を造成するので，粘性土と置き換えた分だけ地盤の強度は増加する。この他，サンドドレーンと同様に圧密促進効果も期待できる。

粘性土層の上にゆるい砂層が堆積しており，粘性土層では圧密促進を砂層で締固めを図りたい場合には，**解図 6-65** に示すように複合杭を施工することも可能である。これは，サンドドレーン工法も SCP 工法も同一の施工機で施工可能であることによる。

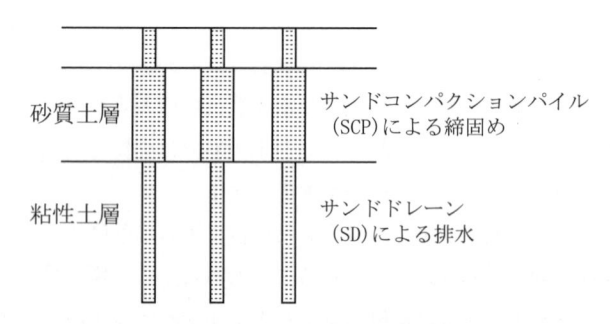

解図 6-65 複合杭の施工

(2) **設計**

1) 砂質土地盤の場合

砂質土地盤に対する SCP 工法の設計に当たっては，改良後に必要な N 値を設定し，それを満足するためのサンドコンパクションパイルの置換率 a_s を求

める．砂質土地盤におけるSCP工法の改良原理は，**解図6-66**に示すように砂杭打設により間隙比の減少を図るものである．原地盤の間隙比をe_0，改良後の間隙比をe_1とすれば，$(1+e_0)$の体積の地盤に$\Delta e = e_0 - e_1$に相当する砂・砕石等を圧入して，締め固めるので，置換率a_sは式（解6-10）で与えられる．

$$a_s = \frac{e_0 - e_1}{1 + e_0} \quad \cdots\cdots\cdots\cdots\cdots\cdots\cdots\cdots\cdots\cdots\cdots\cdots\cdots\cdots\cdots\cdots（解6-10）$$

SCP工法の具体的な設計では，相対密度D_rを介してN値から間隙比を推定する．改良後のN値は，主に改良前の原地盤N値（N_0）と置換率a_sに支配されるが，その他に原地盤の粒度分布や土かぶり圧にも影響される．特に，0.075mm以下の細粒分を多く含む土層の場合には，改良効果が小さいので注意が必要である．

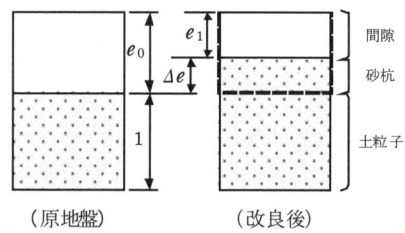

解図6-66 砂質土地盤でのSCP工法の改良原理

砂質土地盤に対するSCP工法の設計方法は，**解図6-67**に示すように，実績に基づく簡易図表を用いる方法（方法A）と，相対密度D_rを介してN値から間隙比を推定する方法（方法B，方法C及び方法D）がある[1]．

方法Aでは，**解図6-67**(a)に示す図表を用いる．これは，原地盤の細粒分約20%以下の地盤でSCP工法を施工した実績より作成された図であり，原地盤のN値と置換率a_s及び改良後の砂杭の中間地点のN値との関連を示している．

方法Bから方法Dは，相対密度D_rを介してN値から間隙比を推定する方法である．具体的な設計フローを**解図6-68**に示す．方法Bは60%粒径D_{60}を用いて最大間隙比e_{max}と最小間隙比e_{min}を推定し，間隙比eと相対密度D_rの関係を求め，改良前の原地盤のN値（N_0），目標N値（N_1）とその深度の有効応力（拘束圧）から置換率a_sを求める．

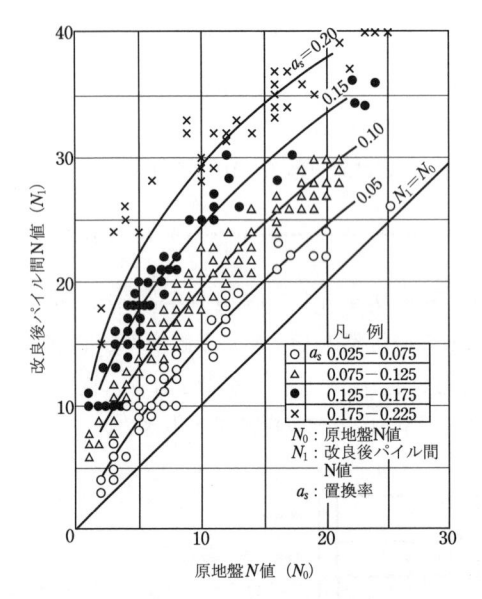

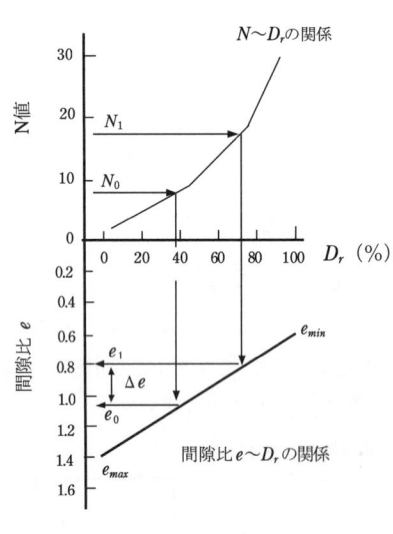

(a)実績に基づく簡易図表（方法 A）　　(b) N 値〜 D_r 〜 e 関係に基づく方法
　　　　　　　　　　　　　　　　　　　　　　（方法 B, C, D）

解図 6－67　SCP 工法の砂質土地盤に対する設計方法 [1]

　方法 C と方法 D は，方法 B の考え方を基本として，細粒分による改良効果の低減率を考慮した設計方法である。方法 C では，細粒分による改良効果の低減率 β を定義し，みかけの改良後の N 値を求めて置換率を求める。砂杭打設時に地盤は体積変化を生じないものと仮定しているが，実際には地盤中の細粒分含有率が増加すると，地盤の盛り上がりが生じ，その影響で締固め効果が減少する。方法 C は，この地盤の体積変化の影響が考慮されていない。

　一方，方法 D では**解図 6－69** のように砂杭打設後の地盤の変化を考え，有効締固め係数 R_c と定義したパラメータを導入した。有効締固め係数 Rc を地盤の細粒分含有率 F_c と関連付けることにより，e_1 及び D_{r1} について合理的な評価を行うことが可能となった。

　有効締固め係数 R_c を用いると，改良後の間隙比 e_1 は，**解図 6－69** に示すよ

－274－

ステップ	方法 B	方法 C	方法 D
原地盤のN値N_0と、改良後の目標N値N_1の設定			
最大間隙比e_{max}と最小間隙比e_{min}の設定	原地盤粒度(D_{60}またはD_p)より、e_{max}, e_{min}を求める。(D_pは頻度最大の粒径)	細粒分含有率Fc(%)よりe_{max}, e_{min}を下式より求める。$e_{max} = 0.02F_c + 1.0$　$e_{min} = 0.008F_c + 0.6$	細粒分含有率Fc(%)よりe_{max}, e_{min}を下式より求める。$e_{max} = 0.02F_c + 1.0$　$e_{min} = 0.008F_c + 0.6$
原地盤のN値N_0と相対密度D_{r0}より初期間隙比e_0の算出	N値〜拘束圧〜相対密度D_rと間隙比eの関係より、拘束圧を介して原地盤のN値に相当するe_0を読みとる。	原地盤N値N_0及び拘束圧σ_v'(kN/m²)から相対密度D_{r0}及びe_0を求める。$D_{r0} = 21\sqrt{N_0/(0.7 + \sigma_v'/98)}$　$e_0 = e_{max} - \dfrac{D_{r0}}{100}(e_{max} - e_{min})$	原地盤N値N_0と拘束圧σ_v'(kN/m²)及び細粒分による補正N値増分ΔN_fから相対密度D_{r0}及びe_0を求める。$D_{r0} = 21\sqrt{\dfrac{N_0}{0.7 + \sigma_v'/98} + \dfrac{\Delta N_f}{1.7}}$　$e_0 = e_{max} - \dfrac{D_{r0}}{100}(e_{max} - e_{min})$　ここで、ΔN_fは F_c(%)　ΔN_f 0〜5　0 5〜10　$1.2(F_c-5)$ 10〜20　$6+0.2(F_c-10)$ 20〜　$8+0.1(F_c-20)$
細粒分による締固め効果の低減に関する係数の算出		細粒分含有率による増加N値に対する低減率β'を求める。$\beta = 1.05 - 0.51 \log F_c$	細粒分含有率による増加N値に対する有効締固め係数Rcを求める。$R_c = 1.05 - 0.46 \log F_c$
改良後のN値N_1と相対密度D_{r1}より改良後の間隙比e_1の算出	N値〜拘束圧〜相対密度D_rと間隙比eの関係より、拘束圧を介して改良後のN値N_1に相当するe_1を読みとる。	低減率βを考慮して、細粒分がないと仮定したみかけのN値N_1'を求める。このN_1'に対応する間隙比をe_1として求める。$N_1' = N_0 + (N_1 - N_0)/\beta$　$D_{r1} = 21\sqrt{N_1'/(0.7 + \sigma_v'/98)}$　$e_1 = e_{max} - \dfrac{D_{r1}}{100}(e_{max} - e_{min})$	改良後の目標N値N_1と拘束圧σ_v'(kN/m²)及びΔN_fから相対密度D_{r1}及びe_1を求める。$D_{r1} = 21\sqrt{\dfrac{N_1}{0.7 + \sigma_v'/98} + \dfrac{\Delta N_f}{1.7}}$　$e_1 = e_{max} - \dfrac{D_{r1}}{100}(e_{max} - e_{min})$
改良前の間隙比e_0と改良後の間隙比e_1より置換率a_sの算出	次式により置換率a_sを求める。$a_s = \dfrac{e_0 - e_1}{1 + e_0}$	次式により置換率a_sを求める。$a_s = \dfrac{e_0 - e_1}{1 + e_0}$	有効締固め係数を考慮して置換率a_sを求める。$a_s = \dfrac{\Delta e}{R_c(1 + e_0)} = \dfrac{e_0 - e_1}{R_c(1 + e_0)}$

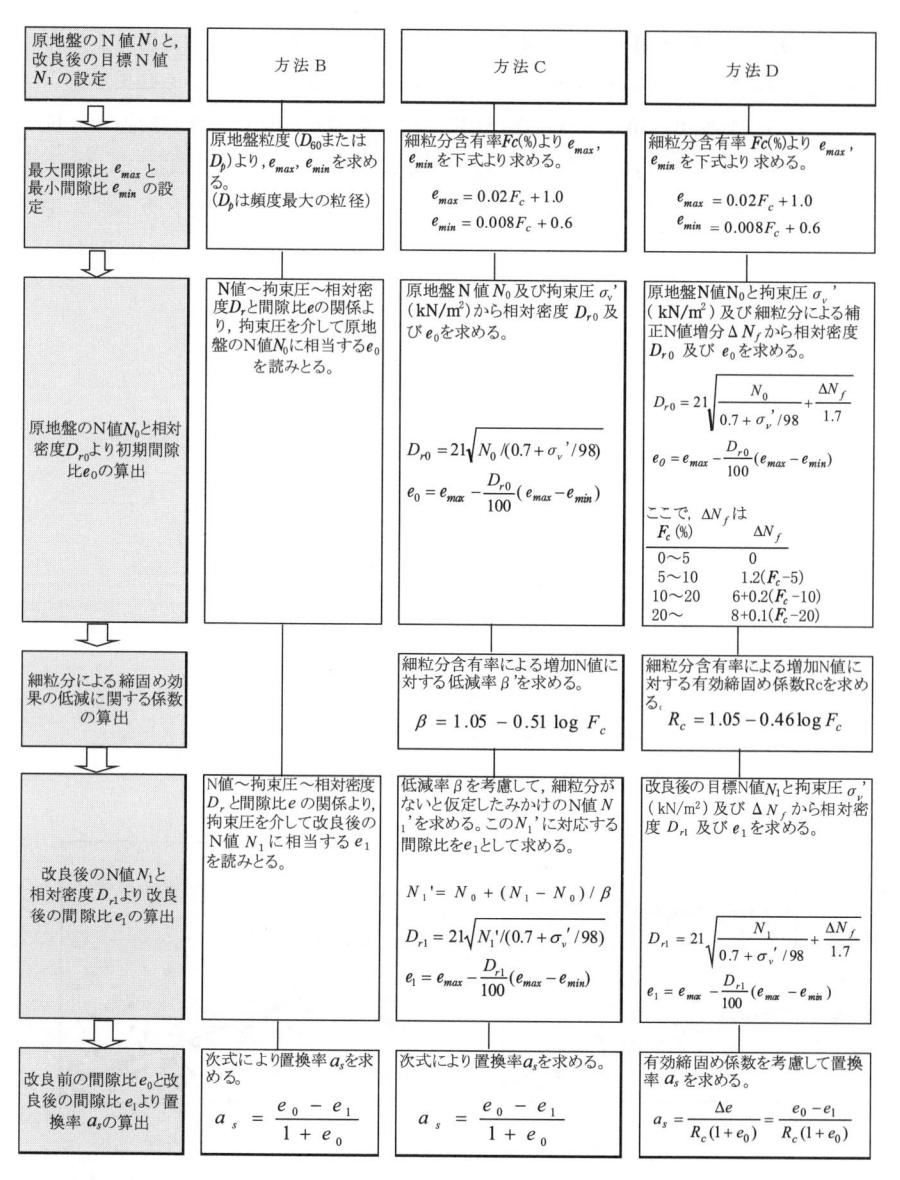

解図 6−68　SCP工法の砂質土地盤に対する設計方法の計算フロー[1), 10), 11)]

うに，$e_1 = e_0 - R_C \cdot (1+e_0) \cdot a_s$ となる。既存の現場実測データの分析より，有効締固め係数 R_C と細粒分含有率 F_C との相関関係が最も高いという結果が得られている。**解図6-70**(a)に振動式SCP工法，**解図6-70**(b)に静的締固め砂杭工法の細粒分含有率 F_C 〜有効締固め係数 R_C の関係を示す。

以上のように，方法Dにおける考え方が締固めの効果並びにメカニズムを最も忠実に再現していると考えられ，方法A〜方法Cは簡便法として位置づけ，改良率の算定には原則として方法Dを用いるのがよい。

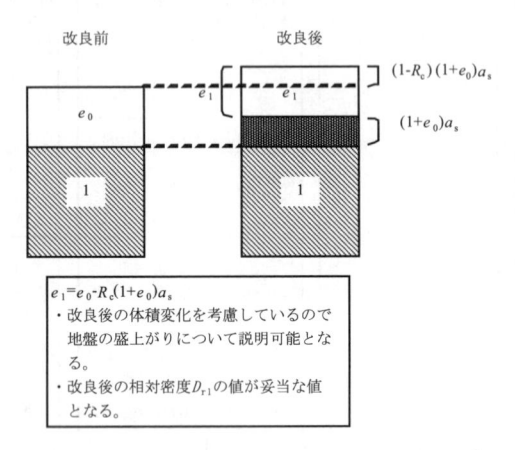

解図6-69 有効締固め係数 R_C の考え方 [12]

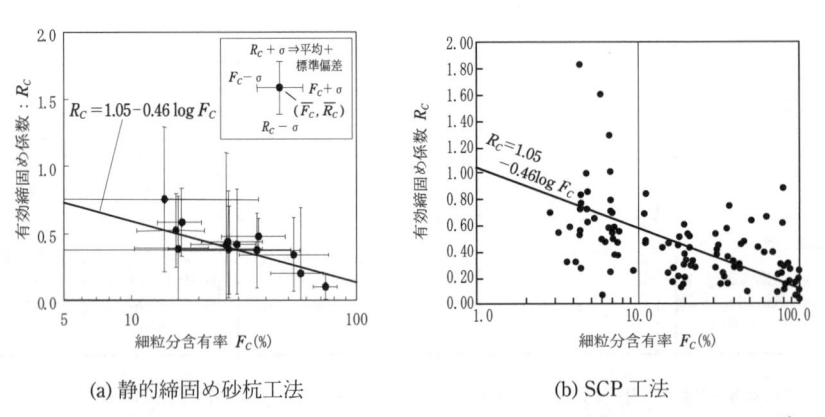

(a) 静的締固め砂杭工法

(b) SCP工法

解図6-70 F_C 〜 R_C 関係（(右) SCP工法（左）静的締固め砂杭工法）[12]

2) 粘性土地盤の場合

　粘性土地盤に砂杭が打設された複合地盤の沈下や盛土の安定照査に当たっては，砂杭への応力集中による沈下の低減とせん断抵抗の増加を考慮して検討する。また，複合地盤の圧密に伴う盛土の沈下速度は，サンドドレーンの場合と同様の考え方により求めることができる。

(i) 沈下に対する検討

　解図6-71及び**解図6-72**に示すように，面積Aの地盤中に断面積A_sの砂杭を打設した場合，面積Aに作用する平均載荷重をσ，砂杭及び粘性土部分に生ずる応力をそれぞれσ_s，σ_cとすると，次式が得られる。

$$\sigma \cdot A = \sigma_s \cdot A_s + \sigma_c \cdot (A - A_s) \quad \cdots\cdots\cdots\cdots\cdots\cdots\cdots\cdots\cdots (解6-11)$$

さらに，応力分担比を$n = \sigma_s / \sigma_c$，砂杭による置換率を$a_s = A_s/A$とすると，次の応力低減係数μ_cを得る。

$$\mu_c = \sigma_c / \sigma = 1/\{1 + (n-1) \cdot a_s\} \quad \cdots\cdots\cdots\cdots\cdots\cdots\cdots (解6-12)$$

　SCPを打設した場合，地盤に生じる最終沈下量は次式により求めることができる。

$$S_C \fallingdotseq \mu_c \cdot S \quad \cdots\cdots\cdots\cdots\cdots\cdots\cdots\cdots\cdots\cdots\cdots\cdots\cdots\cdots\cdots (解6-13)$$

ここに，
　　　　σ：複合地盤に作用する平均載荷重　（kN/m²）
　　　　σ_s：砂杭に作用する鉛直応力　（kN/m²）
　　　　σ_c：粘性土地盤に作用する鉛直応力　（kN/m²）
　　　　A：砂杭1本が受け持つ面積　（m²）
　　　　A_s：砂杭の断面積　（m²）
　　　　n：応力分担比
　　　　μ_c：応力低減係数
　　　　S：無処理地盤に生ずる最終沈下量　（m）
　　　　S_C：SCP改良地盤に生ずる最終沈下量　（m）

　無処理地盤に生ずる最終沈下量は，「5-3　常時の作用に対する沈下の照査」に述べられている方法を用いて求めてよい。また，圧密速度はサンドドレーンと同様の方法で計算されるが，置換率が大きい場合には，粘性土の乱れの影響

により圧密遅れが生じることがある。

(ⅱ) すべり安定に対する検討

解図6−72において，複合地盤内に生じたすべり面に沿う平均せん断強さは，次式により与えられる。

$$\bar{\tau} = a_s \cdot [\gamma_s \cdot z + \sigma \cdot n/\{1+(n-1) \cdot a_s\}] \cdot \cos^2\alpha \cdot \tan\phi$$
$$+ (1-a_s) \cdot \{c_u + m \cdot [p_0 + \sigma \cdot \{1+(n-1) \cdot a_s\} - p_C] \cdot U\} \quad \cdots (解6-14)$$

ここに，

z：すべり面の深度 (m)
a_s：砂杭による置換率
γ_s：砂杭の単位体積重量 (kN/m³)
ϕ：砂杭のせん断抵抗角 (°)
n：応力分担比
σ：複合地盤に作用する荷重 (kN/m²)
α：すべり面が水平となす角度
c_u：粘性土の初期粘着力 (kN/m²)
m：粘性土の強度増加率
p_0：土かぶり圧 (kN/m²)
p_C：先行圧密応力 (kN/m²)
U：粘性土部分の圧密度

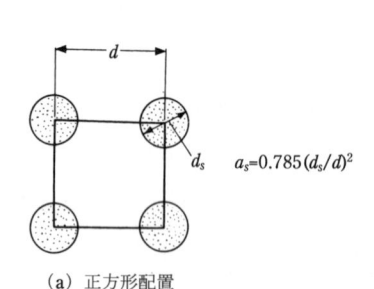

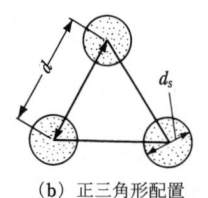

(a) 正方形配置　　$a_s=0.785(d_s/d)^2$

(b) 正三角形配置　$a_s=0.907(d_s/d)^2$

解図6−71　サンドコンパクションパイルの配置 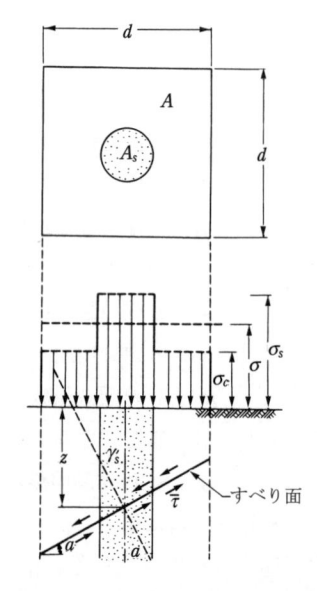　　解図6−72　応力集中の説明図

実際の設計に際しては,「5-4　常時の作用に対する安定の照査」に示されている方法に従い,**解図 6-73** に示すように対象地盤を分割し,ブロックごとに盛土による平均増加応力を求めてせん断抵抗を計算し,すべり破壊に対する所要の安全率が得られるように砂杭を配置する[13]。

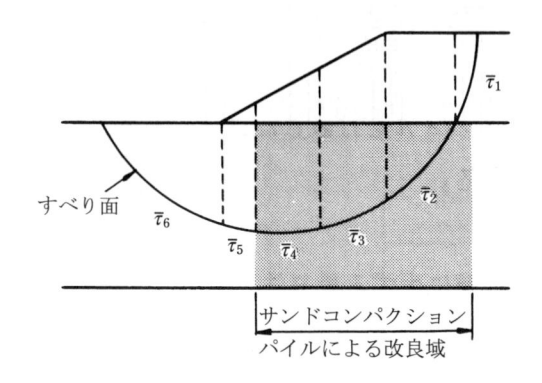

解図 6-73　すべりに対する検討

(3) **施工**

SCP 工法の施工は,主として**解図 6-74** に示すようにケーシングパイプの引抜きと打戻しを繰り返して砂杭を造成する方法(打戻し締固め方式)が用いられている。

陸上工事における改良深度は**解図 6-75** に示すようにサンドドレーン工法と同じく,標準施工機械で 25m,特殊施工機械で 45m 程度であり,ϕ 400mm〜ϕ 500mm のケーシングパイプを用いて ϕ 700mm 程度の砂杭を造成する。**解図 6-74** の中にはケーシングの先端軌跡を示している。サンドドレーン工法と違って,SCP 工法ではケーシングパイプの打戻しの手順が加わることが特徴である。

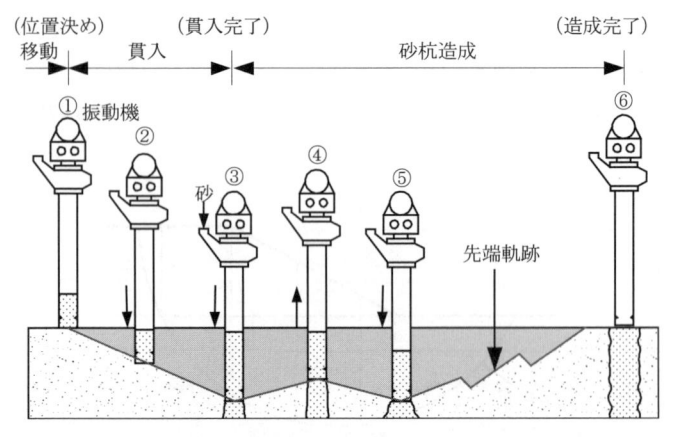

解図6-74　SCP工法の施工手順[1]（打戻し締固め方式）

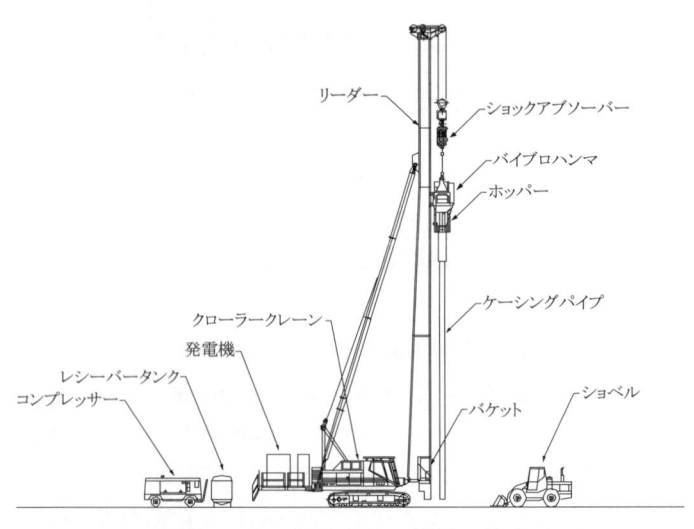

解図6-75　振動式施工機械の構成

(4) 設計・施工上の留意点
1) 設計上の留意点
(i) 応力分担比 n 及び改良率 a_s
　式（解6-12）により a_s 及び n が大きいほど粘性土に加わる応力 σ_c は減じ、

沈下を低減させる効果が大きい。しかし，大きい置換率a_sを採用すると，砂杭の周辺の粘性土を乱し，強度や圧密係数c_v等の低下を引き起こして改良効果が相殺されることがある。

また，応力分担比nの値は地盤の特性，載荷に対する位置及び経過時間等によって異なるが，応力分担比nの値は砂杭の場合は3，砕石杭の場合は4を採用することが多い。

(ii) 砂杭の材料

砂杭に用いる砂または砕石材料は，**解図6－76**の粒度分布の範囲であることが望まれる。圧密促進効果を期待する場合には，細粒分の含有率が小さく，透水性が大きい粒度分布の良い材料が望ましい。また，粒形は角ばっていて締固め効果が大きい材料が好ましい。ただし，液状化対策に用いる場合等では，細粒分含有率10%程度のものも使用されている。

(iii) 粘性土地盤での打設による乱れとその後の強度増加

粘性土地盤の場合，杭の打設によって粘性土が撹乱されて強度が著しく低下する場合があるので，原位置試験等を実施して粘性土の強度の回復状況を確認した後，盛土の施工を行うことが望ましい。しかし最近では，その後の強度回

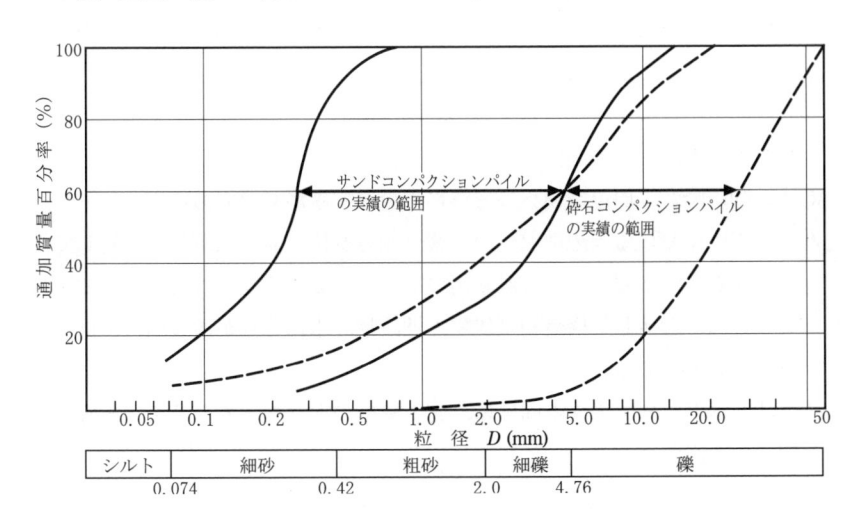

解図6－76 SCP砂杭材料の粒径実績範囲[14]

復とさらに続く原地盤以上の強度増加を設計に積極的に用いた事例も報告されている。特に鋭敏でない粘性土では，施工直後に砂杭周辺地盤で発生する過剰間隙水圧が消散することによって圧密により粘性土の強度が増加する。これを設計に積極的に取り込むことで，プレロード量の低減等を図ることが可能となる。ただし，設計で考慮する場合には，施工後の時間経過を考慮する必要がある[15),16)]。

(iv) 砂質土地盤における液状化抵抗の評価

砂質土地盤をSCPにより締め固めた地盤では，通常は砂杭間のN値を用いて液状化抵抗を評価しているが，複合地盤として砂杭の杭芯のN値も考慮する考え方もある。詳細な調査を実施することにより，その効果を考慮できる可能性がある。

2) 施工上の留意点

① 砂杭の打設位置（間隔），深度を綿密に管理する。
② 打設された砂杭が所定の直径に造成されているか否かを，投入砂量と仕上がりの深さの関係（各深度ごと）から確認する。
③ 粘性土地盤の場合，砂杭の打設によって粘性土が撹乱されて強度が著しく低下する場合があるので，原位置試験等を実施して粘性土の強度の回復状況を確認した後，盛土の施工を行うことが望ましい。
④ 被圧帯水層に砂杭を貫入すると，砂杭に沿ってボイリングを生ずることがあるので注意する必要がある。
⑤ 振動，騒音等周辺環境への影響に十分な配慮が必要である。
⑥ 施工中における周辺地盤への影響（側方変位，盛り上がり）に対して十分に配慮し，必要に応じて遮断用のトレンチを掘るなどの対策が必要である。特に，近接して構造物（建家，埋設物，水路等）がある場合には，注意する必要がある。
⑦ サンドドレーン工法と同様に，施工機械のトラフィカビリティー確保に留意する必要がある。

(5) **品質及び施工管理**

　SCP工法に用いる材料については，所定の粒度分布の範囲に入る材料を選定し，定期的に抜取りによる管理試験を行わなければならない。

　SCP工法の施工に当たっては，適切な頻度で打設位置と間隔，打設順序を確認するとともに，打設深度と砂投入量，打ち止め深さ等を計測し，深度ごとに打設された砂杭が所定の直径に造成されていることを確認・記録しなければならない。打設時の打設深度等の記録は全本数について行うのが一般的である。

　改良効果の確認及び品質管理として，砂杭及び砂杭間のサウンディング試験を行うことが多い。

(6) **効果の確認**

　SCP工法では，砂質土地盤においては締固め効果を，粘性土地盤においては圧密沈下の促進効果や圧密による強度増加の効果を確認する。

1) 砂質土地盤の締固め効果

　砂質土地盤の締固め効果については，砂杭間地盤の標準貫入試験等によって確認することが多い。ただし，砂質土地盤内に粘性土分を含む場合には，施工直後では施工に伴う間隙水圧の影響が残る場合があるので，しばらく時間をおく方がよい。

　所要の砂杭間地盤の締固め効果が得られていないと判断された場合は，その原因を調査するとともに，増杭の打設を行うなどの対策を検討する。

2) 粘性土地盤の改良効果

　粘性土地盤の圧密の促進及び強度増加の効果については，盛土施工後の動態観測や砂杭芯の強度を標準貫入試験（N値）等で調査する。所要の圧密の促進及び強度増加の効果が得られない場合は，使用している砂の品質や地盤状況について調査し，その原因を明らかにするとともに，強制排水工法を追加するなど適切な対策を検討する。

6-4-2 振動棒工法

> 振動棒工法の適用に当たっては,土工構造物の安定性を確保できるように改良範囲,改良深度及び打設間隔を適切に設定しなければならない。

(1) 工法と原理

　振動棒工法は,砂質土地盤の支持力増加や液状化防止を目的として,**解図6-77**に示すようにロッドに取り付けられた起振機でロッドを振動させながら地中に貫入させ,起振機の振動をロッドを介して地盤に伝播し,締固めを行うものである。

　締固めにより生じた打設地点の孔には,トラクターショベルにより砂利や粗砂等を補給する。ロッドは,振動を地盤に十分に伝えるため種々の形状のものが考案されている。

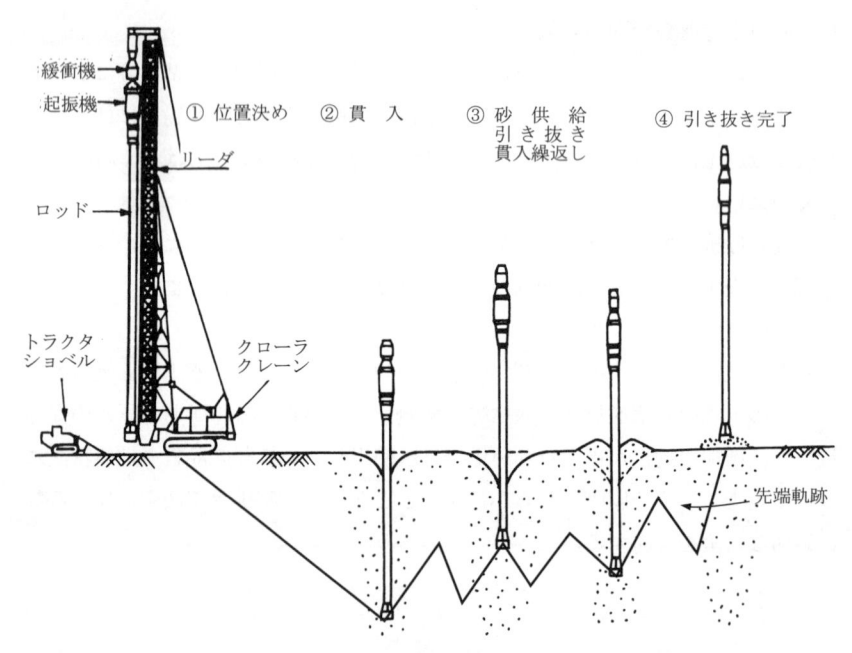

解図6-77　振動棒工法の施工手順

(2) 設計

　振動棒工法の設計は，補給する砂の量を改良杭径 50cm 〜 60cm で換算し，SCP 工法の砂質土地盤に対する考え方と同様に，改良後に必要な N 値を設定して打設間隔等が計算されるが，通常は試験施工によって最適な改良仕様を決める。一般的な打設間隔は，1.3m 〜 2.5m であり，改良深度は 25m 程度まで可能である。

(3) 設計・施工上の留意点

　振動棒工法を適用するに当たっては，以下の項目に留意する必要がある。
① 振動棒工法は，振動により砂質土地盤を締め固める工法であるため，75μm 以下の細粒分が多くなると改良効果が減少する。特に，振動棒工法を細粒分が 15% 以上の地盤に適用する場合には注意が必要である。
② 振動棒工法は，起振機でロッドを地盤中に振動圧入する工法であるため，施工時の振動，騒音及び地盤の側方変形に対して留意し，必要があれば施工前に対策を検討する。

(4) 品質及び施工管理

　「サンドコンパクションパイル工法」と同様である。

(5) 効果の確認

　砂地盤の締固め効果については，振動棒の施工位置の中間の位置で標準貫入試験等により確認することが多い。所要の締固め効果が得られていないと判断された場合は，その原因を調査するとともに，増杭の打設を行うなどの対策を検討する。

6-4-3 バイブロフローテーション工法

> バイブロフローテーション工法の適用に当たっては，土工構造物の安定性を確保できるように改良範囲，改良深度及び打設間隔等を適切に設定しなければならない。

(1) 工法と原理

バイブロフローテーション工法は，砂質土地盤の支持力増大及び液状化防止を目的として，棒状のバイブロフロットを地盤中で振動させながら水を噴射し，水締めと振動により地盤を締め固め，同時に，生じた空隙に砂利等を補給して地盤を改良する工法である。

施工順序は，**解図 6-78** に示すとおりである。バイブロフロットを所定の位置に立て，先端のウォータジェットと振動により所定の深さまで貫入させる。貫入が終ると先端のウォータジェットをゆるめ，締固めの効果を上げるため横噴きのウォータジェットを作動させる。振動と横噴きのウォータジェットにより地盤が締め固まり，フロット周辺に隙間が生じるので砂利等の補給材を投入する。十分に締め固めた後，50cm 程度フロットをゆっくり引き上げ，再び補給材を投入する。以下順次，下部から地表まで作業を繰り返して補給材を投入し，表層まで地盤を締め固める。

バイブロフロットは直径約 25cm の棒状の振動機で，フロット先端部の内蔵型モータにより水平振動を起こす構造となっており，出来上がり径（改良杭の平均直径）は 60～65cm である。

(2) 設計

設計は SCP 工法と同様に改良後に必要な N 値を設定して打設間隔及び補給材の必要量等を決定する。実際の施工に当たっては，盛り上がりが発生するため，施工実績に基づいて細粒分含有率ごとに補正値を設定して補給材必要量の割増しを行う。本施工に当たっては，事前に試験施工によって最適な改良仕様を確認するのが望ましい。

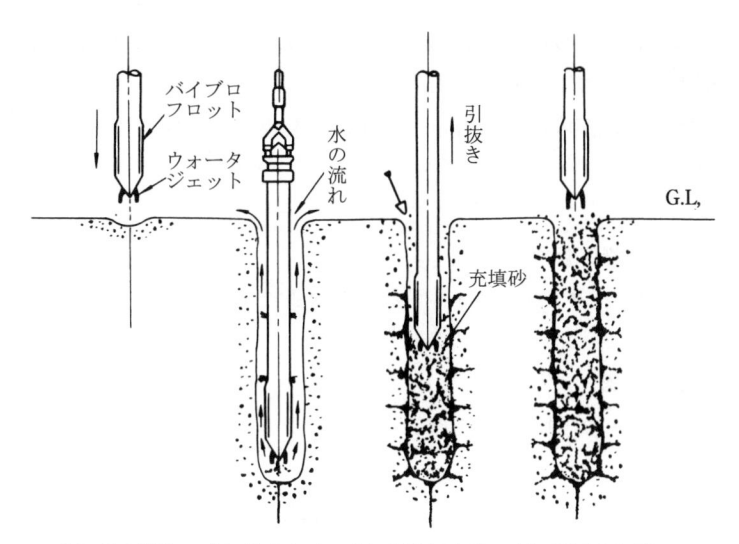

(a) 貫入開始　(b) 貫入完了　(c) 補給材充填　(d) 締固め完了

解図 6-78　バイブロフローテーション工法の施工手順

(3) **設計・施工上の留意点**

バイブロフローテーション工法を設計・施工するに当たっては，以下の事項に留意する必要がある。

① 地盤中にシルトの薄層等があると，その部分で改良杭にくびれが生じ補給材の落下に支障を与えるので，ロッドにリングを付け，シルト層に大きな穴をあけるなどの対策を行う必要がある。

② 地表面付近では締固めが困難であるが，土工構造物の安定に重要な部分であるので，十分注意して施工するとともに，バイブロフローテーションの施工後，ローラ等で転圧する必要がある。

③ 補給材としては砕石，砂利及び鉱さい等が多く使われている。なお粒径は大きいものがよいが，最大粒径が 5cm を越えるとかえって締固め効果は悪くなるといわれている。

④ 近接して構造物等がある場合，締固め時の振動による影響範囲を十分考慮した計画と対策が必要である。

⑤ 適用される砂質土地盤の細粒分含有率が多くなるにつれて，改良効果が低下するので注意する必要がある。
⑥ 改良可能深度は深さ 18m，N 値が 20 程度までの地盤であるといわれている。

(4) **品質及び施工管理**
「サンドコンパクションパイル工法」と同様である。

(5) **効果の確認**
砂質土地盤の締固め効果を確認する。確認方法は「6-4-2 振動棒工法」と同様である。
所要の効果が得られていないと判断された場合は，その原因を調査するとともに，増杭の打設を行うなどの対策を検討する。

6-4-4 バイブロタンパー工法

> バイブロタンパー工法の適用に当たっては，土工構造物の安定性を確保できるよう改良範囲及び転圧時間等を適切に設定しなければならない。

(1) **工法と原理**
バイブロタンパー工法は，砂質土地盤の支持力増大及び液状化防止を目的として，強力な起振機とタンパーとを組み合わせ密度増大を図る工法であり，表層より 3～5m の地盤の締固めを対象としたものである。振動締固め工法（SCP工法や振動棒工法等）が採用された場合，表層部では拘束圧が小さいため，締固めが十分になされないことがある。バイブロタンパー工法は，その際の補助的工法として使用される場合が多い。施工機械は，クローラクレーンで起振機付きタンパーを吊るタイプ（設置タイプ）が主流であり，機動性に優れているので，広域大規模施工はもとより狭い場所での施工も可能である。また，盛土等の転圧を対象とするけん引タイプもある[1]。

(2) 設計

　バイブロタンパー工法の設計は，改良後に必要なN値もしくは密度の増加量を設定し，それを満足するために必要な振動エネルギー（タンパーの転圧回数と時間）を決定する。バイブロタンパー工法では他工法と比較して容易に試験施工が可能であり，従来から試験施工で，その転圧回数や時間が設定されてきている。現地の試験施工で改良仕様を設定する方法としては，地表面の沈下量で判断する方法とサウンディング等の土質調査で地盤の強度から評価する方法がある。前者は，転圧時間を変えて施工し，地表面の沈下量を測定する。その結果，得られた転圧時間〜地表面沈下量の関係をもとに，地表面沈下量がほぼ一定となる最大締固め状態の90%程度の締固め状態となる転圧時間を，改良仕様として決定する。**解図6－79**に測定例を示す。

　もう一つの方法として，施工後実際に土質調査（標準貫入試験等）を実施し，改良効果を確認後，転圧時間（回数）を設定する方法がある。**解図6－80**は大型動的コーン貫入試験の結果を示しており，同図より転圧回数が増加するほど，地盤改良後のN_d値が上昇していることがわかる。この現場では，3回以上の転圧で目標N値を満足したことから，本施工では改良仕様として3回転圧が設定された。

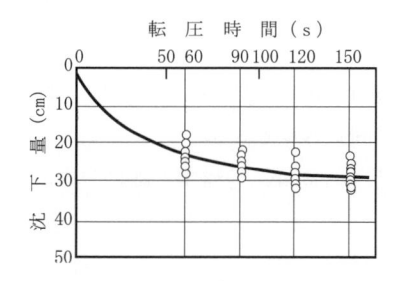

解図6－79 転圧時間と沈下量の測定事例 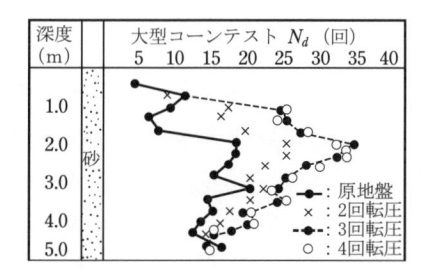　　**解図6－80** 転圧回数と大型動的コーン貫入試験結果の事例

(3) 施工

　一般的な施工機械（起振機 出力75kw，/タンパーの有効面積4m²（2m×2m））を**解図6－81**に示す。岩砕等の粗粒材を含む場合，また大規模な施工が必要な

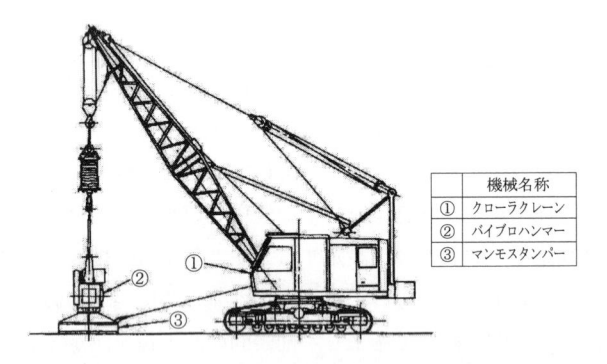

解図6-81　バイブロタンパー工法の標準的な施工機械の構成

	機械名称
①	クローラクレーン
②	バイブロハンマー
③	マンモスタンパー

場合，クローラクレーンを大型にするとともに，起振機の出力も大きくし，タンパーの有効面積を9m²（3m×3m）程度にした施工機械を使う場合もある。

(4) 設計・施工上の留意点
　① 　地表面がゆるく，施工途中で振動により沈下が生じやすい場合，間隔を置いたタンピング（飛び施工）により行い，試験施工にてその間隔を決定する。
　② 　所定の転圧時間で施工されたことを確認するため，起振機の消費電力及び転圧時間を表示する記録計にて管理する。
　③ 　施工場所によっては周辺に及ぼす振動・騒音の調査を実施する。なお，施工時の振動については，SCP工法と同レベルである。
　④ 　改良効果については，他の締固め工法と同様，地盤中に細粒分を多く含むと，その改良効果が低減する。

(5) 品質及び施工管理
　バイブロタンパー工法の施工に当たっては，施工位置と起振機の消費電力及び転圧時間を確認しなければならない。これらの記録は全本数について実施するのが一般的である。改良効果の確認及び品質管理として締固め状況を確認する。

(6) 効果の確認

　砂質土地盤の締固め効果については，標準貫入試験等によって確認することが多い。所要の締固め効果が得られていないと判断された場合は，追加転圧を行うなどの対策を検討する。

6-4-5　重錘落下締固め工法

> 重錘落下締固め工法の適用に当たっては，土工構造物の安定性を確保できるよう改良範囲，重錘質量，落下高さ，打撃点間隔及び落下回数等を適切に設定しなければならない。

(1) 工法と原理

　重錘落下締固め工法は，ゆるい砂質土地盤や礫質地盤の沈下低減や液状化防止，また廃棄物処分場の跡地利用のために廃棄物混じり土地盤の締固め等を目的として，質量 50～300kN，底面積 2～4m² 程度の重錘を大型クレーンで 10～30m の高さから自由落下させ，その時に地盤に与えられる衝撃力と振動により，地盤を締め固める工法である（**解図 6-82** 参照）。本工法の改良可能深度は 10～15m であり，重錘質量及び落下高さにもよる。我が国では最大改良深度 20m の実績がある。

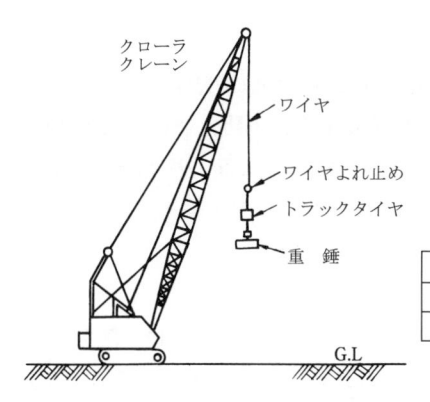

名称	仕様
重錘	10～25トン
クローラクレーン	100～250トン吊り

解図 6-82　重錘落下締固め工法の施工機械の構成

施工は，数m～十数m間隔で打撃点を設け，打撃点ごとに数回ハンマーを落下させ，落下によって生ずる打撃孔を埋め戻すことにより行う。このような施工を改良目的及び改良の程度に応じて何度か繰り返す。また，施工の終了時には表層部を締め固めるため，落下高さを小さくして敷地全面を軽く打撃し，仕上げをする。

(2) 設計

重錘落下締固め工法の設計は，改良後に必要なN値や密度の増加量に対して，重錘落下の仕様（質量，落下高さ及び落下回数）を設定することにあるが，各種の地盤条件に対応して重錘落下の改良仕様を定める手法が確立されるに至っていない。そのため，本工法の改良仕様の決定に当たっては，試験施工を行うとともに，施工中も確認調査が必要である。

(3) 設計・施工上の留意点

重錘落下締固め工法の適用に当たっては，特に以下の項目に留意する必要がある。

① 細粒分含有率の多い地盤に対しては，改良効果が減じるとされており，このような地盤の場合には，落下高さや打撃地点間隔の設定に注意が必要である。
② 工事区域周辺に構造物等がある場合，衝撃により生ずる振動により変状をきたすおそれがあるので，必要に応じて対策を講じる。
③ 地下水位が高く，打撃孔に溜まった地下水を重錘が直接打撃する場合，打撃効果は大幅に低下する。このため，打撃効果の低下防止並びに施工機械のトラフィカビリティーの確保のため，地下水位が施工面より1.5m～2.0m下になるようにサンドマットを敷設する必要がある。

(4) 品質及び施工管理

重錘落下締固め工法の施工に当たっては，打撃位置と重錘の重量，落下高さ及び打撃孔の深さ（重錘の貫入量）を確認しなければならない。これらの記録は全箇所について実施するのが一般的である。

(5) 効果の確認

　地盤の締固め効果については，標準貫入試験等によって確認することが多い。所要の締固め効果が得られていないと判断された場合は，追加の打撃を行うなどの対策を検討する。

6－4－6　静的締固め砂杭工法

> 　静的締固め砂杭工法の適用に当たっては，土工構造物の安定性を確保できるよう改良範囲，改良深度，投入材の種類，改良率及び打設間隔を適切に設定しなければならない。

(1) 工法と原理

　静的締固め砂杭工法は，SCP 工法と同様に砂質土地盤では支持力増加や液状化防止，粘性土地盤では支持力増加，圧密の促進や圧密沈下量の低減を目的として適用される。施工方法は，SCP 工法等のように振動エネルギーを用いた動的な圧入ではなく，ケーシングの昇降及び回転エネルギーを用いた静的な圧入によって締固め砂杭を造成する工法である（**解図 6－83** 参照）。

　静的締固め砂杭工法には，以下のような特徴がある。

① 振動エネルギーを用いる工法に比べて，周辺地盤変位や構造物への変位の影響が少ない。

② 振動エネルギーを用いる工法に比べて振動や騒音がきわめて小さい（**解図 6－1，解図 6－2**）。このため，市街地や構造物近接地での施工も可能である。

③ SCP 工法と同様の改良目的で使用できる。

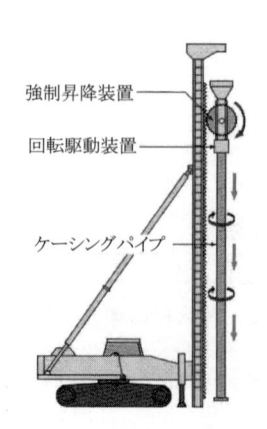

解図6-83　静的締固め砂杭工法の施工機械の構成

(2) 設計

　砂地盤の締固めにおいて，SCP工法と同等の改良効果が得られることから，置換率の算定にはSCP工法と同じ方法が用いられている。

(3) 施工

　静的締固め砂杭工法の施工方法には，**解図6-83**に示すような回転駆動装置によってケーシングを回転するとともに，強制昇降装置によってケーシングに圧入力を加えることで砂杭を造成する工法（施工過程は通常のSCP工法と同等）や，ケーシング先端に特殊な掘削拡径ヘッドを装備し砂杭を造成する工法がある[13]。

(4) 設計・施工上の留意点

　静的締固め砂杭工法の施工性はSCP工法とほぼ同様であるが，N値30以上の硬質地盤では貫入補助が必要な場合があり，事前に試験施工を行うなど十分な検討が必要である。

(5) 品質，施工管理及び効果の確認

　静的締固め砂杭工法の使用材料の品質管理及び施工管理は SCP 工法と同様に実施する。また，効果の確認は，SCP 工法と同様に砂質土地盤においては締固め効果，粘性土地盤においては圧密の促進や圧密による強度増加の効果について確認する。

6－4－7　静的圧入締固め工法

> 静的圧入締固め工法の適用に当たっては，土工構造物の安定性を確保できるよう改良率，改良範囲及び圧入間隔等を適切に設定しなければならない。

(1) 工法と原理

　静的圧入締固め工法は，砂質土地盤の液状化防止を目的として，**解図 6－84** に示すように極めて流動性の低い注入材（ソイルモルタル）等を地盤中に強制的に圧入し，固化杭を造成して地盤を締め固め，密度を増加させる工法である。

　静的圧入締固め工法には，以下のような特徴がある。
① 振動エネルギーを用いる工法に比べて，周辺地盤や構造物への変位の影響が少ない。
② 振動エネルギーを用いる工法に比べて振動や騒音がきわめて小さい。

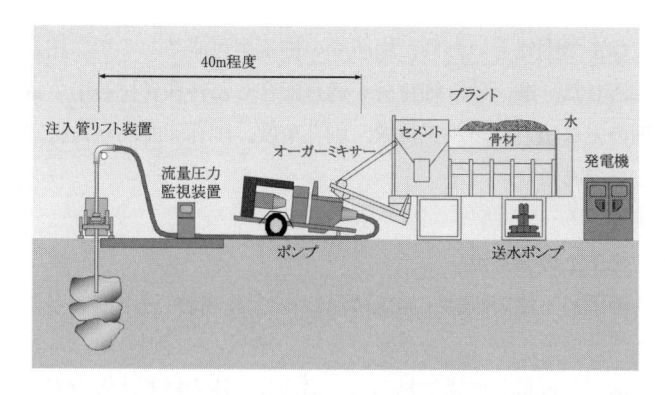

解図 6－84　静的圧入締固め工法の模式図

③ 設備がコンパクトで狭い箇所,高さ制限のある箇所でも施工が可能である。
④ 注入を鉛直だけでなく斜め方向に施工することも可能である。

(2) 設計

設計では,改良後に必要な N 値を設定して,必要な改良率を求める。改良率の算定は,SCP 工法の設計法に準じる。実際の施工では,地盤中における固化杭の形状はいびつな球根状となるが,円柱状の杭と仮定し,平均の杭径を「換算改良径」とし,SCP 工法と同様に,改良対象土量に対する固化杭量（注入量）の比率である改良率を定める。この改良率に応じて注入量（換算改良径）と打設間隔（改良間隔）を設定する。標準的には,換算改良径を 0.4m 〜 0.8m,打設間隔を 1m 〜 2m 程度の範囲としているが,通常は試験施工によって改良仕様を決める。改良効果は,地盤の細粒分含有率に大きく影響されるため十分留意する必要がある。

(3) 施工

施工は,小型のボーリングマシンを用いて小口径（外径約 70mm）ロッドにより削孔し,特殊注入ポンプを用いてモルタルを地盤中に注入する。したがって,対象地盤の上部に硬い地盤が存在しても容易に貫通し,改良を行うことができる。地盤変位や構造物への影響が比較的少なく,既設構造物の直下,直近地盤等のこれまで困難といわれた場所での施工が可能である[17]。注入材料には地盤条件に応じた,礫,砂,細粒分を適宜配合した特殊骨材を用いる。

施工管理の主な項目は,施工位置,削孔角度,削孔深度,注入材,注入量及び地盤変位等である。

(4) 設計・施工上の留意点

静的圧入締固め工法の設計・施工に当たっては,特に以下のことに留意する必要がある

① 改良範囲に近接して構造物がある場合は,注入材や注入填充された地盤の膨張及び土中の間隙水圧の上昇等により,変形・変状を生じることもあ

り，注入圧力，注入量の管理並びに周辺構造物の変状に注意して行う必要がある。
② 注入材が注入範囲外に流出すると，地下水の汚染等周辺環境へ影響を及ぼすこともあるので，地下水及び公共用水域等の水質監視を工事前，工事中及び工事後に適時行う必要がある。

(5) 品質及び施工管理

注入材料の品質については，定期的に抜取りによる管理試験を行う。

施工に当たっては，打設位置と間隔を確認するとともに，打設深度と注入材の圧入量及び圧力を管理して，深度ごとに圧入された改良杭が所定の換算改良径に造成されていることを確認する。

(6) 効果の確認

砂質土地盤の締固め効果については標準貫入試験等によって確認することが多い。所要の締固め効果が得られていないと判断された場合は，追加圧入を行うなどの対策を検討する。

6－5 固結工法

> 固結工法は，セメント等の固化材による化学的固結作用あるいは人工的な凍結作用に基づいて軟弱地盤を固結させることにより，支持力の増大，変形の抑制及び液状化防止を目的とするものである。各工法の設計・施工は，それぞれ「6－5－1」～「6－5－6」に従うものとする。

固結工法には，表層混合処理工法，深層混合処理工法（機械攪拌工法），高圧噴射攪拌工法及びその他の固結工法（石灰パイル工法，薬液注入工法及び凍結工法）等がある。セメントや石灰系等の固化材を土中に入れて化学反応を利用するものや人工的に地盤を凍結するもので，施工や改良効果の迅速性，確実性から多種多様な工法が用いられている。工法の選定に当たっては，留意すべき条件を十分考慮したうえで，最も目的に適合し経済的な対策工法の選定をし

なければならない．最近では 10m 程度の深さまで改良できる表層混合処理機が開発実用化されるなど，様々な固結工法が新たに開発され，その適用範囲が拡大している．

なお，固化材と原地盤土との混合を図るものについては，事前の室内試験において配合の検討が必要なことはいうまでもないが，地盤の不均質性と施工の不確実性等に起因し，改良体の品質にばらつきが生じるリスクもあることに留意する必要がある．

6-5-1 表層混合処理工法

> 表層混合処理工法の適用に当たっては，土工構造物の安定性を確保できるよう改良範囲，改良深度，改良体形状，改良体強度及び固化材等を適切に設定しなければならない．

(1) 工法と原理

表層混合処理工法は，表層部分の軟弱なシルト・粘土と固化材（セメントや石灰等）とを攪拌混合することにより改良し，地盤の安定やトラフィカビリティーの改善等を図るものである．

表層混合処理工法は，**解図 6-85** のように，原位置混合処理と搬出混合処理に大別できる．

原位置混合処理は，固化材の供給方式でスラリー式と粉体式がある．また**解図 6-86**(a)に示すように，さまざまな攪拌・混合機やバックホウ等を用いて原位置で攪拌混合するもので，改良地盤の諸条件により最適な工法を選定することが可能である．また，最近では 10m 程度の深さまで改良できる縦型攪拌施工機（トレンチャ式）も開発実用化されている．搬出混合処理は，**解図 6-86**(b)に示すように掘削によって搬出した表層土にプラント内でセメント等の固化材を加えて攪拌・混合し，改良して埋め戻すものである．

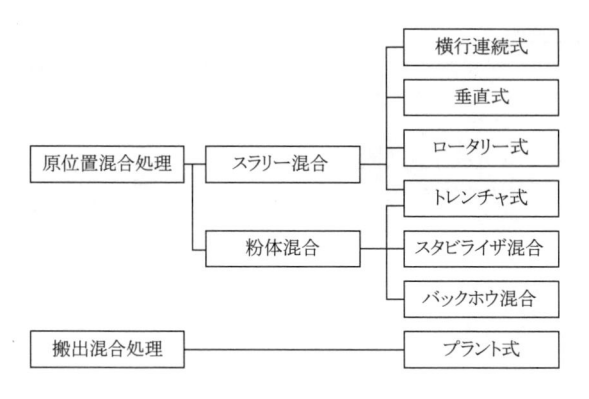

```
原位置混合処理 ─┬─ スラリー混合 ─┬─ 横行連続式
                │                ├─ 垂直式
                │                ├─ ロータリー式
                │                
                └─ 粉体混合 ─────┬─ トレンチャ式
                                 ├─ スタビライザ混合
                                 └─ バックホウ混合

搬出混合処理 ──────────────────── プラント式
```

解図 6-85 表層混合処理工法の分類

(2) **設計**

　表層混合処理工法の改良目的は，地盤の安定やトラフィカビリティーの改善であり，これに応じて適切な設計を行う。具体的には，最初に荷重条件を設定して支持力等の検討を行い，改良範囲や改良深度及び設計強度等を決定する。次に原地盤の土を用いて，目標とする設計強度が得られるように固化材の種類と配合量を室内配合試験で決定する。改良形式は固化盤を形成する全面改良が一般的であり，配合の決定に当たっては，室内配合試験の強度と現地での強度との相違を考慮する[19]。

(3) **施工**

　表層混合処理工法には，**解図 6-86** に示す各種の施工法があり，地盤の土質性状，改良深さ，処理土量等に応じて適切な方法を選定する必要がある。

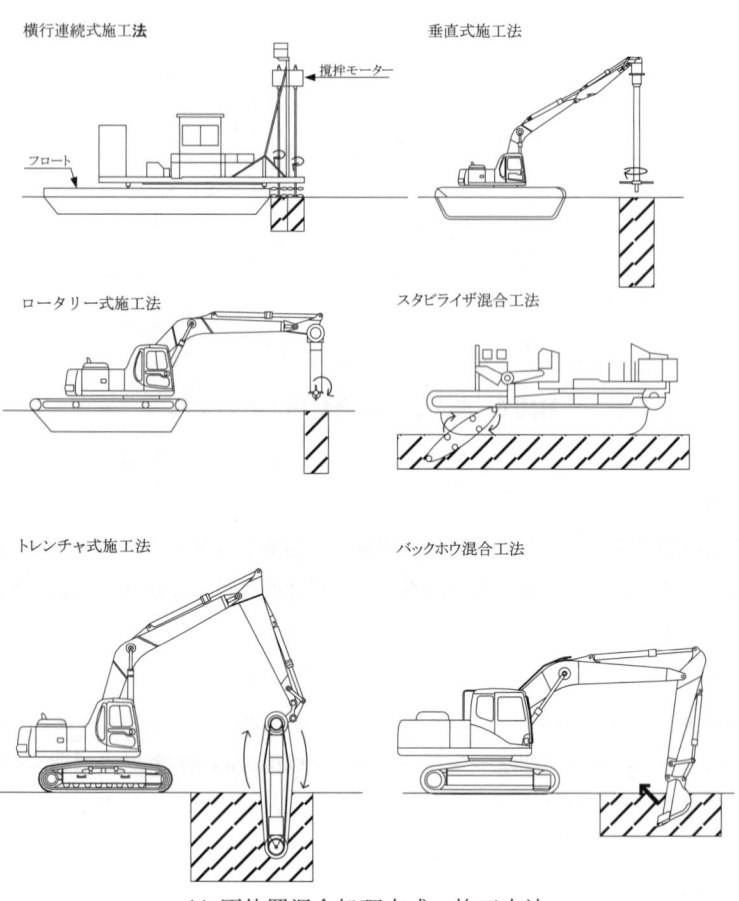

(a) 原位置混合処理方式の施工方法

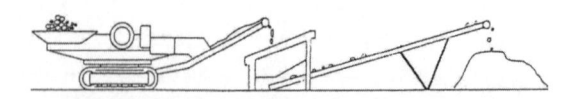

※搬出混合処理に使用する自走式撹拌機の例
(b) 搬出混合処理方式の施工方法

解図6-86　表層混合処理工法の施工法

(4) **設計・施工上の留意点**
① 改良体の強度やそのばらつきは，主に固化材の供給量，撹拌・混合の良否の影響を受けるため，施工中は，固化材の供給量及び撹拌時間・回転数等の撹拌作業に関する項目についての施工管理を十分に行う必要がある。
② 地盤表面が軟弱である場合，施工機械によっては不安定になり転倒するおそれもあるため，事前に施工機械のトラフィカビリティーが確保できることを確認しておく必要がある。
③ 本工法で固化材としてセメントやセメント系固化材を用いる場合，六価クロムの溶出に留意する必要がある。
④ 本工法で固化材を粉体で地表面に撒布する場合，粉塵が発生するおそれがある。また，生石灰では発熱を伴うので，作業員の安全対策や周辺環境に対する防塵対策に留意する必要がある。
⑤ 搬出混合処理方式に当たっては，軟弱土の掘削を伴うため，斜面の安定や盤ぶくれ及び周辺の地下水位低下等に留意する必要がある。

(5) **品質及び施工管理**
表層混合処理工法では，固化材の品質を定期的に確認しなければならない。
表層混合処理工法の施工に当たっては，適切な頻度で施工位置と改良順序を確認するとともに，改良深度（厚さ）・幅，撹拌時間・回転数及び固化材投入量等を記録しなければならない。
改良時の深度等の記録は，全本数あるいは全施工回数について行うのが一般的である。品質管理として，処理層の厚さとともに，改良体の採取コアの強度試験やサウンディングによる改良体の強度試験などを行うことが多い。所要の品質が得られない場合には，配合設計や施工方法等を変更する。

(6) **効果の確認**
表層混合処理工法では，改良効果として地盤の安定，変形抑止やトラフィカビリティーの改善効果について確認する。

1) 地盤の安定や変形抑止

地盤の安定や変形抑止の効果については，改良体の採取コアの強度試験等の品質管理や盛土施工後の動態観測によって確認することが多い。

安定，変形抑止効果が得られないと判断された場合は，配合設計，設計強度の変更及び改良範囲の追加等の対策を検討する。

2) トラフィカビリティー

トラフィカビリティーの改善効果については，採取コアによる強度試験やポータブルコーン貫入試験等のサウンディングの品質管理によって確認することが多い。

所要の改善効果が得られないと判断された場合は，配合設計，設計強度の変更及び改良範囲の追加等の対策を検討する。

6-5-2 深層混合処理工法（機械攪拌工法）

> 深層混合処理工法（機械攪拌工法）の適用に当たっては，土工構造物の安定性を確保できるように，改良範囲，改良深度，改良体形状，改良体強度及び固化材等を適切に設定しなければならない。

(1) 工法と原理

深層混合処理工法（機械攪拌工法）は，粉体状あるいはスラリー状の主としてセメント系の固化材を地中に供給して，原位置の軟弱土と攪拌翼を用いて強制的に攪拌混合することによって原位置で深層に至る強固な柱体状，ブロック状または壁状の安定処理土を形成する工法である。本工法の改良目的は，すべり抵抗の増加，変形の抑止，沈下の低減及び液状化防止等である。

本工法は，化学的な反応で地盤を改良するため，短期間に高強度の改良体を造成できること，施工時の騒音・振動等の周辺環境への影響が比較的小さいこと，粘性土・砂質土のいずれも改良できること，及び構造物や民家が近接している箇所でも施工できること等の特徴がある。

(2) **設計**

1) 設計の考え方

　設計は，改良目的に応じて必要となる改良範囲，改良深度及び設計強度等の改良仕様の決定と，設計強度を得るための固化材の種類と量についての配合を決定する配合設計からなる。盛土の沈下や安定及び液状化の防止等の改良目的に応じて，以下の事項について検討する[17]。

　① 設計地盤定数，荷重条件（種類・大きさ等）及び設計条件（許容値等）の設定
　② 改良形式（ブロック式，杭式等）及び改良率の設定
　③ 改良範囲，改良深度及び改良強度の設定
　④ 照査方法（目的に応じた照査法）の選定
　⑤ 改良工法（固化材の供給方法や杭径等）の選定
　⑥ 施工管理及び品質管理方法（強度に関する許容値等）の選定

　改良形式は，改良柱体を独立に配置する「杭式」と，改良柱体をオーバーラップさせて複数の改良体を一つの改良体とみなす「ブロック式」に大別される。**解図6-87**に示すように，杭式改良は，改良体をある間隔をおいて矩形または千鳥状に複数打設して改良地盤を形成する形式である。改良体の間隔を空けずに接する状態で配置する「接円式」も，オーバーラップを伴わないので「杭式」の中に分類される。一方，「ブロック式」には改良土の壁を一方向に形成する「壁式」や格子状に形成する「格子式」もある。主要な外力方向の改良体をオーバーラップさせ，その直角方向を接円とする「接円ラップ式」も「ブロック式」に分類される。盛土の沈下や安定対策には杭式を基本とする。擁壁等の構造物基礎の支持力増加や沈下対策にはブロック式を用いることが多い。液状化対策ではブロック式を基本とするが，経済性の観点から格子式が適用されることが多い。

　杭式改良地盤とブロック式改良地盤の設計手法の流れを**解図6-88**に示す。盛土等の比較的変形が許容される場合には，杭式改良が適用されることが多い。杭式改良がなされた粘性土地盤は，改良体と無改良の粘性土からなる複合地盤となる。杭式改良地盤では，すべり破壊に対して改良体と無改良の粘性土との

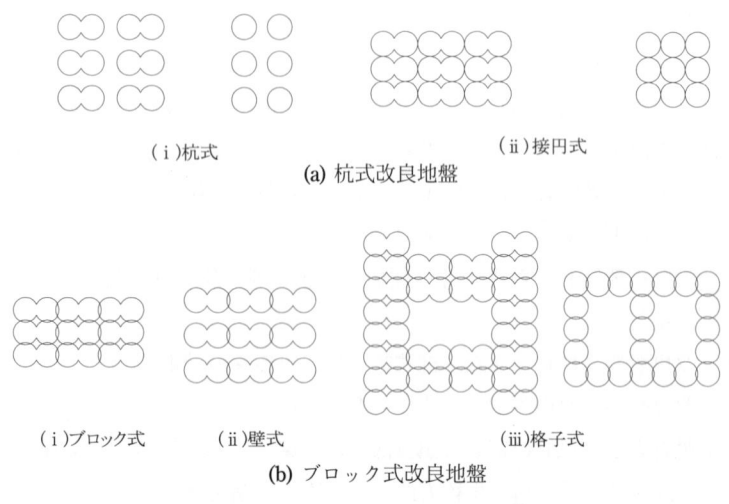

(i)杭式　　　　　　　　　　（ⅱ)接円式
(a) 杭式改良地盤

(i)ブロック式　　(ⅱ)壁式　　　　　(ⅲ)格子式
(b) ブロック式改良地盤

解図 6-87　改良形式の概要[17]

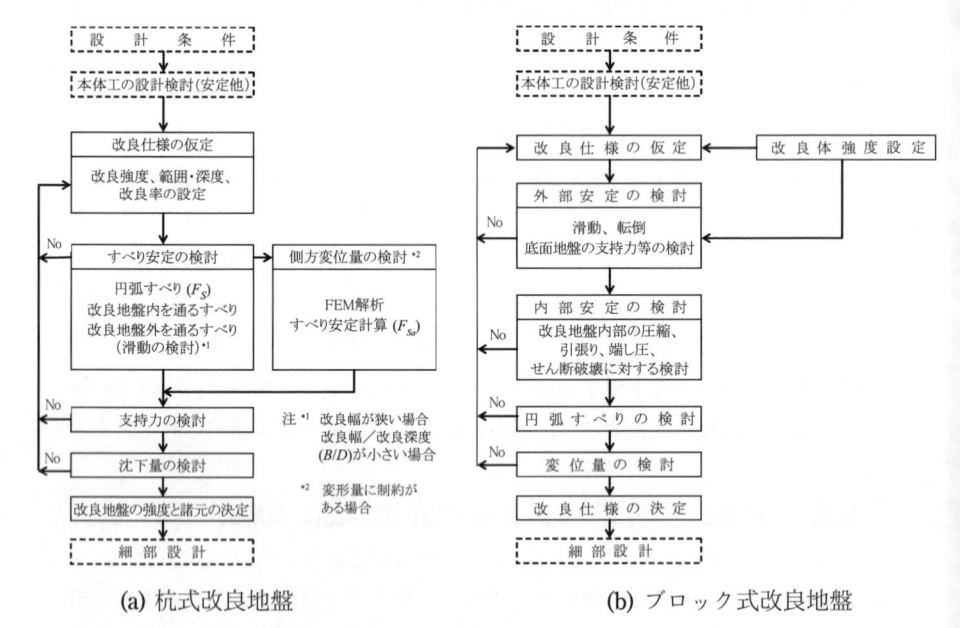

(a) 杭式改良地盤　　　　　　　　(b) ブロック式改良地盤

解図 6-88　改良地盤の設計手法の流れ

― 304 ―

平均的な地盤強度が発揮されるとみなして設計を行うことが一般的である。杭式改良地盤に水平力が作用すると，改良体に曲げ変形が発生するが，この曲げ変形の発生を防止し，改良地盤が全体として外力に抵抗するよう，改良幅 B は改良深さ D に対して $B/D=0.5 \sim 1.0$ 以上とすることが望ましい。また，改良体の設計強度と改良率は，これまでの実績を目安に設定する。そのうえで，円弧すべりによる安定や支持力・沈下について検討する。支持力・沈下の検討では，改良体に集中する荷重を適切に設定する必要がある。

一方，擁壁等の基礎に適用する場合は，ブロック式改良地盤を基本とする。ブロック式改良では，改良された地盤全体を擬似的な地中構造物として設計することが一般的である。設計では，外部安定（滑動・転倒・底面地盤の支持力）や内部安定（圧縮・引張り・端し圧等）について検討する。また，土留め掘削工事において土留めの変形抑制等を目的として底盤改良が行われることがある。この場合には，ブロック式改良地盤として改良体に発生する軸力や曲げモーメントについて検討する[17]。

最近では，盛土の沈下・安定対策として，盛土直下を低い改良率でくまなく改良する工法が開発・実用化されている。これは，従来型の盛土のり面直下を改良する場合と比較して一般的に経済的となる[18]。

2）配合設計

安定処理土の強度は，軟弱土の性質，固化材の種類及び配合量等に大きく影響される。そのため，事前に改良対象土について配合試験を行い，目標強度に応じた固化材の種類，配合量を設定する必要がある。配合試験は，地盤工学会基準「安定処理土の締固めをしない供試体作製方法（JGS0821）」に基づいて供試体を作製して行う。なお，配合量は本施工前に試験施工を行い，ボーリング調査等により改良効果を確認することが望ましく，必要に応じて配合量の変更を検討する。

一般には，原地盤での改良強度は，原地盤の土質構成や固化材の混合状態等に起因してばらつきが大きくなる。深層混合処理工法において，現場で得られた平均強度と室内配合試験で得られた平均強度の関係を**解図 6-89** に示す。現場での強度が室内での強度よりも大きい場合もあるが，一方で室内での強度の

1/3に満たない場合もあり，ばらつきが大きい．このため，原地盤での改良強度は室内での配合試験強度を割り引いて考えておく必要があり，現行では室内強度の1/2～1/4の範囲で設定することが多い．

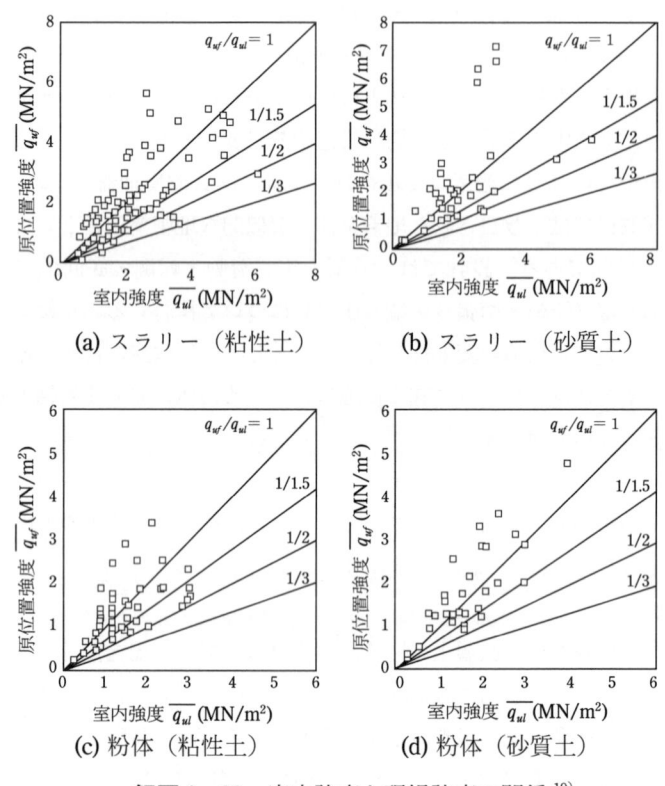

解図6-89 室内強度と現場強度の関係[19]

(3) 施工

深層混合処理工法（機械撹拌工法）は回転する撹拌翼によって原位置土と固化材を撹拌混合するもので，固化材の状態によって，粉体方式とスラリー方式とに区分される．施工可能深度は最大50m程度である．

深層混合処理工法（機械撹拌工法）の一般的な施工手順を**解図6-90**に示す．

① 撹拌翼を所定の位置にセットする。
② 撹拌翼を回転させ，地盤中に固化材を供給し原位置土と混合させながら所定の深度まで貫入させる。
③ 撹拌翼を逆回転させ，固化材と原位置土と混合させながら撹拌翼を引き抜く。（地盤条件によっては，引き抜き時に固化材を供給する場合がある。）

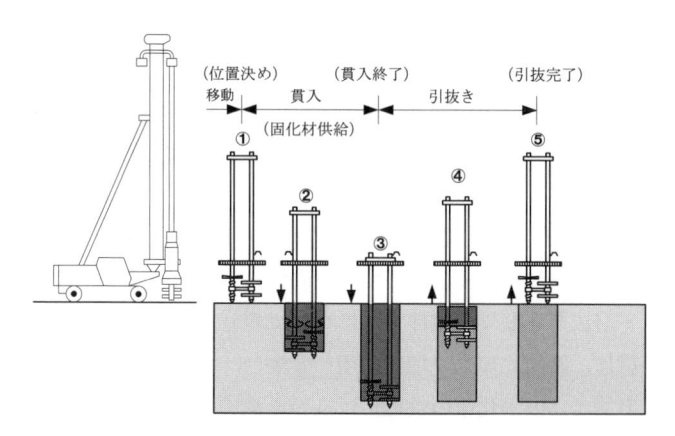

解図 6－90 深層混合処理工法（機械撹拌工法）の施工手順

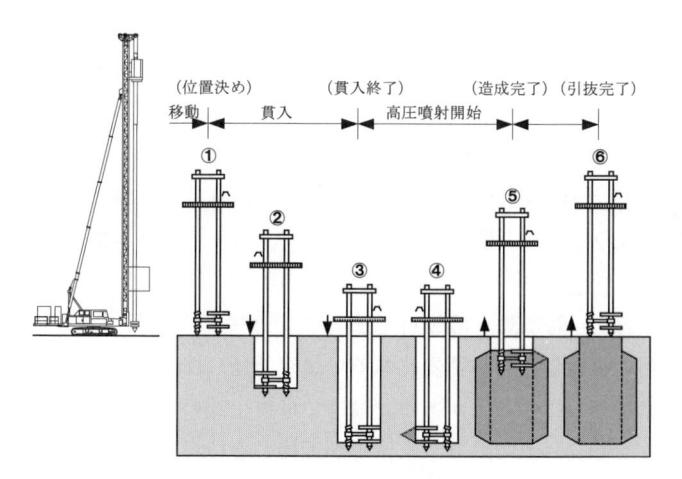

解図 6－91 深層混合処理工法（複合噴射撹拌方式）の施工手順

④　引き抜き終了後，次の打設地点へ移動する。

現在では，機械攪拌とともに，攪拌翼の先端から固化材を高圧で噴射し地盤を切削しながら混合する「複合噴射攪拌方式」がある。複合噴射攪拌方式の施工手順を**解図6-91**に示す。

(4)　設計・施工上の留意点

本工法の設計・施工に当たっては，以下の点に留意する必要がある。

①　橋台背面の盛土直下の地盤改良の設計に当たっては，橋台の側方移動が発生することのないように，改良時期，改良率，改良幅，改良深度及び施工方法を適切に設定する必要がある[18]。

②　機械攪拌方式の場合，改良体の強度は，固化材の供給量，攪拌・混合の良否の影響を受けるため，施工中は，固化材の供給量，攪拌翼の回転数及び貫入・引抜き速度等の攪拌作業についての施工管理を十分に行う必要がある。特に，鋭敏比の高い地盤に用いる場合，引抜き時に固化材を供給する施工方法では，固化材の供給がばらつきやすいので注意が必要である。

③　泥炭質地盤等のように有機物を多く含む土を改良する場合は，所定の強度を得るには一般に多量の固化材を必要とする。

④　固化材の添加量は，室内配合試験から一応の目安値が得られるが，現場の改良強度は地盤の成層状態及び施工精度等によりばらつきが生じやすい。このため，現場試験により改良効果を確認するとともに，その結果に応じて添加量を再検討する。

⑤　地盤が一時的に攪拌翼で乱されることにより，強度低下を起こす可能性があるので，施工機械のトラフィカビリティー確保に留意する必要がある。

⑥　本工法は，低振動・低騒音工法として近接工事に多用されているが，固化材の供給に伴う体積変化あるいは空気圧，注入圧等により近接構造物に影響を及ぼすことがある。最近では排土式の変位低減型深層混合処理工法も開発されており，家屋等が近接し変位に対する制限が厳しい場合は，変位低減型深層混合処理工法についても検討する必要がある。

⑦　壁式，格子式改良は施工継目が一体となって連続し，強度的にも弱点とならないことが要点であり，施工位置の精度に留意する必要がある。
⑧　改良深度が30mを超えるような場合は，大型の施工機械が必要となる。狭隘地等で施工スペースを確保できない場合には，施工能率は落ちるが，攪拌軸を継ぎ足して施工を行う継足し式の施工方法が適用されることがある。
⑨　深層混合処理工法で固化材としてセメント及びセメント系固化材を用いる場合は，pHとともに六価クロムの溶出に留意する必要がある。
⑩　深層混合処理工法と表層混合処理工法を併用する場合には，解図6-92に示すように，専用表層攪拌機による直接施工と，掘削後に攪拌・混合転圧する方式（プラント式）の2つの方式がある。専用の表層攪拌機を用いる場合には，改良体の杭頭に接触して損傷してしまう危険性があるので留意する必要がある。
⑪　深層混合処理工法（機械攪拌工法）を土留め掘削工事の底盤改良に用いる場合は，攪拌翼が矢板に接触する可能性があるため，矢板と改良体を密着させることは困難である。このような場合，複合噴射攪拌方式では攪拌翼の先端から固化材を高圧で地盤中に噴射し混合するので，矢板に密着して改良体の施工が可能である。

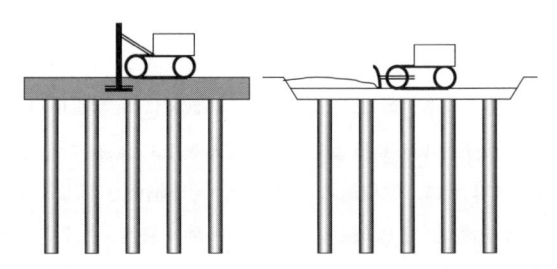

(a) 専用表層攪拌機による直接施工　　(b) 掘削後攪拌混合転圧方式

解図6-92　深層混合処理工法と表層混合処理工法との併用施工

(5) **品質及び施工管理**

固化材の品質については，定期的に成分を確認しなければならない。
施工に当たっては，適切な頻度で打設位置と間隔を確認するとともに，打設

深度，貫入・引抜速度や回転数及び固化材供給量の管理によって，深度ごとに所定の攪拌混合が達成されていることを確認・記録しなければならない。打設時の固化材の供給量や攪拌混合の状況の確認は全本数について行うのが一般的である。品質管理として採取コアの強度試験やサウンディングによる改良体の強度の確認を行う。

〔参考 6-3-1〕[17]

大規模工事等で，チェックボーリングによる強度試験が比較的多く得られる場合には，改良体の強度分布が**参図 6-5** に示すような正規分布に近いと考え，統計学的手法により改良体の強度を評価する方法もある。

すなわち，原位置の改良土の一軸圧縮強さが正規分布すると仮定すれば，原位置の改良土の平均値と設計基準強度の間には，次の関係が成立する必要がある。

$$q_{uck} \leq \overline{q_{uf}} - K \cdot \sigma \quad \cdots\cdots\cdots\cdots\cdots\cdots\cdots\cdots\cdots\cdots\cdots\cdots\cdots\cdots\cdots\cdots\cdots\text{（参式 6-1）}$$

ここに，

q_{uck}：改良体の設計基準強度（kN/m²）

K：係数

$\overline{q_{uf}}$：原位置の改良土の一軸圧縮強さ（現場強度）の平均値（kN/m²）

σ：原位置の改良土の一軸圧縮強さ（現場強度）の標準偏差（kN/m²）

係数 K は，目標とする原位置の改良土の設計基準強度 q_{uck} に対してどの程度の不良発生率を許すかの指標となる係数で，不良発生率と係数 K には，**参表 6-1** に示す関係がある。係数 K は，不良発生率を 10% 程度と考え，係数 K を 1.3 と設定することが一般的である。

参図 6-5 に示すように，原位置の改良土の一軸圧縮強さのばらつきが大きいと，所定の設計基準強度を満足する原位置の改良土の一軸圧縮強さの平均値を大きく設定する必要がある（「(2) 2) 配合設計」を参照）。逆に，強度のばらつきが小さい施工方法を用いることで，所定の設計基準強度を満足する原位置の改良土の一軸圧縮強さの平均値を小さくすることができる。このように，統計学的手法により改良体の強度を評価する方法は，攪拌・混合の良否を定量的に評価できる可能性がある。

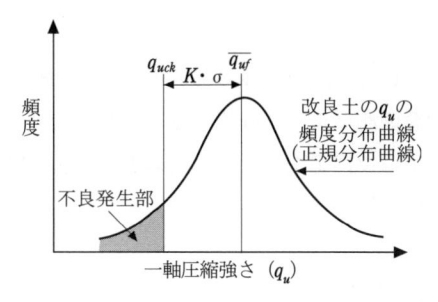

参図6-5 設計基準強度と現場強度と室内強度の関係

参表6-1 係数 K と不良率の関係

係数 K	0.5	1.0	1.3	1.645	2.0
不良発生率（％）	30.9	15.9	10.0	5.0	2.3

(6) 効果の確認

　深層混合処理工法の対策の効果は，軟弱地盤上の土工構造物の沈下低減，安定，変形抑止の効果，液状化対策及び掘削底盤の安定について確認する。
1) 地盤の安定，沈下低減，変形抑止，応力遮断
　地盤の沈下低減，安定，変形抑止及び応力遮断効果については，盛土等の土工構造物の施工後の動態観測によって確認する。動態観測の方法は「第7章　施工及び施工管理」による。
　所要の効果が得られないと判断された場合は，配合設計の見直し，改良範囲の拡大，改良の追加，設計強度の変更及び他工法（補強盛土工法等）との併用対策を検討する。
2) 液状化対策
　液状化対策効果については，施工の改良壁の配置（オーバーラップ長や格子幅等）や改良体の強度の確認によって間接的に得る。所要の効果が得られないと判断された場合は，高圧噴射撹拌工法による追加改良等の対策を検討する。

3) 掘削底盤の安定

　掘削底盤の安定については，改良体の強度等の品質管理や土留め工の変形や掘削面の変位等の動態観測によって確認する。所要の効果が得られないと判断された場合は，高圧噴射攪拌工法による間詰め等の追加改良や改良層厚の変更や設計強度の変更等の対策を検討する。

6-5-3　高圧噴射攪拌工法

> 高圧噴射攪拌工法の適用に当たっては，土工構造物の安定性を確保できるよう改良範囲，改良深度，改良体形状，改良体強度及び固化材等を適切に設定しなければならない。

(1) 工法と原理

　高圧噴射攪拌工法は，ロッド先端に取付けられた特殊なノズルから高圧で噴射される固化材等で地盤を切削し，同時に切削された軟弱土と固化材とを原位置で混合し，改良する方法である。

　土の切削方法，使用材料により，以下のように3つに分類できる。

① 　グラウト噴射方式（単管方式）
② 　グラウト・エア噴射方式（二重管方式）
③ 　水・エア・グラウト噴射方式（三重管方式）

　このうち②，③方式では地盤条件によっては改良有効径が最大 5m 程度まで可能な工法や，ジェット噴流の角度制御によって限定した改良径を造成する工法等も開発されている。また，③方式は高圧水で地盤切削を行い，固化材を低圧注入する機構であり，周辺地盤への変位の影響を小さくした施工が可能である。

　高圧噴射攪拌工法の改良目的は，深層混合処理工法（機械攪拌工法）の改良目的と同様に，地盤の安定性の増大，沈下低減，変形抑止及び液状化防止等があるが，施工設備がコンパクトであるので狭隘な箇所での地盤改良に適している。また，小口径のロッドを用い，高圧のジェットで地盤を切削し改良するために，既設構造物の近傍や直下の施工が可能であるなどの特徴を有している。その反面，機械攪拌工法に比べ施工能率が劣るため，シールドの発進防護やアンダーピ

ニング等の土留め工の補助工法としての使用例が多い。また，掘削土は固化材が混入した泥土状で排出されるために，その処理を適切に行う必要がある。

(2) 設計

　高圧噴射攪拌工法の設計は，深層混合処理工法（機械攪拌工法）と同様に，それぞれの目的用途に応じて改良範囲や改良深度を決定する。改良体の強度や有効径は工法ごとに地盤条件によってほぼ定まっている。これ以外の強度や有効径を設定する場合，または施工実績のない特殊地盤については，配合試験及び試験施工を実施し，十分検討した上で決定する。

(3) 施工

　解図 6-93 に，グラウト噴射方式（単管方式）の施工手順の例を示す。本方式は薬液注入工法と同様に，基本的にはボーリングマシンを施工機械として用い，①目的深度まで削孔後，②固化材を高圧噴射し，③地盤の切削と固化材の混合を行いながら，ロッドを所定の速度で引き上げる。

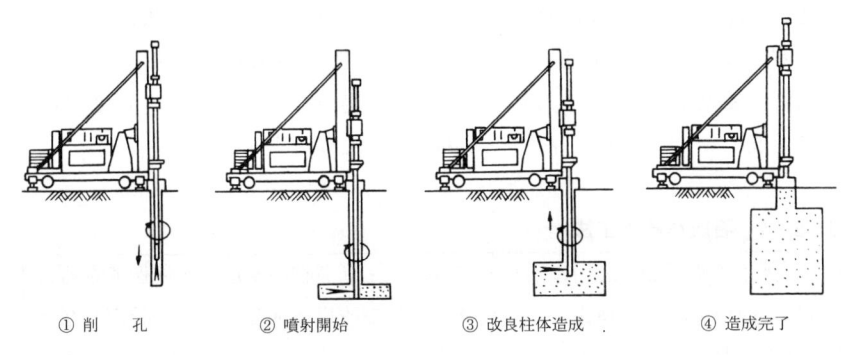

① 削　孔　　② 噴射開始　　③ 改良柱体造成　　④ 造成完了

解図 6-93　高圧噴射攪拌工法の施工手順（グラウト噴射方式（単管方式））

(4) 設計・施工上の留意点

　① 施工に伴って発生する排出土の量及び処分方法について留意する必要がある。

② 本工法で固化材としてセメント及びセメント系固化材を用いる場合は，pHとともに六価クロムの溶出に留意する必要がある。
③ 本工法は，低振動・低騒音工法として近接工事に多用されているが，固化材の供給に伴う体積変化等により近接構造物に影響を及ぼすことがあるので留意する必要がある。

(5) 品質及び施工管理

　固化材の品質については，定期的に成分を確認しなければならない。施工に当たっては，適切な頻度で打設位置と間隔を確認するとともに，打設深度，引抜速度，ロッドの回転数，使用材の噴射圧力，固化材注入量，排土量及び排土の状況を記録しなければならない。打設時の確認は全本数について行うのが一般的である。品質管理として採取コアの強度試験やサウンディングによる改良体の強度の確認を行う。

(6) 効果の確認

　地盤の沈下低減，安定，変形抑止の効果及び掘削底盤の改良効果について確認する。確認方法は「6-5-2　深層混合処理工法（機械撹拌工法）」と同様である。所要の効果が得られないと判断された場合についても「6-5-2　深層混合処理工法（機械撹拌工法）」と同様の対策を検討する。

6-5-4　石灰パイル工法

> 石灰パイル工法の適用に当たっては，土工構造物の安定性を確保できるように，改良範囲，改良深度，改良体形状及び改良体強度を適切に設定しなければならない。

(1) 工法と原理

　石灰パイル工法は，軟弱地盤中に生石灰が主成分である粉粒状の改良材をパイル状（杭状）に圧入造成し，生石灰の優れた吸水・膨張作用を利用する工法である。この結果，粘性土地盤では，地盤の含水比低下効果を期待するととも

に水硬性の改良体と圧密強化された地盤で複合地盤を形成し，地盤全体を改良する。

また，砂質土地盤では，生石灰の水和反応による体積膨張を利用して，周辺のゆるい砂質土地盤を締め固めて密度を増大し，液状化しにくい地盤に改良する。このように本工法の主目的は，地盤の支持力増加，沈下低減，すべり破壊の防止及び液状化防止である。

生石灰が主成分である粉粒状の改良材を使用した場合の含水比低下は，生石灰が消石灰に変化する際に生ずる消化吸水反応と，生成された消石灰が周辺の土より吸収する毛管吸着吸水とによって起こると考えられている。消化吸水反応に当たっては，生石灰重量の32%に相当する重量の水を吸水して反応し，生石灰の実体積は約2倍になる。また，生成された乾燥状態の消石灰は周辺土と平衡状態になるまで毛管吸着吸水を続け，湿潤状態の消石灰となる。本工法は上載荷重を必要とせず，しかも短期間にその効果を発揮する長所を有するが，帯水砂層に貫入したり，地表水に触れている場合は，その効果を著しく減ずる。また，吸水作用により高熱を発するのでその取扱い，貯蔵について衛生及び保安上の注意が必要である。

(2) 設計

設計は，改良目的に応じて改良範囲，改良深度，改良地盤の設計強度及び目標間隙比等の決定と，改良地盤の設計強度や目標間隙比を満足するための固化材の種類と量及びパイルの径・配置間隔等の改良仕様の決定からなる。粘性土地盤の強度増加を目的とした設計では，以下の項目について検討する。

① 石灰パイルの打設量等から改良後の地盤の含水比低下量の算出
② 含水比低下量より改良後の地盤の間隙比の算定
③ 改良後の地盤のせん断強さの決定
④ 複合地盤としての強度の検討

砂質土地盤の設計では，改良前のN値と改良後の目標N値及び置換率の関係を用いて検討する[14]。

(3) 施工

　石灰パイルの施工の基本的な手順はサンドドレーン工法と同じである。施工方法としては，主に以下のものが用いられている。

① オーガ式

② バイブロハンマ式

　①の方法は，スクリューを取り付けたケーシングパイプを駆動装置により回転させながら所定深度まで貫入後，ホッパを通して改良材をケーシングパイプ内に投入し，その後 400～1000kPa の圧縮空気でケーシングパイプ内を圧気した状態でパイプを逆回転しながら引き抜くことで，地中にパイルを造成する方法である。この方法は，施工中の振動・騒音及び周辺地盤変位が小さく，また地盤の乱れを抑えることができる長所はあるが，施工速度は遅い。

　②の方法は，ケーシングパイプの貫入をバイブロハンマにより行う方法で，施工速度は①の方法より速いが，その反面，振動や騒音等の周辺への影響は大きい。

　なお，この他に石灰粉体を空気で送り，土中で撹拌混合する方式（深層混合処理工法の一種）もある。**解図 6−94** にオーガ式の打設機を示す。

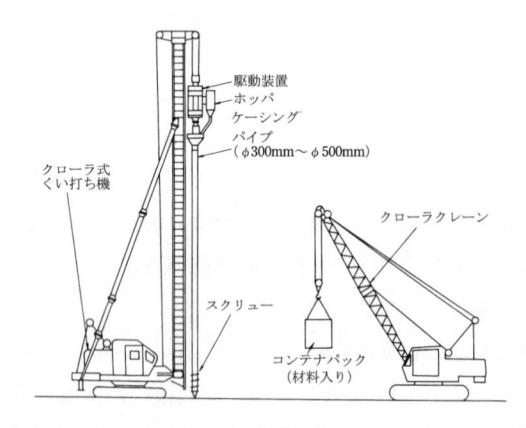

解図 6−94　石灰パイル打設機（オーガ式）の構成

(4) 設計・施工上の留意点

設計・施工に当たり，以下の項目に留意する必要がある。

① パイル径は 0.3 ～ 0.5 m の範囲が多く，打設間隔は 0.75 ～ 1.5 m 程度の場合が多い。バイブロハンマ式の場合，打設間隔によっては側方地盤の変位を伴うことがあり注意が必要である。

② 石灰パイル頭部の 1m 程度は空打ちとし，この部分は粘土または山砂等で埋戻しを行う。これはパイルの膨張力が垂直方向に働き，地盤が隆起するのを防ぐとともに，表面水の流入を防止するためである。

③ 生石灰は，消化吸水時に著しく発熱を生ずる。発熱温度は，パイルと地盤の境界部で最も高く 300 ～ 400℃を示す。4本のパイル間の中間部でも60℃以上となることから，取扱い中は水分に留意し，また発熱によって火傷をしないよう衣服，手袋を着用することが必要である。

④ 生石灰投入後，ケーシングパイプの引抜き終了時に空気圧の調整が不十分な場合や生石灰がケーシングパイプ中で反応を開始した場合には，生石灰の落下が不可能となり，ケーシングパイプを引き上げた際に生石灰が吹き上がることがある。このため，作業は防塵マスク・メガネ等を用意して引抜き時には十分注意して施工を行う必要がある。

⑤ 打設直後は地盤強度が低下している可能性があるため，トラフィカビリティーが確保されている場合においても敷鉄板を使用することが望ましい。

⑥ 生石灰（酸化カルシウム 80% 以上を含有するものをいう）500kg 以上の取扱いまたは貯蔵については，管轄の消防署等へ届出書を提出することが必要となっている（昭和 63 年政令 356 号第 1 条の 10）。

(5) 品質及び施工管理

石灰パイル工法の材料については，固化材の品質を定期的に確認しなければならない。

施工に当たっては，適切な頻度で打設位置と間隔を確認するとともに，打設深度，材料投入量及び圧縮空気圧等を管理して，所定の材料が投入されていることを確認・記録しなければならない。

打設時の打設深度・材料投入量等の確認・記録は全本数について行うのが一般的である。品質管理としてパイル間の地盤の強度を確認する。

(6) 効果の確認
地盤の沈下，安定，低減及び砂質土地盤の締固め効果について確認する。
1) 地盤の沈下，安定，低減
地盤の沈下，安定，低減効果については，盛土等の土工構造物の施工後における動態観測に基づく沈下・安定管理によって確認する。動態観測の方法は「第7章　施工及び施工管理」による。所要の効果が得られないと判断された場合は，改良範囲・改良率の追加や変更等の対策を検討する。
2) 砂質土地盤の締固め効果
砂質土地盤の締固め効果については，施工後のパイル間のN値測定によって確認する。所要の液状化対策効果が得られないと判断された場合は，増杭の追加施工等の対策を検討する。

6-5-5　薬液注入工法

> 薬液注入工法の適用に当たっては，土工構造物の安定性を確保できるように，改良範囲，改良深度，設計強度，注入材，注入間隔及び注入方式を適切に設定しなければならない。

(1) 工法と原理
薬液注入工法は，土の間隙に注入材を注入することによって地盤を改良する工法であり，目的は地盤の透水性の減少，強度増加及び液状化防止等にある。薬液注入工法は，設備等が小規模で短時間に設置でき，狭い空間からでも施工が可能である。また，騒音・振動に対する問題がほとんどない。小口径のロッドを用いて注入材を注入し改良するために，既設構造物の近傍や直下の地盤の改良が可能であるなどの特徴を有している。その反面，改良効果の確認が難しく，注入材による地下水汚染の防止のために水質監視が必要である。また，状況によっては地盤変位や近接構造物の変状を生じる場合があり，適切な施工管理が必要である。

薬液注入工法は，主に地下掘削における湧水防止や地山の崩壊防止等，仮設工事で使用されていたが，近年，注入材や注入工法の開発が進み，既設構造物の下部地盤の液状化防止を目的として使用されることがある。薬液注入工法に用いられる注入材は，溶液型薬液と懸濁型薬液の2つに大別される。注入の形態は砂質土地盤では注入材が土粒子の間隙に浸透する浸透注入に，透水性の低い粘性土地盤では脈状に入る割裂注入となる。

(2) **設計**[14)]
　設計は，改良目的に応じて改良範囲や改良深度，改良地盤の設計強度や遮水性（透水係数）等の決定と，改良地盤の設計強度や遮水性等を満足するための注入材の種類と注入率，注入方法，注入ロッドの設置・注入間隔等の改良仕様の決定からなり，以下の事項について検討する。
　① 地盤の物性値による適用性の検討
　② 設計に用いる土質定数の決定
　③ 設計強度・遮水性の設定
　④ 注入率，注入量の設定及び改良範囲の設計
　⑤ 注入材及び注入諸元の設計
　⑥ 注入方式の選定
　⑦ 施工管理方法の選定
注入材の選定は，**解表6-6**に示す目安に準ずる。

解表6-6 注入材の選定と注入形態

土　質	注入材料	注入形態
礫質土	溶液型薬液と懸濁型薬液を併用	大間隙充填注入 砂質浸透注入
砂質土（砂礫層含む）	溶液型薬液 懸濁型薬液	浸透注入
粘性土	懸濁型薬液	割裂注入

(3) 施工

　薬液注入工法の施工機は，主に削孔機，グラウトミキサ及びグラウトポンプ等の機材から構成されている。削孔機は，一般に回転式のものが多く用いられるが，玉石，礫混じり層等が介在している場合には回転衝撃式のものが用いられる。

　また，注入方式には，二重管ストレーナ方式（単相・複相タイプ），二重管ダブルパッカー方式がある。これらの注入方式は，適用地盤，改良効果が異なることから，目的や地盤条件等を十分に考慮して選定する必要がある。

　解図6-95には，二重管ストレーナ注入方式（複相タイプ）の基本的な施工順序を示す。また，解図6-96には，二重管ダブルパッカー注入方式の施工手順を示す。

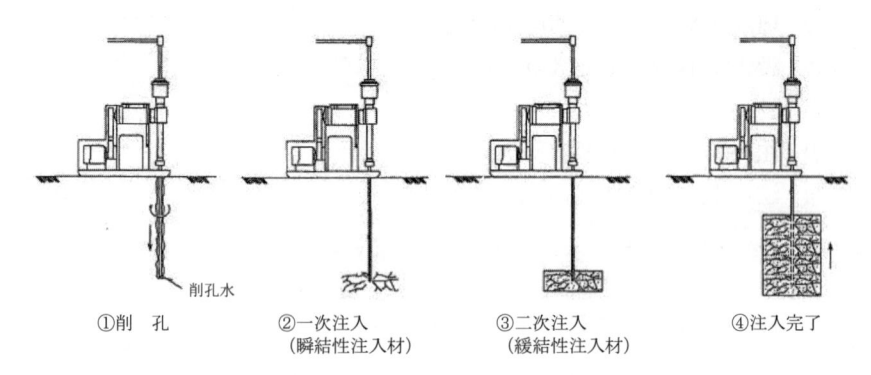

①削　孔　　②一次注入　　　③二次注入　　　④注入完了
　　　　　（瞬結性注入材）　（緩結性注入材）

解図6-95　二重管ストレーナ注入方式（複相タイプ）の施工手順

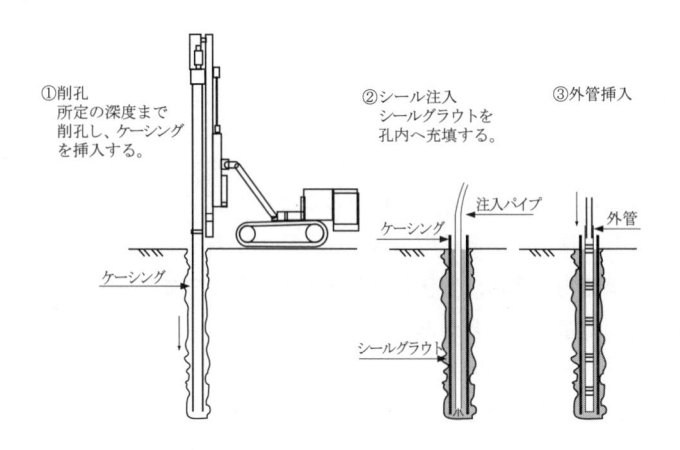

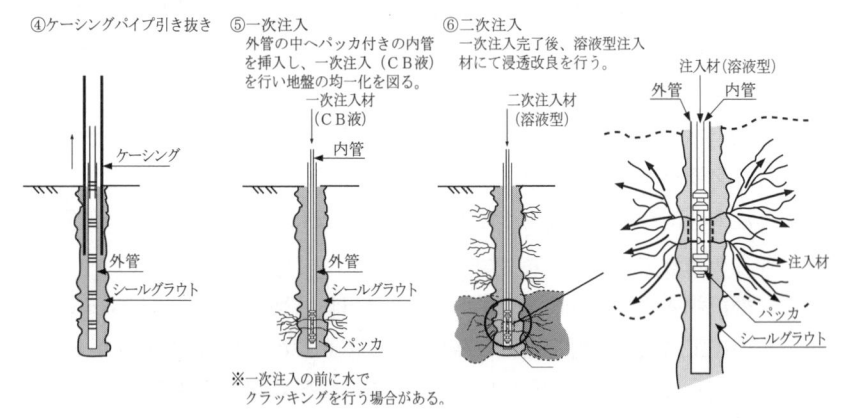

解図6-96　二重管ダブルパッカー注入方式の施工手順

(4) 設計・施工上の留意点

1) 設計上の留意点

　設計に当たっては，注入の目的を満足する効果が得られるように，地盤条件に対する注入範囲や注入量を決めるとともに，注入目的に最も適した注入材や注入方式を選定することが大切である。さらに，設計の段階から注入材が注入対象範囲外へ流出することにより生活環境に影響を及ぼすことのないよう，土質，地下水調査を十分に行い，地盤の成層状態，土の間隙率及び地下水脈等について把握することが大切である。

　また，選定した注入材と注入工法の適否並びに必要な注入量を確認するために現場注入試験を行うことが望ましく，試験結果によっては，注入計画の変更を検討する。

2) 施工上の留意点

薬液注入工法の施工に当たっては，特に以下のことに留意する必要がある。

① 注入孔に近接して構造物がある場合は，注入時の圧力増加に伴う地盤の膨張等により，構造物に変形，変状が生じることもあるので，注入圧力及び注入量の管理に留意する必要がある。

② 薬液が未固結状態で注入範囲外に流出すると，地下水の汚染や植物の枯れ等周辺環境へ影響を及ぼすこともあるので，注入材及び注入方式を適切に選定する必要がある。また，注入材の保管を適切に実施するとともに，残材や機械の洗浄水は関係法規の定める処理基準に適合するよう処分しなければならない。

③ 地下水及び公共用水域等の水質監視を工事前，工事中及び工事後に適時行う必要がある。

④ 注入孔削孔時に埋設物への損傷がないように，事前に埋設物の位置・種類等を調査する。

⑤ 薬液注入工事に係る施工管理については，「薬液注入工事による建設工事の施工に関する暫定指針(建設事務次官通達第160号，昭和49年7月)」，及び昭和52年と平成2年の薬液注入工事に係る施工管理等についての建設省通達を遵守しなければならない。

(5) **施工管理**

使用する注入材料の品質を定期的に確認しなければならない。

薬液注入工法の施工に当たっては，注入範囲(注入孔の位置，方向と深度)を確認し，注入圧力及び注入量を管理するとともに，施工時の周辺状況を把握して注入が適切に実施されているかを確認する必要がある。

本工法を液状化対策として適用した場合には，施工後のコアを採取し強度試験によって確認する。

(6) **効果の確認**
1) 地盤の強度増加，遮水効果
　地盤の強度増加及び遮水効果については，サウンディング，改良体のサンプリングコアの強度試験や現場透水試験等で確認する。所要の効果が得られないと判断された場合は，追加注入や改良範囲の変更等の対策を検討する。
2) 液状化対策
　液状化対策については，施工後のコアを採取し強度試験によって確認する。所要の効果が得られないと判断された場合は，追加注入や改良範囲の変更等の対策を検討する。

6-5-6　凍結工法

> 凍結工法の適用に当たっては，施工時の地盤の安定性を確保できるように改良範囲及び改良深度を適切に設定しなければならない。

(1) **工法と原理**
　凍結工法は，軟弱地盤や地下水位以下にある透水性地盤を掘削する際に，地盤を一時的に凍結させ掘削面の安定や遮水を目的とする仮設工法である。改良材を地盤中に混入することなく，原地盤中に存在する間隙水を温度低下により氷に変え凍土壁を造成するものである。
　凍結工法の施工後における凍土壁は，融解し元の地盤に戻り透水性も復元できる環境面でも優れた特徴を持っている。凍結工法は一般的に工費は高いものの，多様な土質で構成された複雑な地盤でも適用可能であり，凍結管が埋設できれば深度の制限もない。このため，シールド工事での発進・到達部や地中接合，河川・鉄道の横断部の防護工等に用いられる。

(2) **設計**
　凍結工法の設計は，適用目的に応じて凍結範囲や深度，凍土壁の設計強度や遮水性（透水係数）等の決定と，凍土壁を形成するために必要な凍結管の設置間隔や凍結期間等の改良仕様の決定からなる。また，地下埋設物等が存在する場合には，凍結解凍に伴う周辺地盤変位について検討する必要がある。

(3) 施工

　地盤内に凍結管を適切な間隔ごとに列状に埋設し，通常は凍結管中に-20℃〜-30℃の冷却液を循環し，**解図6-97**のように凍結管の周辺地盤に同心円状の円柱状凍土を成長させる。時間の経過とともに成長する円柱状凍土は，隣接する円柱状凍土と接触し，最終的には連続した凍土壁を造成させる。凍結管の間隔は，凍土壁の奥行き方向は0.8m，壁厚方向は1.5m程度が多い。

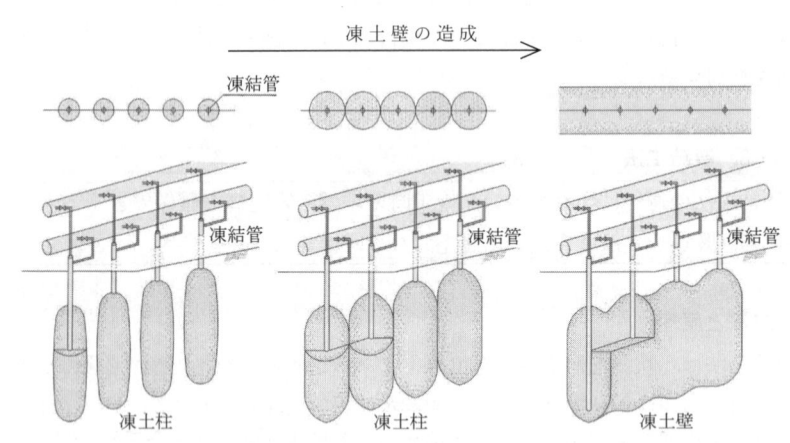

解図6-97　凍土壁造成の模式図

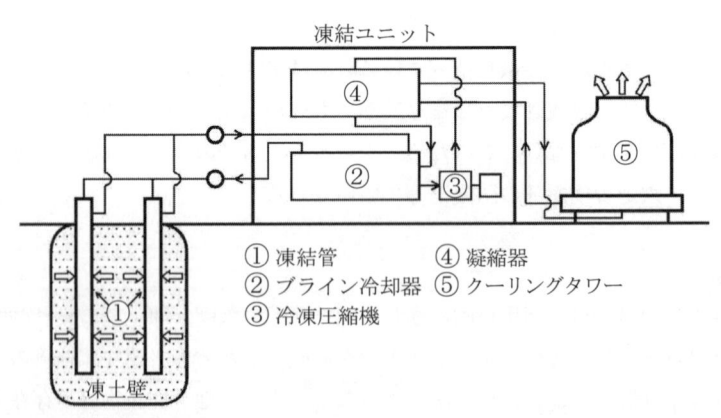

解図6-98　地盤内の凍結管とブライン方式による冷却システム

① 凍結管
② ブライン冷却器
③ 冷凍圧縮機
④ 凝縮器
⑤ クーリングタワー

凍結工法の工事では，**解図 6-98** に示す冷凍機により冷却される塩化カルシウム水溶液（ブライン）を冷却液として用いるブライン方式が主に採用されている。また，造成する凍土量が 150m³ 程度以下の小規模工事や地下水流が大きい地盤では，液体窒素等を用いた低温液化ガス方式で施工されることもある。

(4) 設計・施工上の留意点

凍結工法の適用に当たっては，特に以下の項目に留意する必要がある。
① 粘性土地盤を凍結した場合，凍結膨張により周辺地盤及び構造物が変状したり，凍結膨張圧が作用する場合がある。このため，凍結膨張圧の開放のために，地山の一部を抜き取るなどの適切な凍結膨張対策が必要となる場合がある。また，粘性土地盤が軟弱な場合においては，解凍後の収縮により周辺地盤を沈下させることがあり，凍土壁を人工的に解凍しつつ適切な薬液注入工を行って周辺地盤の沈下を防止する必要がある。
② 地下水流速が大きい（通常 2m/日以上）場合には，凍土壁の成長が阻害されることがある。このため，凍結管の間隔を狭めることや凍結管の列数を増やす，凍結前に薬液注入を行って地下水流速を低下させる，または低温液化ガス方式を採用するなどの適切な対策をとる必要がある。

(5) 施工管理と効果の確認

凍結工法の施工管理は，地中温度の測定等により凍土壁の造成範囲を確認するとともに，掘削地盤の安定及び遮水効果について確認する。

掘削地盤の安定及び遮水については，地下水流の計測や傾斜計等を用いた動態観測によって確認することが多い。所要の効果が得られないと判断された場合は，凍結範囲の追加・変更，期間の延長等の対策を検討する。

6－6　掘削置換工法

> 掘削置換工法の適用に当たっては，土工構造物の安定性を確保できるよう置換材を選定し，改良範囲及び改良厚さを適切に設定しなければならない。

(1)　工法と原理

　掘削置換工法は，軟弱層の全面あるいは一部を掘削し，良質土で置換することで，全沈下量の低減，安定の確保，変形対策及び液状化防止を目的として施工されるものである。掘削置換工法は軟弱層が比較的浅く，必要な置換土が容易に得られ，かつ短期間に軟弱層を処理しようとする場合に適する。掘削置換箇所は目的により異なり，沈下対策の場合は主として道路面下の軟弱層が対象となり，安定対策の場合は盛土のり面下の軟弱層が対象となる。いずれの場合もその掘削置換形状は，置換土の強度定数を考慮し，「5－4　常時の作用に対する安定の照査」に示されている安定の照査方法に基づき検討される。一般に置換材としては，水浸によってもせん断強度の低下しにくい粗粒土を用いる。なお，排水して施工する場合には必ずしも粗粒土でなくてもよいが，十分な締固めを行う必要がある。

　掘削された軟弱な建設発生土は，できるだけ土質改良を行い，盛土材や近辺の工事現場で再利用することが望ましい。また，建設発生土を掘削現場から搬出する際には，運搬中に使用通路を汚さないような処置が必要である。

　掘削置換工法は軟弱層の分布形態と掘削箇所との関係より，全面掘削置換工法と部分掘削置換工法に分けられる。

1)　全面掘削置換工法

　全面掘削置換工法は，盛土敷全幅に渡って軟弱層の対策を必要としない土層まで掘削し，良質土で置換するものであり，軟弱層が3m以下と浅く，かつ盛土を短期間に完成させようとする場合に適する。特に，低盛土では計画盛土荷重のみでは軟弱層の圧密による強度増加が期待できず，路面は地盤の不均質さの影響を受けやすい。また，交通荷重により地盤は不同沈下を生じることが多い。これらの対策として，掘削置換工法を採用することにより路面の変形を防ぎ，長期に渡る安定を確保することができる。

2） 部分掘削置換工法

　部分掘削置換工法は，擁壁やカルバートの構造物の基礎面下のみを部分的に掘削置換する方法である。また，軟弱地盤は一般に表層が最も軟弱であり，安定の確保や沈下量を大幅に減少させるため，表層の部分のみを掘削置換する方法も用いられている。なお，置換土として透水性の良いものを用いた場合には，下部軟弱層の沈下速度を速める働きもある。

(2) **施工**

　軟弱地盤では地下水位が高く，しかも地表の支持力が小さいので，掘削運搬機械を直接現場に搬入することは極めて困難である。したがって，掘削にはバックホウ，ドラグライン，クラムシェル等の機械を用いるのが一般的であり，サンドポンプなどの浚渫機械を用いることもある。

　解図 6-99 は，掘削にドラグラインを用いて掘削土の搬出，良質材の搬入，盛土の敷均し及び締固め等を行っている例を示したものである。

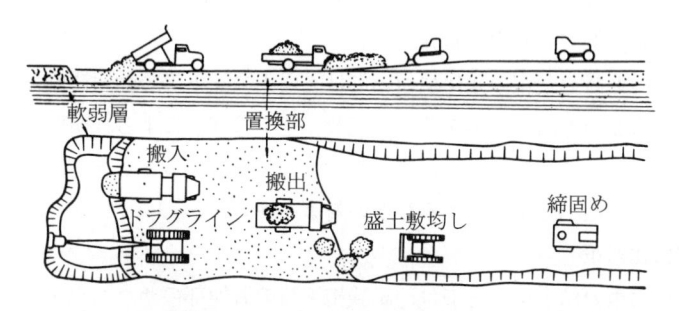

解図 6-99　掘削置換工法の施工例

施工に際しては，以下のような事項に対して十分留意する必要がある。
① 　置換部に用いる材料の選定には盛土高，軟弱層の厚さ，構造物の種類及び地下水位等を考慮し，材料としてできるだけ排水性がよく，地下水位以下になっても十分支持力を確保できるような砂または礫その他の粗粒土を選ぶことが望ましい。ただし，地下水位以下で置換土の締め固め

が不十分な場合，地震時に液状化を生じるおそれがあるため，特に入念な締め固めを行うなどの配慮が必要である。
②　掘削のり面の勾配は，掘削される深さと土のせん断強さにより異なるが，鉛直〜2割勾配の範囲内から現地の条件に応じて決める。また掘削部ののり面の崩壊を防ぐため，掘削の進行に従ってすみやかに置換材料の搬入を行うことが大切である。

(3)　施工管理
　掘削置換工法では，所要の品質（置換土の粒度分布，現場密度）条件を満足する材料を選定し，定期的に抜取りによる管理試験を行わなければならない。
　施工に当たっては，適切な頻度で置換土の現場密度試験等の管理や施工幅や厚さ等の出来形管理を行わなければならない。

(4)　効果の確認
　掘削置換工法では，沈下量の低減，安定の確保の対策効果について確認を行う。
1)　沈下量の低減，安定の確保
　沈下量の低減や安定の確保については，盛土の沈下等の動態観測によって行う。動態観測の方法は「第7章　施工及び施工管理」による。所要の改良効果が得られないと判断された場合は，その原因を調査するとともに，置換土の見直しあるいは他工法を追加するなどの対策を検討する。
2)　液状化対策
　液状化対策の効果については，試験施工時の置換部のサウンディングによって締固め状況を確認する。所要の効果が得られないと判断された場合は，締固め方法や置換土の変更等の対策を検討する。

6-7 間隙水圧消散工法

> 間隙水圧消散工法の適用に当たっては，土工構造物の安定性を確保できるように改良範囲，改良深度，ドレーン径，ドレーン材質及び打設間隔を適切に設定しなければならない。

(1) 工法と原理

　間隙水圧消散工法は，地震時に液状化のおそれがある砂質土地盤中に鉛直な排水柱を設けて地盤の透水性を高め，地震時に発生する過剰間隙水圧をすみやかに消散させて液状化を防止する工法である。

　間隙水圧消散工法による液状化対策としての効果は，以下の二つに分けることができる。

① 地震時の繰返しせん断により発生する過剰間隙水圧を消散させ，液状化の発生を直接防止する効果

② 下方や側方の地盤内に発生した過剰間隙水圧の伝播により，二次的に構造物周辺に生じる液状化を防止する効果

　鉛直排水柱の材料としては，自然材料の単粒度調整砕石（透水係数 5cm/s～15cm/s 程度）及び人工材料の合成樹脂製のドレーン材等がある。砕石を用いる工法は通常グラベルドレーン工法と呼ばれる。

　間隙水圧消散工法は，施工に伴う振動・騒音が少なく，地盤変形が比較的小さいことから，特に都市部あるいは既設構造物の近傍で用いられることが多い。

　解図6-100に示すように，ドレーンを設置し，地盤全体としての透水性を高めれば，地震動に伴う繰返しせん断による過剰間隙水圧の蓄積速度が小さくなり，その結果，地震動継続中には液状化が発生しにくくなる。これが①の効果である。

　また，地震動終了時に地盤内に残留した過剰間隙水圧は，その後，次第に周辺に逸散していく。その過程で地震時に液状化が生じなかった地盤に，液状化した周辺地盤からの間隙水圧の伝播により液状化が生じることがある。この場合，液状化した地盤との間にドレーンを設置しておけば，過剰間隙水圧の伝播が遮断され，地震終了後の液状化が発生しにくくなる。これが②の効果である。

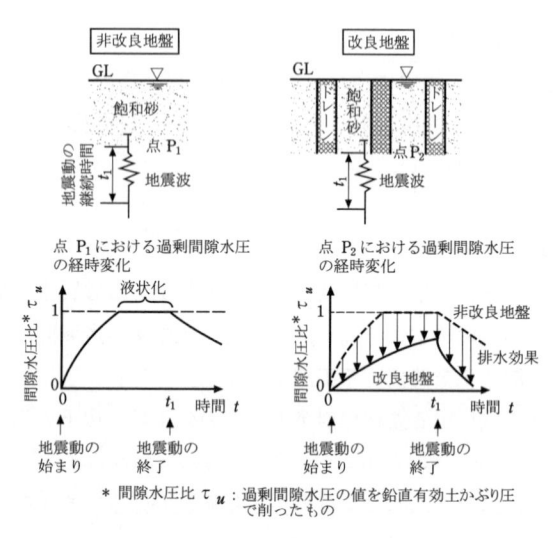

解図 6-100　液状化の防止効果[20), 21)]

間隙水圧消散工法は，①または②の効果，あるいは両方の効果を期待して鉛直排水柱を設置する。

(2) 設計

間隙水圧消散工法の設計は，まず改良範囲と改良深度を仮定し，改良仕様（ドレーン材の種類，直径及び打設間隔）を設定する。改良仕様の設定に当たっては，改良範囲内の許容過剰間隙水圧比を設定し，これを確保できるような打設間隔等を設定する。具体的には，過剰間隙水圧の消散が圧密理論に従うと仮定して，打設間隔等を設定した後に，地盤の透水係数や体積圧縮係数を用いて，過剰間隙水圧比と時間係数の関係を求める。許容過剰間隙水圧比は 0.5 以下に設定することが多い[20)]。そして，地震動により生じる地盤内部の過剰間隙水圧比及び設定した地盤の強度を用いて地震時の円弧すべり計算を行う。所定の許容安全率を確保できなければ改良範囲あるいは改良仕様の見直しを行う。設計法の詳細については，「液状化対策工法設計・施工マニュアル（案）　共同研究報告書[22)]」を参考にするとよい。

改良深度は液状化対象層の下端までを最小深度とすることを原則とする。また，改良区域の上面には，砕石や礫等のドレーンマットを設け，排水柱から上昇してきた間隙水が速やかに排水できるようにする。**解図 6-101** に改良範囲の一例を示す。**解図 6-101** (c)は余改良の代替とした事例である。すなわち，前記「6-4　締固め工法」において，構造物の直下のみでの締固め等による改良では液状化時の安定を満足することが困難な場合がある。この場合には構造物の両側に改良範囲を拡大することが行われる。この範囲を余改良域という。(c)の事例は，用地の関係から締固めの余改良域が十分に取れないため，周辺地盤からの過剰間隙水圧の伝播の防止を含め，構造物周囲に 2 列程度の砕石柱を打設して間隙水圧消散工法を行い，余改良域の代替とした事例である。

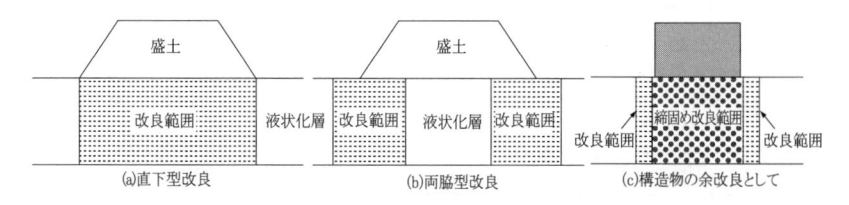

解図 6-101　改良範囲の一例[22), 23)]

(a)直下型改良　　(b)両脇型改良　　(c)構造物の余改良として

(3) 施工

グラベルドレーンは通常，直径 50cm 程度のドレーンをケーシングオーガ式で施工する。具体的な施工手順は，**解図 6-56** に示したオーガ式サンドドレーンと同様であるが，砕石を締め固める機構として，ケーシングパイプの内部に突棒や振動棒を装着していることがサンドドレーンと異なる点である。

(4) 設計・施工上の留意点

1) 設計上の留意点

間隙水圧消散工法の適用に当たっては，以下の各項目に留意する必要がある。

(i) ドレーン材料について

これまでの実績では，グラベルドレーンに使用される砕石の透水係数は 5〜15cm/s 程度である。ただし，ドレーン材料の透水係数は動水勾配によって変

化するので，透水係数を適切に評価することが必要である．

(ii) 地盤の材料特性

地盤の透水係数は，現場透水試験を行って決定することを原則とするが，試験が行われない場合は粒度試験結果等から適切な方法により推定する．

間隙水圧の消散は圧密理論に従うと仮定しているので，計算には地盤の体積圧縮係数も必要となる．体積圧縮係数は，繰返し三軸試験により求めた値を基本とするが，試験結果がない場合には**解表 6-7**に示す値を用いてもよい．

解表 6-7 砂の体積圧縮係数の値[20]

砂の種類	相対密度（%）	体積圧縮係数（m^2/kN）
シルト質砂	—	0.005 〜 0.02
ゆるい砂	20 〜 40	0.005 〜 0.01
中位砂	40 〜 60	0.002 〜 0.005
密な砂	60 〜 80	0.001 〜 0.002
礫	—	0.0005 〜 0.001

2) 施工上の留意点

(i) 使用材料

グラベルドレーン材料の選定に当たっては，目詰まりを起こさない材料を選定する必要がある．目詰まりを起こさない材料の選定基準として式（解 6-15）が提案されている．

$$DG_{15}/DS_{85} < 9 \quad \quad （解 6-15）$$

ここに，

DG_{15}：ドレーン材の 15% 粒径

DS_{85}：ドレーン周辺地盤の土の 85% 粒径

(ii) ドレーンマットの設置

　間隙水圧消散工法に当たっては，改良区域の上面に砕石や礫等のドレーンマットを設け，排水柱から上昇してきた間隙水がすみやかに排水できるようにすることが必要である。

(5) 品質及び施工管理

　間隙水圧消散工法に使用する材料には，所定の粒度分布の範囲に入る材料を選定し，定期的に抜取りによる管理試験を行わなければならない。

　間隙水圧消散工法の施工に当たっては，適切な頻度で打設位置と間隔を確認するとともに，打設深度，材料投入量の管理によって，深度ごとに打設された杭が所定の直径に造成されていることを確認しなければならない。

　打設時の打設深度，材料投入量等の確認は全本数について行うのが一般的である。

(6) 効果の確認

　液状化対策については，使用材料及び出来形管理とともに，施工後の全ての杭頭において過剰間隙水圧の消散を図るため上部に設置したドレーンマットと排水柱との連続性を確認して効果の検証とする。

6－8　荷重軽減工法

> 荷重軽減工法の適用に当たっては，土工構造物の安定性を確保できるよう軽量化の程度，範囲及び材料の種類等を適切に設定しなければならない。

　荷重軽減工法は，土に比べて軽量な材料で盛土を施工することにより，地盤や構造物にかかる荷重を軽減するもので，全沈下量の低減，安定確保及び変形対策を目的として施工される。一般に，軽量盛土の価格は土のそれに比べて高価であるが，周辺地盤への影響が特に懸念される場合や橋台の側方移動防止対策等の特殊な条件下では有効な工法である。適用に当たっては，必要とされる軽量化の程度，範囲を十分に検討し，適切な軽量材料を選定するとともに，他

の軟弱地盤対策工法との比較検討を実施し採用を決定する。なお，軽量な盛土材料を用いる軽量盛土については，「道路土工―盛土工指針 4-11 補強盛土・軽量盛土」を参照されたい。

工法の種類は前掲**解表6-1**に示すように，軽量材を用いる軽量盛土工法[24]とカルバート工法に分類される。軽量盛土工法には，**解表6-8**に示すような①発泡スチロールブロック工法[24]，②気泡混合軽量土工法[25), 26)]，③発泡ビーズ混合軽量土工法[27)]等がある。ここでは，これらの3工法について示す。

なお，軽量化区間と一般盛土区間での不同沈下による段差の発生を抑制するため，一般盛土区間でプレロード工法等の圧密促進工法を併用することが多い。

解表6-8　主な軽量材の種類と単位体積重量

軽量材の種類	単位体積重量 (kN/m3)	軽量材の自硬・自立性 自硬・自立するもの	軽量材の自硬・自立性 自硬・自立しないもの	特　徴
発泡スチロールブロック	0.12～0.3	○		合成樹脂発泡体，超軽量性
気泡混合軽量土	5～12程度	○		密度調整可，流動性，自硬性，発生土利用可
発泡ウレタン	0.3～0.4	○		形状の可変性，自硬性
発泡ビーズ混合軽量土	7程度以上		○	密度調整可，土に近い締固め，変形特性，発生土利用可
水砕スラグ等	10～15程度		○	粒状性，自硬性はあるが自立性はない
火山灰土	12～15		○	天然材料（しらす等）
コンクリート二次製品	4程度	○		プレキャストコンクリート，軽量性，空隙率が高い

6-8-1 発泡スチロールブロック工法

> 発泡スチロールブロック工法の適用に当たっては，土工構造物の安定性を確保できるよう単位体積重量や強度を適切に設定しなければならない。

(1) 工法と原理

　発泡スチロールブロック工法は，全沈下量の低減，安定確保及び変形対策を目的として施工されるものである。本工法は，発泡スチロールブロック（2m×1m×0.5m）を相互に連結しながら積み重ねて盛土を構築する工法である。発泡スチロールブロックは，超軽量（単位体積重量 $=0.12 \sim 0.30 kN/m^3$）であるためブロック体を人力で積み上げることが可能である。また，自立性を有している。
　このため，以下のように土の盛土では支障のある箇所に適用されることが多い。
　① 急速に立ち上げが可能であることから，短期間で盛土の施工を行う場合に用いる。
　② トラフィカビィティが著しく不足するような超軟弱地盤や，大型施工機械の進入できない狭隘な箇所で人力施工を行う場合に用いる。
　③ 橋台や擁壁等偏土圧を受ける構造物の土圧軽減対策として用いる。
　④ 簡易な保護壁により鉛直なのり面を有する盛土（擁壁）に用いる。

(2) 設計

　設計に当たっては，施工箇所の設計荷重や地盤条件等，設計に必要となる条件を整理した後，発泡スチロールブロックの内的安定及び外的安定について検討する。内的安定としては舗装や上載盛土による荷重や交通荷重により発泡スチロールブロックに作用する荷重が許容応力度以下になるかを照査する。また，外的安定として発泡スチロールブロックを含めた盛土全体についての地盤の沈下や地盤のすべり破壊に対し安全を検討する。さらに，発泡スチロールブロックは超軽量であるため，地下水等による浮き上がりや地盤の液状化発生の有無についても検討する必要がある。
　発泡スチロールブロックは，背面の地山あるいは土砂盛土による土圧の影響のない範囲で計画することが望ましい。発泡スチロールブロックは超軽量であ

るため，背面地山からの土圧が作用すると滑動等の問題が発生することがある。このため，背面地山あるいは背面盛土は，自立するよう安定勾配とするか，前面にも盛土を設けるなどを検討する。

(3) 施工

施工では，発泡スチロールブロックの設置予定箇所の施工基面を整備（サンドマットの敷設等により水平面を造成する）した後に，発泡スチロールブロックを段差が発生しないように設置する。ブロック相互は緊結金具で固定するとともに，一般盛土部との接続はすりつけ区間を設ける。ブロックの設置終了後に上部にコンクリート床版を設置する。

(4) 設計・施工上の留意点

本工法の適用に当たっては，以下の項目に留意する必要がある。
1) 防火対策

発泡スチロールブロックは，難燃性を保証する製品を使用することを原則とするが，不燃性ではないため設計に当たっては，保護壁や十分な土かぶり厚を確保するなど，供用後の車両火災やのり面火災等により発泡スチロールブロックが損傷を受けることのないよう十分留意する。また，施工時の防火対策にも十分留意する必要がある。
2) 薬品

発泡スチロールブロックは一般に酸やアルカリには強いが，芳香族系炭化水素やハロゲン炭化水素，ケトン類及びエステル類等の鉱油系薬品には弱い。これらはガソリン，有機溶媒や多くの塗料や接着剤並びに洗浄剤の中に含まれているので注意が必要である。また，軽油，動植物油，パラフィン油及びラノリン等も長期的には発泡スチロールの表面を侵すので注意が必要である。
3) 紫外線

発泡スチロールブロックは紫外線によって劣化するので，施工時も直射日光に長時間当てないようにシートで覆いをするなどの対策を行う必要がある。

4)　浮き上がりと風

　発泡スチロールブロックは超軽量であるため，地下水の影響による浮き上がりや強風時のブロックの飛散が問題となる。このため，発泡スチロールブロックは，地下水位以下には設置しないことを原則とし，盛土周囲の排水対策は入念に対応する必要がある。また，施工や保管時に当たっては，強風対策として重りの設置やネットの覆いを置くなどの対処をする。

5)　不同沈下等

　沈下が著しいと考えられる箇所や不同沈下の発生する箇所では，ブロック同士のずれや内部応力が発生するおそれがある。このため，プレロード工法等の圧密促進工法や置換工法等を併用する。あるいは，原地盤を掘削し発泡スチロールブロックに置き換え，盛土による新たな荷重を極力抑制するか，もしくは発生させない方法もある。この場合は，地下水による浮き上がりに対して留意する必要がある。

(5)　**品質及び施工管理**

　使用する発泡スチロールブロックは，所要の品質の材料を選定する。また，事前に発泡スチロールブロックの単位体積重量試験等を行う。発泡スチロールブロックの施工に当たっては，施工基面の水平性を確認するとともに，ブロックの設置ごとに段差の測定を行い，発泡スチロール盛土の出来形を確認しなければならない。

(6)　**効果の確認**

　沈下量・すべり滑動力の低減効果については，施工後における盛土の沈下等の動態観測によって確認することが多い。動態観測の方法は「第7章　施工及び施工管理」による。所要の沈下量やすべり滑動力の低減効果が得られないと判断された場合は，締固め工法や固結工法等の他の軟弱地盤対策工法を追加するなどの対策を検討する。

6-8-2 気泡混合軽量土工法

> 気泡混合軽量土工法の適用に当たっては，土工構造物の安定性を確保できるよう単位体積重量や強度を適切に設定しなければならない。

(1) 工法と原理

気泡混合軽量土工法は，全沈下量の低減，安定確保及び変形対策を目的として施工されるものである。本工法は，流動化処理土（土にセメント等の固化材と水を混練し，流動化させたもの）に気泡を混合した気泡混合軽量土や土の代わりに細骨材を用いたモルタルに気泡を混合した気泡モルタルを用いて盛土を行う工法である。セメント量や気泡量を調整することによって，任意の強度（q_u=500〜1000kN/m² 程度），単位体積重量（γ=5〜12kN/m³ 程度）とすることができ，流動性に優れ自硬性がある。現地発生土を利用できるという利点もある。また，自立性があるため，直壁での盛土が可能である。施工時の騒音・振動はきわめて低い工法である。

気泡混合軽量土工法は，軽量性と流動性・自硬性及び自立性に優れているため，以下のような土の盛土では支障のある箇所に適用されることが多い。

① 敷均し，締固めのための大型施工機械が進入できない狭隘な箇所
② 偏土圧を受ける構造物の土圧軽減対策として橋台や擁壁等の裏込め箇所

(2) 設計

気泡混合軽量土工法の設計は，施工箇所の荷重条件及び地盤条件等設計に必要となる条件を整理した後，気泡混合軽量土を使用する範囲や密度・強度等を定め，発泡スチロールブロック工法と同様に内的・外的安定について検討し，配合設計を行う。

原地盤を掘削し，気泡混合軽量土に置き換える場合等で，地下水位の上昇や洪水時の水位上昇によって浮き上がりが懸念される場合には，浮き上がりの検討も必要である。

気泡混合軽量土工法は，背面の地山あるいは土砂盛土による土圧の影響のない範囲で計画することが望ましい。気泡混合軽量土に滑動等の問題が発生しな

いよう，背面盛土等は自立するように安定勾配で適用するか，前面にも盛土を設けるなどの検討が必要である。

(3) 施工

　気泡混合軽量土工法の施工では，気泡混合軽量土の打設予定箇所の掘削・整地を行い，型枠等を設置する。その後，ミキシングプラントにて気泡混合軽量土を製造し，グラウトポンプ等を用いて気泡混合軽量土を打設する。気泡混合軽量土の施工は，打設後に消泡による沈降等が生じないよう1m程度以下の打設厚さで行う。所定の養生期間を経て型枠を脱型し，必要な高さまで盛り立てた後，舗装等の工事を行う。

　気泡混合軽量土の製造は，土砂の種類により製造フローを変える必要がある。一般的には，解泥作業を必要とする粘性土の場合と，ミキサーに直接投入できる砂質土の場合に分けられる。粘性土の場合，粘性土に加水して解泥し，湿潤密度等を調整して調整土を作製する。この調整土に固化材及び気泡を混練して気泡混合軽量土を製造する。砂質土の場合は，ミキシングプラントで所定の配合となるように砂と水及び固化材とを混合し，これと気泡を混合する。

　施工に際しては，所定の密度や強度を確保するために，現地配合試験により配合割合を決定する。また，セメントもしくはセメント系固化材を用いるため，決定した配合において供試体を作成し，六価クロム溶出試験等を実施する。

(4) 設計・施工上の留意点

　本工法の適用に当たっては，特に以下の項目に留意する必要がある。
1) 不同沈下等

　沈下が著しいと考えられる箇所や不同沈下の発生する箇所では，プレロード工法等の圧密促進工法を併用するほか，軽量盛土内に目地材を設置し沈下に対する追従性を持たせる必要がある。
2) 軽量盛土内部への水の浸透防止

　気泡混合軽量土は，雨水や地下水を吸水すると湿潤密度が大きくなり軽量性が損なわれるほか，強度低下を引き起こすことがある。また，盛土底面や背面

に滞水すると浮力や水圧で安定が低下するため、遮水シート等による盛土内への雨水の浸透防止及び地下水の排水処理は不可欠である。

3) 気泡の消泡

　気泡の一部は、セメントスラリーと気泡の混合時や圧送時あるいは打設中・打設直後の降雨によって消泡し品質の低下を招くおそれがあるため、必要に応じて気泡の割増しをするなど、適切な施工管理を実施することが重要である。

4) ひび割れの防止

　硬化時の発熱（100℃に達することがある）や乾燥によって、軽量盛土体にひび割れが生じることがある。ひび割れが発生すると、地下水や雨水が浸透し易くなるため、金網等を適切に敷設することやシートによる養生を行いひび割れの発生を防止する必要がある。

(5) **品質及び施工管理**

　気泡混合軽量土工法ではミキシングプラントにて各材料の計量を行い、流動性の指標であるフロー値及び養生後の湿潤密度や一軸圧縮強さ等を管理する。

　また、気泡混合軽量土による盛土の出来形を確認する必要がある。

(6) **効果の確認**

　「6-8-1　発泡スチロールブロック工法」と同様である。

6-8-3　発泡ビーズ混合軽量土工法

> 発泡ビーズ混合軽量土工法の適用に当たっては、土工構造物の安定性を確保できるよう単位体積重量や強度を適切に設定しなければならない。

(1) **工法と原理**

　発泡ビーズ混合軽量土を用いた盛土工法は、全沈下量の低減、安定確保及び変形対策を目的として施工されるものである。発泡ビーズ混合軽量土は、原料土に発泡ビーズを混合することにより軽量性と通常の土に近い変形追従性を有する地盤材料であり、さらにセメント等を添加し、軽量化によって生じた強度

低下を補う場合もある。混合軽量土の特性は，原料である土質材料の種類，発泡ビーズの混合比及び固化材の添加量で大きく変化する。しかし，所定の範囲で設計や施工を行えば，通常の土砂と同様な取り扱いができる。

一般には，自然含水比状態の土と発泡ビーズ及び固化材とを混合した普通土タイプが用いられるが，高含水比粘性土，火山灰質粘性土及び泥土等を用いる場合には，それらの原料土に加水した泥土状での処理をする。

発泡ビーズには，スチレン系等の樹脂を直径 1 ～ 10mm に発泡した粒子や成形発泡材料を粉砕したものが用いられる。固化材には，普通ポルトランドセメント等が用いられる。土とビーズ及び固化材の均質な混合には，混合ミキサー，材料の計量・供給装置で構成されたバッチ式プラントや，原位置混合機械が用いられる。盛土の施工は，普通土タイプでは，湿地ブルドーザによるまき出し・転圧が適用できるが，泥土状のスラリータイプでは，気泡混合軽量土と同様に型枠内への流し込みとなる[26]。

(2) 設計

発泡ビーズ混合軽量土を用いた盛土の設計では，発泡ビーズ混合軽量土の密度と強度を所定の範囲に設定して，通常の土砂と同様に，円弧すべりや支持力及び沈下の検討を行う。発泡ビーズ混合軽量土の密度の調整は発泡ビーズの混合量で行い，湿潤密度で 8.0 ～ 15.0kN/m³ の範囲で設定可能である。実用上は浮力の問題があるため，湿潤密度を 10.5kN/m³ 以上とすることが多い。発泡ビーズ混合軽量土の強度は固化材の添加量で調整し，実用上では土質材料として適用できる一軸圧縮強さで 50 ～ 300kN/m² 程度の範囲で使用することが多い。

発泡ビーズ混合軽量土の強度定数は，一軸圧縮試験が可能な場合は粘性土として扱い，粘着力 c は一軸圧縮強さ q_u の 1/2 とする。配合試験で目標とする強度は現場施工でのばらつき等を考慮して，設計で必要とする強度の 2 ～ 3 倍の強さに設定することが多い。また，低強度で一軸圧縮試験が不可能か，強度定数として c と ϕ を必要とする場合は三軸圧縮試験により求める。

なお，発泡ビーズ混合軽量土の所定の密度や強度を確保するために，室内配合試験により，発泡ビーズ容積混合比と固化材の添加量を設定する。

⑶ 施工

　発泡ビーズ混合軽量土を用いた盛土の施工において，スラリータイプの施工は気泡混合軽量土と同様であるので，ここでは普通土タイプの施工について示す。

　普通土タイプの施工において，発泡ビーズの混合方法はプラント混合と原位置混合に分けられる。プラント混合では，まずミキサーに発泡ビーズを投入し，次に水と固化材を投入し，最後に原料土を投入して混合する。プラントにて混合終了後，ダンプトラック等で搬出し，現地で敷均し・転圧を行い養生する。原位置混合では，現場に混合ヤードを設置し，所定の区画の中に固化材・発泡ビーズ及び水を散布してバックホウ等により攪拌混合する。その後，掘削し，所定の盛土の位置までダンプトラック等で運搬し，敷均し・転圧を行い，養生する。

　施工に際しては，所定の密度や強度を確保するために，現地にて配合試験及び転圧試験を実施する必要がある。配合試験に当たっては，発泡ビーズ容積混合比と固化材の添加量を確認し，転圧試験に当たっては，まき出し厚や転圧回数の確認を行う。

⑷ **設計・施工上の留意点**

　本工法の適用に当たっては，特に以下の項目に留意する必要がある。

1) 混合時の発泡ビーズの飛散対策

　プラント混合に当たっては，発泡ビーズのプラント投入時が最も飛散に注意を要する工程である。自動計量化された連続輸送により密封された空間で作業を行うことが望ましい。原位置混合に当たっては，固化材，発泡ビーズともに露出した状態になるため，風により飛散する可能性が高い。このため防風シートを設置する方法や，強風時の施工を避けるなどの方法がある。

2) 運搬及び転圧後の発泡ビーズの飛散防止

　発泡ビーズ混合軽量土の運搬においても荷台をシートで覆うなどの対策が必要である。また，転圧後には盛土に被覆シートを用いて被覆，養生を行う必要がある。

(5) 品質及び施工管理

　発泡ビーズ混合軽量土で原料土，発泡ビーズ及び固化材の計量を行い，所定量を混合するとともに，土砂の含水比や密度及び強度を管理する。また，転圧施工現場では現場密度試験やコーン貫入試験等を実施する。また，転圧時には，盛土の出来形を確認する。

(6) 効果の確認

　「6-8-1　発泡スチロールブロック工法」と同様である。

6-8-4　カルバート工法

> カルバート工法の適用に当たっては，土工構造物の安定性を確保できるようカルバートの設置位置及びカルバートの諸元を適切に設定しなければならない。

(1) 工法と原理

　カルバート工法は，全沈下量の低減，安定性確保及び変形対策を目的として盛土材の代替として施工されるものである。カルバート工法は，カルバートを連続して並べることにより軽量で地盤の挙動に対応しうる構造体をつくる工法である。その他に変位を生じた既設の橋台背面の荷重を軽減させるために採用されることもある。

　新設構造物に適用する場合，カルバート工法の基礎地盤対策としてプレロード工法が行われることがある。

(2) 設計

　本工法の設計は，施工箇所の荷重条件（載荷重，背面地山の土圧，交通荷重，作業荷重，浮力，地震時荷重及びその他衝撃荷重等），地盤条件（土質，支持力，強度，地下水及び湧水の有無）等設計に必要となる条件を整理した後，必要となる見かけの単位体積重量を定め，地盤の沈下・安定等について検討し，必要なカルバートの形状，個数及び配置等を決定するものである。なお，カルバー

トの設計・施工は「道路土工－カルバート工指針」を参照されたい。

(3) 施工上の留意点

この工法を用いる場合，特に縦断方向の不同沈下が問題となることがあるので，地盤状況等を十分に調査のうえ適用する必要がある。

(4) 品質及び施工管理

所要の品質の材料を選定するとともに，施工管理を行わなければならない。

(5) 効果の確認

「6－8－1 発泡スチロールブロック工法」と同様である。

6－9 盛土補強工法

> 盛土補強工法の適用に当たっては，土工構造物の安定性を確保できるよう補強材の種類・材質及び敷設位置を適切に設定しなければならない。

(1) 工法と原理

盛土補強工法は，基礎地盤の表面あるいは盛土下層部に補強材を設置し，**解図 6－102** に示すように補強材が盛土と一体化することによって，地盤の側方移動に伴う盛土底面の広がりを拘束し，さらには盛土の安定確保を目的とした工法である。

盛土補強工法は，軟弱層厚が小さい場合，あるいは盛土全体の沈下がある程度許容される場合には，単独で採用されることが多い。また，軟弱層が厚い場合や盛土高が高い場合等では，深層混合処理工法等の補助工法としても採用されることがある。

盛土補強工法は，補強材の種類によってジオテキスタイル工法と金網工法に区別される。ジオテキスタイル工法は，引張強さの高いシート状の材料が使用される。一方，金網工法は，鋼製ネット，帯鋼等の材料が使用される。また，これらの補強材は，様々な強度・変形特性の材料が開発されており，補強材と

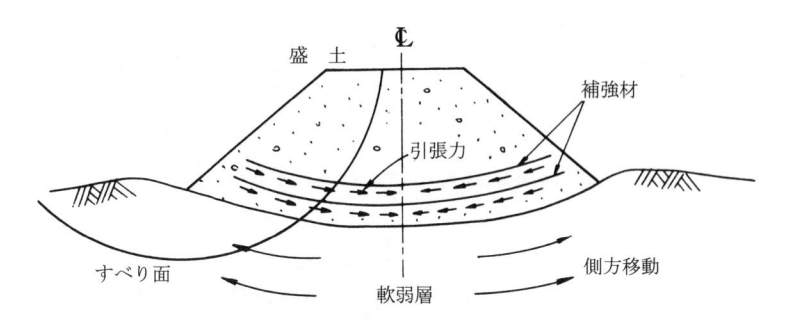

解図 6-102　盛土補強工法の概念[28]

土との摩擦特性や最大引張強さ等を十分に吟味して採用する必要がある。

　この工法は，工費が安いため，他の対策工法の補助的な目的で用いられることが多く，圧密沈下による盛土材のゆるみを抑制するとともに，盛土材や基礎地盤が地震時に液状化した場合にも，盛土の変形抑制対策としても効果が期待できる。

(2)　設計

　ジオテキスタイル工法の設計法では，**解図 6-103**[28]に示すように考慮すべき破壊モードを以下のように分類し，これらに対して検討する。

　①　基礎地盤の支持力不足による過大な沈下・変形
　②　ジオテキスタイルと交差し，基礎地盤を通るすべり破壊
　③　ジオテキスタイル上の盛土の滑動

(3)　設計・施工上の留意点

　本工法の適用に当たっては，特に以下の項目に留意する必要がある。

　①　補強材は，高い引張強度を有することが必要であり，かつ地盤の変形に追従し得るものが望ましい。
　②　地盤が超軟弱で大変形が想定される場合には，補強効果が期待できないため，地盤改良との併用が必要である。ジオテキスタイルを用いた盛土補強では，大変形が発生するおおよその目安は無補強時の円弧すべりによる安全率が 1.0 を下回る場合としている。

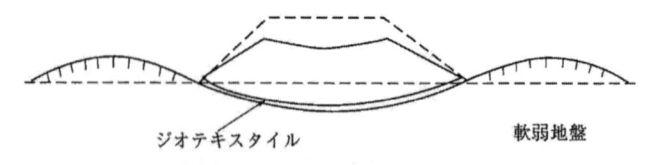

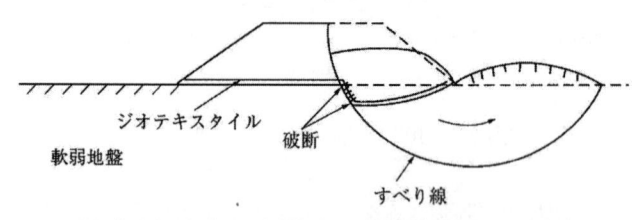

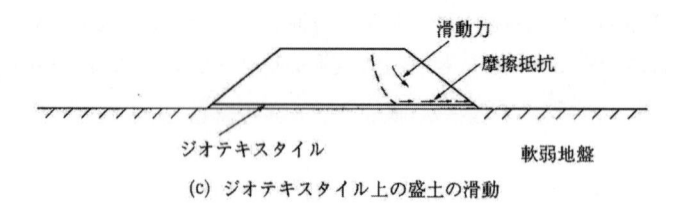

解図 6-103 ジオテキスタイルで補強した軟弱地盤上の盛土の破壊モード [28]

- ③ 補強材1枚当たりの設計引張強さには限界があるため，必要とする引張強さが大きい場合や盛土の滑動荷重に対して大きな抵抗が必要な場合には，補強材を複数枚敷設する。
- ④ 補強材は，土中の化学成分等の環境条件によって劣化することがある。また盛土材に礫質土を用いる場合には，補強材が損傷することがある。このため，これらの環境条件の影響を十分に考慮して設計・施工する必要がある。
- ⑤ 盛立ての順序は，補強材にゆるみがないように緊張し，盛土のり面側を先行させる。
- ⑥ 盛土との一体化を図り盛土自重による定着効果を高めるために，補強材周辺の盛土材を締め固める必要がある。
- ⑦ 施工機械は，できるだけ接地圧の小さいものを用い，十分に締め固める。

(4) 品質及び施工管理

　補強材や盛土材について，所要の品質の材料を選定し，補強材の敷設（敷設間隔，敷設位置等）を適切に行うとともに，盛土との一体化を図るために適切な盛土の締固め管理を行わなければならない。

(5) 効果の確認

　盛土の安定性増大に対する効果は，盛土施工後の沈下や変形等の動態観測によって確認することが多い。動態観測の方法は「第7章　施工及び施工管理」による。

　所要の効果が得られないと判断された場合は，圧密の促進を期待し放置するなどの対策を検討する。

6－10　構造物による対策工法

> 構造物による対策工法には，施工中の安定性の確保のために押え盛土を設置する工法や，地盤中に構造物を打設ないし造成する工法等がある。各工法の設計・施工は，それぞれ「6－10－1」～「6－10－4」に従うものとする。

　構造物による対策工法には，地上に構造物を設置する工法と，地中に構造物を打設する工法に分けられる。地上に構造物を設置する工法として，施工時の安定を確保するために用いられる押え盛土工法がある。また，地盤中に構造物を打設ないし造成する工法として，地中連続壁工法，矢板工法及び杭工法がある。

6－10－1　押え盛土工法

> 押え盛土工法の適用に当たっては，土工構造物の安定性を確保できるよう押え盛土の形状，範囲を設定する。

(1) 工法と原理

　押え盛土工法は，施工中の盛土が所要の安全率を得られない場合，盛土のり先に小規模な盛土（押え盛土）を行って，安定性を確保する工法である。

この工法を適用すると，**解図6-104**に見られるように盛土敷幅が著しく増すので，盛土のり面勾配を緩くした場合と同様の効果が期待できる。すなわち，押え盛土のない場合，①の位置が最も危険なすべり面となるが，押え盛土を行うことで，これが②のすべり面の位置に移動する。これによって，すべり面に沿う滑動モーメントの減少や抵抗モーメントの増大が図られるので，盛土の安定性が向上する。この工法は広い用地と余分な盛土材を必要とするが，効果は確実で信頼性が高いので，用地取得が比較的容易で，用地費が安い場合及び安価な盛土材が得やすい場合等に適用性が高い工法である。

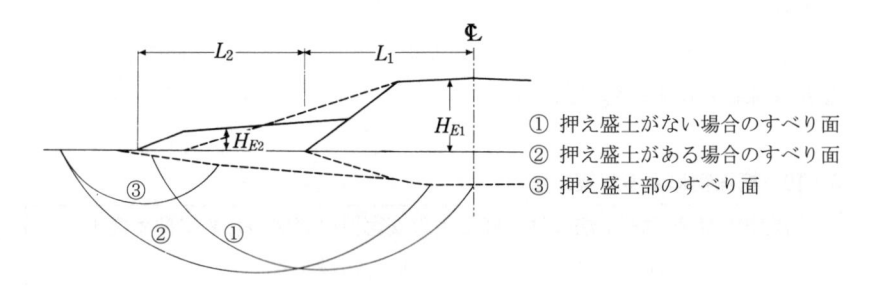

解図6-104　押え盛土の有無による最終沈下とすべり面

　押え盛土は本体の施工後もそのまま残しておく場合と，施工途中または施工後に一部あるいは全部を除去する場合とがあり，後者はのり先載荷工法とも呼ばれる。

　この工法は当初から設計・施工されることもあるが，施工中に著しく不安定になった盛土やすべり破壊を起こした盛土の応急対策，または復旧対策として極めて有効であり，そのような適用例も多い。また，長期にわたる圧密による周辺地盤の沈下対策としても有効である。

(2) 設計

　押え盛土を当初から設計する場合は，**解図6-104**に示した臨界すべり円①において所要安全率を得るのに必要な押え盛土重量を概算し，概略の押え盛土形状を想定した後，通常の安定の照査を行う。施工中のすべり破壊に対する応

急対策または復旧対策として行う場合は，押え盛土による地盤の強度増加を考慮に入れず，本体盛土の施工によって生じたすべり面①について，逆算で求めた地盤のせん断強さを用い，安定計算を行う例が多い。

なお，地盤の表層部が極めて軟弱な場合は，押え盛土自体ののり先にすべり破壊③が生じることも多いので，押え盛土の高さ H_{E2} は一般に式（解6-16）で求めた値以下とする。

$$H_{E2} = \frac{H_{EC}}{F_S} \quad \cdots\cdots\cdots\cdots\cdots\cdots\cdots\cdots\cdots\cdots\cdots\cdots\cdots\cdots\cdots\cdots\cdots\cdots\text{（解6-16）}$$

ここに，

H_{EC}：限界盛土高　(m)　（式（解3-6）参照）

F_s：安全率

(3) 施工

押え盛土の施工は，一般に**解図6-105**に示したように押え盛土部を含めてサンドマット（図中のⅠ）及び盛土（図中のⅡ）を施工し，引き続いて盛土本体（図中のⅢ）の順序で行う。施工に当たっては，以下の項目に留意しなければならない。

① 盛土の高まき施工は避け，ほぼ水平に敷き均した薄層の盛土材を各層ごとに確実に締め固める必要がある。ただし盛土のり面の排水のため，必要な横断勾配を確保しなければならない。

② 押え盛土の盛立て速さは，盛土本体より遅れることがあってはならない。

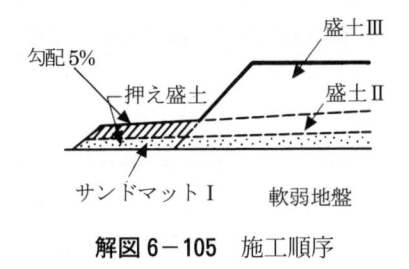

解図6-105　施工順序

③ 押え盛土が将来側道として使用される場合等では、この部分を土運搬路として利用することにより、側道としての強固な路床が得られる。
④ 本体の施工途中、あるいは施工後に押え盛土下における地盤の強度増加が所定の値に達したことを確かめられた場合には、押え盛土を所定高さまで除去し、その材料を盛土本体に流用することもある（**解図6－106** 参照）。

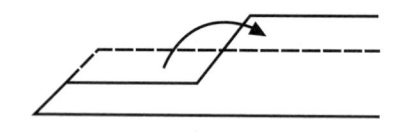

解図6－106 のり先載荷盛土の転用

(4) **品質及び施工管理**

押え盛土に使用する盛土材は、所要の品質の盛土材を選定するとともに、締固め方法等、適切に施工管理を行わなければならない。

(5) **効果の確認**

すべり抵抗の増加、有効応力の増大効果については、押え盛土の施工後の沈下や変形の測定等の動態観測によって確認することが多い。動態観測の方法は「第7章 施工及び施工管理」による。所要のすべり抵抗の増加、有効応力の増大効果が得られないと判断された場合は、押え盛土高及び盛土幅を変更するなどの対策を検討する。

6－10－2 地中連続壁工法

> 地中連続壁工法の適用に当たっては、土工構造物の安定性を確保できるよう設置間隔、壁厚、剛性及び深度を適切に設定しなければならない。

(1) **工法と原理**

地中連続壁工法は、安定液を用いて掘削壁面の崩壊を防ぎながら地下に壁状の溝孔を掘削して、場所打ちの鉄筋コンクリート壁等を構築する工法である。通常は掘削時の土留め壁や構造物の基礎として用いられるが、軟弱地盤対策と

して，液状化対策として施工されることがある。本工法を土工構造物の基礎地盤の周囲や，必要に応じて土工構造物の直下の地盤に適切な間隔で格子状に配置することにより，地震時の地盤のせん断変形を抑制して液状化の発生を防止するとともに，地盤が液状化した場合においても，剛性の高い地中連続壁により，土工構造物に重大な被害が生じないようにするものである。

(2) 設計

地盤のせん断変形抑制効果の予測は，確立された方法がなく，地中連続壁工法に当たっては，連続壁の剛性を評価し，多次元の応答解析あるいは模型実験結果に基づいて行うことが多い。

設計では，地中連続壁の設置間隔等を仮定して，地中壁に囲まれた内部の地盤に発生する地震時せん断応力比（L）を模型実験あるいは多次元地震応答解析にて推定し，原地盤の動的せん断強度比（R）と比較して液状化の判定を行う。必要があれば，条件（設置間隔，壁厚等）を変更して，適切な地中壁の設置間隔，壁厚及びエレメント割等を決定する。

(3) 施工

地中連続壁には多くの種類があり，形式により壁式と柱列式に大別できる。また，掘削溝の固化体にはコンクリート系，安定液固化系及びソイルセメント系がある。芯材には，鉄筋や型鋼及び鉄骨が用いられる。いずれの方式においても，地盤条件や施工規模等を考慮して適切な施工方法及び設備を慎重に検討する必要がある。近年ではチェーンソー型のカッターを用いて等厚の壁を造成するソイルセメント地中連続壁工法が実用化されている。ソイルセメント系の地中連続壁工法の施工機械の事例を**解図 6-107**に示す。

(4) 設計・施工上の留意点

本工法の適用に当たっては，以下の項目に留意する必要がある。
① 地中連続壁は剛性の大きい構造となるので，地中連続壁の外側部と地盤との境界部で不同沈下が発生する可能性があり，注意する必要がある。

(a)柱列式施工機　　　(b)等厚式施工機

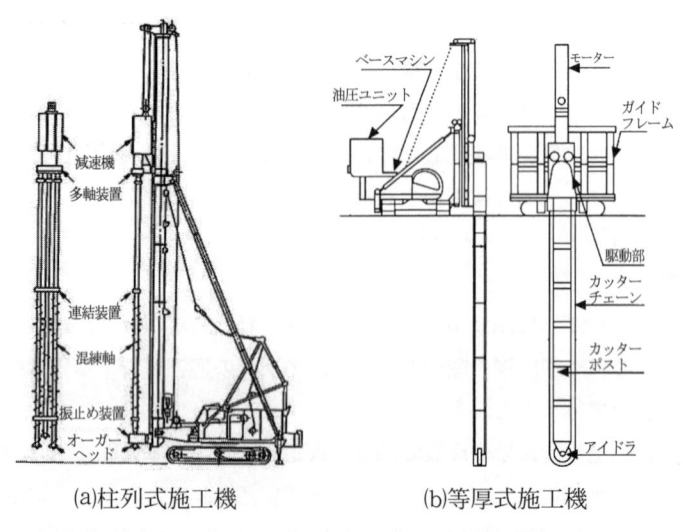

解図6-107　ソイルセメント系地中連続壁工法の施工機

② 軟弱地盤上ではトラフィカビリティーの不足等により，施工機械の設置精度や鉛直精度が低下する可能性があるので注意する必要がある。

(5) 品質，施工管理及び効果の確認

地中連続壁工法では，各施工段階での出来形及びコンクリートの品質を確認し，配置・壁厚や剛性の程度等を確認する。なお，液状化対策の効果については連続壁の幅や壁厚及び壁の連続性を確認し，効果の検証とする。

6-10-3　矢板工法

> 矢板工法の適用に当たっては，土工構造物の安定性を確保できるよう深度，断面，寸法及び矢板の種類を適切に設定しなければならない。

(1) 工法と原理

矢板工法は，盛土の側方の地盤に矢板を打設して，本体盛土のすべり破壊を防止するとともに，地盤の側方変形を減じて盛土の安定を図る工法である。ま

― 352 ―

た，地震時の液状化対策として非液状化層に矢板を根入れすることにより，地震時に地盤が液状化しても，地盤の側方への変位を制限し，盛土の沈下・破壊等の抑制を図ることを目的に施工されることもある。この他，盛土荷重の遮断により周辺地盤の変形を防止する目的でも施工される。すべりの防止やせん断変形の抑制では，鋼矢板を用いる例が多く，盛土構造物の液状化対策では，過剰間隙水圧を消散させる排水機能付き鋼材も用いられる。

この工法は，タイロッド方式と自立方式に分類できる。

1) タイロッド方式

タイロッド方式は，**解図 6－108** に示すように盛土両側の矢板の上部をタイロッド相互に連結する方式や，基礎地盤や盛土中にアンカーをとったタイロッドと矢板の上部とを連結する方式である。この方式は，タイロッドの引張り力と矢板の剛性で土圧等の荷重に抵抗する。

2) 自立方式

自立方式は，矢板の先端を基盤に深く打ち込むことにより，土圧等の荷重を矢板の曲げ剛性と根入れ部の横抵抗で抵抗する方式である。上部に砂層がある場合は，横方向の拘束があるので効果がある。ただし，液状化に対する効果は期待できず，またタイロッド方式に比べると矢板の頭部変位が大きくなりやすく，変位量の制約の厳しい場合または砂層の液状化が想定される場合には不向きである。

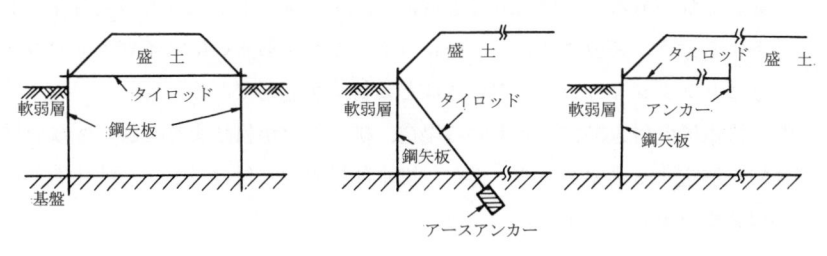

解図 6－108　タイロッド方式の概要

(2) 設計

　本工法の設計では，鋼材に作用する荷重及び水平地盤反力係数を設定して鋼材に生じる変形量及び断面力を算定し，それらが所定の許容値（許容応力等）以内になるように鋼材の仕様を決定する。なお，地震時の液状化対策としての設計・施工法の詳細は，「液状化対策工法設計・施工マニュアル（案）　共同研究報告書」[22] を参考にするとよい。

(3) 施工

　矢板の施工法は以下のようなものがあるが，一般的には，バイブロハンマによる振動工法や圧入機による圧入工法が多く用いられている。
　① ハンマによる打撃工法
　② バイブロハンマによる振動工法
　③ 圧入機による圧入工法
　④ オーガ併用工法

(4) 設計・施工上の留意点

　本工法の適用に当たっては，以下の項目に留意する必要がある。
　① 基盤が極めて硬い場合では，打設時に矢板が座屈するおそれがあるため十分な注意が必要である。
　② 盛土施工中に比較的大きな沈下が生じる場合には，タイロッドが切断するおそれがある。このような場合には，タイロッドと矢板との結合部で上下するように矢板にスリットを設けることや，あるいはタイロッドのつなぎにリングジョイントを用いるなどの対策が必要である。
　③ 排水機能付き鋼材を使用する場合，排水部材が目詰まりを起こさない材料を選定する必要がある。また，排水部材の取り付け長さは液状化層下端以深までを原則とする。

(5) 品質及び施工管理

　所要の品質の材料を選定するとともに，打設位置及び打設長等について施工管理を行わなければならない。

(6) 効果の確認

　すべり抵抗の増加，せん断変形の抑制及び応力の遮断の効果については，盛土施工後の沈下や変形等の動態観測によって確認することが多い。動態観測の方法は「第7章　施工及び施工管理」による。

　所要の効果が得られないと判断された場合は，締固め工法や固結工法等の工法を追加するなどの対策を検討する。

6-10-4　杭工法

> 杭工法の適用に当たっては，土工構造物の安定性を確保できるように杭の打設深度，杭の材質，杭径及び打設本数を適切に設定しなければならない。

(1) 工法

　杭工法は，全沈下量の低減，すべり抵抗の増加，応力軽減による変形抑制及び液状化被害の軽減を目的として施工されるものである。本工法は，盛土等の荷重を，杭を介して基盤や深層に伝えることによって土工構造物の沈下と安定の抑制を図る工法であり，一般的には，**解図6-109**に示すように杭群の頭部にコンクリート製のスラブ，コンクリート製のキャップ，ジオテキスタイルまたは鉄筋等を組合せて盛土の荷重を確実に杭に伝達する構造とする。また，杭材としては，木杭やコンクリート杭等が用いられる。

　この工法は，かつては軟弱層厚が数m以上の泥炭質地盤または極めて軟弱な粘性土地盤において早期に盛土を立ち上げる場合及び橋梁取付け盛土部等に用いられることが多かった。また，盛土による不同沈下，周辺地盤の変位及び交通振動の抑制という目的で用いられることもあった。しかし，昭和60年代以降，適用実績が減った。最近では，再び発生木材のリサイクルを兼ねた木杭工法が見直されつつある。

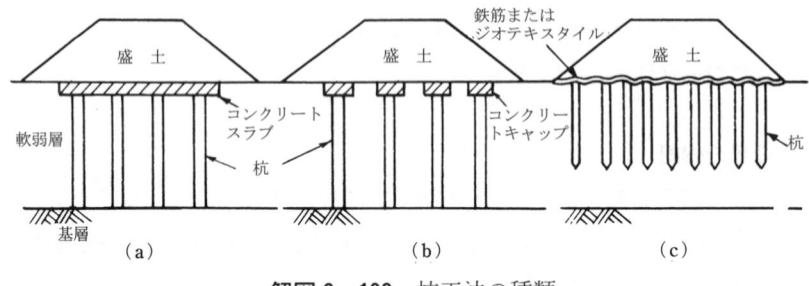

解図6-109　杭工法の種類

(2) 設計・施工上の留意点

本工法の適用に当たっては，特に以下の項目に留意する必要がある。

① 解図6-109(a)のコンクリートスラブと杭を組み合わせた(a)の方式では，一般に杭先端の沈下とスラブ底面での地盤沈下とが一致しないことがあり，スラブ底面下に空洞が生じる場合があるので注意が必要である。

② コンクリートキャップと杭を組み合わせた解図6-109(b)の方式を低盛土部に用いる場合には，杭相互間の不同沈下により路面に悪影響を及ぼすことがあるので注意が必要である。また，盛土の転圧時に，杭上に設置されたコンクリートキャップが破損するおそれもあるので注意が必要である。

③ 鉄筋またはジオテキスタイルと杭を組み合わせた解図6-109(c)の方式では，鉄筋またはジオテキスタイルを杭群の頭部で十分に連結する必要がある。

④ 人家，構造物等が近接している箇所でこれらの工法を採用する場合には，杭打ち時の振動及び地盤の側方変形に十分注意を払う必要がある。

⑤ 杭工法による改良部と未改良部との境界に不同沈下を生ずるおそれがあるので，改良部のすり付けなどに注意が必要である。

(3) 品質及び施工管理

所要の品質の材料を選定するとともに，打設位置及び打設長などについての施工管理を行う。

(4) 効果の確認

　沈下量の低減，すべり抵抗の増加及び応力の軽減効果については，盛土施工後の動態観測によって確認することが多い。

　所要の効果が得られないと判断された場合は，盛土の放置や固化工法を追加するなどの対策を検討しなければならない。

6-11　敷設工法

> 　敷設工法の適用に当たっては，トラフィカビリティーあるいは施工初期の土工構造物の安定性を確保できるよう補強材の種類・材質及び敷設位置を適切に設定しなければならない。

(1)　工法と原理

　敷設工法は，盛土等の本工事の前の仮設工事として主にサンドマットの下に補強材を敷設し，敷設する材料の引張力を利用して施工機械のトラフィカビリティーを確保するとともに，施工初期の段階で盛土荷重を均等に支持して地盤の局部的な沈下及び側方変位を減じ，支持力の確保を図ることを目的としている。敷設材としては，古くから，そだ，竹枠等が用いられてきたが，入手の難易性及び施工の迅速性等の面から，近年ではジオテキスタイル等が用いられている。なお，本工法は仮設工事としてトラフィカビリティーの確保とともに，供用時においても圧密沈下による盛土材のゆるみを抑制することで，地震時の盛土材の液状化による被害を軽減する効果が期待できる。

(2)　設計

　本工法の設計に当たっては，表層地盤の強度，施工機械の重量及び盛土荷重の大きさや載荷幅等に基づき，適切な敷設材を選定する必要がある。

　支持力算定式としては，一般に次式が用いられている[28]。

$$q_d = \alpha c N_c + T\left(\frac{2\sin\theta}{B} + \frac{N_q}{r}\right) + \gamma_t D_f N_q \quad \cdots\cdots\cdots\cdots\cdots\cdots （解6-17）$$

ここに,
- q_d：極限支持力 （kN/m²）
- α：形状係数
- c：粘土土地盤の粘着力 （kN/m²）
- N_c, N_q：支持力係数
- T：敷設材の引張り強度 （kN/m²）
- γ_t：地盤の単位体積重量 （kN/m³）
- D_f：ジオテキスタイルのめり込み量 （m）（解図6-110参照）
- r：載荷重領域近傍の地盤の変状を近似的に円とみなした時の仮想半径 （m）
- θ：ジオテキスタイルとの傾斜角
- B：載荷幅（m）

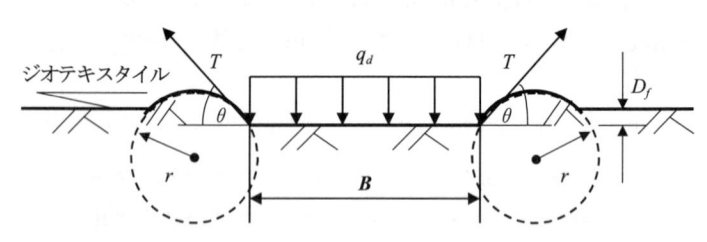

解図6-110 ジオテキスタイルの変形モデル概念図[28]

(3) 施工上の留意点

敷設工法を用いる場合，施工に当たって以下の事項に留意する必要がある。

① 盛土のまき出しは，できるだけ均一な厚さにし，敷設材の接合部は十分な強度を有するよう結合する。

② 超軟弱な地盤で一層目の盛土を行う際には，いかだにのせたベルトコンベア等を使って手まきしたり，ジェットコンベアによるまき出しが行われることもある。

③　第一層のまき出し厚さは厚くならないよう配慮し，材料としては川砂のような透水性の良好なものを用いることが望ましい。なお，礫等を含んでいる場合には，敷設材を傷つけないように注意する必要がある。

(4)　**品質及び施工管理**

　敷設材及び盛土材は所要の品質の材料を選定するとともに，敷設材の敷設位置や盛土材のまき出し厚さ等について施工管理を行わなければならない。

(5)　**効果の確認**

　敷設工法の効果は動態観測によって確認することが多い。

　所要の効果が得られないと判断された場合は，敷設材の追加や表層改良工法等の対策を検討する。

参考文献：

1) 地盤工学会：液状化対策工法，pp.177-195, 2004.
2) 地盤工学会：液状化対策工法，p.225, 2004.
3) 東日本高速道路（株），中日本高速道路（株），西日本高速道路（株）：設計要領第一集 土工編 p.5-78，第二集 カルバート編 p.45，2012.
4) 稲田倍穂：軟弱地盤の土質工学 予測と実際，鹿島出版会，p.190，1994.
5) 高速道路技術センター：軟弱地盤対策工の設計・施工に関する検討報告書，2004.
6) 東日本高速道路（株），中日本高速道路（株），西日本高速道路（株）：軟弱地盤対策工の設計・施工に関する検討報告書，p.4-30, 2010.
7) 高木俊介：サンドパイル排水工のためのグラフとその使用例，土と基礎，Vol.3，No.11，pp.8-16，1955.
8) 吉国洋：土質基礎シリーズ バーチカルドレーン工法の設計と施工管理，技報堂出版株式会社，1994.
9) 土質工学会（現 地盤工学会）：軟弱地盤対策工法－調査から設計施工まで－，pp.107-109, 1988.
10) 平間邦興：相対密度の適用に関する2，3の私見，砂の相対密度と工学的性質に関するシンポジウム発表論文集，土質工学会，pp.53-56，1981.
11) 水野恭男・末松直幹・奥山一典：細粒分を含む砂質地盤におけるサンドコンパクションパイル工法の設計法，土と基礎，Vol.35, No.5, pp.21-26, 1987.
12) 山本実・原田健二・野津光夫：締固め工法を用いた緩い砂質地盤の液状化対策の新しい設計法，土と基礎，Vol.48, No.11, pp.17-20, 2000.
13) 地盤工学会：打戻し施工によるサンドコンパクションパイル工法設計・施工マニュアル，2009.
14) 地盤工学会：軟弱地盤対策工法－調査・設計から施工まで，p.121，1998.
15) 浅岡顕・松尾稔・野津光夫：SD，SCPにおける地盤改良原理の考察とその応用，土と基礎，Vol.42, No.2, pp.7-12, 1994.
16) 松尾稔・木村稔・西尾良治・安藤裕：建築発生土類を利用した軟弱地盤改良工法の開発，土木学会論文集，No.567/ VI -35, pp.237-248, 1997.
17) 土木研究センター編：陸上工事における深層混合処理工法設計・施工マニュアル（改訂版），2004.

18) 土木研究所:共同研究報告書No.322，軟弱地盤改良技術に関する共同研究報告書（低改良率セメントコラム工法マニュアル（案）），2005.10
19) セメント協会編：セメント系固化材による地盤改良マニュアル，2004.
20) 地盤工学会：液状化対策工法，p.364，p.370，2004.
21) 田中幸久・国生剛治・江刺靖行・松井家孝：グラベルパイルの液状化防止効果，電力土木，No.188，pp.11-20，1984.
22) 土木研究所:液状化対策工法設計・施工マニュアル（案） 共同研究報告書第186号，1999.
23) 田中幸久：ドレーンによる液状化対策工法，技術手帳，土と基礎，Vol.37，No.4，pp.94-95，2004.
24) 地盤工学会：軽量土工法，2005.
25) 日本道路公団：FCB工法設計・施工指針，2005.
26) 土木研究センター：発生土利用促進のための改良工法マニュアル，1997.
27) 建設省土木研究所：混合補強土の技術開発に関する共同研究報告書－発泡ビーズ混合軽量土利用技術マニュアル－，第171号，1997.
28) 土木研究センター：ジオテキスタイルを用いた補強土の設計・施工マニュアル，2000.

第7章　施工及び施工管理

7-1　施工及び施工管理の基本的な考え方

> 　軟弱地盤での施工に当たっては，常に工事の進捗や土工構造物及び対策工等の品質，形状・寸法とともに，地盤や土工構造物の挙動を測定し，所定の性能を満足する土工構造物を安全に，かつ定められた工期内に構築するよう適切な施工及び施工管理を行う。

　軟弱地盤での施工に当たっては，選定された対策工法の原理，設計内容や留意事項並びに現地条件を十分に把握したうえで，工事の進捗状況や地盤の挙動，土工構造物及び対策工法の品質，形状・寸法を確認しながら適切な施工を行う必要がある。
　工事を実施する場合，施工中において，計画どおりの工程で工事が進んでいるかどうか，要求される品質・形状のものが施工されているかどうかを調べ，粗悪な品質のものや，要求されている形状・寸法を満足しないものができていることが発見されたならば，すみやかにその原因を追求して改善を図ることが必要である。一般に，このような行為を施工管理と呼んでいる。施工管理の目的は，定められた品質及び形状・寸法の土工構造物等を定められた工期内に経済的に仕上げることである。なお，工事の管理には，施工管理の他，施工機械の稼働に関する機械管理や作業の安全のための安全管理及び環境の保全のための環境管理等の工事を円滑かつ安全に進めるための様々な管理がなされている。
　軟弱地盤において土工構造物を構築する場合には，このような一般的な工程・品質及び出来形管理等の施工管理に加えて，地盤の安定や沈下の制御，周辺の地盤や構造物の変形について管理する必要がある。軟弱地盤において土工

構造物及び軟弱地盤対策工を施工する場合の施工と施工管理のフローの例を**解図7-1**に示す。軟弱地盤での土工構造物及び軟弱地盤対策工の施工は，設計時に予期できない異常事態の遭遇を念頭に置いて計画及び実施をする必要がある。事前の設計において安定性が確認され，施工計画で定められた施工を忠実に行ったとしても，調査・設計及び施工に内在する多くの不確定要素のために，所定の品質等が確保できない場合があり，また予期せず基礎地盤が破壊することもある。一度，不適当な品質が生じたり，基礎地盤が破壊してしまうと，その対応には多額の工費と長期の工期を必要とすることがある。これを未然に防ぐには，不確定性を前提に施工計画・施工管理計画を立て，施工段階においては確実な品質管理を実施し，所定の品質が確保できているか，さらに動態観測により地盤の挙動を計測し，設計段階で予測した範囲に入っているかを常にチェックすることが重要である。対策工の品質や土工構造物，地盤の挙動が予測と異なった場合には，その原因を調査し，材料・施工方法及び工程等を見直すなど施工と施工管理へのフィードバックの実施，特に沈下・安定管理による情報化施工を確実に行うことが必要である。

施工計画の立案並びに施工管理基準値の設定に当たっては，以下の点に留意する必要がある。

① 設計図書，仕様書の条件，特に工期及び現地条件に即した施工計画を立てる。
② 施工管理基準値の設定に当たっては，土工構造物の構造条件，施工条件，対策工の種類・規模，沈下・安定管理法，動態観測の方法及び費用等を考慮し，適切に定める。
③ 沈下，安定及び変形の管理に必要な動態観測計画を立て，動態観測で異常が確認された場合には，すみやかに異常の原因を検討し，必要に応じて応急対策を行うとともに，当初の設計や施工計画に必要な修正を加える。
④ 軟弱地盤上の施工では，施工時に発生する地下水環境・地盤環境の変化，騒音・振動等が周辺環境へ影響を与えるとともに，周辺の諸施設にも予想外の影響を与えることがあるので，周辺の環境条件とその重要性に応じた対策を講じておくことが必要である。

軟弱地盤において対策工の実施及び土工構造物を構築する際の品質管理・出

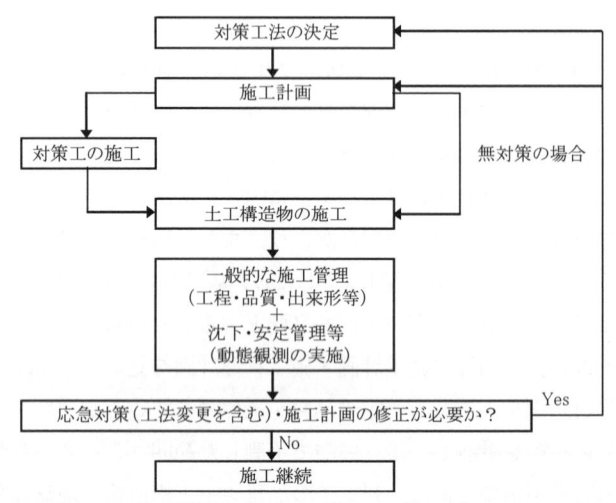

```
       ┌─────────────────┐
       │  対策工法の決定  │←──────────┐
       └────────┬────────┘            │
                ↓                     │
       ┌─────────────────┐            │
    ┌─→│    施工計画      │            │
    │  └────────┬────────┘            │
    │           ↓                     │
┌───┴───┐       │          無対策の場合 │
│対策工の│       │                      │
│  施工  │      ↓                      │
└───────┘ ┌─────────────────┐          │
       ┌─→│  土工構造物の施工 │──────────┘
       │  └────────┬────────┘
       │           ↓
       │  ┌─────────────────┐
       │  │  一般的な施工管理 │
       │  │(工程・品質・出来形等)│
       │  │        ＋        │
       │  │   沈下・安定管理等 │
       │  │ (動態観測の実施)  │
       │  └────────┬────────┘
       │           ↓
       │  ┌──────────────────────────┐  Yes
       └──│応急対策(工法変更を含む)・施工│─────
          │  計画の修正が必要か？      │
          └────────┬─────────────────┘
                   │No
                   ↓
             ┌──────────┐
             │  施工継続  │
             └──────────┘
```

解図7−1　軟弱地盤における施工と施工管理のフローの例

来形管理については,「7−4　品質管理及び出来形管理」に,また軟弱地盤において土工構造物を構築する際の情報化施工については,「7−5　軟弱地盤における情報化施工」において詳述する．

　なお,個別の対策工法の施工・施工管理については,「第6章　軟弱地盤対策工の設計・施工　6−3〜6−11」,また盛土の施工・施工管理については「道路土工−盛土工指針　第5章　施工」に記載されているので,本章では,「7−2　施工及び施工管理における配慮事項」,「7−3　盛土工の留意点」をはじめ,軟弱地盤における主として盛土の施工及び施工管理に関する共通的な事項を示す．

7−2　施工及び施工管理における配慮事項

> 軟弱地盤における土工構造物及び軟弱地盤対策工の実施に当たっては,軟弱地盤の特性に配慮した施工及び施工管理を行う必要がある．

　圧密沈下に長期間を要するなどの軟弱地盤の特性を考慮し,土工構造物や対策工の施工に当たっては,まず,以下の事項を考慮する必要がある．
　① 軟弱地盤対策を実施する場合には,対策工をできるだけ早期に完了して,

盛土等の土工構造物の施工を始める前に地盤を安定させる。
② 土工構造物の施工中に，基礎地盤の支持力・せん断抵抗力不足に起因する破壊に対する安定管理や，土工構造物の沈下管理を行い，その結果に基づいて施工方法の変更や盛土速度を調節する。
③ 盛土完成後，舗装や構造物の施工までの放置期間を十分にとり，供用中に継続して生じる沈下量を少なくする。

さらに，次に示すような事項に配慮して日常の動態観測を通して，現地の挙動を常に把握しながら，工事を進めなければならない。
① 設計図書や仕様書等の条件と現地の状況をよくチェックしたうえで，所要の工程・品質及び出来形等が確保できる施工計画を立てる。
② 施工計画に基づいて，細心の施工を行う。特に，近接施工の場合は注意を要する（「道路土工要綱 5－10 近接施工」参照）。また，建設機械の転倒等の災害を防止するため，十分な安全対策をとる（「道路土工要綱 5－8 安全管理と災害防止」参照）。
③ 軟弱地盤の場合，どのような工法を採用するとしても，施工機械のトラフィカビリティーの確保が必要であり，このためサンドマット工法または表層混合処理工法等が併用されることが多い（「道路土工－盛土工指針 5－4－4 締固め作業及び締固め機械」及び本指針「6－3－1 表層排水工法」，「6－3－2 サンドマット工法」，「6－5－1 表層混合処理工法」参照）。
④ 施工管理では，特に沈下管理と安定管理に重点をおいて，必要な観測を行い，その結果に基づいて時機を失わないように適切な判断をする。また，必要に応じて設計や施工計画の変更または修正を行う（「7－5 軟弱地盤における情報化施工」参照）。
⑤ 軟弱地盤での施工においては，施工に伴って地下水環境，土壌環境，騒音・振動等の生活環境，周辺地盤の沈下・変形等の地盤環境等，周辺環境へ影響を与えることがあるので十分配慮する（「道路土工要綱 共通編5－7 環境保全対策」及び「6－2－(3) 軟弱地盤対策工の選定に当たって考慮すべき条件」参照）。
⑥ 基礎地盤の破壊等に対する応急対策の必要性を想定し，人員，機械あるいは資材等必要な体制をすぐに手配できるよう準備しておく。

7-3 盛土工の留意点

> 軟弱地盤上における盛土工の実施においては，軟弱地盤の特性に留意した施工及び施工管理を行わなければならない。

盛土工は工事の主体であり，その良否が将来の道路の安定性に大きく影響する。特に，軟弱地盤においては盛土工により地盤の変形が生じるため重要となる。軟弱地盤での盛土工の管理の留意点をあげると，以下のとおりである。

(1) 準備排水及び施工中の盛土面の排水

準備排水は施工機械のトラフィカビリティーが確保できるように，軟弱地盤の表面に素掘り排水溝を設けて，表面排水の処理に役立てる。

軟弱地盤上の盛土では，盛土中央付近の沈下量がのり肩部付近に比較して大きいので，盛土施工中はできるだけ施工面に4%～5%程度の横断勾配をつけて，表面を平滑に仕上げ，雨水の浸透を防止する（**解図7-2**）。なお，盛土天端中央部に縦排水を設ける場合もある（「道路土工－盛土工指針　5-5　盛土施工時の排水」参照）。

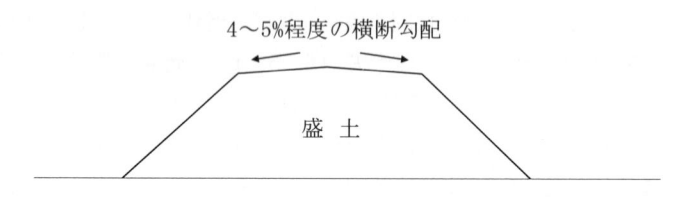

解図7-2 盛土面の排水

(2) 盛土作業

盛土を行う場合に最も大切なことは，整然とした作業を行うことである。毎日の作業量を想定して作業区画割を行い，計画的に土工機械を配置し，土のまき出し・締固め及び密度測定等を適切に行うことを念頭におかなければならない。

軟弱地盤においては，側方移動や沈下によって丁張りが移動や傾斜したりすることがあるので，盛土施工の途中で盛土形状や寸法のチェックを忘れてはな

らない。また，基礎地盤の安定性を確保するためにも，急速施工を避け，基礎地盤の処理を行い，所定の厚さにまき出して十分な転圧を行って盛り上げなければならない。特にサンドマット施工時や盛土高が低い間は，サンドマット材や盛土材を1箇所に集中して荷下ろしすると，局部破壊を生ずるので注意が必要である。同様に局部破壊を防ぐために，のり尻から盛土中央に向かって施工することが望ましい。

(3) のり面勾配の修正

盛土荷重によって軟弱地盤が沈下するので，沈下量の大きい区間では，**解図7-3**に示すようにのり面勾配を計画勾配で仕上げると，沈下によって盛土天端の幅員が不足し，腹付け盛土が必要となることが多い。このため，供用後の沈下をあらかじめ見込んだ勾配で仕上げ，余裕幅を設けて施工することが望ましい。

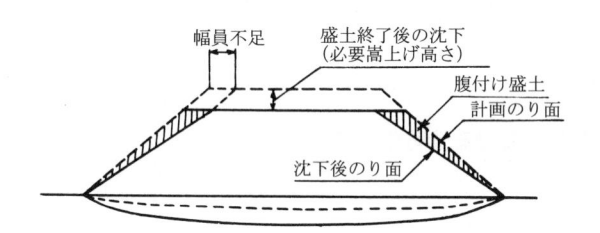

解図7-3 盛土の沈下によるのり面勾配の修正

(4) **盛土のり尻**

軟弱地盤上の盛土では，降雨や軟弱層からの浸透水が盛土のり尻に滞水し，のり面の小崩壊を起こすことがあるので，のり尻部にフィルター層を設けるなど水処理については，特に留意する必要がある（**解図6-48**参照）。

7-4 軟弱地盤対策工の品質管理及び出来形管理

軟弱地盤対策工が初期の目的どおり施工されたかを確認するため，各工法の原理及び施工方法に応じた品質管理及び出来形管理を行う。

軟弱地盤対策工は，設計で検討された目的どおりに施工されて，初めてトラフィカビリティーの確保や沈下の抑制・安定の確保等の効果を発揮するものである。したがって，対策工が確実に目的どおりの施工がなされたかを確認するため，各工法の原理及び施工方法に応じた品質管理及び出来形管理を行うことが重要である。

品質管理は，施工中に適宜試験を行って，施工された対策工の品質が要求された品質に合致しているかどうかを調べ，不適切に施工されている場合には，その原因を調査して改善し，確実に要求された品質を得るために行うものである。

出来形管理は，施工された対策工が要求された形状・寸法に合致しているかを調査して，管理基準値を満足しないものが施工されている場合には，その原因を調査して対策を講じ，要求された形状・寸法のものを得るために行うものである。

なお，個々の対策工の管理項目については，「第6章」に記載されているとおりである。

7-5 軟弱地盤における情報化施工

> 軟弱地盤における土工構造物の施工及び軟弱地盤対策工の実施においては，情報化施工を行うことを原則とする。

軟弱地盤上に盛土を施工する場合，盛土荷重による基礎地盤の沈下と安定等が問題となるが，沈下や安定等については，設計で得られた予測と実際の挙動が一致しないことが少なくない。このため，設計どおり施工を行っても予想外の変形が生じたり，基礎地盤が破壊してしまうことがある。これは，現時点で考え得る十分な手法を用いたとしても，調査・設計及び施工中に多くの不確定要素が内在しているためである。

軟弱地盤における情報化施工は，このような不確定要素を施工段階で得られる情報によって補い，盛土を確実に完成させるために実施するものである。具体的には，適切な計測器を配置したうえで沈下管理や安定管理のための動態観

測を実施し，得られた計測情報に基づいた評価を行って，その結果を次の施工にフィードバックすることをいう。また，状況によっては，設計から見直す場合もある。情報化施工の実施フローを**解図7-4**に示す。なお同図で，対策工を施工する時点においても，地盤の水平変位などの動態観測を行う場合も多い。

ただし，小規模な工事等で情報化施工を行う必要がないと判断される場合は，この限りではない。

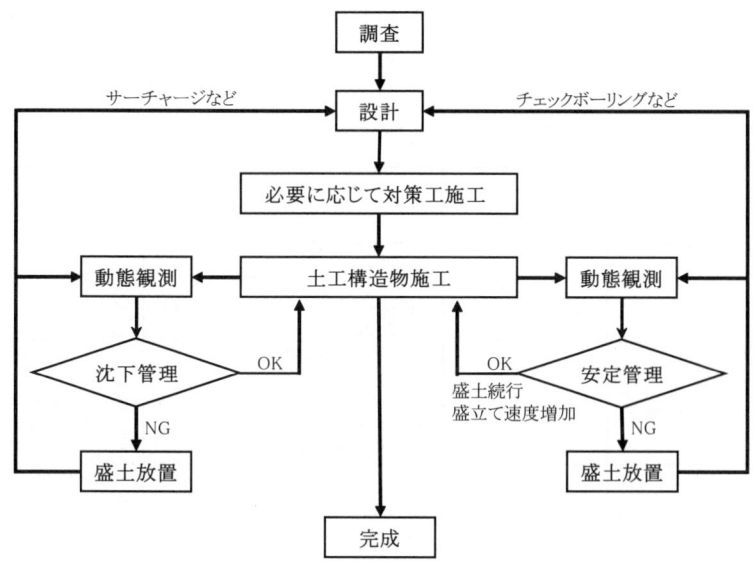

解図7-4 軟弱地盤における情報化施工の実施フロー

7-5-1 動態観測

> 情報化施工に当たっては，軟弱地盤や施工状況に応じて，適切な動態観測を行わなければならない。

動態観測は，調査・設計時に予測した現象が実際に生じているかどうか，対策工法の効果が予測どおりであるかどうかを照査し，予期しなかった挙動が生じたときには一刻も早くその原因を追求し，それに対処するために地盤の沈下や水平変位等を計測するものである。

軟弱地盤において動態観測のために設置する主な計器は**解表7-1**に示すとおりである。一般的な工事では，この中の地表面型の沈下計，地表面変位杭及び地表面伸縮計がよく利用されている。それ以外の計器は，大規模な軟弱地盤の代表的な断面や試験施工，その他特殊な目的をもった工事を実施するときに利用する例が多い。

　また，**解表7-1**に示す計器のほかに，深層混合処理工法等の改良体等に作用する鉛直土圧を把握するための土圧計，地盤の水平変位が生じる深度等を把握するためのパイプひずみ計等を利用することもある。

解表7-1　各種動態観測用の計器

計測項目	使用計器	測定項目	目的	備考
沈下	地表面型沈下計	軟弱地盤表面の全沈下量	盛土量の検測や安定管理(盛土速度のコントロール)，沈下管理(将来沈下予測による残留沈下量の推定)に測定結果を使用する。	施工に際して必ず実施する。
沈下	層別沈下計	土層別の沈下量	軟弱層が厚く土層構成が複雑で，沈下速度の遅い層の圧密度や残留沈下が問題となる箇所に設置し，各層の計算沈下量の検証に使用する。また，改良柱体間の粘土の沈下挙動を把握する。	残留沈下が問題となる箇所では設置が望ましい。施工後の追跡調査にも活用できる。
変位	地表面変位杭	盛土周辺地盤面の水平変位量及び鉛直変位量	盛土周辺地盤の変状の有無を把握して安定管理に用いる。	平地部等の低盛土で隣接地への影響が問題とならない場合を除いて，必ず実施する。
変位	地表面伸縮計(自記式地すべり計)	盛土周辺地盤面の水平変位量	盛土周辺地盤の変状の量を自動で計測して安定管理に用いる。	地表面変位杭と代替，もしくは併用して用いられる。
変位	挿入型傾斜計	盛土周辺地盤の地中水平変位量	安定管理に用いる。盛土の進行に伴う土層別の水平変位量を把握する。	地表面変位杭と代替，もしくは併用して用いられる。
間隙水圧	間隙水圧計	土層別の間隙水圧	粘土の圧密による強度増加は，圧密度で評価される。沈下量と間隙水圧では間隙水圧の方が遅れる傾向にあり，沈下量と合わせて総合的に圧密度を把握する。	試験施工等，確実な圧密の進行を把握する必要のある場合に実施する。

通常の盛土工における各種計器の配置例を**解図7-5**に示す。なお，地盤の水平変位の計測に当たっては，土層構成によって測定計器を使い分ける場合があるので注意が必要である。軟弱地盤は，**参表5-6**のように大別する場合があるが，地盤タイプ2のような場合は，地中部で水平変位の最大値を取ることが多い。そのため，地表面変位杭による変位観測では，過小な測定値となるおそれがある。このような場合は，挿入型傾斜計を用いるのが望ましい。重要な場所または特殊な箇所の動態観測用計器の配置例を**解図7-6**に示す。

　沈下及び安定管理のために設置した動態観測用の計器の測定頻度及び期間は，軟弱地盤の程度，工事の重要性及び工程等によって異なるが，**解表7-2**に示す値を目安とする。盛土施工期間中の測定は，盛土速度に応じて，頻度を落としてもよい。また，盛土完了後の測定については，沈下挙動（沈下量及び沈下速度）等を勘案して測定終了時期を決める必要がある。ただし，管理期間中に基礎地盤に変状が生じ始めたときは測定頻度を密にしたり，安定しているときには頻度を粗にするなど，適宜状況に合わせて変更できるような管理体制を整えておく必要がある。

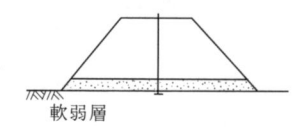

(a) 沈下が問題(軟弱層が薄い)　　(b) 沈下が問題(軟弱層厚が厚い)

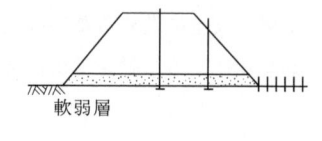

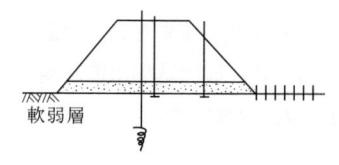

(c) 安定・沈下が問題(軟弱層厚が薄い)　　(d) 安定・沈下が問題(軟弱層厚が厚い)

(注)　⊥ 地表面型沈下計　┼┼┼┼┼ 地表面変位杭または地表面伸縮計(地すべり計)
　　　⊥̄ 層別沈下計

解図7-5　動態観測用計器の配置図

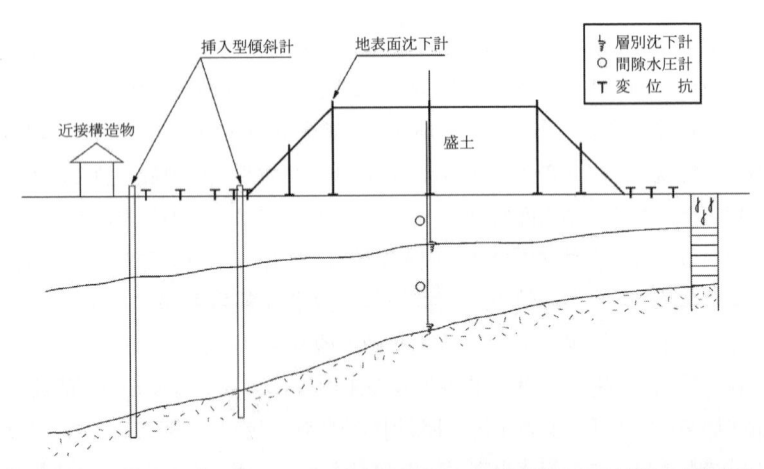

解図 7-6 重要な場所または特殊な箇所での動態観測用計器の配置例

解表 7-2 測定の頻度と期間の目安

計器の名称	盛土期間中	盛土完了後 1ヶ月まで	盛土完了後 1〜3ヶ月まで	3ヶ月以降
沈 下 計	1回/1日	1回/2〜3日	1回/1週	1回/1ヶ月
地表面変位杭，地表面伸縮計，挿入型傾斜計	1回/1日	1回/2〜3日	必要の都度	

　水準測量や距離測量によって測定する場合には，詳細な経時変化を把握できないことが多いので，特に基礎地盤の変状が顕著に現れたときには，自記式の計器を設置することが望ましい。動態観測は工事を安全に進めるために実施するものであるから，観測結果は即時整理し，刻々変化する挙動を常に把握しておかなければならない。

7-5-2 沈下管理

　施工時及び将来の沈下に伴う支障を防止するため，動態観測結果に基づいて沈下挙動を予測し，その結果を施工にフィードバックする沈下管理を行わなければならない。

(1) 沈下管理の目的

　先に述べたとおり，軟弱地盤上に構築された土工構造物の沈下は，設計時の予測と異なる挙動となることが多い。したがって，施工時において土工量や盛土の出来形（のり面勾配，天端幅）に過不足が生じたり，カルバートの設置高さの修正が必要となる場合がある。さらに，道路の沈下が供用後も継続して発生し，予想以上に大きい不同沈下が生じて被害を受けることもある。このような支障を防止するために細心の注意を払って，沈下管理を行わなければならない。沈下管理は後述する安定管理と密接な関係があるので，沈下管理という字句にとらわれることなく，安定管理も念頭において進めなければならない。

　沈下管理の主な項目は，以下のとおりである。

① 地盤の沈下の経時変化を継続して測定し，沈下量及び沈下速度が設計時の予測と一致しているかを調査する。複雑な土層構成の場合，各土層ごとの沈下量を求めて，沈下の進行状況を調査する。さらに，各土層の過剰間隙水圧の経時変化の傾向から，各時点の圧密度を明らかにすれば，より正確な結果が得られる。

② 設計時の予測と異なる場合，後述する方法により，実測沈下を用いて将来の沈下挙動を推定する。

③ 残留沈下により土工構造物に支障が生じるおそれがある場合，必要に応じて施工にフィードバックする。

(2) 管理のための沈下予測方法

　沈下量の経時的な測定結果から，将来の沈下挙動を推定する手法はいくつかある。

　このうち，双曲線法は盛土の完成後，ある程度の期間を経た後の短期間の推定に適用し，$\log t$ 法は長期の沈下量を推定する場合に用いられている。また，差分式を用いる方法として浅岡の方法がある。

1) 双曲線法による方法[1]

　双曲線法では，時間－沈下曲線について，沈下が式（解7-1）のような双曲線に沿って変化していくことを仮定している。

$$S_t = S_0 + \frac{t}{\alpha + \beta \cdot t} \quad \cdots\cdots\cdots\cdots\cdots\cdots\cdots\cdots\cdots\cdots\cdots\cdots\cdots\cdots\cdots\cdots\cdots\cdots \text{(解7-1)}$$

ここに、
 S_t：時間 t における沈下量（cm）
 S_0：起点日の沈下量（cm）
 α, β：沈下曲線のパラメータ
 t：起点日（盛土完成日）からの経過時間（日）

式（解7-1）は、式（解7-2）のように変換できることを用いて、〔参考7-5-1〕に示す手順でパラメータ α, β を算定し、盛土完成後の任意の時点での沈下量を推定する。

$$\frac{t}{S_t - S_0} = \alpha + \beta \cdot t \quad \cdots\cdots\cdots\cdots\cdots\cdots\cdots\cdots\cdots\cdots\cdots\cdots\cdots\cdots\cdots\cdots \text{(解7-2)}$$

[参考7-5-1] 双曲線法による沈下量の推定手順
① **参図7-1**に示した実測時間-沈下量曲線について起点日を決める（例えば、盛土終了日）。その時の沈下量を S_0 とする。
② 適切な時間 t ごとに沈下量の実測値 S_t を用い、$t/(S_t - S_0)$ を計算し、**参図7-2**のように時間 t と $t/(S_t - S_0)$ の関係をプロットする。
③ 実測値が式（解7-2）のように表わされるものとして、**参図7-2**のプロットか

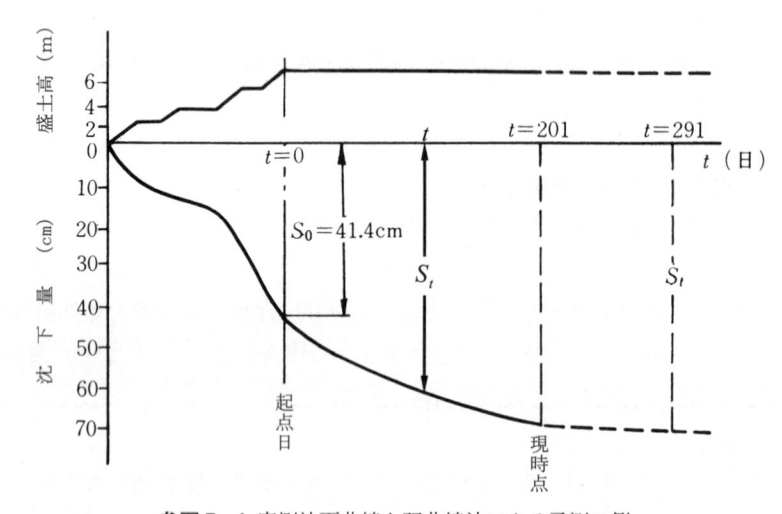

参図7-1 実測沈下曲線と双曲線法による予測の例

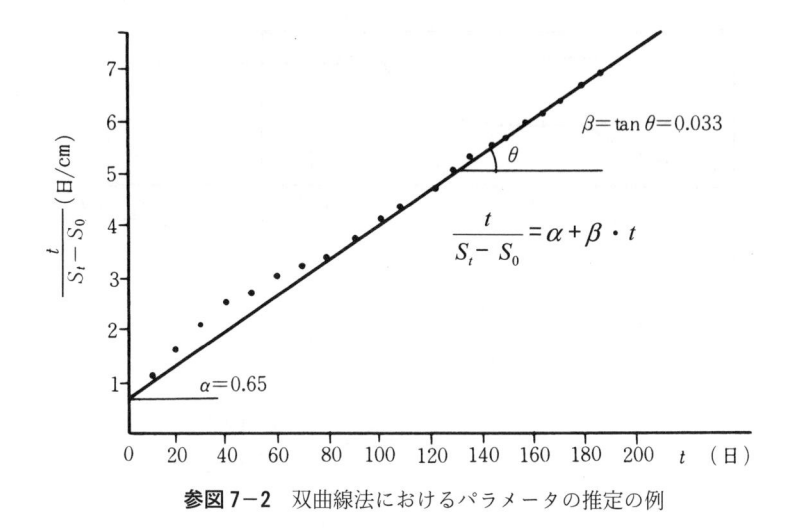

参図7-2 双曲線法におけるパラメータの推定の例

ら定数α, βを求め，式（解7-1）により時間tにおける沈下量S_tを求める。

なお，軟弱地盤は単純な一層でなく，圧密速度の異なる数層の軟弱層から構成されていることが多い。このため，軟弱地盤の地表面で測定した沈下量に対して双曲線法を適用しても，よい精度で将来の沈下量を推定できるとは限らない。このような場合，層別沈下計によりできるだけ圧密特性の異なる土層ごとに分けて沈下量を測定し，それぞれの時間－沈下量ごとに双曲線法を適用し，その結果を合成することもある。

2) $\log t$法による方法

「5-3 常時の作用に対する沈下の照査」で示したとおり，有機質土や含水比の比較的大きい粘性土地盤では，二次圧密が卓越する場合がある。このような地盤において，一次圧密がほぼ収束し，沈下挙動が二次圧密領域に入ったと思われる場合は，式（解5-13）の考え方により，沈下が時間の対数（$\log t$）に対して直線的に増加すると仮定して式（解7-3）により沈下量を推定できる（**解図7-7**）。ここでは，この方法を$\log t$法と呼ぶ。

$$S_t = \alpha + \beta \times \log \frac{t}{t_0} \quad \cdots\cdots\cdots\cdots\cdots\cdots\cdots\cdots\cdots\cdots\cdots\cdots\cdots\cdots\cdots\cdots（解7-3）$$

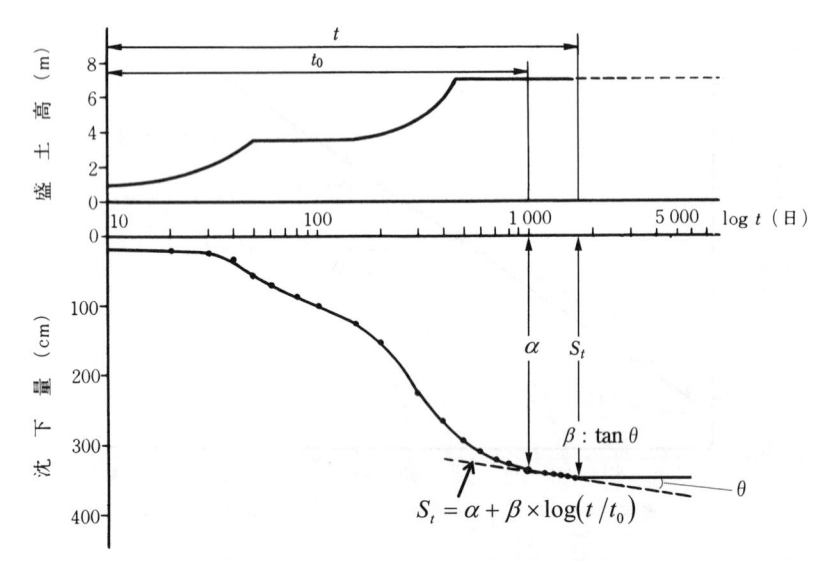

解図 7-7 $\log t$ 法による沈下量の推定

ここに，

　　　S_t：時間 t における沈下量（cm）

　　　t_0：盛土開始日からの二次圧密計算の開始までの日数（日）

　　　t：盛土開始日からの二次圧密の計算日までの日数（日）

　　　α：二次圧密計算の開始時点での沈下量（cm）

　　　β：係数 $\left(\beta = \dfrac{\Delta S}{\Delta \log t}\right)$

［参考7-5-2］　浅岡の方法[2]

浅岡の方法では，荷重が一定の時の沈下量を表す式として，以下のような差分式を用いる。

$$S_j = \beta_0 + \beta_1 \times S_{j-1} \quad \cdots\cdots\cdots\cdots\cdots\cdots\cdots\cdots (\text{参} 7-1)$$

ここに，

　　　S_j：時間 t を離散化して $t_j = \Delta t \times j (j=0, 1, 2 \cdots)$ とした時の時点 t_j における沈下量（cm）

　　　β_0 と β_1：係数

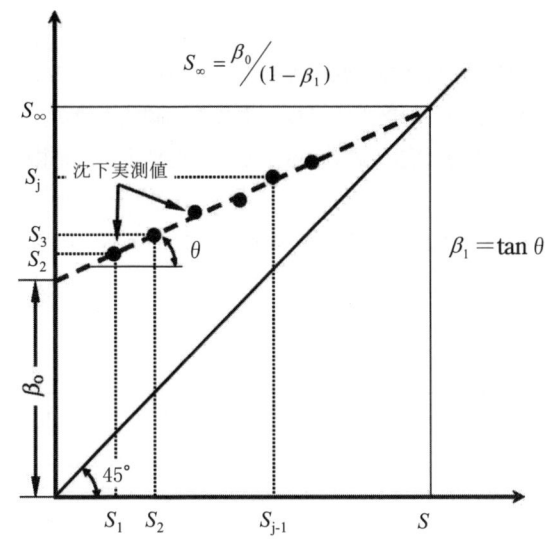

参図7-3 浅岡の方法による沈下量の推定

式（参7-1）はある時点 t_j における沈下量 S_j とそれより Δt だけ前の時点 t_{j-1} における沈下量 S_{j-1} の間に直線関係が成り立つことを表している。Δt は任意に取ってよく，例えば $\Delta t=7$ 日とすると，横軸に S_{j-1} の測定値として載荷後1日目，8日目，15日目，22日目の沈下量，縦軸に S_j の測定値として8日目，15日目，22日目，29日目の沈下量をプロットすると，S_j と S_{j-1} の関係は**参図7-3**のように直線が得られ，その直線の切片と勾配から係数 β_0 と β_1 を求めることができる。**参図7-3**の45°の勾配の直線との交点が最終沈下量 S_∞ である。

(3) 施工へのフィードバック

沈下に関する動態観測結果を元に沈下挙動を把握し，予測が設計と異なる場合には，その相違量に応じて，以下の項目について検討する。

① 必要に応じて，盛土の土工量及び出来形（のり勾配，天端幅）を再検討する。

② 載荷重工法を採用したときは，プレロードの量，放置期間及び除去の時期等を沈下管理により判定する。また，除去後に施工する構造物の施工時期を決定したり，施工後に継続して生じる沈下量の推定を行い，上げ越し

量を決める。
③　杭等で支持した構造物と軟弱地盤上に直接載荷した盛土の境界に生じる不同沈下量を求めて，施工完了後に生じる不同沈下量が，その構造物自体及びその利用目的に支障を与えるかどうかを判定し，踏掛け版等の対策を検討する。

なお，**参表 5-5** に NEXCO 設計要領における沈下推定目的と手段が例示されている。

7-5-3　安定管理

> 施工時における軟弱地盤のすべり破壊あるいは大きな変状を防ぐため，動態観測結果に基づいて地盤の安定を予測し，その結果を施工にフィードバックする安定管理を行わなければならない。

(1)　安定管理の目的

基礎地盤にすべり破壊を生じると，その復旧に多くの工費や工期が必要で，土工構造物に近接した既設構造物や家屋等にも有害な変状が生じる。このような事態を生じさせず，安全に土工構造物を施工するために動態観測結果に基づき安定管理を確実に実施することが必要である。計画工程に従って常に基礎地盤を安定な状態に保持しながら盛土等の施工を行うためには，安定管理を行える十分な体制を確立したうえで，基礎地盤の変形を日々注意深く観測する必要がある。基礎地盤に変形が発生し始めると，その量が急速に増加し，範囲も拡大する。また，それと同時に地盤の強さが低下するので，動態観測結果をすみやかに整理し，常に軟弱地盤の挙動を把握しながら工事を進めなければならない。

安定管理の主な項目は，以下のとおりである。
①　適切な盛土速度で施工されているかどうかを管理する。
②　基礎地盤や盛土等の変形量やその経時変化を継続して測定し，安定性を随時判断し施工にフィードバックする。
③　必要に応じて軟弱地盤から乱さない試料を採取して土質試験を行うか，オランダ式二重管コーン貫入試験や電気式コーン貫入試験等のサウンディ

ング試験を行って，各軟弱層の強さの変化を調査する。

基礎地盤の挙動が不安定な状態の定性的な傾向としては，以下のような事項をあげることができる。

① 盛土の天端面やのり面にヘアクラックが発生する。
② 盛土中央部の沈下が急激に増加する。
③ 盛土のり尻付近の地盤の水平変位が盛土の外側方向へ急増する。
④ 盛土のり尻付近の地盤の鉛直変位が上方へ急増する。
⑤ 盛土作業を中止しても，上記②～④の傾向が継続し地盤内の間隙水圧も上昇し続ける。

したがって，安定管理においては，基礎地盤の沈下や盛土周辺地盤の変形（鉛直・水平変位），さらに必要に応じて間隙水圧等を計測する必要がある。

(2) 地盤の挙動と盛土の安定性の関係

1) 沈下挙動と盛土の安定性

盛土中央部付近の沈下は，基礎地盤が安定している状態であれば，**解図7-8**(a)に示すように沈下が徐々に減少する。

基礎地盤が破壊に近づくと，**解図7-8**(b)に示すように変化して沈下は急激に増加する。

2) 盛土周辺地盤の挙動と盛土の安定性

盛土のり尻部における水平変位は，基礎地盤が安定している状態のときは

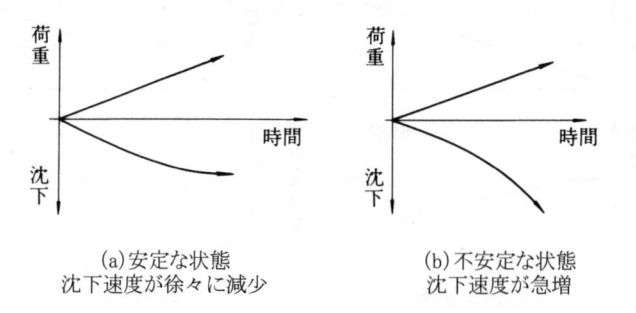

(a) 安定な状態
沈下速度が徐々に減少

(b) 不安定な状態
沈下速度が急増

解図7-8 盛土中央部付近の沈下量の変化と基礎地盤の安定性の関係

解図7-9(a)に示すように変化がほとんど認められないか，または若干盛土側に引き込まれる変位を示す。

　基礎地盤が不安定な状態になれば，水平変位は急激に増し，**解図7-9**(b)に示すように盛土の外側に向かう。

　盛土のり尻周辺の鉛直変位は，基礎地盤が安定しているときには**解図7-10**(a)に示すようにほとんど変位量は認められないか，沈下の傾向を示す。

　しかし，基礎地盤が不安定な状態になれば，**解図7-10**(b)に示すように変位は隆起の傾向を示し，載荷を中止しても変位が継続する。

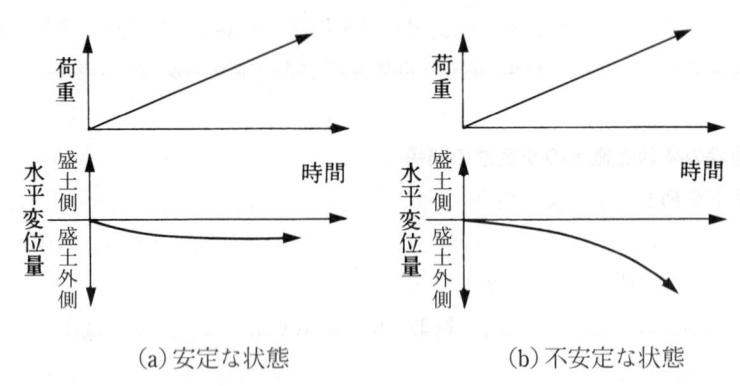

(a) 安定な状態　　　　　　(b) 不安定な状態

解図7-9　盛土のり尻周辺地盤の水平変位の変化と基礎地盤の安定性の関係

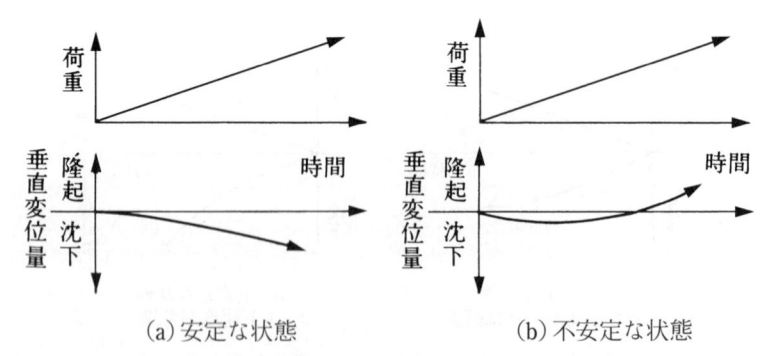

(a) 安定な状態　　　　　　(b) 不安定な状態

解図7-10　盛土のり尻周辺地盤の鉛直変位の変化と基礎地盤の安定性の関係

(3) **定量的な指標による安定管理方法**

　動態観測に基づいて盛土の安定管理を定量的に行ういくつかの方法が提案されている。それぞれの安定管理方法において示された管理基準値の目安は，過去の工事における経験値であり，実用的には一応の目安と考えてよいが，盛土条件や地盤条件によって変わるものであるので，既往の類似地盤での実績や試験施工，先行した盛土等の結果を参考にして決定することが望ましい。

1)「盛土中央沈下量 S とのり尻水平変位量 δ / 盛土中央沈下量 S の関係を用いる方法（松尾・川村の方法）[3]」

　$S\sim\delta/S$ 管理図は，盛土施工全期間に渡って地盤の挙動を把握するのに有効な方法である。$S\sim\delta/S$ 管理図を**解図7-11**に示す。盛土施工に伴い地盤の水平変位が大きくなると，軌跡が右側に向かい，破壊基準線に近づく。逆に沈下が先行すると，軌跡は基準線から離れて左上へと向かい安定状態となる。この管理図を用いた場合，以下のケースに該当すると不安定状態とみなされる。

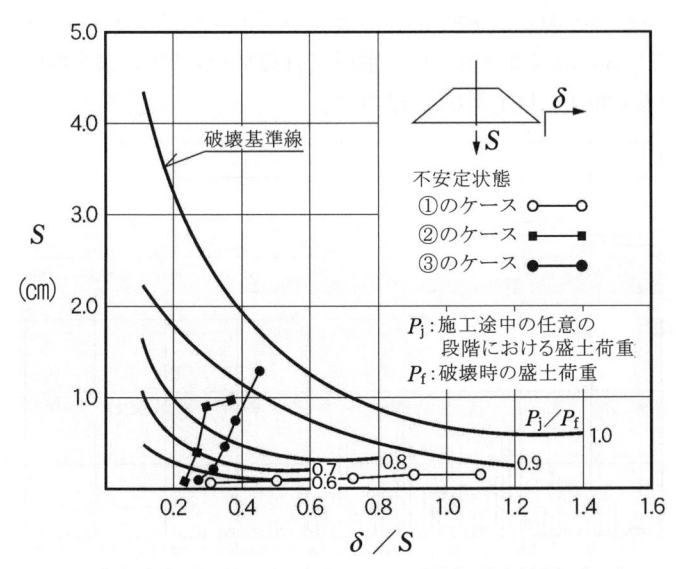

S：盛土中央沈下量（cm），δ：のり尻水平変位量（cm）

解図7-11 $S\sim\delta/S$ 管理図[3]

① $\delta/S \geqq 0.6$
② $P_j/P_f \geqq 0.8$ で，軌跡が急に右へ動いた場合
③ $\delta/S \geqq 0.1$ で，$P_j/P_f \geqq 0.90$

なお，**解図7-11** の P_j/P_f のコンターは**解表7-3** の係数を用いる。

解表7-3 P_j/P_f のコンター式[3)]

P_j/P_f	a	b	c	range of (δ/S)
1.0	5.93	1.28	－3.41	$0 < \delta/S$ 1.4
0.9	2.80	0.40	－2.49	$0 < \delta/S$ 1.2
0.8	2.94	4.52	－6.37	$0 < \delta/S$ 0.8
0.7	2.66	9.63	－9.97	$0 < \delta/S$ 0.6
0.6	0.98	5.93	－7.37	$0 < \delta/S$ 0.6
$S = a \cdot \exp\{b(\delta/S)^2 + c(\delta/S)\}$				

2)「のり尻水平変位量 δ の速度に注目する方法（栗原・高橋の方法）[4)]」

のり尻の水平変位速度 $\Delta\delta/\Delta t$（cm/日）がある一定の値を超えると，基礎地盤が不安定または破壊につながることから，簡便に定量的に破壊の兆候を知ることができる管理方法である。管理図の例を**解図7-12**に示す。この管理法を用いた場合，$\Delta\delta/\Delta t \geqq 2.0$cm/日となると不安定な状態とみなされる。また，1.5cm/日 $\leqq \Delta\delta/\Delta t \leqq$ 2.0cm/日の範囲を要注意ゾーンとし，盛土の施工速度を遅くするなど慎重に施工する場合がある。

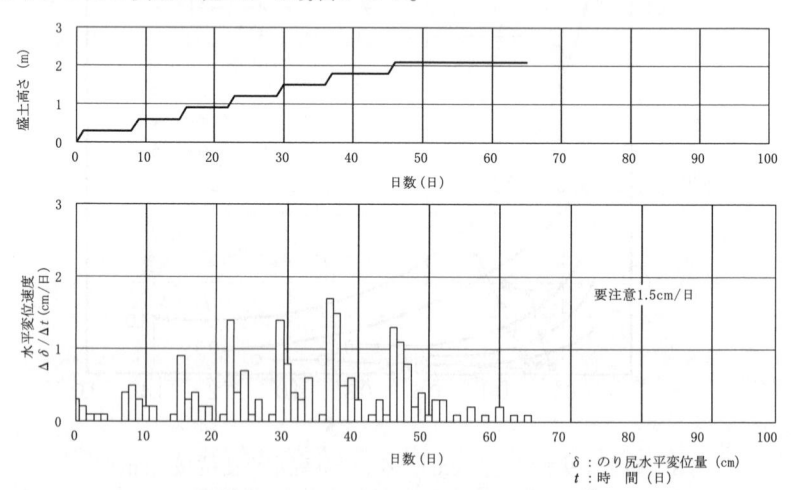

解図7-12 $\Delta\delta/\Delta t$ 法での管理図の例[5)]

3)「盛土中央沈下量 S とのり尻水平変位量 δ を用いる方法（富永・橋本の方法）[5]」

盛土中央部の沈下量 S と盛土のり尻部の水平変位量 δ の関係を用いて，管理する方法である。圧密変形とせん断変形のバランスが容易に分かり，破壊の兆候を比較的早い時期から読みとれる特長を持っている。管理の例を**解図7－13**に示す。上載荷重が小さく地盤が比較的安定な時期では，$S〜\delta$ の勾配は α_1 となる。さらに，盛土施工を行い地盤が不安定化すると，勾配が α_2 へ変化する。この時の α_1 に対する α_2 の変化量をもって管理を行う。この管理図を用いた場合，以下のケースに該当すると不安定状態とみなされる。

① $\alpha_2 \geqq 0.7$
② $\alpha_2 \geqq \alpha_1 + 0.5$

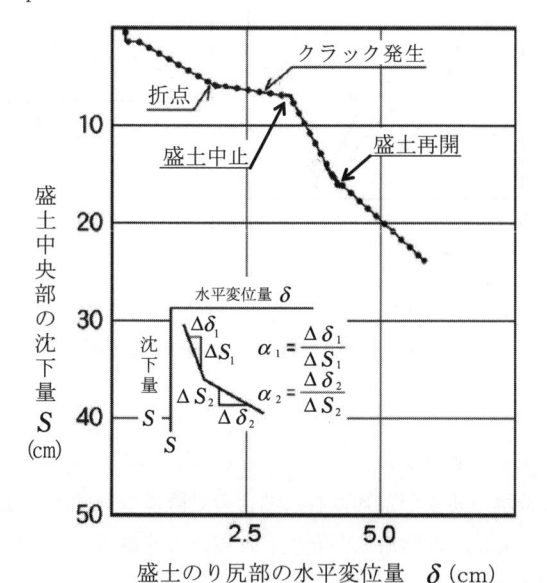

解図7－13 $S〜\delta$ 管理図の例[5]

4)「盛土荷重 q とのり尻水平変位量 δ の増分比 $\Delta q/\Delta\delta$ と盛土高 h の関係を用いる方法（柴田・関口の方法）[6]」

盛土荷重 q の増分 Δq と盛土のり尻部の水平変位量 δ の増分 $\Delta\delta$ の比 $\Delta q/\Delta\delta$ がゼロに近づくと地盤の破壊に近づくことを利用し，限界盛土高を予測する方

法である．**解図7-14**は，$\Delta q/\Delta \delta \sim h$関係をプロットした管理図の例である．$\Delta q/\Delta \delta \sim h$管理図は，ある程度の盛土高まで施工した時点で，それまでのデータを用いて，その地盤における限界盛土高を推定するのに有効な方法である．いろいろな事例について，盛土にクラック発生時の$\Delta q/\Delta \delta$の値を検討した結果，$\Delta q/\Delta \delta \leqq 100 \sim 150 \text{ kN/m}^3$で不安定状態が発生するとされている．

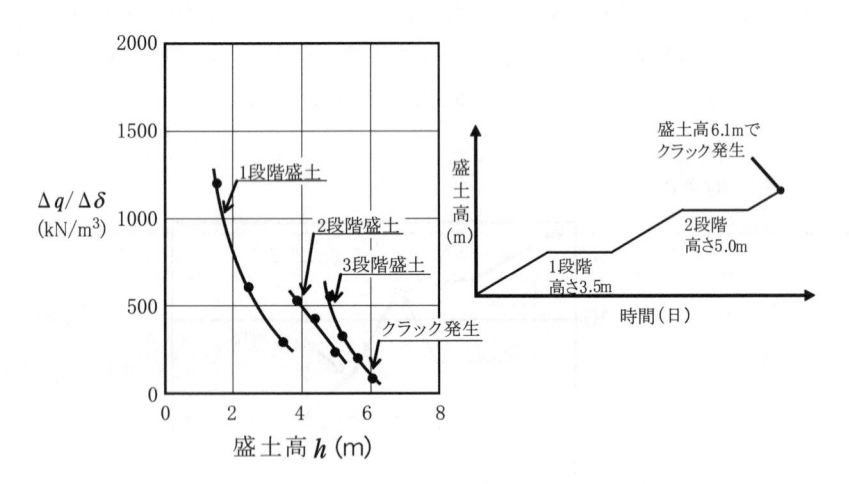

Δq：盛土荷重qの増分（kN/m²），$\Delta \delta$：盛土のり尻部の水平変位量δの増分（m）

解図7-14 $\Delta q/\Delta \delta \sim h$管理図の例[6]

(4) 施工へのフィードバック

基礎地盤に破壊の兆候が察知された場合の処置については，施工前に十分確認しておくとともに，非常事態が発生した場合の連絡方法についても徹底させておくことが必要である．

具体的な措置としては，管理基準を超過した場合，直ちに工事を一時中止して，さらに動態観測を続け，その後の挙動に注意する．工事中止後も不安定化に進む傾向が続くときは，すみやかに盛土を一部撤去するなどの対応をとる．さらに必要に応じて土質調査を行い，新たに求めた地盤強度に基づいて安定計算等の詳細な検討を行う．

管理基準値以内の場合でも，それに近い挙動を示し始めた時は，必要に応じて，盛土の施工速度を落とし，慎重に施工するのが望ましい。また，緩速施工等で盛立て速度をコントロールしている場合で，動態観測において十分な安定性が確認された際には，状況を確認しながら盛立て速度の増加等の検討を行う。

(5) 復旧対策のために必要な調査

　基礎地盤の破壊に至ってしまった場合，実態と原因を十分検討して，この結果に基づいた復旧対策を施す必要がある。復旧対策のために必要な調査は，迅速かつ的確に破壊の状況と範囲を把握し，その原因の究明と適切な処置を施すために，短時間に能率よく実施できる方法を選ばなければならない。盛土及び周辺地盤の変形を測定し，その付近で動態観測を実施している場合には，そのデータを参考としたり，土質調査を行って，すべり面の深さや範囲等を調べる。

1) 破壊の状況と範囲の把握

　盛土あるいは周辺地盤に生じたクラックの位置，大きさ及び変形量等をできるだけ詳細に観測する。また，降雨等の外的条件，破壊を生じるまでの工事及び変形の経過，盛土高やまき出し方法等の盛土施工方法についても調査，整理する必要がある。

　盛土付近の水路または畔等の変状から，変形量やその範囲を推定できる場合も多い。

2) 土質調査

　破壊の状況とその範囲を把握した後，すべり面の深さやその時点の土質定数を求めるために詳細な土質調査を行う。

　すべり面の深さを推定するためには，連続した乱れの少ない試料をサンプリングし，土質試験を行う。この場合，一軸圧縮試験や三軸圧縮試験における応力－ひずみ関係を求め，盛土前の関係と比較することによって，強度低下や著しく乱された部分を発見できることが多い。また，基礎地盤の強度が推定できる電気式コーン貫入試験等のサウンディング調査を併用するとよい。

3) その他の調査

　盛土材の単位体積重量やせん断強さについても，設計時の値と異なるかどう

かを調べておくことが望ましい。

(6) **復旧対策工**

　復旧対策は，基礎地盤のすべり破壊によって生じた周辺地盤や水路及びその他の構造物を原形復旧する工事と，破壊した盛土を復旧及び完成させる工事に分けられる。

　条件によって異なるが，原則的には破壊によって浮き上がった周辺地盤は，これを掘削して原形復旧することは避け，そのまま押え盛土として使用したり，あるいはその上に，さらに荷重を加えて押え盛土として使用するなど，臨機応変の処置を講ずる必要がある場合が多い。

　再度災害を防止するためにも，応急的な対策工を施工し，その後に本復旧のための対策工法を検討する必要がある。

　復旧対策工法の例を以下に示す。

1) 押え盛土

　復旧対策工法としては効果も明らかで，最も一般的に採用されている工法である。破壊に際してすべり面付近の土が乱され著しい強度低下を起こしていることが多いので，かなり広範囲に渡って押え盛土を必要とする場合が多い。

2) 上載荷重の軽減

　施工中の安定管理の結果，基礎地盤の破壊の前兆が認められた場合には，直ちに盛土の上部を掘削除去して，上載荷重を軽減する。復旧に当たって，可能であれば計画高さを変更するのがよいが，それが無理な場合はその後の盛土にできるだけ単位体積重量の小さい材料を用いるなどの荷重軽減工法を適用する。

3) 深層混合処理や杭または矢板等による側方変形防止

　解図 7-15 に示すように，盛土のり尻またはのり肩に深層混合処理や杭または矢板を打設し，側方変形を抑える。

　杭または矢板を軟弱層下部の基盤まで打ち込んだとしても，上部の水平変位が大きくなるので，両側の壁を連結したり，他の方法でアンカーを設けるなどの配慮が必要である。

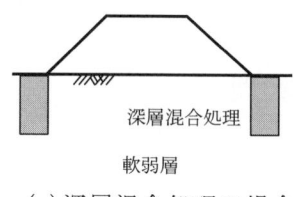

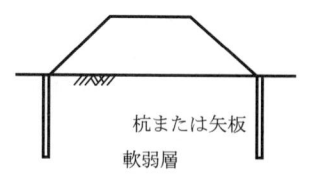

(a) 深層混合処理の場合　　(b) 杭または矢板の場合

解図7-15　側方変形抑制工

以上の工法の他に，緩速施工やジオテキスタイルを用いた工法等も効果的である。一般には単独工法を適用するのではなく，複数の対策工法を組み合わせて採用する方が経済的かつ効果も期待できることが多い。

参考文献

1) 宮川勇：軟弱地盤と盛土,「土と基礎の設計法（その3）」, 土質工学会, p. 178, 1963.
2) 浅岡顕：沈下－時間関係予測の信頼性解析, 第13回土質工学研究発表会講演集, pp. 277-280, 1978.
3) Matsuo, M. and Kawamura, K.: Diagram for Construction Control of Embankment on Soft Ground, Soils and Foundations, Vol. 17, No. 3, pp. 37-52, 1977.
4) 栗原則夫, 高橋朋和：大規模な軟弱地盤における高速道路盛土工事の施工管理, 土と基礎, Vol. 29, No. 3, pp. 37-42, 1981.
5) 富永真生, 橋本正治：側方変位の現地計測による盛土の施工管理について, 土と基礎, Vol. 22, No. 11, pp. 43-51, 1974.
6) 柴田徹, 関口秀雄：盛土基礎地盤の弾・粘塑性挙動解析と破壊予測, 土木学会論文集, 第301号, pp. 93-104, 1980.

第8章 維持管理

8-1 基本方針

> (1) 軟弱地盤上の土工構造物等が供用期間中，その機能を保ち続けるよう適切に維持管理を実施する。
> (2) 維持管理に当たっては，計画・調査・設計・施工から維持管理までの各段階の記録等を参考に，調査及び点検・保守や，必要に応じた補修及び復旧を行う。

(1) 維持管理の目的

維持管理は，工事完了後の道路の供用期間中，土工構造物等が所要の機能を十分に発揮し，構造物の安全性を保ち続けることを目的に実施する。

軟弱地盤上に構築した盛土では，供用後，常時においては安定の問題よりも，供用後に継続する沈下が問題となる。ある程度厚い軟弱地盤では，想定外の沈下が長期に渡って継続し，構造物の安定や車両の通行等に影響を与えることがある。また，地震などの災害時においては，「1-3 (2) 軟弱地盤における被害の形態と留意点」で示したように，すべり破壊や局所的な沈下に伴い大きな被害を受けることがある。

このような土工構造物等の変状により機能に支障が生じた場合，土工構造物の変状をできるだけ早期に見出し，保守や補修，また復旧等の対策を適切に実施することが必要である。

(2) 維持管理の留意点

地盤の状況や構造物の種類や構造，実施された軟弱地盤対策工法の種類によって供用後に軟弱地盤上の土工構造物等に発生する変状は様々であるが，その中でも「6-2 (5) 特殊部における対策工の適用の留意点」で示した条件で

は，維持管理段階で問題となることが多い。例えば，杭で支持された橋梁等の構造物と盛土との取付部に生じる段差は，供用後に問題となることが多い。供用後の地盤の沈下量が大きな箇所においては，段差修正の頻度が多くなり，大規模な縦断修正や排水不良箇所の補修，防護柵の補修が必要となることもある。

　このような維持管理段階で問題になると予測される箇所は調査・設計時，あるいは施工時に基礎地盤が著しく乱された箇所等，ある程度予測することができる。そのため，供用後の沈下量が大きいと予測される箇所等では，調査・設計時に定めた土層区分や土質定数等の設計条件，施工中の動態観測結果等の施工データについて供用後の保全計画の立案のためにも整理しておくことが望ましい。

　さらに供用後の調査・点検結果，変状履歴等の記録を軟弱地盤台帳等に適切に整理・記録し，長期期間に渡って蓄積し，活用していくことが重要である。

　軟弱地盤に構築した盛土における維持管理の一般的な流れを**解図8-1**に示す。

　なお，災害発生時においては，「道路震災対策便覧（震災復旧編）」を参考にするとよい。

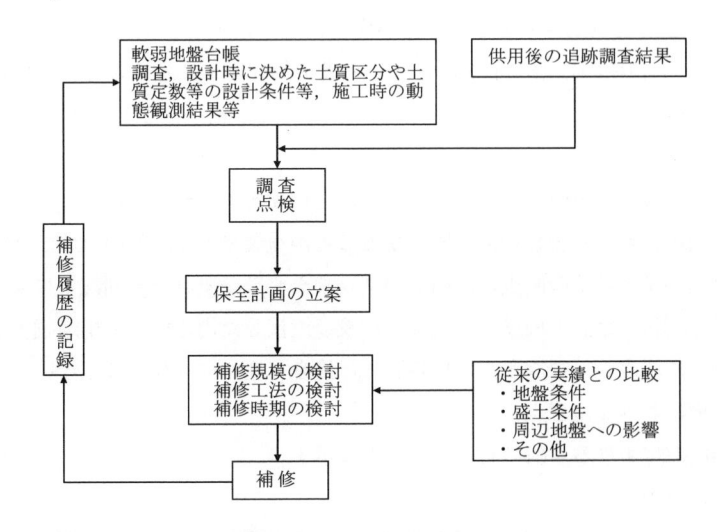

解図8-1 維持管理の流れ

8-2 平常時及び災害発生時の点検・調査

> 維持管理においては，土工構造物及び地盤の変状を把握するため，平常時に日常点検及び地震等の災害発生時等に臨時点検を実施する。

(1) 点検

1) 点検の種類

(i) 日常点検

軟弱地盤での日常点検は，舗装及び土工構造物の変状を早期に発見し適切な処置及び補修等の要否を判断するために実施する。点検方法は車上からの観測を主体に行われるが，軟弱地盤にみられる特有の変状，舗装面の不陸やクラック，のり肩やのり面のクラック及びはらみ出し等の異常が発生していないかを中心に調べることが必要である。点検の際には，施工中に問題を生じた箇所や供用後の沈下の大きい箇所または不陸が急速に進展した箇所等では，特に注意して実施する。

また，偏土圧による橋台の移動の有無や，不同沈下によるコンクリート構造物のクラックの量や大きさ及び経時変化にも注意する必要がある。その際，「6-2(6) 長期の残留沈下対策としての構造的配慮」に示すように，維持管理での補修を前提としている箇所は，特に注意して点検することが必要である。

(ii) 臨時点検

地震等の災害発生時には必要に応じて緊急点検をすみやかに行い，交通機能や道路周辺に与える影響を最小限とすることが重要である。このため，地震直後や降雨時またはその直後に，路面のクラックやひび割れ，不同沈下による排水施設の変状や路面の段差，土工構造物及び近接した周辺地盤や構造物の変状の有無等に注意し，できるだけ短時間に点検を実施しなければならない。

2) 点検における留意点

軟弱地盤における点険の着目点を以下に示す。

(i) 低盛土箇所

低盛土部では，交通荷重が基礎地盤に与える影響が大きく，軟弱層厚の違いや軟弱層を構成する土質の違いによって，路面に不同沈下やクラックを生じる

例が多い。路面が平担でない場合には，通過交通による発生音や発生振動が大きくなり，沿道に影響を及ぼすこともある。

(ii) 橋梁などの杭で支持された構造物と盛土との取付部

　杭で支持された構造物と盛土との取付部の路面は，供用後に継続する沈下量の大きさの違いから，特に段差を生じやすい箇所である。コンクリート舗装区間や踏掛版を施工した箇所では，段差の部分に有害な空洞が生じていることがある。このような場合には，通過交通によって生じる走行音や衝撃音に変化が認められるので，点検の際に注意するとよい。

(iii) 横断構造物及び地下埋設構造物

　道路専用または水路用カルバート等の横断構造物や，盛土内や盛土に接する地下埋設構造物については，供用後も盛土の沈下が継続することで断面不足や排水不良等が生じる例が多い。そのため，横断構造物及び地下埋設構造物の変状の有無とその進行の度合に着目し，機能に与える障害の程度等を点検する。

(iv) 周辺地盤への影響

　盛土荷重による引込み沈下により，隣接する田畑や排水施設に影響を及ぼすことがあるので，支障の程度等を点検する。

(2) 調査

　維持管理段階で日常点検や臨時点検において変状や破損等が発見されたときあるいは発生が予測される際に，修繕・復旧等の必要性の判断や対策工法の選定・施工法の検討を行うために調査を実施する。調査は点検での観測により異常が見出された時にその原因を究明するとともに，変状の進行を把握，対策工法の選定・設計を行うために測量や地盤調査を必要に応じて実施する。調査に当たっては，調査計画を立案し，地盤変状の観測や土工構造物等の測量，過去に問題のあった箇所における動態観測等の追跡調査を実施し，点検結果と併せて保全計画の検討を行う。維持管理段階における盛土の調査については，「道路土工－盛土工指針　第6章　維持管理」に示す。

8-3 補修・復旧

> 土工構造物に維持管理基準を超える変状が認められた時には，機能の回復を図るため，変状の程度と内容等に応じて適切な補修もしくは復旧を実施する。

(1) 補修

　日常点検等で維持管理基準を超える土工構造物の変状が認められた場合には，土工構造物が所要の機能を回復するよう必要な補修を行う。補修は，変状の進行状況や土工構造物及び道路としての機能を考慮し，計画的かつ臨機応変に実施することが重要である。すなわち，沈下に関しては橋梁やカルバート等の土工構造物と盛土では沈下の進行が異なるため，日常点検等により変状の進行を正確に予測するとともに，構造物への影響度合いや道路の走行性等を考慮し，補修時期や内容を検討することが大切である。

　また，地震時や豪雨等の災害時における変状を迅速に見い出し，その原因の調査・復旧が重要となる。

　軟弱地盤上では，以下のような補修事例が多く見られるので，適切に維持管理を行うとともに，維持管理段階に加え，設計・施工段階でも配慮が必要である。なお，設計・施工段階における対応については，「6-2(5)　特殊部における対策工法の適用の留意点」を参照されたい。

1)　路面の補修

　不同沈下等による段差の発生は，程度によっては道路利用者に不快感を与え，土工構造物に有害な衝撃を与えることもあるので，パッチングやオーバーレイが必要となる。どの程度の段差の量で路面補修が必要になるかについては，**解表8-1**のような目安が「道路維持修繕要綱　各論編　第1章　舗装　1.2 アスファルト舗装」[1]に示されている。

　なお，軟弱地盤における段差の発生は，供用後5年程度の間は特に大きいと考えられるので，供用開始時点から維持補修について留意しておかなければならない。

解表 8-1　維持修繕要否判断の目標値[1]

道路の種類 \ 項目	段差（mm） 橋	段差（mm） 管渠
自動車専用道路	20	30
交通量の多い一般道路	30	40
交通量の少ない一般道路	30	—

2）踏掛版等の下に生じた空洞の補修

　空洞が大きい場合は生コン，乾燥させた砂または砕石等で空洞を充填することがある。このため，あらかじめ踏掛版等に数箇所充填用の孔を開けておくとよい。

3）盛土荷重による周辺地盤の引込み沈下

　盛土荷重による周辺地盤の引込み沈下は，**解図 8-2** に示すように，一般に軟弱層の厚さの 1〜2 倍の範囲に及ぶといわれている。

　なお，周辺が耕作地の場合には，客土による土の補填，整形あるいは改良を行うことがある。

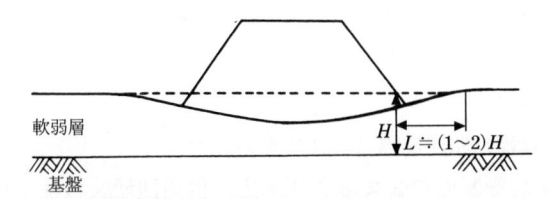

解図 8-2　周辺地盤の引込み沈下

4）排水施設の補修

　不同沈下によって当初の縦横断勾配が確保できず，路面や沿道の排水に支障が生じた場合は，すみやかに補修しておかなければならない（**解図 6-35，解図 8-3** 参照）。

　分離帯のある道路で分離帯側の沈下が大きく，その中に設置された水路が破損したり，通水が悪くなったりすることがある。その場合には，大規模な補修

解図 8-3 路面の沈下による支障の例

が必要になるので，サーチャージ等の対策工を施した後に水路を設置するなど，施工時から十分注意する必要がある。

その他，水路の構造は，沈下の影響等を考え補修が容易であることが望ましい。

5) 防護柵の改良

供用後の不同沈下に伴う段差修正，縦断修正及びオーバーレイにより路面が嵩上げされることで，防護柵の必要高に不足が生じる場合がある。したがって，あらかじめ補修を前提とした構造の防護柵を設置する必要がある。その際に用いられる防護柵の部材は，嵩上げに耐えるものとする必要がある。

オーバーレイに伴う防護柵の嵩上げは，支柱を引き抜いて必要高を確保する方法や，支柱を継ぎ足して所定の高さを確保する方法が多く用いられている（**解図 6-37** 参照）。

6) 幅員不足に伴う路肩拡幅

盛土形状を計画断面のまま施工すると，供用開始後の沈下に対するオーバーレイにより幅員不足が生じ，腹付け盛土の施工は非常に困難である（**解図 6-39，解図 6-40** 参照）。したがって，盛土の施工幅員は沈下を考慮した幅員余裕を確保することが望ましいが，軟弱層の厚い箇所で沈下量が大きい場合，補修回数が極端に多くなる。幅員不足が生じた場合は，**解図 8-4** に示すような土留壁や軽量盛土工法による路肩拡幅が必要となることがある。

　　　　(a)　土留壁による拡幅　　　　　(b)　軽量盛土工法による拡幅

解図 8−4　幅員不足に伴う路肩拡幅の例

(2) 震災時の復旧対策工

　最近の地震による土工構造物への大規模被害の特徴としては，①埋め立てした地盤の液状化，②管路等の埋戻し土の液状化，③集水地形の傾斜盛土における地震後の強度低下，④軟弱地盤上の盛土が地下水位以下に沈下して飽和した盛土材の液状化がある。このように自然地盤だけでなく，人工地盤が液状化していることにも留意しなければならない。

　なお，震災時の復旧については「7−5−3 (5) 復旧対策のために必要調査」，「7−5−3 (6) 復旧対策工」，「道路震災対策便覧（震災復旧編）」，調査については「道路土工−盛土工指針」を参照されたい。

参考文献

1) 日本道路協会：道路維持修繕要綱，p. 68，1978.

執　筆　者 (五十音順)		
新井　新一	阪上　最一	深田　　久
石原　雅規	佐々木哲也	藤井　照久
大河内保彦	白子　博明	古本　一司
大下　武志	堤　　祥一	松尾　　修
川井田　実	苗村　正三	宮川　智史
古賀　泰之	浜崎　智洋	山田　智史
小橋　秀俊	林　　宏親	

道路土工―軟弱地盤対策工指針（平成24年度版）

昭和52年 1月31日	初　版第 1 刷発行
昭和61年11月 1日	改訂版第 1 刷発行
平成24年 8月31日	改訂版第 1 刷発行
令和 6年 6月21日	改訂版第10刷発行

編　集　　公　益　　日本道路協会
発行所　　社団法人
　　　　　　　　東京都千代田区霞が関3-3-1

印刷所　　株式会社　小薬印刷所

発売所　　丸善出版株式会社
　　　　　東京都千代田区神田神保町2-17

※本書の無断転載を禁じます。

ISBN978-4-88950-418-7　C2051

日本道路協会出版図書案内

図　書　名	ページ	定価(円)	発行年
交通工学			
クロソイドポケットブック（改訂版）	369	3,300	S49. 8
自転車道等の設計基準解説	73	1,320	S49.10
立体横断施設技術基準・同解説	98	2,090	S54. 1
道路照明施設設置基準・同解説（改訂版）	240	5,500	H19.10
附属物（標識・照明）点検必携 ～標識・照明施設の点検に関する参考資料～	212	2,200	H29. 7
視線誘導標設置基準・同解説	74	2,310	S59.10
道路緑化技術基準・同解説	82	6,600	H28. 3
道路の交通容量	169	2,970	S59. 9
道路反射鏡設置指針	74	1,650	S55.12
視覚障害者誘導用ブロック設置指針・同解説	48	1,100	S60. 9
駐車場設計・施工指針同解説	289	8,470	H 4.11
道路構造令の解説と運用（改訂版）	742	9,350	R 3. 3
防護柵の設置基準・同解説（改訂版） ボラードの設置便覧	246	3,850	R 3. 3
車両用防護柵標準仕様・同解説（改訂版）	164	2,200	H16. 3
路上自転車・自動二輪車等駐車場設置指針 同解説	74	1,320	H19. 1
自転車利用環境整備のためのキーポイント	140	3,080	H25. 6
道路政策の変遷	668	2,200	H30. 3
地域ニーズに応じた道路構造基準等の取組事例集（増補改訂版）	214	3,300	H29. 3
道路標識設置基準・同解説（令和2年6月版）	413	7,150	R 2. 6
道路標識構造便覧（令和2年6月版）	389	7,150	R 2. 6
橋梁			
道路橋示方書・同解説（Ⅰ共通編）（平成29年版）	196	2,200	H29.11
〃（Ⅱ鋼橋・鋼部材編）（平成29年版）	700	6,600	H29.11
〃（Ⅲコンクリート橋・コンクリート部材編）（平成29年版）	404	4,400	H29.11
〃（Ⅳ下部構造編）（平成29年版）	572	5,500	H29.11
〃（Ⅴ耐震設計編）（平成29年版）	302	3,300	H29.11
平成29年道路橋示方書に基づく道路橋の設計計算例	564	2,200	H30. 6
道路橋支承便覧（平成30年版）	592	9,350	H31. 2
プレキャストブロック工法によるプレストレスト コンクリートＴげた道路橋設計施工指針	81	2,090	H 4.10
小規模吊橋指針・同解説	161	4,620	S59. 4
道路橋耐風設計便覧（平成19年改訂版）	300	7,700	H20. 1

日本道路協会出版図書案内

図　書　名	ページ	定価(円)	発行年
鋼道路橋設計便覧	652	7,700	R 2.10
鋼道路橋疲労設計便覧	330	3,850	R 2. 9
鋼道路橋施工便覧	694	8,250	R 2. 9
コンクリート道路橋設計便覧	496	8,800	R 2. 9
コンクリート道路橋施工便覧	522	8,800	R 2. 9
杭基礎設計便覧（令和2年度改訂版）	489	7,700	R 2. 9
杭基礎施工便覧（令和2年度改訂版）	348	6,600	R 2. 9
道路橋の耐震設計に関する資料	472	2,200	H 9. 3
既設道路橋の耐震補強に関する参考資料	199	2,200	H 9. 9
鋼管矢板基礎設計施工便覧（令和4年度改訂版）	407	8,580	R 5. 2
道路橋の耐震設計に関する資料 （PCラーメン橋・RCアーチ橋・PC斜張橋等の耐震設計計算例）	440	3,300	H10. 1
既設道路橋基礎の補強に関する参考資料	248	3,300	H12. 2
鋼道路橋塗装・防食便覧資料集	132	3,080	H22. 9
道路橋床版防水便覧	240	5,500	H19. 3
道路橋補修・補強事例集（2012年版）	296	5,500	H24. 3
斜面上の深礎基礎設計施工便覧	336	6,050	R 3.10
鋼道路橋防食便覧	592	8,250	H26. 3
道路橋点検必携～橋梁点検に関する参考資料～	480	2,750	H27. 4
道路橋示方書・同解説Ⅴ耐震設計編に関する参考資料	305	4,950	H27. 4
道路橋ケーブル構造便覧	462	7,700	R 3.11
道路橋示方書講習会資料集	404	8,140	R 5. 3
舗　装			
アスファルト舗装工事共通仕様書解説（改訂版）	216	4,180	H 4.12
アスファルト混合所便覧（平成8年版）	162	2,860	H 8.10
舗装の構造に関する技術基準・同解説	104	3,300	H13. 9
舗装再生便覧（令和6年版）	342	6,270	R 6. 3
舗装性能評価法(平成25年版)―必須および主要な性能指標編―	130	3,080	H25. 4
舗装性能評価法別冊 ―必要に応じ定める性能指標の評価法編―	188	3,850	H20. 3
舗装設計施工指針（平成18年版）	345	5,500	H18. 2
舗装施工便覧（平成18年版）	374	5,500	H18. 2
舗装設計便覧	316	5,500	H18. 2
透水性舗装ガイドブック2007	76	1,650	H19. 3
コンクリート舗装に関する技術資料	70	1,650	H21. 8

日本道路協会出版図書案内

図　書　名	ページ	定価(円)	発行年
コンクリート舗装ガイドブック２０１６	348	6,600	H28. 3
舗装の維持修繕ガイドブック２０１３	250	5,500	H25.11
舗装の環境負荷低減に関する算定ガイドブック	150	3,300	H26. 1
舗　装　点　検　必　携	228	2,750	H29. 4
舗装点検要領に基づく舗装マネジメント指針	166	4,400	H30. 9
舗装調査・試験法便覧（全4分冊）（平成31年版）	1,929	27,500	H31. 3
舗装の長期保証制度に関するガイドブック	100	3,300	R 3. 3
アスファルト舗装の詳細調査・修繕設計便覧	250	6,490	R 5. 3
道路土工			
道路土工構造物技術基準・同解説	100	4,400	H29. 3
道路土工構造物点検必携（令和5年度版）	243	3,300	R 6. 3
道路土工要綱（平成２１年度版）	450	7,700	H21. 6
道路土工－切土工・斜面安定工指針（平成21年度版）	570	8,250	H21. 6
道路土工－カルバート工指針（平成21年度版）	350	6,050	H22. 3
道路土工－盛土工指針（平成２２年度版）	328	5,500	H22. 4
道路土工－擁壁工指針（平成２４年度版）	350	5,500	H24. 7
道路土工－軟弱地盤対策工指針（平成24年度版）	400	7,150	H24. 8
道路土工－仮設構造物工指針	378	6,380	H11. 3
落　石　対　策　便　覧	414	6,600	H29.12
共　同　溝　設　計　指　針	196	3,520	S61. 3
道　路　防　雪　便　覧	383	10,670	H 2. 5
落石対策便覧に関する参考資料 ―落石シミュレーション手法の調査研究資料―	448	6,380	H14. 4
道路土工の基礎知識と最新技術（令和5年度版）	208	4,400	R 6. 3
トンネル			
道路トンネル観察・計測指針（平成21年改訂版）	290	6,600	H21. 2
道路トンネル維持管理便覧【本体工編】（令和2年版）	520	7,700	R 2. 8
道路トンネル維持管理便覧【付属施設編】	338	7,700	H28.11
道路トンネル安全施工技術指針	457	7,260	H 8.10
道路トンネル技術基準（換気編）・同解説（平成20年改訂版）	280	6,600	H20.10
道路トンネル技術基準（構造編）・同解説	322	6,270	H15.11
シールドトンネル設計・施工指針	426	7,700	H21. 2
道路トンネル非常用施設設置基準・同解説	140	5,500	R 1. 9
道路震災対策			
道路震災対策便覧（震前対策編）平成18年度版	388	6,380	H18. 9

日本道路協会出版図書案内

図 書 名	ページ	定価(円)	発行年
道路震災対策便覧（震災復旧編）（令和4年度改定版）	545	9,570	R 5. 3
道路震災対策便覧（震災危機管理編）（令和元年7月版）	326	5,500	R 1. 8
道路維持修繕			
道　路　の　維　持　管　理	104	2,750	H30. 3
英語版			
道路橋示方書（Ⅰ共通編）〔2012年版〕（英語版）	160	3,300	H27. 1
道路橋示方書（Ⅱ鋼橋編）〔2012年版〕（英語版）	436	7,700	H29. 1
道路橋示方書（Ⅲコンクリート橋編）〔2012年版〕（英語版）	340	6,600	H26.12
道路橋示方書（Ⅳ下部構造編）〔2012年版〕（英語版）	586	8,800	H29. 7
道路橋示方書（Ⅴ耐震設計編）〔2012年版〕（英語版）	378	7,700	H28.11
舗装の維持修繕ガイドブック2013（英語版）	306	7,150	H29. 4
アスファルト舗装要綱（英語版）	232	7,150	H31. 3

※消費税10%を含みます。

発行所　(公社)日本道路協会　☎(03)3581-2211
発売所　丸善出版株式会社　☎(03)3512-3256
　　　　丸善雄松堂株式会社　学術情報ソリューション事業部
　　　　　法人営業統括部　カスタマーグループ
　　　　　TEL：03-6367-6094　FAX：03-6367-6192　Email：6gtokyo@maruzen.co.jp